백두산 **대폭발의 비밀**

한국 고대사의 잃어버린 고리를 찾아서

# 백두산
# 대폭발의
# 비밀

소원주

사이언스
SCIENCE 북스
BOOKS

# 책을 시작하며

2010년 4월 14일 아이슬란드의 에이야파야트라요크틀(Eyjafjallajökull) 화산이 분화해 상공에 화산재를 뿜어냈다. 아이슬란드는 2008년 금융 위기의 심각한 경제 상황을 겪은 데다가 엎친 데 덮친 격으로, 이번에는 얌전했던 화산마저 폭발해 버렸다. 아이슬란드로서는 최악의 타이밍이다.

아이슬란드는 열점(hotspot)과 대서양 중앙 해령이 겹친 화산섬으로 해양판의 생성이 육지에서 관측되는 지질학적으로 매력적인 곳이다. 따라서 일찍부터 화산학이 발전해, 화산재의 연대를 추적하는 테프라 연대학의 거장 시구르두르 토라린손(Sigurdur Thorarinsson)이나, 폼페이를 매몰시킨 베수비오 화산 분화, 미노아 문명을 붕괴시킨 산토리니 화산 분화, 그리고 백두산과 함께 역사 시대 최대급으로 알려진 탐보라 화산 분화를 조사했던 하랄두르 시구르드슨(Haraldur Sigurdsson)과 같은 세계적 화산학자들이 모두 아이슬란드 출신이다.

아이슬란드의 화산은 대개 현무암질 용암을 분출하므로 폭발적 분화는 좀처럼 일어나지 않는다. 용암이 두꺼운 빙하와 접촉하면서 수증기 마그마 폭발을 일으키고, 홍수를 발생시키는 정도이다. 그런데 문제는, 화산에서 뿜어져 나온 화산재와 화산 가스가 대서양을 건너 인구 밀도가 높은 유럽 일대에 영향을 준다는 것이다. 1783년에 분화한 라키(Laki) 화산의 화산재가 유럽과 전 세계에 이미 강력한 영향을 미친 바 있다. 이번 아이슬란드의 화산 분화는 화산재 구름이 대류권에만 머무르는 비교적 소규모 분화였지만, 편서풍의 풍하에 위치한 유럽의 공항들이 폐쇄되고, 전 세계의 산업, 경제, 사회에 엄청난 영향을 미쳤다. 그리고 이 사건을 통해 화산재가 항공기에 미치는 영향과 안전에 대한 관심이 새삼 높아졌다.

각국 항공사들이 화산재가 항공기에 미치는 영향에 대해 심각히 인식한 것은, 1982년 인도네시아 갈룽궁(Galunggung) 화산 분화가 처음이었다. 그해 6월 24일 인도양 상공을 날고 있던 브리티시 항공의 보잉 747기가 갈룽궁의 화산재 구름 속으로 돌진했다. 얼마 지나지 않아 항공기의 엔진 4개가 모두 정지해 활강으로 착륙해야 하는 초유의 사태가 발생한 것이다. 그 뒤로도 1989년 알래스카 리다우트(Redout) 화산의 화산재 구름 속에 네덜란드 항공의 보잉 747기가 돌진해 엔진 4개가 모두 정지하는 사건이 있었고, 1991년 필리핀의 피나투보 화산이 분화했을 때는 무려 18대의 각국 항공기가 화산재 구름 속으로 돌진하는 사건이 발생했다.

화산재가 항공기 엔진에 빨려 들어가면 화산재가 유리로 용융되어 엔진 자체를 정지시켜 버린다. 그 뒤 화산재로부터 항공기의 안전을 확보하기 위해 각국 기상청이 중심이 되어 화산재 관제 센터(Volcanic Ash Advisory Center, VAAC)라는 세계적 네트워크가 발족되었다. 이 기구를 중심으로 각국 기상청은 화산 분화와 분연의 탐지, 화산재 구름 확산의 범위 등의 정보를 공유하고, 각 항공사에 제공하게 되었다. 이번 아이슬란드 분화에 대한 정보는 런던 VAAC에 의해 화산재 확산 범위가 수시로 발표되고, 항공사에 대한 규제가 행해졌다.

유럽의 항공 관제를 통괄하는 유로컨트롤에 따르면, 아이슬란드 화산이 폭발한 5일간 313개의 공항이 폐쇄되고, 8만 2000편의 항공기가 결항되었으며, 약 800만 명의 여행객이 발이 묶였다. 또한 국제 항공 운송 협회의 발표에 따르면, 아이슬란드 화산이 폭발한 다음날인 4월 15일부터 4월 20일까지 6일간 항공편의 결항으로 업계가 입은 손실은 20억 달러(약 2조 4000억 원)에 달한다.

이번 아이슬란드 화산 분화는 유럽뿐 아니라 전 세계에 영향을 미쳤다. 예를 들어, 화산재와 전혀 무관하다고 생각되는 아프리카에도 벌써 그 영향이 나타났다. 아프리카의 케냐는 화훼 재배로 외화를 획득하고 있다. 연간 2억 5000민 달러 규모의 산업으로, 약 10만 명의 직접 고용에 150만 명의 간접 고용의 효과가 있다고 한다. 케냐에서 수출되는 화훼는 네덜란드 암스테르담에서 경매에 붙여져 전 세계로 판매된다. 그러나 화산재로 인해 유럽 공항들이 폐쇄되면서 케냐의 산업에 심각한 영향을 끼치게 된 것이다. 이미 나이로비 공항에는 5월 특수를 겨냥하여 대량 생산된 화훼가 수출이 막혀 폐기되고 있다는 소식에 접한다.

그 영향이 어디 케냐뿐이겠는가? 자동차에서 휴대 전화 마이크로칩에 이르기까지 각종 공산품의 부품 등 물품 수송에 지장이 발생해 수입국 관련 기업의 생산 라인이 정지하는 사태도 벌어졌다. 또한 물류 산업뿐 아니라, 관광 산업에 끼친 피해 역시 막대하다. 숙박업체를 비롯해 이미 소규모 관광업체의 도산이 보도되고 있다.

한편 아이슬란드 화산 분화를 계기로 색다른 아이디어 상품도 개발되었다. 이번 아이슬란드 화산 폭발에서 뿜어져 나온 화산재를 용기에 담아 한 병에 23.80유로(약 3만 원)에 판매하는 온라인 매장이 생겨나기도 했다. 업체의 설명에 따르면, 준비된 화산재가 이미 품절되어 화산재를 채집하기 위해 또다시 위험한 화산 근처로 접근해야 한다며 엄살 섞인 즐거운 비명을 지르고 있다. 이제 안방에 앉아서 지구 반대편에서 발생한 화산 분화의 테프라를 신용 카드로 살 수 있는 세상이 되었다.

아직 항공 운항이 가능한 화산재 농도에 대한 전 세계적 보편적인 기준이 없다. 항공기로 화산재 구름 속을 날아 보고 어느 농도에서 엔진이 정지하는지를 실험해 보지 않고는 객관적인 데이터를 얻을 수 없다. 그러나 한 기에 수천만 달러나 하는 제트 엔진을 실험용으로 쓰는 것도 문제지만, 그러한 실험에 자원할 용감무쌍한 조종사가 있을 리 없다. 뒤늦게 미국 제너럴 일렉트로닉스(GE) 등 항공기 엔진 제작사와 규제 당국이 화산재가 부유하는 대기 속을 운항할 경우의 안전 기준의 책정에 대해 검토하기 시작했다고 한다.

승객의 안전과 항공사의 이윤 추구는 표리(表裏)의 관계이다. 파산을 눈앞에 둔 항공사들은 승객을 볼모로 위험을 감수하려고 저울질할 가능성이 있다. 이것은 폭발이 임박한 화산에 접근하려는 화산학자들이 언제나 직면했던 딜레마였다. 화산 연구와 그에 따른 위험 역시 표리의 관계인 것이다. 이 책에서는 그 몇 몇 사례를 소개한 것에 그쳤지만, 화산을 이해하기 위해 불을 뿜어대는 화산에 접근했다가 희생된 유명, 무명의 화산학자들이 셀 수 없이 많다.

런던 VAAC의 발표에 따르면, 이번 아이슬란드 화산 분화에서 분출된 테프라 총량은 0.1km³(화산 폭발 지수, VEI 4)였다. 고작 0.1km³의 화산재에 세계 경제 전체가 흔들리고 만 것이다. 그렇다면 이것의 1,000배에 달하는

100km³의 테프라가 분출된 화산 폭발이 있었다면 인간 문명은 어떤 영향을 받았을까? 게다가 그 폭발이 역사상 가장 강한 폭발이었고 엄청난 양의 거대 화쇄류가 화산 주위를 휩쓸어 버렸다면 어땠을까? 그 화산 폭발은 화산 주위의 인간 사회를 폼페이처럼 황폐하게 만들었을 것이 분명하다. 이제부터 이 책은 지금 우리로서는 상상조차 못할 거대한 화산 폭발에 대한 이야기를 하고자 한다. 이 이야기는 아주 작디작은 화산재에서 시작한다.

이제 지구 반대편에서 일어난 조그만 화산 분화조차도 자신과는 관계 없다고 생각할 수 없는 시대에 살고 있다. 필자는 이 책을 마무리하고 있는 지금 공교롭게도 곧 유럽으로 출장을 떠나야 하는 형편이다. 인천 국제 공항을 통해 독일 프랑크푸르트로 날아가야 하는 것이다. 그러나 무사히 그곳에 갔다가 예정된 날짜에 무사히 돌아올 수 있을까? 항공사를 포함해 그 누구도 내일의 상황을 알 수 없으며, 선택의 여지도 많지 않다. 이제 항공기의 이착륙은 아이슬란드의 화산이 결정하는 문제가 되어 버렸다. 여기 앉아서, 발음하기도 어려운 아이슬란드 화산의 기분이라도 상하지 않았는지, 그 비위를 살피고 있는 것이다. 무심코 창밖에 고개를 돌려 보니, 오늘 따라 구름 한 점 없는 지평선 너머 하늘이 괜시리 더 푸르게 보인다.

2010년 5월 하순
소원주

# 서론

# 백두산이라는 꿈을 좇아

　필자는 2001년에 일본으로 떠난 뒤 2005년 봄에 귀국했다. 만 4년의 해외 생활을 마치고 귀국을 해 보니 한국 사회는 몰라보게 변해 있었다. 집에 돌아와서 서재를 정리하다가 일본으로 떠나기 직전 모 학회지에 투고했던 논문 원고가 눈에 띄었다. 백두산의 거대 화쇄류에 매몰된 탄화목의 방사성 탄소 연대 측정에 관한 논문으로, 국립 문화재 연구소와 한국 지질 자원 연구원의 두 연구자와 함께 제출했던 논문이었다. 백두산 탄화목의 연대는 곧 백두산이 대폭발을 일으킨 연대를 의미한다.

　그 논문에는 영문 초록의 'Baegdusan'을 'Mt. Paekdu'로 고치라는, 수정 요구 메모가 첨부되어 있었다. 익명의 심사자가 쓴 그 메모를 보니 오랫동안 잊고 있었던 당시의 기억이 되살아났다. 그때는 일본으로 떠나기 위한 준비 때문에 다망했고, 익명의 심사자에게 왜 백두산 화산재의 명칭을 'Mt. Paekdu'가 아닌 'Baegdusan'으로 써야 되는지를 설득하는 것이 당혹스럽고 난감했다. 그래서인지 학회지 편집자에게서 몇 차례 독촉을 받았지만 논문 투고를 포기하고 도일했다.

오랜만에 그 논문을 보니 무엇보다 국립 문화재 연구소와 한국 지질 자원 연구원의 두 연구자에게는 큰 빚을 지고 있었다는 깨달음이 먼저 들었다. 필자가 지질 조사를 해서 가져온 시료를 그들은 박편으로 만들고, 화학 분석을 하고, 연대를 측정했다. 조금 성가시더라도 그 논문이 빛을 보게 했어야 했다고 자책했다. 서재의 한쪽에는 백두산에서 가져온 시료의 분석 데이터, 필드 노트, 사진과 필름, 그리고 연구자들과 주고받은 서신, 메모, 메일, 논문의 별쇄본 등이 있었다. 주인을 잃고 색이 바랜 채 오랫동안 내팽개쳐져 있던 그 자료들은 무언 중에 필자의 잘못을 책하고 있었다.

그동안 국외에서는 10세기 백두산 분화의 전모와 그 연대를 밝히기 위한 연구가 숨 가쁘게 진행되고 있었다. 그러나 진작 우리나라에서는 백두산의 분화와 발해 흥망의 관계, 그리고 10세기 백두산이 대폭발한 사건 자체가 어느 일본 화산학자의 대수롭지 않은 주장 정도로 취급되고 강 건너 불구경하는 수준에서 그다지 진전이 없었다는 것을 알게 되었다.

그러던 어느 날 우연히 몇몇 우인(友人)들과 만난 적이 있었다. 그중에는 대학에서 교편을 잡고 있는 기상학자가 있어서 화산의 명동(鳴動)에 대해 물어 보았다. 그것은 물리학이나 기상학을 하는 사람에게 꼭 물어보고 싶은 것이었다. 『고려사(高麗史)』에는 고려 정종 원년(946년)에 당시 수도였던 개성에서 하늘이 무너지는 듯한 명동이 들려 죄인들을 대거 사면했다는 사실이 짧막하게 기록되어 있다. 이 명동 기록이 백두산의 것이었는지는 알 수 없다. 그러나 만약 백두산이 폭발했다면 개성에서 그 폭발음을 들을 수 있었을까? 만약 그렇다면 그것을 어떻게 과학적으로 설명할 수 있을까?

화산의 명동에 대한 필자의 다소 엉뚱한 의문에 대해 그 기상학자는 그다지 확실한 대답을 하지 않았다. 그런데 곁에 있던 또 다른 우인이 끼어들면서 논의는 중단되고 말았다. 그는 화산의 폭발음 따위에 신경을 쓰기보다 이제는 더 "현실적"인 일에 신경을 쓰는 게 좋지 않겠느냐고 정색을 하고 말하는 것이었다. 한국 사회는 어지러울 정도의 속도로 변화하고 있고 한국인들은 그 속도를 따라가기 위해 더욱 "현실적"인 문제에 혈안이 되어 있는데, 필자는 아직 백두산이라는 주제에서 벗어나지 못하고 있다는 데 대한 안타까움에 한 말이었을 것이다.

어쩌면 지금까지 필자는 백두산이라는 꿈을 좇아 왔는지도 모른다. 그러나 그 꿈의 의미와 진가를 알고, 그 문제가 얼마나 '현실적'인 것인지를 이해하는 사람은 적었다. 그것은 다름이 아니라, 사람들에게 10세기에 일어난 백두산 대폭발이 바르게 알려지지 않았기 때문이다.

1992년 일본 도쿄 도립 대학의 화신학자 마치다 히로시(町田洋)는 백두산 폭발로 인해 발해가 쇠망의 길을 걸었을지도 모른다는 가설을 제기했다. 그는 1981년 일본 북부 지방에 퇴적된 백두산 화산재를 처음으로 발견했던 인물이다. 그런데 그 가설은 역사학자들의 반발을 초래했다. 필자는 10여 년 전쯤, 지질학적으로는 맞지 않는 논리를 근거로 마치다의 가설을 비판하는 역사학자들의 글을 처음 접했던 당시부터, 10세기에 일어난 백두산 대폭발의 사건에 대해 역사학자를 비롯해 일반인에게 바르게 전할 수 있는 방법이 없을까 부심하고 있었다.

그러다가 이번에야말로 서재의 자료들을 어떤 형태로든 정리해 보기로 마음을 먹게 되었다. 여기에 담긴 내용을 관련 학회에 투고한다면 해외 연구 동향의 단신으로 게재될 수는 있을 것이다. 그러나 그러기 위해서는 또다시 백두산 화산재의 명칭이 왜 'Baegdusan'이냐에 대해 지루하게 설명해야 될지도 모른다. 그럴 바에는, 가능하다면 지면의 제약 없이 자유롭게 논의를 전개하고 싶었다. 일본의 산야에 퇴적된 얇은 백색 화산재가 무엇을 이야기하고 있는지에 대해, 그리고 한민족이 영산으로 숭상하고 있는 백두대간의 머리인 백두산에서 10세기에 무슨 일이 일어났는지에 대해 사람들에게 바르게 알려야겠다는 생각을 하게 된 것이다. 10세기의 어느 날 백두산은, 기원후 79년에 이탈리아 폼페이를 매몰한 베수비오 화산의 적어도 50배 규모의 대폭발을 했고, 그 화산재가 동해를 건너 일본에 퇴적되었다.

이 백두산의 화산재를 해독하다 보면 필연적으로 백두산 대폭발의 사건으로 이어지며, 결국 그 파국적 대폭발은 당시 백두산을 중심으로 존재했던 국가의 멸망이나 인류 문명의 소멸에 관여했을지도 모른다는 생각을 자연스럽게 가지게 된다. 이 화산재를 연구하면 할수록 그러한 생각은 확신으로 바뀌게 된다. 우선 그러한 주장이 나오게 된 배경을 이해시키지 않으면 논의를 시작조차 할 수 없을 것이다. 만약 이러한 문제들을 제대로 서술할 수만 있다면 이와 관련된 억측이나 소모적인 논쟁은 끝나고, 모두가 고대를 향한 새로운 시선을 갖게 되며, 유익한 논의가 시작될 수 있을 것으로 생각했다.

이제 1981년에 B-Tm(Baegdusan-Tomakomai volcanic ash의 약자)으로 불리는 백두산의 화산재가 일본에서 발견되어 논문으로 발표된 지 사반세기 이상의 세월이 흘렀다. 이 B-Tm에 관한 연구와 그를 통해 얻어진 견해들을 우리나라에서 더 이상 '속설'의 지위에 머무르게 해서는 안 된다. 그 일은 누군가가 해야 하는 것이다.

그런데 막상 원고를 집필하기까지, 그리고 집필하면서도 주저하는 마음이 앞섰다. 아무리 쉽게 집필한다고 해도 지질학적 이해가 요구되는 전문적인 내용이고, 어디서부터 이야기를 풀어 나가야 할지 막막했기 때문이다. 그리고 대중적인 저술에 백두산 화산재의 암석 기재적 특성까지 상세히 서술하는 것이 과연 바람직한가에 대해서도 자신이 없었다.

그럼에도 불구하고 결국 백두산 화산재의 화산 유리나 반정 광물의 박편 사진을 게재하고 그 물리 화학적 성질까지 서술하기로 마음을 먹었다. 그것은 설혹 일부 독자들이 환영하지 않더라도 지구 과학의 연구자들에게 도움을 주고 이해의 폭을 넓혀 줄 것이다. 생소한 학술적 용어, 또는 지질학적 개념들에 대해서는 주석을 달거나 풀어서 설명하기로 했다. 전문적인 학술 회의나 학회지에서 발표자의 논의를 알아듣지 못한다면 듣는 사람의 소양에 문제가 있지만, 일반인을 대상으로 한 이러한 저술에서 필자의 말을 독자가 이해하지 못한다면, 그것은 전적으로 필자의 책임이기 때문이다.

이 책은 모두 3개의 부(部)로 구성되어 있다. 제1부에서는 백두산 화산재가 일본에서 발견된 경위와, 10세기 백두산 분화가 사서에 기록되지 않은 점, 이런 상황에서 백두산 분화와 발해 쇠망에 관한 가설이 나오게 된 배경, 그리고 백두산 분화의 연대에 관한 논쟁을 서술했다. 여기서는 10세기 백두산 분화를 전후해 발해인들이 땅을 버리고 떠났던 사실과 발해를 멸망시킨 거란조차 그 땅을 포기하고 떠난 사실들이 포함되어 있다.

제2부에서는 일본에 B-Tm을 퇴적시킨 10세기 백두산 분화의 사건에 대해 지질학적으로 재구성했다. 그리고 신생대 제3기 이후 백두산이라는 젊은 화산의 생성과 지금까지 성장해 온 내력을 살펴보았다. 백두산은 지질학적으로 심부 단열대가 만나는 삼중점의 중심이며, 쉽게 마그마가 모여드는 숙명을 안고 태어난 화산이다. 또한 10세기에 천지에서 분출된 화산재의 물리 화학적 성질을 분석하면서 알게 된 백두산 화산재의 지문과

도 같은 특성에 대해 논했다.

제3부에서는 문명을 바꾼 화산 분화의 사례와 AT, K-Ah, U-Oki 등 한반도 주변의 광역 테프라(widespread tephra)에 대해 논했다. 이 광역적으로 퇴적되는 화산재의 개념은 B-Tm을 이해하는 데 도움이 되고, 이 책의 전반적인 논의를 이해하는 데 도움이 될 것으로 생각했다. 마지막으로 백두산이라는 매우 활동적인 화산이 앞으로 어떤 화산 활동을 할지 전망했다.

이 책을 쓰면서 역사학이 이룩한 발해 연구의 성과들을 인용했는데, 이것이 혹 역사학의 업적에 누를 끼치지나 않았을까 우려가 된다. 그러나 그것은 필자의 의도가 아니며, 역사 전공자가 아닌 필자의 능력으로 가능한 일도 아니다. 다만 필자는 화산의 거대 화쇄류 분화에 대한 일부 역사학자들의 오해와 과소평가를 해소하고 싶을 뿐이다. 필자는 지질학적 증거와 역사 이론은 서로 모순되지 않고 결국 어느 길에선가 만나게 될 것이라고 믿는다.

10세기에 백두산이 폭발한 정확한 연대는 아직 밝혀지지 않았다. 따라서 백두산 폭발이 발해 멸망에 관련되어 있는지, 또는 발해를 포함한 동아시아의 인류 문명에 어떤 영향을 끼쳤는지에 대해서는 아무도 확신을 가지고 말할 수 없다. 지금까지의 연구 결과에 따르면, 거란의 정사인『요사(遼史)』에 기록된 발해의 수도 상경(上京) 홀한성(忽汗城)이 거란의 침공에 의해 함락된 시기(926년)와 일치하기보다는, 아마 발해 멸망 이후 발해인들이 대규모로 고려로 들어오는 시기(930~938년), 또는 그 이후『고려사』에 명동 사건이 기록된 시기(946~947년)를 전후해 100km³라는 엄청난 화산 쇄설물을 분출한 백두산의 화산 폭발이 일어났을 가능성이 크다.

화산 분화의 연대에만 초점을 맞추다 보면 정작 우리는 중요한 사실을 잊고 만다. 고구려인, 발해인이 살다간 옛 땅의 한복판에서 실제로 일어난 그 화산 폭발은 인류 역사상 최대의 규모였다는 사실이다. 인류가 문자로 역사를 기록하기 시작한 이래 지구상에서 일어난 화산 분화 중 백두산의 규모가 최대였다. 그 화산재는 가차 없이 인류의 기록과 구조물을 뒤덮고 역사에 공백을 만들고 문명을 정체시키고 문화를 소멸시켰다. 그것은 역사라는 퍼즐에서 발해 멸망이라는 한 조각을 우리 곁에서 없애 버렸다. 그 화산 분화의 사건이 역사를 움직인 동력으로 작용했다는 것만은 틀림이 없다. 주제넘은 일이지만, 이제 10세기에 일어난 백두산 분화에 대한 지질학적 이해를 바탕으로, 발해와 발해 이후의 한반도 북부 및 중국 동북부 역사에 대한 유익한 논의가 시작되기를 바랄 따름이다.

백두산은 과거와 현재에 그곳에서 살다간 사람들의 정신 세계와 물질 세계를 지배했다. 10세기에 일어난 백두산 대폭발의 사건을 이해하지 않고는 백두산을 중심으로 존재했던 국가와 민족의 역사를 완전히 이해했다고 할 수 없다. 이 책을 통해서, 일본에서 발견된 한 장의 백색 화산재로부터 서기 이래 인류가 처음으로 경험했던 지구 최대의 화산 분화를 이해하고, 한때 그곳에 존재했던 발해라는 국가의 흥망조차 논하게 된 배경을 이해하게 되기를 바란다. 그리고 화산을 비롯해 살아 있는 지구의 변동이 인류의 문명에 미치는 영향에 대해 주의를 환기하고 새로운 눈을 가지게 된다면 더 바랄 것이 없다.

이 책 출간과 관련해 감사의 인사를 드려야 할 분들이 있다. 이 책은 백두산 화산재를 발견한 도쿄 도립 대학의 마치다 히로시 명예 교수의 이야기라고 해도 과언이 아니다. 그의 업적을 이야기하지 않고 백두산 대폭발을 논할 수 없다. 그는 이 원고를 집필하기 전부터, 그리고 원고를 집필하는 도중에도, 시종 폭넓은 논의를 해 주고 소중한 자료들을 제공해 주었다. 이 책에 인용한 많은 그의 저술과 논문을 통해서 그와 동행했던 지질 조사를 통해서 여기 서술된 내용에 대한 영감을 얻을 수 있었다. 히로사키(弘前) 대학 시오바라 데쓰로(鹽原鐵郎) 명예 교수, 아오모리(青森) 현 현사(縣史) 편찬실 야마구치 요시노부(山口義伸) 씨, 홋카이도 매장 문화재 센터 하나오카 마사미쓰(花岡正光) 씨에게 감사를 드린다. 그들은 필자에게 일본 북부에 퇴적된 다양한 화산재에 접할 기회를 주었고, 백두산 화산재 연구로 인도해 주었다. 한국 교원 대학교 우종옥 전 총장은 1993년에 시오바라 교수를 한국에 초청했었고 같은 대학 김범기 대학원장은 당시 시오바라 교수의 강연을 통역했었다. 이 세 분의 필자의 은사들이 크고 작은 인연으로 이어져 있었다는 것을 지금에 와서 새삼 느낀다.

이 원고의 초고를 읽고 면밀하게 수정해 준 한국 지질 자원 연구원 고상모 박사에게 감사를 드린다. 그는 서두에 언급한 백두산 탄화목 연대에 관한 미발표 논문의 공저자 중 한 명이었다. 이 책의 출간으로 그에게 진 빚을 조금이나마 갚게 되기를 바란다. 중국 과학원(中國科學院) 차오다창(趙大昌) 박사, 도호쿠(東北) 대학 미야모토 쓰요시(宮本毅) 교수로부터는 사진 등 많은 자료를 제공받았고, 부산 대학교 윤성효 교수는 이 원고의 초고를 읽고 백두산 현지의 지질과 지형에 대해 조언을 해 주었다. 그 외 여기 인용한 발해의 역사를 포함해 백두산에 관한 많은 저서와 논문의 저자들이 없었다면 이 책은 나올 수 없었다. 백두산을 둘러싼 인류의 역사와 자연의 변천을 규명하기 위한 그들의 공헌과 노력에 대해 깊은 경의의 뜻을 표한다. 그리고 마지막으로 지질학과 역사학 사이에서 외줄을 타는 이 책을 출판해 준 ㈜사이언스북스에 진심으로 감사를 드린다.

이 책을 쓰기로 작정하고 오랜 벗에게 그 생각을 이야기했더니, 그는 백두산 관광 안내서라도 집필할 것이냐며 필자를 놀려 댔다. 그런 그에게도 보잘것없는 이 책이, 관광 안내서로는 실격이겠지만, 백두산의 과거와 현재를 넘나들며 자유롭게 여행하는 데 길잡이가 되기를 진심으로 바란다.

# 차례

# 제3부

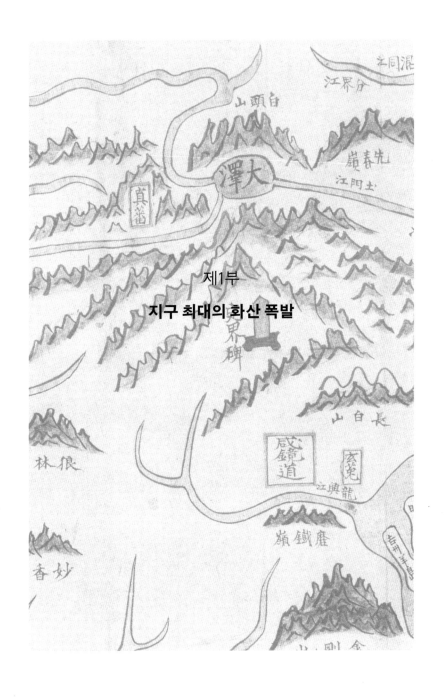

제1부

**지구 최대의 화산 폭발**

백두산은 살아 있는 화산이다. 화산학적으로는 대륙의 열점 화산으로, 지각의 움직임과는 관계없이 맨틀 상부에서 만들어진 마그마를 끊임없이 빨아들이는 블랙홀과 같은 화산이다. 그 중심점이 바로 천지(天池)라고 불리는 칼데라이다.

백두산은 수백만 년의 지질 시대를 통해 강물이 흐르는 속도보다 더 느리게 조용히 현무암(basalt) 용암을 분출해 개마고원이라 불리는 거대한 현무암 대지를 형성했다. 그러다 10세기에 갑자기 그 모습을 바꾸었다. 끈적끈적한 마그마의 속살을 지표에 노출시키고, 지하의 압력은 산체를 붕괴시키며, 하늘을 찢는 굉음과 함께 산산조각 난 암편과 부석과 화산재(火山灰, volcanic ash)를 공중을 향해 토해 냈다. 이 분화에서 총 용적 100km³에 달하는 화산 분출물을 분출했다. 이 분출량은 과거 2,000년간, 즉 서기 이래 지구상에서 일어난 화산 분화 중 단연 최대의 규모였다.

하늘 높이 치솟은 분연주(volcanic column)의 버섯구름은 그 높이가 25km에 달해 대류권을 뚫고 성층권에 이르렀다. 그리고 이 분연주가 붕괴되어 거대 화쇄류(巨大火碎流, gigantic pyroclastic flow)가 발생했다. 이 거대 화쇄류는 중력과 관성과 열에너지를 추진력으로 100km 이상 지면을 이동했으며, 상공에서 강하한 화산재가 동해를 뒤덮었다.

이 화산 분화가 끝난 후 주변의 모든 생물이 전멸했다. 그리고 일대는 도저히 지구의 것으로는 생각할 수 없는 새로운 세상으로 바뀌었다. 벌레 소리나 바람에 나뭇잎 스치는 소리조차 없고 아황산 가스의 연기만 자욱한 흑백의 화산재 행성으로 바뀌어 버린 것이다. 백두산 산록의 넓은 지역에서 지금도 이 종류의 분출물과 함께 당시의 위력과 충격을 확인할 수 있다. 그리고 아직 풍화되지 않은 백색 부석(白色浮石, white pumice)과 거대 화쇄류에 뒤덮인 노두는 그 사건이 그리 먼 과거에 일어난 것이 아니라는 것을 말해 주고 있다.

　백두산에서 분출된 화산재는 멀리 일본 북부 지방에 한 층의 백색 화
산재층을 남겼다. 화산 유리로 구성된 이 화산재는 10세기의 어느 시기,
아마 불과 수일에서 수개월에 걸쳐 일본 북부 지방의 하늘에서 낙하했을
것이다. 검은 흑토층 사이에 얇게 퇴적된 이 백색 화산재는 백두산 대폭발
의 비밀을 감추고 있는 자연의 기록인 것이다.

# 제1장

# 백두산-도마코마이 화산재

　화산은 그 품속에 수백 메가톤의 화약을 채운 폭탄과도 같다. 백두산과 같은 거대 화산은 마그마방(magma chamber)이라고 불리는 화약고의 용적이 큰 만큼 가공할 파괴력을 가진다. 방대한 양의 마그마가 지표에 도달해 지하 압력에서 해방되면 공중에서 산산조각이 난다. 그것도 순식간에 일어난다. 이것을 화산 폭발이라고 한다. 화산 폭발은 수십 km 떨어진 곳까지 수 m 두께로 화산재를 퇴적시키고 그 대상이 자연물이건 인공물이건 상관없이 한순간에 재 속에 매몰시켜 버린다. 또 다른 위협은 화쇄류이다. 800℃ 이상의 화산재와 부석의 열풍이 태풍과 같은 속력으로 산의 사면을 질주해 삼림을 황폐화시키고 생명을 빼앗아 간다.

　화산의 폭발적 분화에 의해 화구에서 분출된 화산 쇄설물을 테프라(tephra)라고 한다. 화산이 폭발적으로 분화를 할 경우에는, 아득한 거리를 여행해 매우 먼 곳까지 화산재를 퇴적시키는 경우가 있다. 이것을 광역 테프라(widespread tephra)라고 한다. 광역 테프라는 화산의 거대 분화에 의해 짧은 시간 동안에 넓은 범위에 걸쳐 퇴적되는 화산 분출물로서, 화구에서 멀리 떨어진 곳에서는 대체로 입자가 매우 작은 화산재의 형태로 발견된다. 광역 테프라는 넓은 지역에 거의 동일한 시간에 퇴적되기 때문에 이전부터 자연의 변화나 인류의 역사를 밝히기 위한 건층으로서 지질학이나 토양학, 고고학 등 많은 연구 분야에서 중요시되어 왔다.


## 1. 아오모리에서 만난 테프라

1990년 봄의 일이다. 일본 히로사키 대학에 유학하고 있던 필자는 일본 혼슈(本州, 일본을 이루는 4개의 큰 섬 중 중심에 있는 가장 큰 섬. 도쿄, 교토 등이 이 섬에 있다.) 최북단의 아오모리(青森) 현 하치노헤(八戶) 공과 대학에서 열린 한 지질 학회에 참석했다. 아직 찬 기운이 가시지 않은 대학 구내에는 잔설이 여기저기 남아 있었다. 발표회장에서 오전과 오후의 논문 발표가 끝나고 저녁에 근처 식당에서 간담회를 하게 되었다.

히로사키 대학은 아오모리 현에 소재한 어엿한 국립 대학이지만 북국의 소도시에 있는 대학을 찾는 외국 유학생은 적었다. 그래서인지 학회 같은 자리에서는 으레 지도 교수가 필자를 일으켜 세우고는 한국에서 유학을 왔다고 모두에게 소개를 하고는 했다.

술잔이 몇 차례 비워지고 자리의 분위기가 무르익어 갔다. 그때 내 앞에 앉았던 한 연구자가 필자에게 느닷없이 이렇게 물어 왔다.

"'하쿠토산'을 아십니까?"

아닌 밤중에 홍두깨란 이런 경우에 해당되는 말이다. 필자가 "하쿠토산"을 알 리가 없다.

"잘 모르겠습니다."

그러자 그는 핀잔을 주듯이 이렇게 덧붙였다.

"한국인이 '하쿠토산'을 모르나요?"

그는 한국의 어떤 산을 이야기하는 것 같았지만 잘 알아듣지 못했다. 이럴 때는 필담을 하는 것이 좋다. 그래서 그에게 한자로 써 보라고 했다.

"白頭山."

백두산의 일본식 발음이 "하쿠토산"이었다. 필자에게 말을 건 사람은 야마구치 요시노부(山口義伸)였다. 아오모리 매장 문화재 센터의 지질학자로서 고고학적 유적에서 출토되는 화산재를 분석하고 있었다. 일본의 유적에는 유물과 함께 많은 종류의 화산재가 퇴적되어 있어서, 화산재는 유적의 연대를 결정하는 단서를 제공한다.

야마구치는 백두산에 가 보는 것이 자신의 꿈이라고 했다. 지금은 중국을 통해 쉽게 백두산에 갈 수 있고, 북한 쪽에서 지질 조사를 하는 일본 연구자가 있을 정도지만, 당시의 백두산은 일반 연구사들의 집근을 쉽게 허용하는 곳이 아니었다.


### 흑토층 속의 백색 화산재

한국인이라면 백두산은 누구나 안다. 애국가에 등장할 만큼 한국인의 정서 깊은 곳에 자리 잡고 있는 산임에 틀림이 없다. 그러나 애국가를 알리도 없는 일본인 야마구치는 왜 그토록 백두산에 가고 싶어 하는가?

"이 부근에서 백두산에서 날아온 화산재가 발견됩니다."

그의 말에 따르면, 아오모리 지방에는 입자가 매우 작은 화산재가 발견되는데, 그 광물학적 특징을 조사해 보면 일본의 화산재가 아니라는 것이다. 이 화산재는 반정 광물(斑晶鑛物, phenocryst)로서 일본에서는 거의 보고된 적이 없는 알칼리 장석(alkali feldspar)을 포함하고 있다고 했다. 알칼리 장석은 보통 화강암에 포함되는 광물로서, 백두산이나 울릉도 화산 등 한반도 신생대 제4기 화산암에서 특징적으로 발견되는 광물이다. 그는 화산재의 분포로 보아도 분명히 바다를 건너 한반도에서 날아왔다고 주장했다. 그는 한반도에서 이 규모의 폭발을 할 수 있는 화산은 백두산 이외에 없지 않느냐며 필자에게 반문했다.

흥미진진한 이야기였지만 솔직히 그의 말이 믿기지 않았다. 백두산에서 아오모리까지는 동해를 격하고 1,000km 이상 떨어져 있다. 무엇보다 백두산의 폭발이 아무리 격렬했다고 하더라도 그 먼 거리까지 테프라를 날려 보냈다는 점이 얼른 이해하기 힘들었다. 그리고 막상 화산으로서의 백두산은 어쩐지 생소하게 느껴졌다. 그에게 그 화산재가 발견되는 곳으로 안내해 줄 수 있겠냐고 물었다. 그는 쾌히 승낙을 했다.

지하 수십 km의 깊은 곳에 있는 고온(800~1,200℃)의 용융 물질을 마그마(magma)라고 한다. 우리말로 굳이 암장(岩漿)이라고 하지 않더라도 마그마라고 하면 쉽게 이해가 된다. 마찬가지로 화산의 폭발적 분화에 의한 분출물을 지칭할 때에는 '고체 화산 쇄설물'이라고 하기보다 '테프라'라는 용어를 사용한다.

테프라는 본래 그리스의 철학자 아리스토텔레스가 사용했던 유서 깊은 용어로서 그리스 어로 '재'를 의미한다.[1] 아이슬란드의 화산학자 시구르두르 토라린손(Sigurdur Thorarinsson, 1912~1983년)이 화산 폭발에 의해 생성

---

1) "화산재"를 "화산회"라고 하기도 한다. 화산학에서 화산재는 지름 2mm 이하의 고체 화산 쇄설물을 의미한다.

된 고체 화산 쇄설물을 통칭하는 용어로 '테프라'를 제안한 이래 많은 사람들이 그 개념으로 사용해 왔다(Thorarinsson, 1974). 화산이 폭발하면 화구를 통해 여러 가지 형태와 크기의 고체 화산 쇄설물을 토해 낸다. 크기에 따라 화산진(火山塵, volcanic dust), 화산재, 화산력(火山礫, volcanic lapilli), 화산암괴(火山岩塊, volcanic block), 화산탄(火山彈, volcanic bomb) 등 여러 가지 명칭으로 불리지만, 이를 통틀어 테프라라고 부른다.

테프라는 그 크기가 크든 작든 상관없이 모든 고체 화산 쇄설물을 통칭하며, 그 화산 쇄설물의 퇴적 양상과도 관계가 없다. 예를 들어 화산 폭발 시 공중으로 뿜어졌다가 퇴적되는 강하(降下) 화산재와, 산의 사면을 시속 150km 이상의 속도로 돌진하는 화쇄류는 서로 퇴적 양상은 다르더라도 테프라라는 점에서는 동일하다. 테프라는 액체 용암(溶岩, lava)과는 그 특성이 다르며, 광물의 조합으로 된 고유의 지문과 같은 특성을 가지고 있다. 이 특성이 서로 다른 테프라를 구별하게 한다. 또한 동일한 화산이라고 해도 언제 분출된 테프라이냐에 따라 테프라의 광물 조합이 달라지므로 구별된다. 이는 같은 배에서 태어난 형제라고 해도 지문이 다른 것과 같다.

화산재는 그것을 뿜어낸 화산 근처에서는 쉽게 볼 수 있다. 그러나 화구에서 멀어질수록 화산재를 발견하기는 점점 어려워진다. 화산재의 두께가 얇아질 뿐만 아니라, 일단 퇴적되었다고 하더라도 비에 씻겨 내려가기도 하고, 동·식물의 작용에 의해 퇴적된 당시의 상태 그대로 보존되는 경우가 드물다. 또한 인간들은 경작지를 늘리고 주거지를 만들기 위해 그 화산재의 상당 부분을 제거해 버린다. 어지간히 자세히 관찰하지 않으면 발견하기 어렵다.

화구에서 1,000km 이상 떨어진 백두산 화산재의 경우에는 말할 나위도 없는데, 어디서나 땅을 파 보면 나오는 것이 아니다. 이탄(泥炭) 속이거나, 말라 버린 호수의 바닥, 화산재가 퇴적되고 난 후 곧바로 다른 화산재에 피복되어 보존된 장소 등 상당히 조건이 좋은 곳이 아니면 발견되기 어렵다. 특히 화산재가 다른 토양과 혼합되었거나, 풍화되었을 경우에는 여간해서 식별해 내기 힘들다.

며칠 후 야마구치의 승용차에 동승해 아오모리 시내의 아사히 산(朝日山) 유적 발굴 현장에 가게 되었다. 그곳은 이미 발굴 작업이 끝나고 작업반과 연구자들이 모두 철수하고 없었다. 발굴된 유물은 박물관으로 옮겨졌고, 부근에서 곧 도로 확장 공사가 시작될 예정이라고 했다. 그곳에서 처음으로 문제의 화산재와 대면하게 되었다. 다행히도 아사히 산의 노두에는 테프라가 퇴적 당시의 모습으로 보존되어 있었다.

노출된 지층의 절개 면을 삽으로 깎아 보니, 맨 위에 유기물이 포함된 새까만 흑토층[2]이 나왔다. 그 흑토층 사이에 군데군데 황백색의 화산재가 얼굴을 내밀었다. 백두산에서 왔다는 바로 그 화산재이다. 이 화산재는 본래 백색이었을 것이다. 황백색으로 보이는 것은 풍화가 진행되었다는 것을 의미한다. 그 두께는 일정하지 않았지만 대략 1~2cm였다(사진 1-1). 이 화산재를 손으로 문질러 보면, 마치 고운 밀가루처럼 입자가 매우 작다. 이것은 이 화산재가 아주 먼 곳에서 날아왔다는 것을 말해 준다. 루페로 자세히 살펴보니 투명한 작은 입자가 햇빛에 반짝거린다. 그 입자는 매우 작은 유리의 파편들이었다.

화산이 폭발해 화산 분출물의 분연주가 만들어지면, 입자가 크고 무거운 물질은 화구 근처에 퇴적하지만, 작은 것은 바람을 타고 수백 km 이상 먼 곳까지 운반된다. 1991년에 폭발한 필리핀의 피나투보(Pinatubo) 화산의

---

2) 흑토(black soil)는 과거에 생육하던 식물이 부패해 만들어진 토양으로 이탄(泥炭)이라고도 한다.

**|사진 1-1|** 아사히 산의 백두산-도마코마이 화산재

사진 중앙의 하얀 띠 모양으로 퇴적된 층이 백두산-도마코마이 화산재(B-Tm)이다. 보통 1~2cm
의 두께이지만 물에 의해 이동해 2차 퇴적된 곳에서는 그 두께가 더 두껍다.

경우에는 화산재가 지구를 일수했다는 것이 기성 위성으로 확인되었다. 따
라서 일반적으로 화산재층의 두께와 입자의 크기는 화구로부터의 거리가
멀수록 지수 함수적으로 감소한다. 무거운 광물은 화산 주변에 낙하해 버
리지만, 가벼운 화산 유리(volcanic glasses 또는 shards) 조각은 기류를 타고 먼 곳
까지 운반되는 것이다.

이 화산재는 아오모리 일대에서는 어디서나 915년에 일본 혼슈 최대의
칼데라인 도와다(十和田) 칼데라가 폭발했을 때의 분출물, 즉 '도와다-a(약칭
To-a)'라고 불리는 화산재층 바로 위에 퇴적되어 있었다. 도와다 칼데라의
분화 연대가 915년이라는 것에 대해서는 논란의 여지가 없는 것은 아니다.
일본의 『부상약기(扶桑略記)』라는 사서에는 915년에 일본 도호쿠(東北) 지방

에 화산재가 낙하·퇴적된 사건이 간단하게 기록되어 있다. 당시 일본의 도호쿠 지방에서 활동한 화산은 도와다 칼데라밖에 없으므로 이것이 바로 To-a의 분출 연대로 받아들여지고 있는 것이다.

아무튼 문제의 화산재는 도와다 칼데라 폭발 직후, 즉 915년 직후에 퇴적된 것이 된다. 당시 백두산을 중심으로 한 한반도 북부와 중국 동북 지방, 그리고 러시아 연해주 일대의 지배자는 발해(698~926년)였다. 역사학계의 정설에 따르면 발해는 926년 거란의 침공으로 멸망했다. '해동성국(海東盛國)'이라는 찬사가 무색할 만큼 역사에서 갑자기 사라졌다. 도대체 무슨 일이 있었던 것일까? 일본 북부 지방에 915년 직후에 퇴적된 것으로 생각되는 이 문제의 화산재가 백두산 폭발의 산물이라면 백두산 폭발과 발해의 멸망은 어떤 관계가 있는 것은 아닐까?

To-a와 그 바로 위에 퇴적된 백색의 화산재, 즉 백두산 화산재는 야외에서 보면 마치 동일한 화산재가 각각 두 층으로 퇴적된 것처럼 보이지만, 루페 같은 확대경으로 자세히 살펴보면 To-a와 문제의 화산재는 입자의 크기도 다르고 형태도 다르고 색깔도 다르다. 화산재를 시료 주머니에 담고 대학 연구실로 돌아와 현미경으로 그 모습을 관찰했다.

화산재를 물로 씻어 내고 초음파 세정기로 풍화물을 털어 내니, 버블 월(bubble wall)의 화산 유리가 마치 보석처럼 빛을 내고 있었다. 그런데 주사 전자 현미경(scanning electron microscope, SEM)으로 본 화산 유리의 단면은 주변부터 풍화[3]해 표면이 상처투성이였다. 화산 유리는 일반적인 반정 광물과는 달리, 풍화에 약해서 쉽게 주위의 흙에 흡수되고 동화되어 간다. 그

---

3) 지질학적으로 화산재의 풍화는 탈유리화 작용(devitrification)의 과정으로 설명된다. 화산 유리가 풍화되면 점토 광물로 변질되어 마침내는 토양의 구성 성분이 된다.

어떤 광물보다 밝은 빛을 내는 화산 유리로서는 굴욕적인 최후인 셈이다. 그러나 아오모리의 화산재는 아직 그 빛을 완전히 잃지는 않았다.

화산 유리는 광물학적으로 비정질(非晶質), 즉 결정이 아닌 것으로 취급되지만, 실은 마그마의 정보를 그대로 간직하고 있는 본질물(essential material)이다. 화산 유리는 마그마 그 자체를 의미하는 것이다. 즉 마그마로부터 직접 만들어진 물질이기 때문에 화산학자들에게는 매우 중요하게 취급된다. 화산재 속에 포함된 화산 유리는 화산 분화 시 유체 상태의 마그마가 매우 짧은 순간에 냉각되어 생긴 물질이다. 마그마가 시간을 두고 서서히 냉각될 경우에는 사장석, 휘석 등의 광물이 만들어지지만, 급히 냉각될 경우에는 광물 대신에 화산 유리가 만들어진다.

문제의 화산재는 90% 이상이 화산 유리로 구성되어 있었다. 이처럼 마그마 본질물인 화산 유리의 함량이 높다는 것은 마그마의 규모가 매우 큰 폭발적 분화에 의해 순식간에 생성된 테프라라는 것을 의미한다. 화산이 폭발할 때는, 마그마뿐 아니라, 기존 화도(火道)를 구성하는 암석(유질물)이나, 산체를 구성한 오래된 암석(이질물)이 화산 쇄설물로서 함께 날아가서 퇴적된다. 그런데 이 화산 쇄설물 중 화산 유리의 함량이 높다는 것은 유질물과 이질물에 비해 본질물인 마그마의 규모가 크다는 것을 의미한다.

화산이 폭발한다고 해서 모두 마그마가 직접 관여하는 것은 아니다. 수증기 마그마 폭발(phreatomagmatic eruption)과 같이 마그마가 지하 얕은 곳의 지하수와 접촉해 수증기의 팽창력만으로 화산이 폭발하는 경우도 있다. 이 경우 테프라는 본질물인 화산 유리가 아니라 주로 기존 화산체를 구성하던 암석의 암편으로 구성된다.

아오모리의 화산재를 뿜어낸 화산 분화는 본질물인 화산 유리의 함량비로 미루어 보아 엄청난 양의 마그마가 직접 관여한 대규모의 화산 폭발이었던 것이다.

## 유적 발굴 현장의 두 층의 화산재

아사히 산에서 화산재를 본 지 얼마 지나지 않아, 백두산과 도와다의 두 광역 테프라를 다시 만나게 되었다. 나카노타이(中野平) 유적 발굴 현장에서였다. 나카노타이 유적은 아오모리 현 하치노헤 시에 소재한 유적으로, 도로 공사 중 발견되었는데, 거의 200호가 넘는 9~10세기 헤이안(平安) 시대[4] 집터들이 밀집된 대규모 유적이었다. 그 집터들을 앞서 말한 두 장의 광역 테프라가 덮고 있었다(사진 1-2).

유적 발굴은 다양한 전공을 배경으로 하는 사람들이 참여하는, 여러 학문을 아우르는 작업이다. 고고학, 역사학, 건축학, 고미술학, 인류학, 그리고 화산학, 토양학, 광물학 및 고생물학 등을 전공하는 연구자들은 물론이고 행정 당국의 담당자들이 모여든다. 발굴 작업을 지휘하는 연구 책임자는 학회에서 만났던 야마구치였다.

어느 날 그가 대학의 연구실로 찾아와 현재 발굴 작업을 하고 있는 유적 내의 광역 테프라 동정(同定) 작업을 해 보지 않겠느냐고 했다. 필자가 백두산 화산재에 대해 강한 흥미를 가지고 있다는 것을 익히 알고 있던 야마구치는 한국의 화산은 한국인이 연구해야 한다고 이야기하곤 했다. 이제 갓 연구에 입문하려는 햇병아리 연구자에게 테프라 동정의 프로젝트를 맡긴다는 것은 야마구치로서 일종의 도박이었을 것이다. 필자는 그 제의를 받아들이기로 했다. 이로써 본격적으로 문제의 화산재를 조사할

---

4) 일본의 수도를 헤이안으로 천도한 서기 794년부터 무가(武家) 정치가 시작된 1192년 사이의 시대.

|사진 1-2| 나카노타이 유적 단면
얼른 보면 하나의 층으로 보이지만, 자세히 보면 각각 두 개의 광역 테프라층임을 알 수 있다. 각 테
프라의 두께는 1~2cm, 위쪽이 B-Tm(백두산-도마코마이 화산재), 아래쪽이 To-a(도와다-a 화
산재)이다.


수 있는 기회를 갖게 되었다.

유적의 연대를 결정하는 데 화산재는 많은 정보를 제공해 준다. 건축물
이 만들어지기 전에 화산재가 퇴적되었는지 아니면 건축물이 폐허가 된
이후에 화산재가 퇴적되었는지, 또는 그 중간에 화산재가 퇴적되었는지를
조사해 유적 연대를 정밀하게 좁혀 가는 것이다.

두 층의 화산재 중 아래의 것이 도와다 칼데라의 915년의 분출물로 알
려진 To-a라는 것은 이미 도호쿠 대학의 마쓰야마 쓰토무(松山力)와 오이
케 쇼지(大池昭二)가 보고했고(松山·大池, 1986), 그 특성이 일치했다. 그 바로

위에 문제의 화산재가 퇴적되어 있었다. 이 화산재는 도쿄 도립 대학의 마치다 히로시와 그 동료들이 그 특성을 보고한 바 있는(町田 등, 1981), 일본 지역에서 발견된 백두산 화산재의 특징과 일치했다. 마치다는 일본 홋카이도에서 최초로 백두산 화산재를 발견하고 그 특징을 기재한 화산학자였다. 나카노타이 유적을 덮은 두 층의 광역 테프라는 도와다 칼데라와 백두산에서 각각 분출한 것임에 틀림이 없었다. 나카노타이 유적은 무엇인가에 의해 일시에 폐허가 되었으며, 그 뒤 얼마 지나지 않아 To-a가 퇴적되었고, 그 직후 다시 문제의 화산재, 즉 백두산 화산재가 퇴적되었다.

이렇게 결론을 내릴 수 있었던 것은, 일반적으로 수혈(竪穴)식 주거[5]라고 불리는 주거의 기둥이 뽑혀 나간 구멍에 모두 이 두 테프라가 차례로 퇴적되어 있었기 때문이다. 수혈식 주거 유적지에서 발견되는 기둥 구멍은 광역 테프라가 보존되기 좋은 조건을 가지고 있다. 결국 두 장의 광역 테프라의 퇴적 양상으로 미루어 보아, 나카노타이 유적은 915년 이전에 폐허가 되어 버린 집단 주거지였다.

완전히 얼굴이 익어 버린 이 백두산 화산재를 필자는 그 뒤 아오모리는 물론 아키타(秋田), 이와테(岩手) 등 일본 도호쿠 지방이나, 핫코다(八甲田) 산지와 같은 산악 지대에서, 또는 삿포로(札幌), 하코다테(函館), 무카와(鵡川) 등 홋카이도의 넓은 지역 어디에서나 볼 수 있었고, 흑토층 속에 한 줄의 얇은 백색 지층으로 자신의 모습을 드러내고 있었다.

강한 인상을 받았던 것은 그 화산재가 가지는 공간적 광역성에 비해 퇴적 시간은 순간적이었을 것이라는 단순하고도 명확한 사실이었다. 차츰

---

5) pit dwelling, 지면을 원형 또는 사각형으로 파고 그 속에 인디언 텐트 모양으로 여러 개의 기둥을 겹치게 세워 짚 등을 얹은 원시적 주거 형태. 일본에서는 이 주거 형태가 헤이안 시대까지 계속되었다.

이 화산 유리로 구성된 백색 화산재가 무언가 열심히 이야기하고 있다는 생각이 들기 시작했다. 이 화산재층은 도와다 칼데라가 폭발한 915년 직후에, 한반도와 중국 동북부 지방에서 거란과 발해가 충돌했던 그 시기에 하늘에서 낙하한 퇴적물로서, 마치 영화의 정지 화면처럼 실로 정확하게 그 순간을 기록해 놓고 있었던 것이다.

이 필름을 되감을 수는 없을까? 이 화산재가 백두산에서 동해를 건너서 날아온 것이라면 과연 백두산에서는 어떤 일이 일어났을까? 평소 정적과 고요에 쌓여 있는 화산이 어떤 험악하고 거친 표정을 보였던 것일까? 마그마의 압력은 지하의 암반을 마치 휴지 조각처럼 산산조각 내고 수십 km 상공까지 뿜어 올린다. 산정을 함몰시키고 스스로를 붕괴시킨 그 충격파는 지각을 따라 전파되어 지구 반대편의 지진계의 침까지 춤추게 한다. 화쇄류의 뜨거운 열풍과 화산 이류(火山泥流, volcanic mudflow)의 노도와 같은 물결은 수백 년 묵은 산림을 쓸어 버리고 수많은 인명을 빼앗는다. 그리고 대기 중으로 퍼진 화산재는 오랫동안 대기에 머물며 지구의 기후조차 변화시켜 버리는 것이다.

현미경으로 백두산에서 날아온 테프라의 얼굴을 보면서 이 화산재에는 무엇인가 깊은 사연이 담겨 있는 것처럼 여겨졌다. 그리고 언젠가는 거기에 담겨진 의미를 해독해 내고 싶다는 강한 충동을 느꼈다.


## 2. 백두산 화산재 발견의 프롤로그

백두산 화산재를 이야기하기 전에 도와다의 화산재를 이야기하지 않을 수 없다. 백두산 화산재 발견의 단초가 되었던 것이 도와다 칼데라에서 분출한 테프라였기 때문이다.

일본 도호쿠 지방은 비교적 개발이 늦었다. 1960년대 도호쿠 고속 도로 건설 등 대규모 토목 공사가 시작되면서, 헤이안 시대에 형성된 테프라 층이 지표 부근에 널리 퇴적되어 있다는 사실이 알려졌다. 지질학적으로 극히 최근의 역사가 기록된 보물 같은 테프라층이다. 그러나 처음에는 그 화산재가 어디에서 유래된 것인지조차 확실히 알지 못했다.

이어서 1970년대에 일본 도호쿠 지방의 고고학적 유적들이 발굴되면서, 연구자들은 점차 이 화산재의 중요성을 인식하게 되었다. 고고학계에서는 즉시 이 화산재의 연대가 필요했다. 그러나 화산학계에서 즉각 그에 대한 답을 제공해 줄 형편이 못 되었다.

일본의 헤이안 시대(794~1192년)라면 '지질학적'으로 바로 어제와도 같은 시대인데, 이러한 새로운 시대의 화산재의 연대와 그 근원지를 모른다면 화산으로 밥을 먹고사는 화산 전문가들로서 체면이 말이 아니다. 유적 발굴 작업에 화산학자들이 가세하게 되었다.

광범위한 야외 조사를 통해 화산재층의 두께와 입자의 크기를 조사해 보니, 도와다 칼데라로 갈수록 화산재층의 두께가 두꺼워지고 입자의 크기도 커진다는 것을 알 수 있었다. 결국 화산재의 분포를 역으로 추적하다 보니, 마침내 수렴하는 곳을 발견했다. 바로 일본 혼슈 최대의 칼데라인 도와다 칼데라였다.

도와다 호[6]는 화산 폭발에 의해 만들어진 호수, 칼데라 호이다. 일본 전국을 여행하면서 자연을 노래했던 시인 오마치 게이게쓰(大町桂月, 1869~1925

---

6) 직경 10km의 칼데라 호. 도와다 호의 물은 오이라세(奥入瀬) 계곡을 따라 흐른다. 현재 도와다 호는 오이라세 계곡과 함께 천연기념물로 지정되어 있으며, 그 일대 전체가 도와다하치만타이(十和田八幡平) 국립 공원으로 지정되어 있다.

표 1-1 | 도와다 칼데라 동쪽 산록의 홀로세 테프라의 층서(大池, 1972)

| 지질 시대 | 층서학적 구분 | 고고학 연대 | 절대 연대(yBP) |
|---|---|---|---|
| 홀로세 | 도와다–a 화산재(To-a) | 역사 시대 | 1,000 |
|  | 도와다–b 화산재(To-b) | 전기 야요이 시대* | 2,000 |
|  | 츄세리 부석(To-Cu) | 후기 조몬 시대 | 4,000 |
|  | 난부 부석 | 초기 조몬 시대 | 8,600 |
|  | 니노쿠라 화산재 |  |  |
| 플라이스토세 | 하치노헤 화산재 | 후기 구석기 시대 | 13,000 |

(yBP: years before present, 1950년을 기준으로 몇 년 전)

\* 야요이(彌生) 시대: 일본 선사 시대 중 최초로 논 농사를 시작하고 금속(철기 및 청동기)을 사용한 시대. 기원전 200~기원후 300년이다. 이보다 앞서서 수렵 활동의 신석기 시대인 조몬(繩文) 시대(약1만 년 전~야요이 시대)가 있었으며, 야요이 이후 고분(古墳) 시대(3~7세기), 아스카(飛鳥) 시대(6세기~710년), 나라(奈良) 시대(710~794년), 헤이안 시대(794~1192년)로 이어진다.

년)는 도와다 호의 아름다움에 취해 다음과 같이 읊었다.

산은 후지(富士), 호수는 도와디 호, 넓은 세상에 하나씩.

그는 도와다 호를 사랑해 만년의 대부분을 도와다 호에서 보냈다. 그런데 후지 산에 견줄 만큼 아름다운 이 호수에는 유황 냄새 진동하는 험한 과거가 있다. 그 과거를 말해 주는 것이 바로 도와다 칼데라 동쪽 산록에 퇴적되어 있는 화산 분출물이다.

1972년 화산학자 오이케 쇼지는 도와다 칼데라의 동쪽 산록에 퇴적되어 있는 홀로세(Holocene)[7]의 화산 분출물을 다섯 가지로 나누고, 그중 맨

7) 지구의 지질 시대 중에서 가장 최근의 시대. 충적세, 완신세 또는 현세라고도 한다. 마지막 빙하기가

위에 마지막 분출물로서 To-a가 퇴적되어 있다는 것을 알아냈다(표 1-1). 그는 To-a가 지금으로부터 약 1,000년 전, 즉 10세기에 일어난 화산 폭발에 의해 퇴적된 화산재라고 결론을 내렸다(大池, 1972). 그 뒤로도 To-a는 일본 도호쿠 지방의 넓은 지역의 헤이안 시대 유물이 포함된 지층에서 차례로 발견되었고, 이 테프라를 생성한 화산의 분화 양식이나 분포 양상이 차츰 밝혀지게 되었다.

그런데 이 화산재의 분포는 보통의 광역 테프라와는 달랐다. 중위도 지역에 위치한 화산이 폭발하면, 그 화산재는 대개 편서풍을 타고 풍하에 해당되는 화구 동쪽에 퇴적되는 것이 일반적이다. 그러나 To-a는 주로 도와다 칼데라의 남쪽으로 길게 확산되어 퇴적되었다. 이 To-a는 남쪽으로 멀리 도쿄를 중심으로 한 간토(關東) 지방까지 분포하지만 북쪽의 홋카이도 지방에서는 발견되지 않았던 것이다. 이것은 어떻게 설명해야 좋을까?

군마(群馬) 대학의 화산학자 하야카와 유키오(早川由紀夫)와 시즈오카(靜岡) 대학의 고야마 마사토(小山眞人)는 To-a의 이 예외적인 분포를 설명하기 위해 다음과 같은 시나리오를 제안했다(早川·小山, 1998).

첫째, 도와다 칼데라는 편서풍이 약해지는 여름철에 폭발했을 것이다. 둘째, 칼데라의 남쪽(도쿄 부근)에서 태풍과 같은 저기압이 북상하고 있었을지도 모른다. 바람은 고기압에서 저기압을 향해서 불기 때문에, 테프라가 저기압의 중심인 남쪽을 향해 확산했다.

일본 도호쿠 지방의 내륙에 위치한 도와다 호는 직경 약 10km의 일본 혼슈 최대의 칼데라 호로서, 아오모리 현, 아키타 현, 이와테 현, 이렇게 3개의 현 경계에 위치하고 있다(사진 1-3). 칼데라는 일반적으로 대규모 화산

끝난 약 1만 년 전부터 현재까지의 시대로서, 인간의 역사 시대가 포함된다.

**|사진 1-3|** 도와다 호

직경 10km인 일본 혼슈 최대의 칼데라 호이다. 915년에 이곳에서 일본 역사상 최대의 화산 폭발이 일어났다. 호숫가에는 옛 분화를 이야기하듯 부석 조각이 떠다니지만, 지금은 일본 도호쿠 지방 유수의 휴양지이다.

폭발에 의해 분화구가 붕괴해 만들어진 함몰 화구로 알려져 있다. 도와다 호는 과거 화산 폭발의 흔적인 것이다. 도와다 호에는 아직도 호수 면에 부석이 옛 분화를 이야기하듯 떠다니지만, 지금은 일본 도호쿠 지방의 유수한 휴양지가 되었다. 도와다 칼데라를 만든 915년의 분화에 대해 직접 기록한 사서는 없지만 '하치로타로(八郎太郎) 전설'이 그 지방에서 구전되어 내려온다. 전설은 도와다 칼데라의 폭발이 지질학적으로 그만큼 비교적 근래에 일어난 사건임을 말해 준다.

하치로타로 전설의 요지는 이렇다(町田·白尾, 1998). 하치로타로라는 자가 어느 날 큰 뱀으로 변신해 도와다 호의 주인이 되었다. 그러던 어느 날, 난슈보(南宗坊)라는 승려가 용이 되어 도와다 호에 머무르려 하자 뱀이 된 하

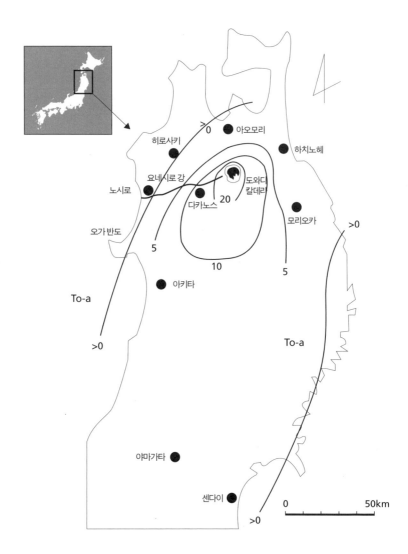

**|그림 1-1|** To-a의 분포(町田 · 新井, 1992)

915년에 도와다 칼데라가 폭발해 화산 이류는 강 주변 촌락을 차례로 매몰시키면서 서쪽의 노시로에서 동해까지 도달했으며, 화산재는 주로 남쪽으로 확산되어 퇴적되었다. 이것이 To-a이다. 이 화산 폭발은 일본 역사 시대 최대의 분화로 기록되었다(지도 속 숫자는 테프라층의 두께로 단위는 센티미터(cm)이다.).

치로타로와 큰 싸움이 벌어졌다. 그 와중에 지진이 일어나고 산이 무너져 바위틈에서는 화염이 일고 번개가 교차했다. 도와다 호의 물이 범람해 요네시로(米代) 강으로 흘러내렸다. 격렬한 싸움이 끝나자 하치로타로는 피범벅이 되어 강을 따라 도망을 갔다. 결국 하치로타로는 요네시로 강 하류의 하치로 호(湖)에 숨어 살게 되었다.

하치로타로 전설을 지질학적으로 해석해 보면 화염은 화산 폭발을 의미하고 물의 범람은 화산 이류의 발생을 의미한다고 할 수 있다. 도와다 호를 수원으로 하는 요네시로 강(그림 1-1)은 서쪽으로 흘러 노시로(能代) 시를 지나 동해까지 도달하는데, 강 주변에는 하치로 호, 하치로 석(潟, 개펄) 등 하치로타로 전설에서 유래한 지명이 아직도 남아 있다.

요네시로 강을 따라가다 보면 '다카노스(鷹巣)'라는 지명이 있는데, 그 뜻풀이를 하자면 '매의 둥지'라는 의미이다. 다카노스에는 다카노스 중학교가 있어서, 그곳 운동장을 확장·정비하던 중 도와다 칼데라 분화 시 범람한 화산 이류에 매몰된 옛 건축물이 발견되었다. 건축재로 아름드리 아키타삼나무를 사용하는 등 당시로서는 최고 권력자가 살았을 것으로 생각되는 대저택을 발굴하게 된 것이다. 이것이 구루미다테(胡桃館) 유적이다. 보통 건물에 사용된 목재는 땅 속에 묻히면 썩는다. 그런데 1,000년 이전의 건물이 땅 속에 썩지 않고 원형 그대로 남아 있는 이유는 바로 도와다 칼데라의 분화와 관련이 있다. 구루미다테 유적의 건물은 두꺼운 화산 이류 퇴적물에 매몰되었기 때문에 오늘날까지 양호한 상태로 보존되었던 것이다.

나이 마흔을 넘긴 사람이라면 1985년 콜롬비아 네바도 델 루이스(Nevado del Ruiz) 화산의 분화를 기억할지 모르겠다. 세계의 통신사들은 머리를 제외한 몸 전체가 화산 이류 퇴적물에 매몰되어 죽어 가는 12세 소

녀 오마이라 산체스(Omayra Sanchez)의 충격적인 모습을 연일 전 세계로 전
송했었다. 필사적인 구조 활동에도 불구하고 소녀는 3일 후 퇴적물 속으
로 가라앉고 말았다. 당시 고온의 화산 이류에 매몰된 사람들은 흡사 시
멘트와 같은 퇴적물 속에 묻혀 산 채로 화석이 될 수밖에 없었다.

네바도 델 루이스 화산은 정상 부분이 만년설로 덮여 있었다. 화산이
폭발하자 화구에서 뿜어져 나온 고온의 화산재가 산 정상의 만년설을
급속하게 녹여 화산 이류를 발생시켰다. 약 5m 두께의 화산 이류 퇴적물
속에 약 2만 3000명이 매몰되었다. 활기 넘쳤던 남국의 도시가 한순간
에 거대한 공동 묘지로 변해 버렸다. 일본 북부 지방의 구루미다테에서
땅땅거리며 살던 권력자의 영화도 이와 같은 화산 이류에 매몰되어 버린
것이다.

화산 이류란 화산 쇄설물과 암석 조각들이 물과 뒤섞여 고밀도의 유체
가 되어 맹렬한 속도로 산 사면을 따라 흘러내리는 현상을 말한다. 이를
'라하르(Lahar)'라고도 부른다. 라하르는 화산 이류를 가리키는 또 다른 학
술 용어로서 본래 인도네시아 현지어에서 유래했다. 라하르는 인도네시아
의 가장 흔한 화산 재해이며 이 나라 화산 주변에 끝없이 펼쳐진 평원은 대
부분 라하르에 의한 퇴적물이다. 이 화산 이류는 밀도가 매우 큰 유체의 흐
름이기 때문에 집채만 한 돌덩어리나 교각도 가볍게 쓸어가 버린다.

도와다 호에서 다카노스까지의 직선 거리는 30km인데, 구루미다테 유
적의 발견으로 도와다 호에서 멀리 떨어져 있는 촌락이라 할지라도 도와
다 호의 수계에 형성된 마을이라면 결코 화산 이류의 위험에서 벗어날 수
없었다는 사실이 처음으로 확인되었다.

군마 대학의 하야카와는 To-a를 명명한 도호쿠 대학의 연구자들과는
독자적으로 도와다 칼데라 폭발의 경과를 재구성했다(무川, 1997). 그 연구

결과에 따르면, 도와다 호 화산 분출물의 맨 위에 화쇄류[8] 퇴적물이 놓여 있다고 했다. 이는 도와다 칼데라 분화의 최종 단계에 화쇄류가 발생했다는 것을 의미한다. 이 화쇄류의 열운은 계곡뿐 아니라 산등성이에도 얇은 지층을 남겼다. 화쇄류는 맹렬한 속도로 사방에 흘러서 분화구에서 20km 이내의 거의 모든 것을 파괴했다. 산록을 질주하고 있던 화쇄류 위에는 화산재를 다량으로 포함한 열운이 발생해, 이 열운이 바람에 의해 남쪽으로 확산되어 넓은 지역에 강하 퇴적되었다. 이것이 915년의 To-a이다(그림 1-1).

하야카와에 따르면, 도와다 칼데라의 폭발로 강하 부석과 화산재 약 $1\sim2km^3$, 화쇄 서지(pyroclastic surge)[9] 약 $0.01km^3$, 그리고 화쇄류 약 $0.1km^3$ 가 분출되었다. 이 분출량은 과거 2,000년 동안에 일본에서 발생한 화산 폭발 중에서 단연 최대 규모였으며, 그 뒤로 일본에서 이 규모를 넘는 화산 폭발은 없었다고 했다.

화쇄류는 도와다 호의 넘쳐흐른 물과 함께 요네시로 강을 따라서 화산 이류가 되어 흘러내려, 아키타 현의 노시로 근방에서 바다에 이르렀다. 따라서 화산 이류가 흘렀던 그 일대는 이 퇴적물에 의해 완전히 매몰되었다. 요네시로 강 부근의 화쇄류와 화산 이류 퇴적물 속에서 구루미다테 유적과 같이 거의 완벽한 형태의 가옥이 발굴되기도 했지만, 아직도 부락의 많

---

8) 이를 게마나이(毛馬內) 화쇄류라고 한다. 915년 도와다 칼데라 분화 시 발생한 화쇄류로서 밀도가 적고 유동성이 매우 커서 계곡뿐 아니라 산등성이에도 얇게 퇴적되었다(부川, 1997). 게마나이 화쇄류와 동시에 생성된 광역 테프라가 To-a이다.

9) 화쇄 서지는 화쇄류가 발생할 때 화쇄류 본체에 한발 앞서 확산하는 가스 함량이 많은 저밀도의 유체 흐름으로, 화쇄류 본체가 계곡을 따라 이동하는 데 비해 화쇄 서지는 높은 산등성이를 쉽게 넘는다. 또한 화쇄 서지는 화쇄류와 마찬가지로 고온(섭씨 800도 이상)이며 유동 속도는 화쇄류의 최대 속도(시속 160km)를 상회한다. 화쇄류는 분급이 매우 불량한 퇴적물을 남기는지만, 화쇄 서지는 얇은 사교 층리(斜交層理, cross laminar)를 남기는데, 이러한 특징으로 화쇄류와 구분된다.

은 가옥들이 퇴적물 속에 매몰되어 발굴되지 않은 채 보존되어 있다.

일본 교과서를 보면 일본 전국의 화산이 표시되어 있지만, 도와다 칼데라에 대해서는 화산 표시가 없다. 아마 후지 산처럼 전형적인 화산의 모습을 하고 있지 않기 때문일 것이다. 그러나 실은 도와다 칼데라야말로 일본에서 가장 활동적이고 가장 무서운 파괴력을 내포한 화산이다. 그것은 도와다 칼데라가 물로 채워진 화산이기 때문이다. 여의도 7개가 들어갈 수 있는 넓이의 도와다 칼데라는 최대 수심 372m의 물로 가득 채워져 있다. 이 칼데라 속의 물이 마그마와 접촉하게 되면 폭발력이 배가되고 대규모 화산 이류가 발생할 것이다.

도와다 칼데라는 외부 칼데라 속에 내부 칼데라가 있는, 2중 칼데라 구조로 알려져 있다(大池, 1976). 호수 안을 조사해 보면, 외부 칼데라에서 내부 칼데라로 이어지는 계곡이 확인된다고 한다. 이 계곡이 어떻게 형성되었는지는 알 수 없지만, 아마 어느 시기에 도와다의 물이 급격히 줄어들어 이러한 지형이 만들어졌을 것이다. 이것은 하치로타로 전설에서도 알 수 있듯이, 도와다가 폭발했을 때 일시에 많은 물이 요네시로 강을 따라 범람했다는 사실을 뒷받침해 준다.

오늘날 도와다 칼데라의 물은 북동쪽의 유일한 출구를 통해 일본 굴지의 명승지로 불리는 오이라세 계곡으로 흐른다. 이 계곡에는 수많은 폭포들이 있고 주변에 무성한 원시림이 있다. 오이라세 계곡이 자연 경관으로 유명해진 것은 도와다 호로부터 물이 수량의 변화 없이 안정적으로 공급되었기 때문이다.

도와다-a(To-a)가 지금으로부터 1,000년 전, 도와다-b(To-b)가 2,000년 전, 도와다-츄세리(To-Cu)가 4,000년 전쯤에 분화한 테프라들이다(표 1-1). 즉 도와다 칼데라는 약 1,000년을 주기로 폭발했다. 일본의 화산학자 중에는 그 빈도로 볼 때 또다시 도와다가 폭발할 시기가 그리 멀지 않았다고 생각하는 사람들도 있다. 1,000년의 주기로 폭발하는 화산이 이미 1,000년이 지났어도 폭발하지 않고 있다는 사실이 신경 쓰이는 것이다.


## 3. 동해를 건너간 백두산 화산재

1980년대 초 일본 도호쿠 지방의 To-a에 대한 관심이 높아지고 있을 때, 도쿄 도립 대학의 화산학자 마치다는 본격적으로 To-a의 분포를 조사하기로 마음을 먹는다. 그리고 당시 대학원생이던, 현 가고시마(鹿兒島) 대학 교수이자 화산학자인 모리와키 히로시(森脇 廣)를 지질 조사를 위해 북쪽의 홋카이도로 보냈다. 당시 마치다는 AT(Aira-Tanzawa pumice), K-Ah(Kikai-Akahoya volcanic ash) 등 규슈 지방의 거대 칼데라를 기원으로 하는 일본 최대의 광역 테프라를 차례로 발견한 직후였고, 그 여세를 몰아 다음 먹잇감을 찾고 있었다. 그것이 바로 To-a였다. 모리와키는 교토(京都)의 명문 리쓰메이칸(立命館) 대학을 졸업한 후 화산재 연구를 위해 도쿄의 마치다 연구실로 옮겨 왔다. 그는 오랜 기간 동안 마치다에게서 화산재 연구의 지도를 받으며 연구실 대학원생 사이에서는 '방장'으로 통했다.

당시까지는 홋카이도에서 To-a가 발견되었다는 보고는 없었다. 1980년대 초는 현재와 같은 To-a 분포도가 나오기 전이었으므로 도와다 칼데라에서 가까운 북쪽의 홋카이도에도 당연히 이 테프라가 발견될 것으로 기대되었다. 그러나 모리와키는 홋카이도의 남쪽 오시마(渡島) 반도를 남에서 북으로 구석구석까지 돌아다녀도 To-a를 찾을 수 없었다. 그런데 홋카이도의 남쪽 항구 도시인 도마코마이(苫小牧) 시에서 건설 공사를 위해 절개된 노두에 겉보기에 To-a와 비슷하지만, 그것과는 전혀 다른 세립질의 백색 화산재가 있다는 것을 알게 되었다.


### 도마코마이 화산재

그 백색 화산재는 수직으로 절개된 이탄층 속에 2~3cm의 두께로 길게 퇴적되어 있었다. 이 화산재는 새까만 이탄의 색깔과 대비되어 한층 더 희게 보였다. 모리와키는 도쿄에 있는 마치다에게 급히 전화를 했다.

"도마코마이에서 홀로세의 것으로 보이는 테프라를 찾아냈습니다."

과거 일본 역사에서 915년에 일어난 도와다 칼데라 폭발의 규모를 상회할 만한 화산 분화는 없다. 당연히 홋카이도에서도 그 화산재가 발견될 것이다. 그러나 수화기 너머로 모리와키가 전하는 내용은 그것이 아니었다.

"찾기는 찾았는데, 도와다의 테프라가 아닌 것 같습니다."

도마코마이는 습지와 늪지가 많은 저지대로서 넓은 지역에 새까만 이탄층이 두껍게 퇴적되어 있었다. 그런데 그 이탄층 속에 신선한 백색 화산재가 보존되어 있었다. 이것이 바로 백두산에서 날아온 화산재라는 것을 모리와키는 물론 마치다조차 꿈에도 생각하지 못했다.

호수나 늪지는 대개 사방에서 물이 모여들게 된다. 이때 물과 함께 운반된 퇴적물과 늪지의 식물들은 겨울에 말라죽어 바닥에 퇴적되고, 다음 해 봄에는 다시 새로운 식물이 번성하게 된다. 이와 같이 호수나 늪지에서는 물질의 유입과 퇴적이 매우 빠른 속도로 이루어진다. 이렇게 퇴적 속도가 빠른 환경에서 만들어진 지층이 새까만 이탄인데, 그 이탄 속에 화산재가 보존되어 있었던 것이다. 화산재가 퇴적된 직후 퇴적 속도가 빠른 이탄의 퇴적물들이 그 위를 덮어 화산재가 도망가지 못하게 가두어 둔 것이었다. 마치다는 화산재가 발견된 장소명을 따서 우선 '도마코마이 화산재(Tomakomai volcanic ash)'라고 이름 붙이고, 약칭으로 'Tm'이라고 했다.

이 화산재 시료는 즉시 마치다의 공동 연구자인 군마 대학 아라이 후사오(新井房夫, 1925~2004년)의 실험실로 보내졌다. 아라이는 화산재 시료를 손가락으로 문질러 느껴지는 미묘한 촉감만으로도 화산재를 구별해 냈다는 전설과 같은 이야기가 전해지는 일본 화산재 광물학의 일인자였다. 오랫동안 일본 각지의 복잡한 화산재 누적 층들을 조사하고 화산재를 현미경으로 관찰해 온 풍부한 경험이 가능케 한 신기(神技)였다. 그 아라이가 Tm의 굴절률(refractive index), 화학 조성, 화산 유리의 형태, 반정 광물의 종류 등을 조사하기 시작했다.

화산재는 지문과 같은 특성을 가지고 있다. 마그마방은 지하의 암석을 녹이는 용광로이며 마그마방에서 마그마가 지표로 나가는 출구가 화산이다. 마그마에서 기체가 유리되면 부력이 커지고 마그마는 상승하게 된다. 마그마가 상승하면서 온도와 압력이 시시각각으로 변화하고 마그마 잔액의 성분이 달라져 그때마다 다른 광물 결정이 만들어진다. 그리고 화산의 화구에서 마그마가 머리를 내밀 즈음에는 그 속의 광물 결정이 특정한 조합으로 구성된다. 이 마그마가 폭발해 원격지에 퇴적되더라도 그 조합이 변하는 일은 없다. 따라서 이 광물의 조합을 알 수 있으면 먼 곳에 퇴적된 지층이 어떤 화산 분화로 인해 생겼는지 식별할 수 있게 되는 것이다. 그 화산 분화 특유의 지문인 셈이다.

Tm의 광물학적 지문은 매우 특이했다. 광물 결정으로서 '알칼리 장석'이 포함되어 있었던 것이다. 당시 일본에서 발견되는 테프라 속에 알칼리 장석의 존재는 거의 보고된 예가 없었다. 알칼리 장석은 그 광물을 만들어 낸 마그마에 알칼리 성분(Na, K)이 매우 많았다는 것을 말해 준다. 화산재의 화학 조성을 분석한 결과, 광물학적 지문을 가지고 예상한 대로 Tm은 나트륨(Na)과 칼륨(K) 등 알칼리 성분의 함량이 10~11%나 되었다. 이 것은 매우 높은 수치였다. 일반적으로 일본 화산이 만들어 내는 테프라는 알칼리 성분이 많아야 7~8% 정도였다. 이것은 Tm이 일본 화산에서 분출한 테프라가 아닐 수도 있다는 것을 의미했다. 게다가 화산재에 포함된 휘석의 종류도 일본에서는 좀처럼 나오지 않는 알칼리 성분이 많은 에지린 휘석(aegirine augite)이었다.

아라이에게서 이러한 분석 결과를 전해 들은 마치다는 일본 도호쿠 지방의 화산재에 대한 논문을 검색하기 시작했다. 그런데 거기에는 화학적 특성이 Tm인데도 불구하고 To-a로 잘못 보고된 경우가 있다는 것을 발견했다. 그것은 주로 Tm과 To-a의 퇴적 시기가 거의 비슷했기 때문이었다. 연구자들은 그때까지만 해도 Tm과 To-a가 함께 발견되는 곳에서는 둘을 함께 묶어서 To-a로 보고하기도 했고, 또는 단지 a층(상부), b층(하부)으로 부르기도 했다. Tm과 To-a는 명백히 혈통이 다른 화산 분출물임에도 불구하고 화산재 두 층이 겹쳐 있었기 때문에 처음에는 그것을 구분하기가 어려웠던 것이다.

일본 도호쿠 지방의 화산재 연구는 주로 그 지방 연구자들에 의해 이루어졌다. 그러나 초기에는 화산학자 사이에서도 정보가 잘 공유되지 않았다. 예를 들어 도호쿠 지방에서 정밀하게 기재된 신생대 제4기의 '화산재 그룹'이란 간토 지방의 '로옴(loam)'[10]에 해당하는 것으로, 이 두 용어는

---

10) 일본 도쿄를 중심으로 간토 지방에 널리 퇴적된 신생대 제4기 플라이스토세(홍적세, 200만~1만 년 전)의 두꺼운 적색 화산재 누적 층. 주로 후지 산과 하코네(箱根) 산에서 온 테프라에 의해 형성되었다. 한편 일본 도호쿠 지방의 '화산재 그룹'은 같은 시기 핫코다 산과 도와다 칼데라 등에 의해 형성된 화산재 누적 층이다.

본질적으로 같은 개념의 것이었다. 그러나 일정 기간 동안 독립적으로 연구하는 연구자들 사이에 '화산재 그룹'과 '로옴'이 전혀 별개의 것으로 인식되었다. Tm이 To-a로 잘못 보고된 것 역시 서로 떨어져 있는 연구자들 사이에서 정보가 원활히 교환되지 못한 탓이 컸다. 그리고 이 두 광역 테프라의 두께가 비슷하고, 마그마 본질물인 화산 유리를 대량 포함하고 있다는 유사점이 있었기 때문에 겉보기만으로는 구별하기 어려웠던 것이다.

아라이가 현미경의 달인이라면 마치다는 지도의 명인이었다. 처음 가보는 곳이나 길이 없는 곳이라도, 마치다는 축척 2만 5000분의 1의 지도를 판독하면서 직감으로 시료가 퇴적된 노두를 정확히 찾아내는 능력을 가지고 있었다. 과학의 독창적인 발견에는 능력도 필요하지만 운도 따라야 하는 법이다. 곧 마치다는 아오모리의 To-a와 Tm이 함께 퇴적된 노두를 찾아냈다. 홋카이도에서는 To-a가 발견되지 않았지만, Tm의 분포 범위는 홋카이도 전역과 일본 도호쿠 지방의 넓은 지역에 이르렀다.

아오모리 일대에서 발견된 Tm은 1~2cm의 두께로 발견되었지만 퇴적 당시는 더 두껍게 퇴적되었을 것으로 생각되었다. 시간이 흐르면 위에 쌓인 다른 지층의 무게에 눌려 화산재층의 두께가 상당히 얇아지기 때문이다. 일반적으로 크기가 고른 Tm과 같은 화산재는 입자 사이의 간격(공극률)이 크기 때문에 압축되는 정도도 크다. 따라서 야외에서 보는 화산재층의 두께가 퇴적 당시의 두께와 같다고 할 수는 없다. 아오모리에서 마치다가 발견한 화산 누적층에서는 To-a 바로 위에, 불과 1~2cm의 흑토층을 사이에 두고 Tm이 퇴적되어 있었다. 마치다는 Tm의 특징을 다음과 같이 기재했다(町田 등, 1981).

첫째, 최대 직경 0.2~0.3mm의 입자가 매우 작은 화산 유리로 구성된 화산재이며, 둘째, 화산 유리의 형태는 퍼미스(pumice)형 외에 다량의 버블형을 포함하고 있고, 셋째, 화산 유리의 굴절률이 매우 높으며(1.508~1.517), 넷째, 광물로 알칼리 장석(sanidine)을 포함한다는 것이었다.

이와 같은 특징이 있는 Tm은 아오모리뿐만 아니라, 이와테 현과 아키타 현을 하한으로 하고, 북쪽으로는 홋카이도의 오시마 반도, 이시카리(石狩)에서 도마코마이 저지대까지 넓은 지역에 걸쳐 분포하고 있었다. 이제 문제는 이 화산재를 뿜어낸 화구였다. 이 넓은 지역에 퇴적된 화산재를 뿜어낸 화산체가 도대체 어디에 위치하느냐는 것이었다.

화산은 마그마방의 상부에서 화도에 걸쳐 휘발성 물질이 농축되고 압력이 높아졌을 때, 어떤 외부의 힘에 의해 고체에서 기체의 분리가 일어난다. 즉 폭발을 일으키는 것이다. 화산이 폭발하면 화구 위로 화산 가스와 산산조각 난 마그마와 암석의 파편으로 구성된 버섯구름과 같은 분연주가 하늘을 향해 치솟는다. 화산이 폭발해 상공으로 분연주가 뿜어 올라가면 그때부터 분연주를 구성하는 테프라 물질은 중력의 영향을 받는다. 무거운 것은 화구 주위에 퇴적되고, 화구 근처에서는 화산암괴, 화산력, 그리고 먼 곳에서는 화산재로 얼굴을 바꾼다. 그러나 동일한 화구에서 나온 테프라는 크기만 달라질 뿐 화학 조성은 똑같다. 그것들은 모두 한날한시에 동일한 마그마에 의해 형성되었기 때문이다. 그런데 이상한 것은 Tm이 홋카이도나 아오모리의 어떤 지역에서도 두께와 입자 크기가 변함이 없다는 점이었다(그림 1-2).

일반적으로 테프라는 그 화구에 가까울수록 두께와 입자 크기가 증가하고, 반대로 화구에서 멀어질수록 두께와 입자 크기가 감소한다. 새로운 테프라를 찾았을 때 화산학자들은 통상 이러한 전제를 가지고 화구를 추적해 간다. 그러나 Tm은 어디서나 두께와 입자 크기가 동일했다. 이러한 사실은 이 테프라를 뿜어낸 화산의 화구를 찾으려는 연구자들에게는 풀

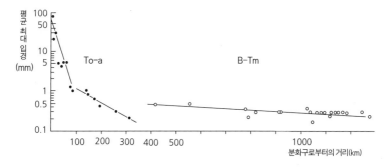

|**그림1-2**| To-a와 B-Tm의 입경 변화(町田 등, 1981)

일반적으로 테프라는 화구에서 멀어질수록 입자의 크기(입자의 직경)가 지수 함수적으로 감소한다(예를 들면 To-a). 그러나 백두산 천지에서 1,000km 이상 떨어진 홋카이도와 아오모리에서 발견되는 Tm(뒤의 B-Tm)은 어디서나 입자의 크기가 일정했다.

리지 않는 수수께끼였다. 지금까지의 통념으로 설명할 수 없는 이 광역 테프라의 화구는 도대체 어디란 말인가?

## B-Tm이라는 새로운 이름

일본은 1970년대부터 동해 해저를 시추하고 있다. 따라서 해양학 쪽에는 동해 해저를 시추해 얻은 주상(柱狀) 시료가 있었다. 마치다는 이 동해의 피스톤 코어(piston core)에 눈을 돌렸다. 피스톤 코어를 조사한 결과, 동해 해저의 거의 모든 코어 최상부에 Tm과 일치하는 시료가 발견되었다. 이 시료는 한반도 쪽으로 갈수록 두께와 입자 크기가 증가했다. 그리고 그 방향은 정확하게 한반도 북부에 위치한 하나의 거대 화산으로 향했다. 바로 백두산이었다.

마치다는 백두산에 관한 과거 논문을 찾아보았다. 백두산 화산암류는 지질 시대에 '알칼리' 현무암을 분출해 일대에 개마고원이라는 거대한 현무암 대지를 형성했고, 가장 최근의 화산 분화에서 매우 높은 알칼리 성분의 조면암(trachyte)과 백색 부석이 일대를 뒤덮고 있는 매우 활동적인 화산이라는 것을 알게 되었다. 또한 백두산은 해발 2,700m에 지구에서 가장 높은 곳에 위치한 '천지'라는 칼데라를 가지고 있다는 것을 알게 되었다. 1,200km나 떨어진 아오모리나 홋카이도까지 화산재를 날려 보낼 정도의 화산 폭발이라면 아마 칼데라가 관련되었을 것이다. 칼데라가 관여한 화산 분화라면 거대 화쇄류[11]가 발생할 수 있다. 만약 백두산에서 거대 화쇄류가 발생했다면 그 화산재가 바다를 건너 일본까지 퇴적되는 일은 가능하다.

이제 모든 일은 분명해졌다. 915년 직후에 백두산에서는 일본 열도에 지층을 남길 정도의 어마어마한 규모의 화산 폭발이 일어났던 것이다. 마치다는 일본 홋카이도와 도호쿠 지방, 그리고 동해에 걸쳐 널리 퇴적된 Tm의 분포와 이 테프라를 분출한 화구가 한반도의 대표적 거대 화산인 백두산이라는 내용을 담은 논문을 발표했다(町田 등, 1981). 이렇게 해 10세기에 일어난 백두산의 화산 폭발이 세상에 처음으로 알려지게 되었다.

마치다는 Tm을 대용량의 코이그님브라이트 화산재(coignimbrite ash)라고 생각했다. 코이그님브라이트 화산재는 영국의 워커와 스파크스(Walker and Sparks, 1977)에 의해 처음으로 제안된 개념으로, 거대 화쇄류, 즉 이그님브라이트(ignimbrite)가 발생할 때 그와 동시(co-)에 발생하는 세립질 광역 테프라

---

11) 화쇄류는 테프라 물질이 산 사면을 고속(최대 시속 160km)으로 흘러내리는 현상으로, 통상 플레(Pelée) 형 화쇄류와 메라피(Merapi) 형 화쇄류로 나눈다. 그러나 이러한 화쇄류의 분류와는 달리 칼데라가 관여한 분화의 경우는 분연주가 붕락해 엄청난 양의 화쇄류가 발생하는데, 이를 플레형·메라피형 화쇄류와 구분해 거대 화쇄류라고 부른다(제4장의 「창바이 화쇄류」 참조).

를 말한다. 이러한 광역 테프라는 화쇄류 퇴적물 그 자체 이상의 대용량을 가지며, 거리에 따라 입자 크기가 거의 변하지 않는다는 특징이 있다. Tm 은 이 전형적인 특징을 가지고 있었다.

백두산 천지에서 형성된 분연주가 붕락해 거대 화쇄류가 발생했고, 상공의 열운이 이동하면서 매우 먼 곳까지 화산재를 퇴적시켰을 것이다. 또한 이 거대 화쇄류가 지표를 이동하면서 여러 곳에서 2차, 3차의 폭발을 일으켜 사방에서 동시다발적으로 분연을 발생시켜 매우 세립의 화산재를 생성시켰을 것으로 추정했다. 그리고 이 화산재는 동해를 건너서 일본 헤이안 시대, 즉 10세기의 어느 순간에 일본 도호쿠 지방과 홋카이도의 넓은 대지에 마치 하늘에서 눈이 내리듯이 모든 지표면을 덮어 버렸다. 화산재가 공중에 부유하고 있던 수일간은 일광을 차단하고 낮에도 칠흑 같은 어둠이 계속되었을 것이다.

마치다는 동해의 피스톤 코어와 일본에 퇴적된 Tm의 분포로부터 이 테프라의 체적을 계산했다. 일반적으로 테프라의 체적은 화산재의 두께와 분포 면적의 곱으로 계산한다(Simkin et al., 1981). 그러나 아직 백두산 현지의 상태를 알 수 없고, 지층으로 확인되기 어려운 먼 곳까지 정밀하게 분포도를 그릴 수 없었지만, Tm의 테프라 용적은 적어도 50km³가 넘는다는 계산이 나왔다.

이것은 화산 폭발 지수 VEI(volcanic explosivity index, 화산 폭발 지수) 6에 해당하는 거대 화산 폭발로서 서기 79년에 폼페이를 매몰한 베수비오(Vesuvius) 화산 폭발의 수십 배 규모이다(표 1-2). 무엇보다도 이 10세기 백두산 분화의 가장 큰 특징은 한꺼번에 분출된 마그마의 양이 상상할 수 없을 정도로 방대했다는 점이다. 이러한 대규모 화산 분화는 보통 지각 변동과 함께 수반되며 일시에 상전(桑田)을 벽해(碧海)로, 즉 뽕밭을 푸른 바다로 만들 수 있는 위력을 가지고 있다.

인류가 역사에 기록한 VEI 6급의 분화는 몇 개 없다. 과거 2,000년 동안 VEI 6급의 화산 폭발은 1815년의 탐보라(Tambora) 화산과 1883년 크라카토아(Krakatoa) 화산의 분화밖에 알려져 있지 않다. 이 인도네시아의 화산들이 폭발한 후에는 지도를 다시 그려야 했다. 단 한 차례의 탐보라 대분화의 결과로 해발 3,800m였던 산의 높이가 1,400m 정도로 낮아졌다. 화산의 3분의 2가 마그마와 함께 공중으로 날아가 버린 것이다. 그리고 산 정상부에 직경 약 7km의 커다란 칼데라가 만들어졌다. 또한 크라카토아 화산이 존재했던 섬은 화산 폭발 후 지구상에서 사라지고 말았다. 말 그대로 상전이 벽해로 변해 버린 것이다. 그러나 역사상 최대라고 생각했던 탐보라 화산이나 크라카토아 화산의 분화 규모도 백두산의 것에 미치지 못했다는 사실이 곧 밝혀진다. 10세기 백두산 대폭발은 단연 최대급인 것이다.

지질학자가 노두 앞에 서면 수십억 년의 시간과 무한한 우주의 본질까지 논하는 여유가 주어진다. 그 본질을 밝히는 일이 그다지 긴급을 요하지 않으며 그들에게 자연의 심오한 비밀을 규명하도록 재촉하는 사람도 없

|사진 1-2| 화산 폭발 지수 VEI(Simkin et al., 1981)

| VEI | 1 | 2 | 3 | 4 | 5 | 6 | 7 | 8 |
|---|---|---|---|---|---|---|---|---|
| 총 분출물 체적($km^3$) | 0.0001~ 0.001 | 0.001~ 0.01 | 0.01~ 0.1 | 0.1~1 | 1~10 | 10~100 | 100~1000 | 1000~ |
| | 소분화 | | 중분화 | | 대분화 | 거대 분화 → | | |
| | | | | | 폭발적 분화 → | | | |
| | | | | | 테프라 연대학에 이용 → | | | |
| | ← 발생 빈도가 큼 | | | | | | 발생 빈도가 작음 → | |

다. 각자의 노력에 대한 보상은 후학들의 연구에 참고 문헌의 한 줄 목록으로 남는 것뿐이다. 19세기 산업 혁명기에 지질학자들은 석탄이 매장된 곳을 알아냈지만, 20세기 유기 화학자들은 석탄에 물과 공기를 섞어 나일론이라는 신비의 옷감을 만들어 냈다. 합성 섬유를 만들어 낸 과학자들은 연미복을 입고 노벨상 수상식장에서 희희낙락했지만, 석탄을 찾는 일은 작업복에 장화를 신고 암석에 망치질을 해야 하는 일종의 육체 노동이었다.

　실제로 지질학자들의 작업에는 천체 물리학자의 창조적 상상력과 식물 분류학자의 섬세한 관찰력, 그리고 외과 의사의 정교한 손놀림이 필요하지만 결코 사회로부터 스포트라이트를 받을 일은 없다. 그러한 지질학은 그리스 시대의 아리스토텔레스나 로마 시대의 플리니우스 이래로 정말 더디게 발전되어 왔다. 그러나 깊은 잠에서 깨어날 것 같지 않던 화산도 폭발할 때가 있는 것처럼, 세계의 과학사를 살펴보면, 화산이 폭발해 일거에 지각 변동을 일으키듯 지질학이 비약적으로 발전하는 시기가 있다. 일본 지질학계의 1970~1980년대가 그러한 시기였다. 그리고 그때 나온 성과 중 하나가 백두산 화산재 등 광역 테프라의 발견이었다.

　그림 1-3에서 볼 수 있는 바와 같이 백두산 화산재는 편서풍에 의해 화구에서 곧바로 정동 방향으로 퍼져 나갔다는 것을 알 수 있다. 마치다는 이러한 화산재의 분포에 대해 다음과 같이 설명한다(町田, 1977). 만약 화산가스와 화산재의 거대한 분연주가 단 한 번만 화구 위에 분출해 강한 편서풍에 의해 날려 보내졌다면, 테프라의 분포는 매우 가늘고 긴 띠 형태가 될 것이다. 그러나 약간의 시간 간격을 두고 여러 번 분연주가 발생한 경우에는 편서풍의 세기와 방향이 시간이 지남에 따라 조금씩 변하기 때문에 몇 개의 가늘고 긴 띠가 조금씩 옮겨 가면서 합성된다. 따라서 테프라의 분포는 가장 빈도가 큰 축(분포 주축)을 중심으로 부채꼴 모양의 지역에

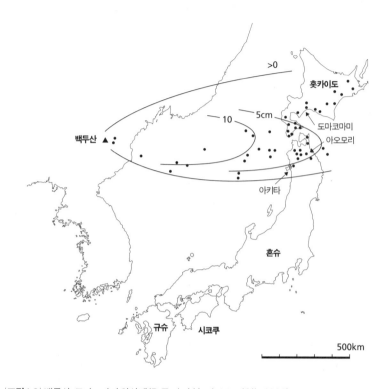

**|그림 1-3|** 백두산-도마코마이 화산재(B-Tm)의 분포(町田·新井, 1992)

B-Tm을 뿜어낸 화구가 백두산이라는 사실을 확인하게 된 것은 동해의 시추 자료가 있었기 때문에 가능했던 일이다. 이 백두산 화산재는 동해 해저뿐 아니라 바다를 건너 멀리 1,500km 이상 떨어진 일본 혼슈 북부와 홋카이도 일대에서 발견된다.

퇴적된다. 백두산 화산재는 그림 1-3과 같이 화구를 중심으로 약 30°의 부채꼴의 범위에 분포하고 있다. 백두산의 화산 활동 중에 분연주가 몇 번 만들어졌는지는 확실하지 않다. 그러나 후에 백두산 현지의 화쇄류를 조사한 결과 여러 개의 흐름 구조(flow unit)로 나뉜다는 것을 알게 되었다. 따라서 적어도 2회 이상의 거대 분연주가 생성되었을 것이다.

일본에서 발견되는 백두산 화산재의 존재를 지질학계에서 기정사실로 받아들이게 되고, 또한 1990년대에 들어와서 중국과 일본, 미국, 독일 등의 연구자들에 의해 백두산 현지에서 광범한 지질 조사가 이루어졌다. 그리고 Tm이 백두산 기원이라는 지구 화학적, 화성 암석학적 증거가 앞 다투어 학회에 제시되었다. 이후 이 테프라에 '백두산-도마코마이(Baegdusan-Tomakomai) 화산재'라는 기다란 이름이 붙여졌다. 앞의 것은 테프라의 근원 화산, 뒤의 것은 최초 발견 지점을 기념해 작명하는 통례에 따라 만들어진 학술적인 명칭이다. 약어로 B-Tm이라 하는데, 지금까지의 Tm 앞에 백두산의 이니셜 B를 붙인 것이다(Machida et al., 1990).

이 이름을 처음 명명한 것은 물론 마치다이다. 새로운 화산재에 이름을 붙이는 것은 최초 발견자의 특권이다. 그런데 백두산을 지칭하는 명칭은 나라마다 다르다. 우리야 백두산이라고 하지만, 중국에서는 장백산(長白山)이라고 쓰고, "창바이샨(長白山)"이라고 읽는다. 혹은 "바이토샨(白頭山)"이라고 한다. 이를 일본어 발음으로 하면 각각 "쵸하쿠산", "하쿠토산"이 된다. 이렇듯 백두산을 부르는 이름은 여러 가지임에도 불구하고, 마치다는 그 화산재에 한국에서 부르는 명칭, 그리고 한국식 발음 그대로 "백두산(Baegdusan)"이라는 이름을 붙였다. 마치다는 백두산을 한국의 산으로 인식한 것이었다.

필자는 언젠가 그와 함께 지질 조사를 하고 홋카이도 도야(洞爺) 호 호반의 온천 여관에서 묵었던 적이 있는데, 앞과 같은 지극히 감상적인 이유로 그에게 감사를 표한 적이 있다. 그가 화산재에 "백두산(Baegdusan)"이라는 이름을 붙였고, 그 이후로 적어도 세계 화산학계에서는 중국과 북한의 국경에 위치한 이 화산을 백두산이라고 부르게 되었기 때문이다.

일본 규슈에는 일본 최대의 화쇄류인 이토(入戸) 화쇄류[12]라는 것이 있

---

12) 일본 규슈 아이라 칼데라의 약 2만 2000년 전 분화 때 발생한 일본 최대의 화쇄류. 이와 동시에 발

다. 그런데 入戸의 올바른 일본식 발음은 "이리토"[13]이다. 그런데 1956년에 화산학자 사와무라 고노스케(沢村幸之助)가 처음 명명하면서 "Ito pumice flow(이토 부석류)"라고 해 버렸다(沢村, 1956). 지금은 일반적으로 부석류는 화쇄류로 고쳐 부르게 되었지만 "이토"라는 이름은 그 뒤로 연구자 간이나 문헌상으로, 그리고 국제적으로도 완전히 정착되고 말았다.

지질학이나 화산학 관련의 학술 논문을 영문으로 쓸 때 연구자의 국적에 따라 백두산을 "Mt. Paekdu", "Mt. Chanbai" 등으로 표기하는 것은 자유이고, 외국 화산학자 중에는 백두산의 중국어 발음인 "Baitoushan"으로 논문을 발표하는 경우가 있지만,[14] 테프라를 나타낼 때는 반드시 "Baegdusan"이라고 표기하지 않으면 안 된다. 이것은 그것을 최초로 발견한 선행 연구자의 선구적인 업적에 대한 경의의 표시이자, 자신도 그 연구에 입문해 지식을 공유하겠다는 의사 표명이 되는 것이다.

일본 아키타 현 오가(男鹿) 반도에는 예전부터 '핑크 터프(pink tuff)'라고 불리는 화산재가 있었다(사진 1-4). 그 화산재의 색깔이 분홍색이었으므로, 그 지방 연구자가 육안으로 보이는 색깔대로 그 새로운 화산재에 이름을 붙였다. 화구에서 흘러넘친 화쇄류는 넓은 지역에서 스스로 열원이 되어

생한 광역 테프라 AT 역시 일본 최대로서 일본 전역을 덮었다(제7장의 「아이라-단자와 부석」 참조).

13) 入戸는 가고시마 현의 마을 이름으로 올바른 일본식 발음은 "이리토"이다. 그런데 사와무라가 가고시마 사람들에게 그 발음을 물어보니 "이이토"라는 사투리로 발음했다고 한다. 그래서 사와무라는 이 화쇄류에 이토 화쇄류라는 이름을 붙였다(橫山, 2003).

14) 예를 들어, 미국의 제임스 길 등(Gill et al., 1992)의 논문 제목은 "Large volume, mid latitude, Cl rich eruption during 600–1,000AD; Baitoushan, China"이고, 일본의 하야카와와 고야마(早川·小山, 1998)의 논문 제목은 "Dates of two major eruptions from Towada and Baitoushan in the 10th century"이며, 독일의 호른과 슈민케(Horn & Schmincke, 2000)의 논문 제목은 "Volatile emission during the eruption of Baitoushan volcano(China/North Korea) ca. 969 AD"이다. 이들 논문 모두 백두산을 "Baitoushan"으로 표기하고 있다.

|**사진 1-4**| 오가 반도에 퇴적된 도야 화산재(Toya)
일본 아키타 현 오가 반도에는 약 10만 년 전 홋카이도 도야 칼데라의 분출물인 도야 화산재가 발견
되는데, 이전에는 그 지방 연구자에 의해 '핑크 터프'라고 불리었다. 이 테프라가 발견되는 오가 반
도는 근원 화산인 도야 칼데라에서 남쪽으로 600km 떨어져 있다.

방사상으로 확산하면서 거대한 화산재 열운을 생성한다. 야외의 관찰에
의하면 이 열운에서 강하한 화산재는 세립질이며, 얇고, 공기 중에서 산화
되어 핑크색을 띠는 경우가 많다. 이렇게 퇴적된 오가 반도의 화산재에 붙
여진 핑크 터프라는 이름은 그 뒤로 꽤 오랫동안 학회에서 통용되었다.

그러다 마치다가 오가 반도를 방문하게 되었다. 그가 핑크 터프의 특징
을 살펴보니 지금으로부터 10만 년 전에 홋카이도 도야 칼데라 분출로 생
성된 도야 화산재(Toya)와 매우 흡사했다. 마치다는 이미 홋카이도에 분포
하는 도야 화산재의 조사를 끝냈고 그 특징을 누구보다 잘 알고 있었다(町
田 등, 1987).

"핑크 터프라는 것이 혹시 도야 화산재(Toya) 아닙니까?"

이렇게 말한 마치다는 그 지방 연구자에게 더 철저히 연구해 줄 것을 주문했다. 그리고 곧 예상대로 핑크 터프가 그곳에서 600km 떨어진 홋카이도 도야 칼데라의 도야 화산재라는 것이 밝혀지게 되고, 그 지방 연구자가 붙였던 핑크 터프라는 이름은 학회에서 이내 사라졌다.

마치다는, 표현을 거칠게 하자면, 이렇듯 남쪽으로는 규슈, 북쪽으로는 홋카이도까지 학계를 마구 휘젓고 돌아다녔다고 할 수 있다. 그러나 그렇게 하지 않을 수도 없었다. 화산재 연구자들 중에는 테프라가 가지는 광역성을 충분히 인식하지 못하고, 자신이 발견한 화산재에 성급히 새로운 이름을 갖다 붙이는 경우가 많았다. 그러다 보니 이미 학회에 발표된 테프라가 또다시 새로운 것으로 발표되는 경우도 있었고, 이로 인해 테프라의 광역적인 대비가 늦어지곤 했다.

새로운 테프라의 발견이 발표되고 그것이 진정 새로운 것인지 확인되기까지 시일이 걸렸다. 그럴 때마다 마치다는 동분서주했다. 이런 과정을 통해서 일본에도 테프라 연대학(tephrochronology)이라는 새로운 학문이 태동하기 시작했다. 그 테프라 연구 네트워크의 중심에는 언제나 마치다가 있었다.

그건 그렇고, 일본에는 화산학자들도 많고 일본 북부 지방 어디에나 널려 있는 광역 테프라임에도 불구하고 왜 그렇게 오랫동안 백두산 화산재의 정체가 밝혀지지 않았을까?

그 이유로 세 가지 정도를 들 수 있다. 첫째, 우리나라가 남북이 분단된 상태에서 북한과 중국의 국경 지역에 위치해 접근이 쉽지 않았던 백두산의 거대 분화가 의외로 세상에 잘 알려지지 않았다. 둘째, 일본 지역의 테프라 연구자들이 동일한 화산재를 제각각의 것으로 보고했기 때문에 광범한 지역에 동일한 화산재가 퇴적되어 있다는 인식이 늦어졌다. 셋째, 한반도와 일본 열도 사이에 동해가 있어 분화원에서 원격지까지 연속적인 지층의 대비가 불가능했다. 거기다 한반도는 화산, 지진과는 관계가 없는 안전 지대라는 근거 없는 통설이 백두산 화산재의 발견을 지연시켰던 요인의 하나였음에 틀림이 없다. 무엇보다도 이렇게 먼 곳까지 화산재가 날아갈 것이라고는 거의 누구도 생각하지 못했다.

그러나 궁극적으로 코페르니쿠스적 사고의 전환이 가능했던 것은, 그 유명한 '아이라(始良)-단자와(丹澤) 부석(AT)'과 '기카이-아카호야 화산재(K-Ah)' 등 당시 일본 전체를 동서와 남북으로 뒤덮은 규슈의 거대 칼데라를 기원으로 하는 화산재가 차례로 발견되면서 광역 테프라에 대한 개념이 정립되기 시작했고 연구자들의 역량이 높아졌기 때문이다. 이 규슈 기원의 광역 테프라를 차례로 발견해 낸 장본인이 바로 마치다였다. 그런 그가 백두산 화산재를 발견했던 것은 전혀 우연이 아니었던 것이다.

마치다의 백두산 화산재 발견 후 세계 각국의 화산학자들이 아직도 숨을 쉬고 있는 백두산이라는 활동적인 화산에 대해 관심을 갖기 시작했고 백두산 일대의 상세한 지질 조사가 실시되었다. 그 결과에 의하면, B-Tm을 초래한 10세기 백두산 폭발에서 분출된 전체 테프라 용적이 적어도 $100km^3$ 이상이었던 것으로 밝혀졌다. 이것은 마치다가 추정했던 VEI 6급이 아닌 VEI 7급의 화산 분화였음을 의미한다(표 1-2).[15]

$100km^3$의 용적이 어느 정도의 크기인지 얼른 실감이 나지 않을 것이다. 예를 들어 설명해 보자. 잠실 경기장의 용적이 약 $200만m^3$이고 이를 $km^3$단위로 환산하면 $0.002km^3$가 된다. 따라서 $100km^3$의 용적은 잠실

---

15) 미국 스미스소니언 자연사 박물관 화산 카탈로그의 10세기 백두산 분화의 VEI 지수 역시 7이다.

경기장 5만 개를 채울 수 있는 용량이다. 그래도 실감이 나지 않는다면 예를 하나 더 들어 보자. 우리나라 남한 면적은 약 10만km²이다. 이것을 m²의 단위로 환산하면 $10^{11}$m²이 된다. 그런데 테프라 용적 100km³=$10^{11}$m³이므로, 10세기 백두산에서 분출한 단 한 차례의 테프라 용적은 우리나라 남한의 구석구석까지 모두 1m 높이로 화산재를 퇴적시킬 수 있는 용량이다.

테프라는 기포가 많은 퇴적물이므로 100km³의 용적에서 기포의 용적을 소거해 순수한 마그마 용적(dense rock equivalent, DRE)으로 환산해 보면 그 실제 용적이 30km³가 된다. 통상 불안정한 화산은 한 차례의 화산 분화에서 자신이 가지고 있는 마그마의 10분의 1을 분출한다. 따라서 백두산의 지하에는 지금도 300km³의 거대한 마그마의 호수가 존재한다는 개략적인 계산이 나온다.

독일의 화산학자 주잔네 호른(Susanne Horn)의 계산에 의하면, 분연주의 높이는 최소 25km에 이르러 성층권에 달했으며(Horn & Schmincke, 2000), 이는 제트 항공기 순항 고도의 3배 높이이다. 분연주는 아마 1분 이내에 이 높이까지 단숨에 상승했을 것이다. 이 상승 속도를 가능케 한 것은 마그마의 열에너지와 그 가공할 팽창력이다. 이는 아무리 F-35와 같은 최신예 전투기를 전속으로 발진한다고 해도 도저히 미치지 못할 속력이다. 만약 지구의 중력을 무시하고 이런 속도로 직상승하는 전투기가 있다면 단박에 하늘을 지배하겠지만, 그 전에 전투기가 산산조각이 나든지 파일럿의 혈액이 역류해 혼절하든지 둘 중 한 가지 일이 벌어질 것임에 틀림없다. 25km의 분연주는 붕괴되어 거대 화쇄류가 발생했다. 그리고 강하 테프라는 백두산 주변뿐 아니라 동해를 뒤덮고 일본 열도까지 이르렀던 것이다.

군마 대학의 하야카와는 화산 폭발 지수 VEI와 별도로 독자적인 화산 폭발 규모 M(Magnitude)의 수식을 제시했다. 그리고 지금으로부터 과거 2,000년간 지구상에서 일어난 화산 분화에 대해 그 규모를 조사하고 순위를 매겼는데, 10세기 백두산의 폭발 규모는 M=7.4[16]로 단연 제일이었던 것으로 계산되었다(Hayakawa, 1999). 하야카와에 의하면, 서기 이래 M=7을 넘는 화산 분화는 1815년의 인도네시아 탐보라 화산(M=7.1)과 백두산, 단두 차례밖에 없었다.

하야카와는 To-a를 분출한 915년 도와다 칼데라의 분화는 M=5.7로서 일본 역사상 최대의 화산 분화였다고 계산했다. 우연이었는지, 또는 서로가 서로의 화산 분화에 영향을 주었는지는 알 수 없지만, 10세기에 한반도와 일본 열도에서 각각 과거 2,000년 내에 지구 최대와 일본 최대의 화산 폭발이 거의 동시에 일어났던 것이다.

한편 기원후 79년에 로마의 폼페이를 매몰시켰던 베수비오 화산의 분화가 M=5.8이었다. 폼페이는 베수비오 화산에서 남동쪽으로 10km 떨어진 산록의 도시로 최대 6m의 두꺼운 화산재에 흔적도 없이 매몰되고 말았다. 폼페이가 우연히 발굴된 깃은 그로부터 무려 1,700년이 지난 18세기 후반이었다. 화산재 속에 만들어진 공간에 석고를 흘려보내 열에 의해 증발해 버린 사망자들의 모습을 재생하자 전 세계 사람들이 경악했다. 베수비오 화산재가 당시 폼페이 사람들과 그들의 생활 공간을 한순간에 화석화한 점에서도 알 수 있는 바와 같이, 두꺼운 화산재는 순식간에 과거를 봉인해 버린다. 일본에서 발견되는 B-Tm을 걷어 내면 그 밑에는 일본 헤이안 시대의 인간의 흔적을 볼 수 있다. 백두산 근처에 이러한 봉인된 역사

---

16) 일본 군마 대학 하야카와는 지구상에서 서기 이래에 일어난 화산 폭발에 대해 순위를 매겼다. 그 중에서도 백두산은 단연 제1위였는데, 이때 M=7.4는 백두산 테프라 분출량을 50km$^3$로 계산한 수치이다(계산식은 M=log m-7, 여기서 m은 마그마의 kg 질량).

가 그대로 보존되어 있다는 것은 두말할 필요가 없다.

10세기에 일어난 백두산 거대 분화는 이탈리아의 베수비오나 일본 도와다 칼데라의 50배 이상의 마그마를 분출했다. 마그마가 직접 관여한 화산 분화의 위력은 인간의 상상력을 훨씬 뛰어넘는다. 이 마그마의 양은 만약 그 주변에 국가가 존재했다면 국경의 울타리와 그 영역이 아무리 넓었다고 하더라도, 그리고 그 문명의 수준이 아무리 높았다고 하더라도, 국가의 존망을 위협하고 파국적인 결과를 초래하고도 남을 위력이었음을 말해 주는 것이다.

# 제2장

# 백두산과 발해 왕국

　오늘날 중국 동북부에 살고 있는 민족을 통틀어 만주족이라 부른다. 이 민족은 17세기부터 20세기에 걸쳐 거대 왕조 청(淸)을 건설했고, 12세기경에는 금(金), 8세기부터 10세기까지는 발해를 건설했다. 그들의 명칭은 시대에 따라 다르다. 숙신(肅愼), 읍루(挹婁), 물길(勿吉), 말갈(靺鞨)이라 불렸고, 926년에 발해가 멸망하고 난 뒤 발해 유민과 흑수 말갈인들을 통틀어 여진(女眞)으로도 불렸다.

　백두산은 고구려, 발해, 그리고 말갈이나 여진 등 그곳에서 살다 간 사람들로부터 조종산(祖宗山)으로 숭상을 받던 영산이다. 그곳 사람들은 백두산의 헛기침소리에도 신경을 곤두세울 정도로 조심스럽게 백두산의 비위를 살피면서 살아갔다고 해도 과언이 아니다. 여진이 세운 금은 백두산을 민족 발상의 종산(宗山)으로 숭배했고, 여진의 마지막 후예가 건국한 청역시 백두산을 민족 발상지로 신성시해, 제4대 강희제(康熙帝, 1654~1722년)의

대에 와서는 백두산을 만주족 시조의 탄생지로서 일반 민중들의 접근조차 엄격히 통제했다. 이 나라들이 통치했던 광대한 영토를 감안하면 변방의 일개 화산에 불과했던 백두산에 대한 대우는 매우 파격적이었다.

아마 금이나 청의 먼 선조들은 10세기의 백두산의 거대 분화를 직간접적으로 경험했을 것이다. 백두산의 비위를 거스르면 국가가 멸망할 수도 있다는 심리가 후예들의 잠재 의식 속에 남아 있었는지도 모른다.

## 1. 역사 기록에서 누락된 화산 분화

오랫동안 여러 민족의 숭배를 받아 온 백두산에는 여러 전설이 얽혀 있다. 그중 백두산의 분화를 연상시키는 만주족의 전설이 있다. 만주족에는 리지나(日吉納)라는 여성 샤먼에 대한 이야기가 구전으로 내려온다(宮本 등, 2001). 백두산에는 불의 마인(魔人)이 살고 있었는데, 어느 날 마인이 격렬하게 불을 뿜기 시작했다. 리지나는 독수리를 타고 천제(天帝)에게 가서 어떻게 해야 좋을지 물어보았다. 그리고 천제의 가르침대로 리지나는 얼음을 품고 백두산의 화구에 내려앉아 마인의 뱃속으로 얼음을 쑤셔 넣었다. 그러자 하늘이 무너지고 땅이 갈라지며 귀를 찢는 굉음이 울렸다. 이윽고 연기가 멈추고 불이 꺼졌다. 산은 본래의 모습으로 돌아왔지만 화구에 커다란 호수가 만들어졌다. 바로 천지가 이렇게 만들어졌다.

백두산은 만주족뿐 아니라 한민족에게도 단군 신화로 거슬러 올라가는 민족 발상의 영산이다. 한민족에게도 백두산에 관한 이야기가 구전으로 내려온다(宮本 등, 2001). 여기서는 백 장군과 흑룡이 등장한다. 어느 날 백두산 천지에 사는 흑룡이 포악하게 날뛰기 시작하자 백 장군이 이를 물리

치러 천지에 내려왔다. 그리고 백 장군과 흑룡이 치열한 전투를 벌였다. 싸움에 지친 백 장군과 흑룡은 '100일간' 휴식을 취한다. 흑룡이 불의 칼을 북쪽 언덕에 던지자 이곳에 출구가 만들어져 물은 북쪽으로 흐르게 되었다. 불의 칼을 잃은 흑룡은 동해로 도망갔다.

이 전설은 지질학적 사실을 암시하고 있다고 한다. 흑룡은 분화의 상징인 분연을 나타내고, 흑룡이 동해로 사라진 것은 분연이 서풍을 타고 사라져 갔다는 것을 의미한다. 또한 100일간의 휴식은 10세기 백두산 분화에 두 번의 클라이맥스가 있었고, 그사이에 휴지기(100일간)가 있었음을 암시하고, 장백 폭포가 분연이 사라진 후 만들어졌음을 이야기해 준다는 것이다. 그런데 어느 사서에도 10세기 백두산 분화 사건은 기록되어 있지 않다. 전설만이 당시 폭발에 대한 기억의 편린이 되어 마치 화석처럼 전해 내려올 뿐이다.

역사 기록이 없는 경우에는 답답하지만 구전으로 내려오는 전설이나 신화에서 단서를 얻어야 된다. 독일의 고고학자 하인리히 슐리만(Heinrich Schliemann, 1822~1890년)이 그리스 신화에 나오는 전설의 도시 트로이를 실제로 발굴했던 것과 같이, 그러한 전설이나 신화가 진실을 함축하고 있는 경우가 있다.

## 역사 기록의 공백과 화산 분화 기록의 누락

중국의 역사는 24권의 정사로 이루어져 있다. 바로 중국 '이십사사(二十四史)'가 그것이다.[17] 사마천의 『사기(史記)』에서 시작해 『한서(漢書)』, 『후

---

17) 청의 건륭제(乾隆帝)가 정한 24개 중국 왕조의 정사를 말한다. 원나라의 『신원사(新元史)』를 포함

한서(後漢書)』, 신·구의 『당서(唐書)』, 그리고 『원사(元史)』, 『명사(明史)』에 이르기까지 중국의 24개의 정사를 말한다. 그런데 어쩐 일인지 여기에 발해의 역사는 포함되지 않는다. 중국은 발해를 자기네 역사라고 주장하지만 원래 '발해사'라는 것이 존재하지 않는다(水谷, 2001).

그것은 발해가 중원의 한족이 세운 나라가 아니기 때문일까? 결코 그렇지 않다. 중국 이십사사에는 한족 이외의 거란족(『요사』), 여진족(『금사』), 몽고족(『원사』) 등이 세운 나라의 역사가 망라되어 있다. 그런데 발해의 역사만은 여기에 포함되지 않았다. 이와 같이 중원의 국가는 물론이고 발해를 멸망시킨 요나 한반도의 고려, 이후 발해의 땅에 건국했던 금이나 청도 발해사를 편찬하려 하지 않았다. 이렇게 발해의 역사는 모두에게서 홀대를 받아야 했다. 그래서 흔히 발해는 전쟁에서 패하고 역사 기록에서 또 한 번 패했다고 이야기하게 되는 것이다.

그런데 중국 역사에 발해의 역사서가 존재하지 않는 것과 마찬가지로 발해에 속했던 백두산의 화산 분화에 대한 기록 역시 존재하지 않는다. 우리나라나 중국, 러시아, 일본, 그 어디에도 없다. 그 기록이 어딘가에 숨어 있음직한데도 사서에 그 구체적인 기술이 단 한 줄도 없다. 따라서 당시의 백두산 분화를 목격하고 경험한 민족은 누구이며, 그들은 이 사건에 대해 어떻게 대처를 했으며, 이 거대 분화가 인간의 역사에 어떤 영향을 미쳤는지에 대해서 거의 아무것도 알려져 있지 않다.

다만, 편서풍을 타고 동해를 건너 멀리 일본 열도에 퇴적된 백두산 화산재의 흔적만이 지질학적 기록으로 남아 있을 뿐이다. 일본 북부 지방과 러시아 연해주, 그리고 동해의 넓은 지역의 피스톤 코어에서 이 화산재가

하는 경우에는 이십오사, 청나라의 『청사고(淸史稿)』를 포함하는 경우에는 이십육사가 된다.

발견된다. 이 화산 폭발은 동쪽으로 길게 확산된 화산재의 분포로 보아 편서풍이 강해지는 겨울에 일어났을 가능성이 크며, 20세기 최대의 분화로 기록된 1991년 필리핀 피나투보 화산 분화(5km³)의 20배 이상의 테프라 물질을 분출했다.

10세기 백두산 화산 분화에 대해 지질학계에서는 그 규모가 세계 굴지의 것으로 밝혀져 중요한 사건으로 인식하게 되었지만, 역사학계에서는 이 사건이 제대로 다루어지지 않았다. 그것은 지질학적 기록은 남았지만 정작 사람이 쓴 기록이 발견되지 않았기 때문이다. 그렇다면 사가들은 왜 그것을 기록하지 않았을까? 상식적으로는 잘 이해가 되지 않는다. 그러나 세상에는 상식으로 설명되지 않는 일도 있다. 10세기 백두산 분화 자체가 보통의 상식으로는 설명할 수 없는 사건이었을 것이다. 이 문제를 풀기 위해서는 지질학이나 화산학뿐만이 아니라 당시의 정치·경제 상황을 역사적으로 살펴보아야 한다.

지금까지의 연구 결과에 의하면 아마 발해와 거란의 충돌을 포함해 아시아의 질서가 크게 재편되던 10세기의 혼란기에 백두산이 폭발했다(鶴園, 2004). 중국에서는 당(唐, 618~907년)이 멸망하고 5대 10국으로 불리는 지방 정권이 난립하는 혼란기의 막이 열렸고, 동아시아에서는 거란의 요(遼, 916~1125년)가 발흥해 발해를 멸망시키고 그 땅에 동단국(東丹國, 926~982년)을 세운 시기였다.

발해는 율령제로 국가를 통치하고 불교와 같은 수준 높은 문화를 가지고 있었으므로 역사를 기록할 능력도 있었을 것이다. 그럼에도 불구하고 현재 그들의 사서는 단 한 권도 남아 있는 것이 없다. 역사의 기록은 그 후대나 새로운 왕권이 그 앞의 왕권에 대한 재평가의 형태로 기술된다. 그러나 앞에서 언급한 바와 같이, 거란은 발해를 멸망시켰을 뿐 그 역사를 정사의 형태로 남기지 않았다. 또한 거란은 발해를 멸망시킨 이후 그 땅을 지배한 것으로 되어 있지만 실제로는 그렇지 않은 것 같다. 뒤에 상세히 서술하겠지만 거란은 발해 영토의 실질적 통치를 포기하고 있다.

당시 한반도 역시 통일신라 이후 후삼국의 혼란기였다. 그리고 고려 (918~1392년)가 신라를 병합(935년)하고 후백제를 제압해 통일(936년)한 이후에도 고려의 세력권은 원산 이남에 머물렀고, 백두산 화산재의 피복 범위에서도 벗어나 있었다. 수도였던 송악(현재의 개성)은 백두산에서 남쪽으로 500km나 떨어져 있었다. 따라서 고려는 백두산의 분화에 대해 정확히 알지 못했을 가능성이 있다.

일본은 894년부터 견당사(遺唐使)의 파견을 중지한 이래 가장 쇄국적인 시대였다. 발해와의 교류도 919년을 마지막으로 끊겼다. 따라서 당시는 대륙과의 인적 교류가 가장 적었던 시대였다.

아무튼 10세기 백두산의 대폭발이 일어난 시기에 중국은 당이 멸망하고, 여러 나라로 쪼개져 산산조각이 난 상태였고, 백두산을 중심으로 한 중국 동북부는 거란과 발해가 격돌하는 전란의 혼란기였으며, 한반도 역시 고려를 중심으로 세력이 크게 재편되는 정치 군사적 격동기였다. 백두산의 대분화가 역사 기록에서 잊혀진 것에는 이러한 정치적·경제적 상황이 큰 영향을 미쳤을 것이다.

10세기 백두산 폭발의 사건이 역사 기록으로 남아 있지 않은 이유는 다음의 두 가지로 생각할 수 있다. 첫째는 역사 기록이 남겨질 상황이 아니어서 역사 기록 자체가 애당초 존재하지 않았을 경우이고, 둘째는 기록이 의도적으로 누락되었을 경우이다.

첫 번째 이유를 살펴보자. 앞에서 본 바와 같이 당시는 백두산 폭발에 대한 기록을 남길 정도로 여유로운 왕조가 존재하지 않았고, 그런 기록이 있었다고 해도 그것이 온전히 보존되기 어려운 시기였다(鶴園, 2004). 또한 발해의 기록이 있었더라도 거란에 의해 훼손되었거나 파기되었을 가능성이 높다.

곰곰이 생각해 보면, 백두산 폭발을 직접 목격한 사람이 살아남았을 가능성은 희박하다. 또한 백두산에서 멀리 떨어진 넓은 지역에서 화산재 피복이나 화산 이류 등 화산에 의한 재해가 발생했어도 그 정확한 원인을 알지 못했을 것이다. 그리고 그러한 재해를 입은 사람들 역시 이유도 모른 채 모두 사망해 갔을 것이다. 이것이 10세기 백두산 분화에 대한 기록이 전무한 이유 중의 하나이다.

두 번째 이유와 관련해, 역사 기록의 의무를 가진 자가 화산 분화와 같은 흉사에 대해서는 의도적으로 기록을 누락시켰을 가능성이 있다. 훈민정음 연구의 대가이자 컬럼비아 대학 명예 교수인 개리 레드야드(Gari Ledyard)는 『삼국유사』와 『고려사』, 『동국문헌비고』 등에 서술된 천문, 기상, 지질학적 기록을 검토하고 다음과 같이 말했다(Ledyard, 1994).

한국의 관측자들은 대부분의 경우 그들이 본 것에 대해 정확하게 묘사하려 하지 않았다. 그들은 흉길조의 기록에서 그 개념을 나타내는 한정된 용어와 구절만을 선택했다.

한국의 사가들은 자연의 재앙과 같은 흉사에 대해서는 사실적이거나 적극적인 묘사를 회피했다고 지적한 것이다. 백두산을 지질 조사했던 독일 화산학자들 역시 10세기 백두산 분화가 고기록으로 남아 있지 않은 점에 대해 다음과 같이 지적하고 있다(Horn and Schmincke, 2000).

중국어의 현대 용어 '火山'은 문자 그대로 '불의 산'을 의미하지만, 그러한 의미를 내포한 고문헌의 기록은 없다. 이것은 화산 분화 기록의 탐색을 더욱 어렵게 한다.

그 옛날 중국에는 '화산(火山)'이란 용어는 아직 존재하지 않은 것 같다. 따라서 사가들에게 있어서 화산 분화라는 자연 현상을 묘사하고 기록한다는 것이 여간 번거로운 일이 아니었을 것이다. 이어서 그들은 이렇게 말했다.

한국인들은 산의 '맥(脈)'이 한국 전역에 확산되어 국가의 에너지와 생명력이 전달된다고 설명했다. 그 에너지와 생명력의 중심이 백두산이다. 만약 백두산이 그와 같은 시절에 폭발했다면 그 힘이 자신들에게 유리한 것이라고 받아들이기는 힘들었을 것이다. 이 파국적 분화에 대한 기술이 누락된 것은 역사가들에게 매우 흥미로운 문제이다.

백두대간(白頭大幹)은 한반도의 산맥을 마치 혈액의 순환계처럼 설명한다. 백두대간은 백두산에서 시작되어 포태산, 두류산, 금강산, 설악산, 태백산으로 이어져서 지리산에서 끝이 난다. 갈라진 산줄기는 모든 강과 지역을 구분 짓는 경계선이 되어 각지의 언어, 습관, 풍속 등을 구획했다. 이 산줄기를 경계로 부족 국가가 태어났고 삼국 시대의 국경과 조선 8도의 행정 경계가 만들어졌다. 현대에 이르러서도 자연스러운 각 지방의 분계선이 되고 있다. 이처럼 백두대간은 국토의 지세를 파악하고 지리를 밝히는 근본이 된다. 그 백두대간이라는 순환계의 심장이 바로 백두산인 것이다.

이러한 풍수지리설은 국가의 운명도 풍수의 조건에 따라 정해진다고 가르치고 있다. 신라 말기에 도선(道詵, 827~898년)과 같은 풍수 대가가 나와 이러한 신비적, 미신적 신념이 조정의 의사 결정에 영향을 미치고 민간에 널리 보급되었다. 묘청(妙淸, ?~1135년)의 서경 천도설 등에서도 엿볼 수 있듯이, 특히 고려 시대 이후 한국인들의 마음속 깊이 자리 잡으며 일상생활에까지 커다란 영향을 주었다. 독일의 화산학자 주잔네 호른에 따르면, 한국인들은 백두대간의 시발점이며 한민족의 발상지로 숭상하는 백두산이 불을 뿜은 사건을 후세에 기록으로 남기지 않았다는 것이다. 그것은 당시 역사 기록의 의무를 가진 자들에게 일종의 터부였는지도 모른다.

한편《조선일보》논설 고문이었던 이규태(1933~2006년)는『한국인의 의식 구조』에서 한국인의 표현 방식에 대해 다음과 같이 서술하고 있다(李圭泰, 1977).

한국인의 표현 구조는 미국인에 비해 은폐적이고 폐쇄적이다. 한국인은 정보 전달을 할 때에도 그 회로를 극소화하고 애매하게 하려고 기도한다. 이것은 자신의 체험과 의사를 가능한 한 타인에게 공개하고 싶어 하지 않는 의도에서 오는 현상이다.

그에 의하면 한국인은 긍정과 부정의 표현에서도 극단적으로 애매하며 경우에 따라서는 정반대의 의사를 표현하는 경우조차 있다고 했다. 이러한 은폐적이고 폐쇄적 성향은 한국인뿐 아니라 당시 중국인을 포함한 동양인의 공통된 성향이었는지도 모른다.

발해를 멸망시키고 발해의 땅을 차지했던 거란은 백두산의 거대 분화에 대해 알고 있었을 가능성이 있다. 그들만이 백두산의 거대 분화에 대해 유일하게 증언할 수 있는 민족이었다. 그러나 그들은 그 사건을 기록으로 남기지 않았다. 만약 거란이 발해를 침략하기 전에 백두산의 거대 분화가 일어났고, 따라서 발해의 국력이 쇠진해 있었다면, 거란은 발해 침략과 멸망을 정당화하기 위해 백두산 분화의 사건을 의도적으로 은폐할 필요성이 있었다. 또한 발해를 침략하고 발해를 멸망시킨 이후에 백두산이 대폭발을 했더라도 거란은 이 사건을 은폐할 필요성이 있었을 것이다. 발해를 통치할 그 시점에서 화산의 대폭발은 흉조이며 자신들에게 유리한 것이라고는 할 수 없었을 것이기 때문이다.

근래의 일본에서도 그러한 사례가 있었다. 1943년에 일본 홋카이도의 우수 산(有珠山)이 활동을 시작해 잠재 돔(cryptodome)이 지표로 상승해 쇼와신 산(昭和新山)이 만들어지고 있었다. 그러나 당시는 일본의 진주만 공습 등 제2차 세계 대전이 한창 때여서 일본 군부는 쇼와신 산의 형성을 불길한 징조로 보고 출입을 통제하고 관측과 연구를 금지했다. 화산 분화 사실을 은폐한 것이다. 따라서 지금은 홋카이도 유수의 관광지가 된 쇼와신 산의 형성에 대해서는 오늘날까지도 그 상세가 잘 알려지지 않았다.

영화 「폼페이 최후의 날」로 잘 알려진 기원후 79년 베수비오 화산의 폭발은 역사서가 아닌 플리니우스(Gaius Plinius Caecilius Secundus, 소플리니우스, 61~112년)가 남긴 편지 속에 기록되어 있다. 플리니우스는 베수비오에서 40km 떨어진 지금의 나폴리 만에 체재하고 있던 삼촌 플리니우스(Gaius Plinius Secundus, 대플리니우스, 22~79년)와 함께 이 분화를 목격했다. 플리니우스의 편지 속에는 베수비오 화산 상공에 뿜어 올려진 분연주, 비가 오듯 쏟아지는 부석과 화산재, 칠흑 같은 어둠 속에서의 공포와 절규, 그리고 피난 행렬 등이 매우 사실적으로 묘사되어 있다. 삼촌 플리니우스는 구조를 요청하는 지인의 전갈을 받고 즉각 베수비오 산록으로 출발했으나 그는 화산에서 뿜어져 나오는 고온의 폭풍에 의해 숨을 거두었다고 기록되어 있다. 고온의 폭풍이란 아마 화쇄 서지였을 것이다. 따라서 삼촌 플리니우스는 최초의 지질학적 순교자라고 할 수 있다.

그런데 한 가지 분명한 것은 베수비오 화산이 백두산과 같은 규모로 폭발을 했더라면, 그곳에서 40km 떨어진 곳에서 그 광경을 목격했던 플리니우스 일행도 그 시점에서 목숨을 건질 수 없었을 것이라는 점이다. 반경 40km 정도는 백두산의 25km 분연주가 붕괴해 발생한 거대 화쇄류의 사정 거리 안에 있었기 때문이다. 이탈리아의 베수비오가 폭발한 이후 또다시 1,000년이 지난 뒤에 백두산이 폭발했는데도 불구하고 지금까지 한국, 중국, 일본의 역사서의 기록은 고사하고 편지나 일기, 기타 시가나 문집 등에서 아무런 기록도 발견되지 않았다.

백두산 폭발의 사건이 기록되지 않은 원인이 지배층의 풍수 지리적 신념 때문이었는지, 사가들의 금기에 해당하는 것이었는지, 또는 한국인을 비롯한 동양인의 은폐적 심층 의식 구조에 기인하는 것인지 현재로서는 알 수 없다. 독일의 화산학자들은 "이 파국적 분화에 대한 기술이 누락된 것은 역사가들에게 매우 흥미로운 문제"라고 했지만, 당시 백두산의 대분화가 기록으로 남아 있지 않은 것은 역사학의 문제라기보다 어쩌면 사회 심리학의 연구 영역에 가깝다.

부언하건대, 백두산 폭발을 직접 목격한 인간이 살아남았을 가능성은 없다. 그리고 넓은 지역에서 화산에 의한 2차, 3차의 재해를 입고 많은 사람들이 사망해 갔다고 해도 그 이유조차 몰랐을 것이다. 또한 그러한 자연의 잔혹한 맹위는 인간의 영역이 아닌 신성불가침의 신의 영역으로 간주되었을 것이다. 신의 영역은 정사에 기록하지 않는 법이다. 그것이 옛 사람들이 이 화산 분화를 기록하지 않았던 이유였는지도 모른다.

총 체적 100km³의 10세기 백두산의 발작적인 분화에 의해 하늘 높이 솟은 분연주가 붕괴되어 대화쇄류가 발생했고 자연을 황폐화시켰다. 이 지역의 인간 사회에 엄청난 충격을 주었음은 말할 나위도 없다. 특히 백색 부석과 광역적으로 확산된 코이그님브라이트 화산재는 북한의 동해안과 러시아 연해주의 넓은 해안 지역까지 두껍게 피복했다. 과연 당시 인간 사회에 초래한 피해와 영향은 무엇이었는가? 그 피해를 복구하고 회복하는 데 얼마나 많은 시간이 걸렸는가? 살아남은 자들은 이 사건을 어떻게 받아들이고 무엇을 생각했는가? 궁극적으로 이 화산 폭발은 10세기 동아시아의 역사에 어떤 동력으로 작용했는가?

화산의 폭발에 의해 전쟁보다 더 많은 사망자가 발생했고 살아남은 사람들은 영문도 모른 채 오래도록 심리적 공황 상태에 빠졌을 것이다. 이 백두산의 폭발은 역사의 커다란 흐름을 돌리는 돌발적 변수로 작용했다는 것은 틀림이 없다. 그러나 아직 이 부분에 대한 베일을 걷어 내지 못하고 있다. 백두산 대폭발이 인류사에 미친 영향은 우리나라와 중국 동북부 고대사의 '잃어버린 고리(missing link)'인 것이다.


## 백두산 분화와 발해 쇠망의 가설

발해는 백두산을 포함해 한반도 북부와 중국 동북부, 그리고 러시아 연해주 일대의 넓은 영토를 가지고, 한때 중국으로부터 해동성국이란 칭송을 받았을 만큼 229년간 번성했던 고도의 문명국이었다. 그러나 우리가 발해라는 나라에 대해 알 수 있는 것은 그다지 많지 않다. 앞에서도 말한 바와 같이 발해 스스로의 역사서나 그 후대가 만든 정사 형태의 발해사가 존재하지 않기 때문이다. 그러므로 역사학자들은 발해 주변국들의 단편적인 역사 기술을 가지고 발해의 역사를 엮어서 재현해 내지 않으면 안 되었다.

이런 상황에서 발해는 중국과 일본, 러시아 그리고 한국과 북한의 관점과 입장에 따라 조금씩 다른 모습으로 복원되었다. 발해라는 실체에 대해 하나의 의견이 있는 것이 아니라 여러 개의 시나리오가 존재하는 것이다.

중국의 사서에 의하면 발해에 서울이 5개가 있었다. 이른바 발해 5경(京)이다. 역사학자들이 추정하는 발해 5경의 위치에 대해서도 여러 가지 견해가 있지만, 백두산은 대체로 발해 5경의 거의 한가운데에 위치하고 있었다. 이것은 발해에서 백두산이 지정학적으로도 매우 중요한 곳에 위치하고 있었으며, 발해인들의 민족 정신의 중심이 바로 백두산이었음을 의미한다. 그러한 백두산이 대폭발을 일으켰다. 그리고 그 사건을 전후해 발해가 사라지고 말았다.

일본에서 최초로 백두산-도마코마이 화산재(B-Tm)를 발견했던 도쿄 도립 대학의 마치다가 1987년 일본 아오모리 지방에 퇴적된 B-Tm을 추적하고 있을 때 일본 NHK의 수석프로듀서 미즈다니 게이이치(水谷慶一)[18]가 지질 조사 현장을 취재하게 되었다. 아오모리에서 915년에 퇴적된 것으로 알려진 To-a와 바로 그 위에 퇴적된 B-Tm을 눈으로 확인한 미즈다니는 10세기에 백두산이 거대 화쇄류를 동반하는 분화를 일으키고 일본 열도에까지 화산재를 퇴적시켰다면, 백두산의 분화가 혹시 926년의 발해 멸망과 관계되는 것이 아닌가라는 예측을 하게 되었다. 발해는 거란의 침략에 의해 멸망했다는 것이 학계의 정설이지만, 저널리스트의 시각으로 볼 때 거란의 침입 이전에 백두산의 폭발로 인해 이미 발해의 국력이 쇠진했을 가능성이 충분히 있다고 생각한 것이다.

---

18) NHK의 인기 프로듀서. 「일본사 탐방」, 「알려지지 않은 고대」 등 주로 역사 관련 교양 프로그램을 제작했다.

**|사진 2-1|** 마치다 히로시

일본의 화산학자이자 광역 테프라 연구의 일인자. 한때 하코네 산과 후지 산 연구에 전념했으며,
1976년에 AT, 1978년에 K-Ah, 1981년에 B-Tm, 1985년에 Aso-4, 1987년에 Toya 등 광역
테프라를 차례로 발견했다. 1992년에 백두산 분화와 발해 쇠망에 관한 가설을 제시했다. 현재 도쿄 도
립 대학 이학부 명예 교수이자 일본 학술회의 회원. 그리고 일본 제4기 학회 회장(2005~2009년)을
역임했다.


   NHK는 그 뒤 「환상의 나라 발해」라는 타이틀로 그러한 내용을 담은
프로그램을 제작해 일본 전국에 방영했다. 이 프로그램에는 현대 일본을
대표하는 역사 소설가 시바 료타로(司馬遼太郎, 1923~1996년)[19]가 출연해 당시
발해와 일본 사이의 빈번했던 교류에 대해 해설하고, 백두산 분화에 의한

---

19) 일본의 대표적 대중 문학가, 역사 소설가. 독자적인 역사관으로 많은 작품을 집필했으며 역사 소설
의 새로운 바람을 일으켰다. 대표작으로 『료마가 간다』, 『가도를 가다』 등이 있다.

발해의 흥망을 추리했다. 그 진위는 차치해 두고라도 2,000년 전 폼페이의 비극이 오버랩되는, 거대 화산의 폭발과 왕국의 멸망이라는 주제는 시청자들에게 흥미롭고 자극적인 주제였음에 틀림이 없다.

　마치다는 같은 해에 본격적인 지질 조사를 위해 백두산으로 날아갔다. 그리고 수년에 걸쳐 칼데라 주변의 조사를 마치고 그 결과를 한 편의 논문으로 발표했다(Machida et al., 1990). 한편 그는 1992년에 "화산의 분화와 발해의 쇠망"이라는 제목으로 강연을 하게 되었다. 그것은 '수수께끼의 왕국, 발해'라는 주제의 일반인 대상의 심포지엄이었다. 마치다는 강연 서두에 다음과 같이 말하고 있다(町田, 1992).

　'화산의 분화와 발해의 쇠망'이라는 오늘의 주제를 보면, 마치 화산 분화가 발해 멸망의 원인이었다고 단정적으로 받아들일 수 있다고 생각합니다. 그러나 실제로는 그럴 가능성이 있다는 것뿐입니다. 진실의 역사는 무미건조한 것인지도 모릅니다. 어쩌면 수년이 지나서 오늘의 이야기는 없었던 것으로 될지도 모릅니다.

　그러나 그 옛날 발해 한복판에 위치했던 백두산의 약 1,000년 전 분화는 대단한 규모의 것으로, 인간과 그 주변 자연 환경에 초래한 영향이 매우 컸다는 것은 분명합니다. 그것과 발해의 멸망과의 관계에 대해 결론을 얻기 위해서는 아직 시간이 필요합니다. 그 점에 대해 미리 양해를 구해 두고자 합니다.

　그는 일본 북부에서 발견되는 B-Tm의 규모와 분포 범위, 퇴적 연대, 백두산 현지의 식물 생태계가 한때 완전히 파괴됐던 상황 등의 자료를 종합해, 어쩌면 백두산의 대분화에 의해 발해 왕국이 쇠망의 길을 걷게 되었을지도 모른다는 점을 언급했다. 그리고 언젠가 연대 측정 기술이 발달하면 그 가설의 진위가 밝혀질 날이 올 것이라고 하고, 연대 측정 기술의 발달을 기다려 보자고 했다(町田, 1992).

마치다는 일본 전역을 뒤덮은 광역 테프라 AT와 K-Ah의 발견으로 일본 국내에서 이미 잘 알려진 화산학자였으며, NHK를 통해 B-Tm의 존재가 일반인에게 알려졌기 때문에 역사학 심포지엄에서 그의 주장은 의도하지 않았다고 하더라도 커다란 반향을 일으켰다. 그 이후로 그 내용이 학술적인 논문으로 출판된 적은 없었다. 마치다는 진지한 역사적 가설을 제기했다기보다, 단지 10세기 백두산 폭발의 규모를 일반인에게 알리고, 화산 분화와 같은 자연 재해가 인류 문명에 미치는 영향에 대해 주의를 환기시키려 했다. 그리고 더 나아가 지질학의 연대 측정법의 발전을 촉구하기 위해 백두산 폭발과 발해 쇠망 사이의 인과 관계의 '가능성'을 이야기했던 것이다.

백두산 분화와 발해 쇠망의 관계를 풀기 위한 열쇠는 바로 정확한 백두산의 분화 연대이다. 그러나 이 문제를 해결하기 위해서는 무엇보다 연대 측정 기술과 그것을 뒷받침할 전문가들의 능력이 관건이다. 그러나 당시의 연대 측정 기술은 이 문제를 해결할 만큼의 정밀도를 가지고 있지 않았다.

한편 이 가설을 접한 역사학자들의 반응은 냉소적이었다. 발해를 바라보는 시각이 서로 달랐던 각국의 역사가들은 마치다의 가설에 관해 한결같은 목소리를 냈다. 그들은 마치다가 제기한 주장이 일고의 가치도 없는 무모한 속설일 뿐이라고 한마디로 기각해 버렸다. 급기야 발해 수도인 상경 용천부 일대에 발견된 용암은 백두산 폭발의 시기가 먼 선사 시대였음을 명백히 한다는 그럴듯한 근거까지 제시되는 사태에 이르렀던 것이다.

역사학계에서 그러한 반응이 나오게 된 것은 대체로 다음과 같은 이유 때문이라고 생각된다. 첫째, 역사학의 기본적인 연구 방법은 문헌 기술에 근거해야 한다. 그러나 발해 멸망 앞에도 뒤에도 백두산이 폭발했다는 어떠한 기록도 없다. 둘째, 또한 발해와 발해 이후의 역사 재구성과 그 해석에서 화산 폭발은 전혀 고려되지 않았다. 셋째, 따라서 전후 관계가 불명확한 마치다의 가설을 그대로 받아들여 기존 발해 흥망을 포함한 동아시아 역사를 수정할 수는 없다. 그러나 역사학자들이 처음에 마치다의 가설을 진지하게 검토하려 하지 않았던 것은 무엇보다 화산 등 자연의 파괴력과 그 위험에 대한 인식이 그다지 높지 않았기 때문이다. 따라서 외부자로부터 제기된 정설과 배치되는 주장을 문외한에 의한 속설로 평가 절하해 버린 것이었다.

자연 과학자가 내부 전문가 집단을 향해 가설을 제기하는 것은 거의 일상적인 일이다. 과학자들은 그 가설을 입증(verification)하기 위해 노력하기도 하고, 그 반대로 엄밀한 테스트를 통해 제기된 가설을 거짓으로 판정(falsification)하려고 한다. 과학은 과일 나무와 같아서, 열매를 쉽게 맺는 가지도 있지만 열매가 맺힐 때까지 시일이 걸리는 것도 있다. 따라서 그 누구도 열매를 맺지 못한 나무가 결국 땔감 말고 아무 쓸모가 없었다고 이야기할 수는 없다. 당대의 배경 지식에 비추어 있을 수 없다고 폐기된 이론이 훗날 정당한 것으로 밝혀진 예는 과학사에 얼마든지 있다.

알프레트 베게너(Alfred Wegener, 1880~1930년)라는 독일 기상학자가 있었다. 베게너가 1929년에 당시 지질학의 패러다임과는 배치되는 '대륙 이동설'이라는 이론으로 지질학계의 문을 두드렸을 때 당대 미국 지질학의 대가들이 이 독일인 기상학자에게 보인 반응은 경멸과 비웃음이었다. 그러나 베게너의 사후에 그 이론대로 남미 대륙과 아프리카 대륙이 중생대 초에 분리되기 시작해 현재와 같이 4,000km나 떨어지게 되었다는 것이 사실로 밝혀졌다. 베게너의 이론은 그 뒤 해저 확장설을 거쳐 지금은 '판 구조론(plate tectonics)'이라는 새로운 지구 과학의 패러다임으로 자리 잡았다. 물론 베게너를 공공연히 조롱했던 그 아카데미즘의 대가들은 그 뒤 모두 입을 다물고 끝내는 어디론가 모습을 감추고 말았다.

10세기 백두산의 분화는 지질학과 역사학의 접점에 놓인 매우 미묘한 사건이다. 그러나 여기에는 실체에 접근하려는 의지보다는 두 학문 영역의 자존심이 얽힌 힘겨루기가 이면에서 작용하고 있었던 것처럼 여겨진다. 마치다의 가설은 과학자로서의 해박한 화산학적 지식과 오랜 현장 경험에 의한 직감의 산물이었지만 결국 역사가들에게서 환영받지 못했다. 역사학자들이 민감한 반응을 보인 것은 두말 할 필요도 없이 그가 발해의 역사 문제를 건드렸기 때문이다.

역사 재구성은 직접적인 문헌의 기술뿐 아니라 기술되지 않는 부분까지 일관된 시나리오를 만들어 내는 작업이다. 그러다 보면 인간의 추측이나 추정에 의존하는 사태가 발생한다. 해석의 문제이고 설득력의 문제이다. 맞는 것도 있고 틀린 것도 있을 것이다. 그런데 잃어버린 역사를 재구성함에 있어서 여타 관련 전문 분야의 성과에 대해 검토해 보지도 않고, 또한 실체에 대해 종합적으로 이해하지 못한다면, 역사를 제대로 알았다고 할 수는 없을 것이다. 전문 분야가 다를 경우에는 연구자끼리 의사 소통이 원활하지 않고, 경우에 따라서는 상대방의 논의에 대해 일방적으로 무시하고 벽을 쌓아 버리므로, 이러한 종류의 문제가 해결되는 데는 시간이 걸린다.

백두산 폭발과 발해 쇠망이라는 두 주제는 그 인과 관계 여부를 떠나 지질학뿐만 아니라 역사학에서도 중요한 테마로 다루어져야 할 것이다. 백두산 대폭발은 바로 외면할 수 없는 우리의 역사인 것이다. 그리고 만약 두 학문 분야가 정보와 인식을 공유하게 된다면 의외로 더 빨리 실체에 접근하게 될지도 모르기 때문이다.


## 화산재의 피복 범위와 발해 5경

우리가 발해의 역사를 알고자 할 때, 정작 발해의 건국자가 어느 민족 출신인지 의견이 일치되지 않는다는 것을 알고 놀라게 된다. 대조영을 고구려인으로 보기도 하고 말갈인으로 보기도 한다. 이것은 이미 오래된 논쟁이다. 중국의 고대 기록들 사이에서 미묘하게 그 기술이 다르기 때문이다. 기록에 따라 대조영을 '고구려'인으로 해석하기도 하지만, 또 다른 기록에서는 대조영을 고구려에 종속된 '말갈'인으로 해석하기도 한다.[20]

본래 중화 사상에 의해 주변국을 모두 이적(夷狄)이라 싸잡아 서술하는 중국 사서에 엄연히 존재하는 상반된 내용의 문헌 기록만을 근거로 발해 건국자의 혈연 관계를 찾으려 하면 당연히 상반된 결론에 도달할 수밖에 없다. 이와 같은 경우는 논쟁만 있을 뿐 영원히 그 실체를 알기는 어렵다.

건국자가 어느 민족의 후예인지 통일된 견해가 없으므로 발해 왕국의 주체가 어느 민족이었는지에 대해서도 이설이 많을 수밖에 없다. 발해는 고구려 멸망 후 고구려의 유민들과 말갈족이 함께 세운 나라라는 점에서는 이론이 없지만 그 주체에 대해서는 명확하지 않기 때문이다. 그중에서도 발해 왕국의 지배층은 고구려 유민이고 피지배층은 말갈족이었다는 학설이 일반적으로 받아들여지고 있다(白鳥, 1970).

---

20) 사서에는 발해 건국자에 대한 기술이 크게 다르다. 『구당서(舊唐書)』에는 "渤海靺鞨大祚榮者本高麗別種也(발해말갈의 대조영은 본래 고구려의 별종)"로 기록되어 고구려의 유민이라 했으나, 『신당서(新唐書)』에는 "渤海本粟末靺鞨附高麗者姓大氏(발해는 본래 속말말갈로서 고구려에 종속한 자이며 성은 대씨이다.)"라고 해 말갈의 종족이라 했다.

발해는 일본에 34차례 사신을 보내고 있는데, 일본에 남겨진 발해 외교 문서에 제2대 왕 대무예가 발해 왕국이 "고(亠)려의 광복"인 것을 밝히고 있고, 제3대 왕 대흠무가 스스로를 "고(亠)려국왕 대흠무"로 칭했으며, 일본의 답서에도 "경문 고려왕(敬問高麗王)"이라는 표현이 남아 있다는 점 등이 그 이유이다. 또한 발해에서 일본에 파견된 외교관이 모두 고(高) 씨를 비롯한 고구려식 성씨를 가진 데 비해 말갈식 이름을 가진 자는 극소수의 수행원에 불과했다고 한다.

상식적으로 고구려 시대에도 그 땅에 존재했던 말갈인은 분명 고구려 시대에는 고구려의 백성이었음에 틀림없다. 그리고 발해가 건국된 이후에는 그 구성원들이 당연히 고구려나 말갈이 아닌 '발해인'이었다. 그런데 고대의 기록만을 가지고 오늘날에도 여전히 229년이나 이어진 발해의 구성원을 고구려인과 말갈인으로 이분하는 것은 지나치다는 느낌이다. 이러한 논의는 이 책의 범위를 넘는 것이지만, '발해인'에게도 자신이 '발해인'이라는 자기 정체성은 있었을 것이라는 점을 지적해 두고 싶다.

화제를 다시 돌려서, 앞서 발해에는 다섯 개의 서울이 있었다고 했다. 이 발해 5경의 위치는 10세기 백두산 분화의 테프라 피복 범위를 고려할 때 매우 중요하다. 그런데 발해 5경의 위치에 대한 논쟁이 학계에서 되풀이되어 왔을 뿐, 그 정확한 위치를 모른다고 한다. 발해 5경은 활발한 문물 교류의 거점으로서 정치, 문화, 경제의 중심지였다는 것만은 기록에 남아 있다.

> 발해 땅은 5경 15부 62주(五京十五府六十二州)를 두었는데 숙신의 땅을 상경(上京)이라 하고 용천부(龍泉府)라고도 했으며 …… 그 남쪽은 중경(中京)이라 하고 또한 현덕부(顯德府)라고도 했는데 …… 예맥의 땅에는 동경(東京)을 두었는데

용원부(龍原府)라고도 하고 …… 옥저의 땅에는 남경(南京)을 두었고 남해부(南海府)라고도 했으며 …… 고구려의 땅에는 서경(西京)을 두었으며 압록부(鴨淥府)라고 했으며 …… (구자일, 1995년, 『신당서』 '발해전')

발해의 최성기인 제10대 선왕 대인수 무렵에는 5경 15부 62주의 지방 행정 조직을 두고, 옛 고구려의 땅을 거의 모두 회복했다. 기록에 이 왕국의 넓이를 "지방 오천리(地方五千里)"(『고려사』 제1권 태조을유8년, 925년)로 표현했던 것에서도 그 국토가 광대했던 것을 엿볼 수 있다. 발해가 강성했을 때에 그 영역은 현재의 지린(吉林) 성 거의 대부분과 헤이룽장(黑龍江) 성의 대부분, 랴오닝(遼寧) 성 일부분 및 러시아 연해주 지구, 북한의 함경북도, 함경남도, 평안북도 일부분을 포괄하고 있어, 실로 넓고 넓은 '해동성국'을 이루고 있었다(王承禮, 1988).

그렇다면 과연 발해 5경은 현재의 어디에 위치하고 있었을까? 발해의 수도였던 상경 용천부가 지금의 헤이룽장 성 닝안(寧安) 시 동경성(東京城)인 것으로 학계에서 공인되었다. 그리고 발해에서 일본으로 통하는 거점인 동경 용원부가 지금의 지린 성 훈춘(琿春) 시 반납성(半拉城)인 것은 유적 발굴로 확인되었다고 한다. 그러나 확인된 것은 이 두 곳뿐으로, 남경 남해부는 함흥설, 경성설, 성진설, 북청설, 덕원설 등이 있으며, 서경 압록부도 임강설, 평북의 자성 북안설, 통구설 등이 있어 아직은 정확한 위치를 모른다. 한편 중경 현덕부는 본래 대조영이 건국했던 구국(舊國) 동모산(東牟山)으로 생각되었으나, 그곳보다 남쪽 두만강 유역 해란강 평야에서 1949년 정해 공주 묘비와 1981년 정효 공주 묘 등 중요한 유적이 발굴되어 바로 그곳(지린 성 서고성자)에 중경이 있었다는 주장이 대두되었다.

이 발해 5경을 지도에 표시해 보면 그림 2-1과 같다. 상경 용천부는 헤

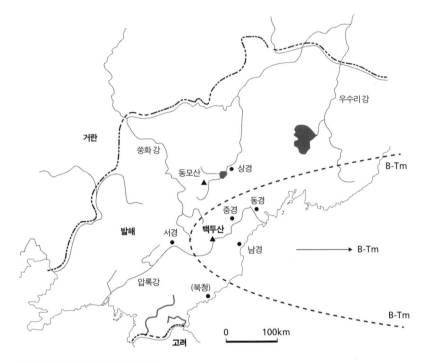

|**그림 2-1**| 발해 5경과 B-Tm의 분포

발해 5경은 발해의 문화 · 정치의 중심지였지만 상경 용천부와 동경 용원부 이외에 아직 그 정확한
위치가 확인되지 않았다. 그림은 역사학계가 추정하는 위치를 중심으로 발해 5경을 작도한 것이다
(남경에 대해서는 북청설이 있다.). 이 지도에 의하면, 당시 수도였던 상경을 제외하고 중경, 동경,
남경은 백두산의 직접적인 강회(降灰)의 사정권 안에 들어가며, 서경은 화산 이류에 의해 심각한 피
해를 입었을 것으로 추정된다.

이룽장 성 닝안 동경성, 동경 용원부는 지린 성 훈춘, 남경 남해부는 함경
북도 성진, 서경 압록부는 평안북도 임강, 그리고 중경 현덕부는 지린 성
서고성자로 가정하고 작도한 것이다. 그림 2-1을 보면 발해 5경이 백두산
을 중심으로 방사상으로 위치해 있었다는 것을 알 수 있다.

마치다가 10세기 백두산의 화산 폭발이 발해 멸망의 원인으로 작용했을 가능성을 제기했을 때, 역사가들은 발해의 수도(상경)가 백두산 천지에서 멀리 떨어져 있어서 화산 분화의 영향을 받을 수 없다고 했다(上田, 1992). 그러나 거대 화쇄류 분화의 위험성을 숙지하고 있는 사람의 눈에는 그렇게 보이지 않는다. 이미 발해 5경 중 3경(중경, 동경, 남경)은 화쇄류나 화산재의 직접적인 피복에 의해 국가 기능이 충분히 마비될 수 있는 사정 거리 안에 위치하고 있으며, 또 나머지 서경 역시 치명적인 화산 이류에 의한 범람, 홍수 등의 사정권 안에 위치하고 있었다.

10세기에 폭발한 백두산은 예상할 수 있는 최악의 한계를 넘었다는 것을 지질학적 증거가 뒷받침해 주고 있다. 상공으로 뿜어 올려진 25km의 분연주는 붕락해 거대 화쇄류가 발생했다. 이 밀도가 매우 적은 화쇄류는 시속 150km 이상의 속력으로 산록을 질주해 고도 2,000m의 산악 지대를 넘어 100km 이상 먼 곳까지 이르렀다. 화구에서 90km 떨어진 곳에서도 화쇄류에 매몰된 탄화목(carbonized wood)이 발견된다는 사실에서도 이를 확인할 수 있다(Koyama, 1943). 탄화목은 화쇄류가 아니면 만들어지지 않는다. 이 화쇄류가 발해의 중경, 남경까지 도달했는지는 알 수 없다. 하지만 수십 km 먼 곳에는 불과 수 cm의 얇은 지층밖에 남기지 않는 이 화쇄류는 아름드리 거목을 순식간에 숯으로 만들 정도로 고온이고 승용차만 한 돌덩이를 굴릴 만큼 고속이다.

백두산을 포함해 개마고원의 겨울 눈은 깊다. 백두산의 화쇄류에 매몰된 탄화목의 나이테를 조사해 보면, 나이테의 성장이 멈추는 겨울에 폭발이 일어났다는 것을 말해 주고 있으며(町田·光谷, 1994), 또한 일본의 호저 퇴적물 속에 퇴적된 B-Tm 역시 규조(硅藻, diatom)류의 성장이 멈추는 겨울철에 퇴적되었다는 것을 강하게 시사하고 있다(福澤 등, 1998). 이 화산 폭발이 겨울에 발생했다면, 뜨거운 화쇄류는 산 정상에 있는 수억 톤의 눈을 녹여 화산 이류가 마치 해일과 같이 산 사면을 돌진해 내려갔을 것이다. 계곡을 따라 압록강과 두만강, 그리고 쑹화 강에 쏟아진 화산 이류는 수계를 따라 형성된 촌락을 차례차례 매몰시키며 하류에 대홍수를 초래했을 것이다. 화산 이류의 사정권은 화쇄류보다 더 넓은 범위를 포함한다.

만약 오늘날에 당시와 동일한 규모의 화산 폭발이 일어난다면, 화산 이류는 압록강과 두만강의 수력 발전 댐을 마치 도미노를 쓰러뜨리듯이 무너뜨리며 하류까지 전진할 수 있다. 화산 이류는 주변의 촌락을 매몰시키고 하류와 범람원에 대홍수를 초래한다. 압록강의 서경 및 두만강의 중경과 동경은 이 화산 이류의 사정권 안에 있었다. 또한 백색 화산재는 동해쪽으로 확산되어 식물 생태와 인간의 흔적을 덮어 일대를 순식간에 부석사막의 폐허로 만들어 버렸을 것이다. 화산재의 분포 주축에 해당하는 남경(현재의 성진 또는 청진 부근)은 마치 폼페이가 매몰된 것과 같이[21]최대 수 m의 두꺼운 화산재층에 매몰되었을 가능성이 있다. 그리고 화산재의 열운은 동해를 건너 일본에 얇은 지층을 남겼다.

만약 백두산의 대분화와 발해의 멸망이 시기적으로 일치한다고 해도 발해의 수도 상경 용천부가 직접 화산 폭발에 의해 현저한 피해를 입었을 것으로는 생각되지 않는다. 상경은 백두산에서 북쪽으로 250km 떨어져 있으며, 직접적인 화산재 피복 영역에서도 벗어나 있다. 그러나 머리가 붙어 있더라도 사지가 잘려나간다면 맥박이 멈추는 것은 시간문제일 뿐이

---

21) 폼페이는 베수비오 화산에서 남동쪽으로 10km 떨어져 있으며 최대 6m의 부석과 화산재에 매몰되고 말았다. 이 79년 베수비오 화산의 테프라 분출물은 용적이 2km³로서 10세기 백두산 분화의 1/50 규모였다. 79년 베수비오 분화로 인해 실제로는 폼페이뿐 아니라 인근의 도시 헤르쿠라늄(Herculaneum)이 화쇄류에 매몰되었다. 부석에 매몰된 폼페이는 발굴되었지만, 화쇄류에 매몰된 헤르쿠라늄은 현재까지 발굴되지 못한 채 방치되고 있다.

다. 중경, 동경, 남경, 서경 등의 주요 도시와 동해안과 러시아의 연해주 해안에 존재했을 것으로 생각되는 중요 거점들이 화산재에 피복되어 모든 정치·군사·경제적 기능이 마비되어 버렸다면, 화산 분화가 국운을 좌우할 일대 사건이었다는 점에 대해서 누구도 부정하지 못할 것이다.

역사가들이 백두산 폭발이 발해 멸망을 초래할 수 있었다는 마치다의 가설을 받아들이지 않은 이유는 대체로 다음과 같다. 첫째, 만약 이때에 백두산이 폭발을 했더라도 그것이 한 도시를 완전히 덮지 않는 한 멸망의 원인이 되지 않으며, 둘째, 화산재는 오히려 비옥한 토양을 제공해 주며, 셋째, 화산 폭발이 빈번한 일본이 그것 때문에 멸망한 사례가 없다는 것이다. 이러한 주장은 화산학자들과 역사학자들의 인식의 차이를 극명하게 보여 준다. 후손에게는 과거 화산 분화가 아름다운 자연 환경을 만들어 준 대지의 축복이 될 수 있겠지만 지긋지긋한 화산재를 직접 몸으로 체험했던 그들의 조상에게는 사정이 다르다.

기본적으로 화산재는 하늘에서 강하한다는 점에서 비와 같다. 호우가 내리면 강물이 넘치고 홍수가 발생한다. 그런데 아무리 홍수가 나서 지붕까지 물에 잠겼다 할지라도 비가 그치고 물이 빠지고 나면 다시 일상으로 돌아올 수 있다. 제방을 쌓고 가재도구를 말리면 최소한 생활은 할 수 있다. 그러나 화산재가 피복한 지역은 그렇지 않다. 그 주변은 순식간에 풀한 포기 없는 부석 사막의 악지(惡地)로 돌변한다(사진 2-2). 화산재는 화산 분화가 끝났다고 해서 물이 빠지듯이 빠져나가는 것이 아니다.

1991년 필리핀 피나투보 화산이 폭발했을 때 미국이 클러크 공군 기지를 포기하고 떠나야 했던 것은 다름 아닌 화산재 때문이었다. 클러크 공군 기지는 제2차 세계 대전 때 피나투보의 과거 화쇄류 퇴적물 위에 건설되었다. 미국은 해외 최대 군사 시설이자 맥아더 장군의 필리핀 상륙 이래

|**사진 2-2**| 부석 사막

2000년 일본 홋카이도 우수 산이 폭발했을 때 산록에 부석과 화산재가 피복해 일대가 마치 사막과 같이 되었다. 강하 화산재는 나무를 탄화시키지는 않지만 고사(枯死)시키기에 충분한 열을 가지고 있다.

로 지켜 온 곳이라는 자존심을 포기하는 대신 1만 5000명의 군인과 가족들을 피난시켜 목숨을 살렸다. 피나투보 화산에서는 5km³의 테프라 물질이 분출되었으며 이것은 덤프트럭 5억 대의 용량이다. 만약 미군들이 필리핀 민간인들과 함께 피난하지 않고 불퇴전의 자존심을 지켰더라면 새까만 토스트가 되는 신세는 면할 수 없었을 것이다. 실제로 피나투보에서 동쪽으로 20km 떨어진 클러크 공군 기지의 활주로까지 화쇄류가 도달했다. 화산재는 땅을 포기하고 그곳을 떠나게 한다.

둘째, 화산재가 비옥한 토양을 제공한다는 것은 오해이다. 본래 토양은 그 지방의 기후나 식물 생태와 깊은 관련이 있다. 아한대 침엽수림에서는 포드졸(Podsol), 사바나나 열대 우림에서는 라테라이트(Laterite), 아열대나

온대의 상록 활엽수림에서는 황색토나 적색토 등, 세계의 토양은 그 지방의 기후 및 식물의 작용과 오랜 세월의 풍화 작용을 거쳐 형성된다. 그러나 화산재가 덮은 지역은 그렇게 되지 않는다. 기후나 식물 생태와 관계없이 매우 독특한 성질의 토양이 된다.

풍화가 되지 않은 화산재는 산성도가 강해서 농경지나 목초지로 이용할 수 없고 부석은 식물의 뿌리가 통과하기 어렵다. 화산재층은 땅속에서 투수성이 나쁜 견고한 판상의 층으로 존재하기도 하고 대기에 노출된 화산재층은 물에 쉽게 침식되고 쉽게 무너져 내린다. 화산재가 비옥한 토양이 되는 것은 하나의 화산 분화가 종식된 뒤 적어도 수백 년이 지나 화산유리가 풍화하고 흡수되어 완전히 토양이 된 이후의 일이다. 화산재가 피복한 땅은 파종할 수 없고 따라서 수확할 수도 없다. 어떻게 해 볼 도리가 없는 사막이고 불모지일 뿐이다.

셋째, 일본이 화산 분화 때문에 멸망한 적이 없다는 것은 사실이다. 적어도 역사 시대 이후의 일본에 대해서는 그렇게 이야기할 수 있다. 그러나 6,300년 전 규슈 남부의 해저 화산 기카이(鬼界) 칼데라의 대폭발에 의해 일본 규슈에 살았던 조몬(繩文) 시대 초기의 인류들이 멸망했다는 사실이 잘 알려져 있다. 이때 일본 전국에 퇴적된 광역 테프라가 K-Ah[22]이다. K-Ah를 사이에 두고 인류의 문화가 단절되었으며, K-Ah 이후에 새로운 토기가 출현하는 것은 그로부터 무려 1,000년 이후이다.

10세기 백두산과 같은 대폭발은 그리 자주 일어나는 것이 아니다. 서기 이래 인류는 백두산을 제외하고 이 규모의 화산 분화를 경험한 적이 없

---

22) 지금으로부터 6,300년 전 일본 규슈 남부의 해저 화산 기카이 칼데라의 대폭발에 의해 일본 전역에 퇴적된 광역 테프라(제7장의 「기카이-아카호야 화산재」 참조).

다. 역사 시대에 들어와서 백두산의 분화에 버금가는 것은 인도네시아 탐보라 화산과 크라카토아 화산의 폭발 정도일 것이다. 1815년에 일어난 탐보라 화산의 폭발로 인한 화쇄류와 화구가 함몰할 때 발생한 쓰나미와 기근으로 10만 명이 사망했고, 1883년 크라카토아 화산이 폭발해 3만 6000명이 사망했다.

일본의 후지 산은 지난 10만 년 동안 매우 빈번하게 화산재를 분출했다. 주로 새까만 스코리아(scoria)[23]이다. 후지 산 동쪽 산록의 고텐바(御殿場) 시에 가면 그 유명한 간토 로옴층에서 후지 산의 엄청난 화산 분출물을 차례로 관찰할 수 있다. 그러나 10만 년을 쉬지 않고 분화했던 후지 산의 화산 분출물의 총 용적도 10세기에 일어난 백두산의 단 한 차례의 분화 규모에 미치지 못한다.

역사 시대에 들어와 후지 산 최대 분화는 1707년에 일어났다. 두께 1m 이상의 화산재로 덮인 넓은 범위에서 논과 밭, 가옥이 매몰되고 파괴되어 새까만 화산재(스코리아)의 사막이 되었다. 후지 산 분화 후 오랜 기간 동안 논과 밭이 복구되지 못했고 또한 피해를 입은 주변 마을의 인구가 격감했다. 당시 후지 산 테프라가 두껍게 퇴적된 기슭에는 본래의 모습을 회복하지 못한 채 지금도 성장이 매우 불량한 잡목림이 덮고 있다. 이 1707년의 후지 산 최대 분화의 테프라 총 분출량은 0.85km³였다. 그러나 이 분출량은 10세기 백두산 분화의 1/100에도 미치지 못하는 양이다.

화산에 관한 서적은 전문 서적뿐 아니라 일반인을 위한 서적도 무수히 많다. 거기에는 화산 분화의 메커니즘과 그 위력에 대해 망라되어 있지만,

---

23) 다공질 화산 분출물의 일종으로 어두운 색(황색~적색~흑색)이기 때문에 부석과 구별되며 암재(岩滓)라고도 한다. 부석과 마찬가지로 광물 결정을 포함하지 않으며 거의 유리질이다.

책을 읽고 이해하는 것과 자신의 발밑에 있는 한 줌의 흙에 대해 어떤 내력이 있었는가를 실제 체험을 통해 실감하는 것은 다르다. 지금까지 화산학자들은 역사학자를 비롯해 일반인에게 제대로 이해할 수 있도록 설명하지 않았다. 화산학자는 암묵적으로 전문가 사이에서 통용되는 전문 용어로 의사 소통을 하며, 형용사나 부사 없이 작성되어도 학술지는 언제나지면의 한계가 있다. 그들은 기본적으로 논쟁에 서툴고, 더 많은 자료가축적될 때까지 좀처럼 결론을 내리지 않는다. 그들은 슬라이드 없이 강의하거나 설명하는 일에 익숙하지도 않다. 따라서 일반인에게 화쇄류나 코이그님브라이트 화산재를 설명하고, 분연주 붕락과 같은 매우 치명적이지만 우리 생애에 일어날 것 같지 않은 자연 현상을 이해시키는 것은 분명성가신 일이었을 것이다.

이러한 상황에서 화산 폭발이 국가의 명운을 좌우할 수 없다는 주장은어쩌면 당연한 것이었는지도 모른다. 그러나 백두산의 파괴력과 그로 인한 충격은 그러한 생각이 미치는 한계를 뛰어넘는다. 10세기에 일어난 백두산의 분화는 지구 전체로 보더라도 수천 년에 한 번의 빈도로 매우 드물게 일어나는 화산 폭발이지만, 일단 폭발이 일어나면 참혹하고 가차 없는재해를 초래한다. 이것은 과거의 화산에서 분출되어 나온 테프라 퇴적물을 연구하는 전문가들만이 알고 있는 형태의 화산 폭발이다. 이것은 수퍼컴퓨터의 복잡한 연산으로 재현되는 시뮬레이션의 세계에서나 볼 수 있는 지질학적 현상이다.

누구든 이탈리아의 베수비오 화산에 의해 폼페이가 매몰된 것과 같이한 도시가 완전히 매몰되지 않고는 나라가 멸망하는 일은 없다고 호언할수도 있다. 그런데 그것은 VEI 7급의 백두산 분화를 자릿수가 두 단계나낮은 VEI 5급의 베수비오 분화와 비교하는 초보적인 오류를 범하고 있는 것이다.

10세기의 백두산에서도 79년 베수비오에서 일어났던 것과 똑같은 일이 벌어졌다. 거대한 플리니식 분연주[24]가 상공을 향해 높이 솟아올라 순식간에 넓은 지역을 백색 부석으로 덮어 버렸다. 그런데 베수비오 화산에서는 일어나지 않았던 일이 백두산에서 일어났다. 그것은 칼데라를 가지는 화산이 아니면 일어나지 않는 현상이다. 분연주가 붕락해 거대 화쇄류가 발생한 것이다. 백두산 거대 화쇄류의 열운에서 발생한 광역 테프라가 덮은 범위는 베수비오의 그것과는 비교조차 할 수 없다. 무엇보다도 동양과 서양에서 일어난 화산 분화 각각에서 분출된 마그마의 양부터 다르기 때문이다. 10세기 백두산에서 분출된 마그마의 양($100km^3$)은 서기 79년에 베수비오에서 분출된 양($2km^3$)의 50배에 달한다. 단순하게 이야기하자면, 백두산에서 분출된 마그마와 열에너지는 폼페이와 같은 도시 50개를 매몰시키고 파괴할 수 있는 규모였다는 것을 의미한다. 요컨대, 백두산 대폭발은 도시가 아니라 국가를 통째로 멸망시킬 힘을 가지고 있었다.


## 2. 발해 멸망의 미스터리

백두산의 명칭[25]은 민족과 시대에 따라 달랐지만 고조선, 고구려, 발해,

---

24) 화구 위에 버섯구름과 같은 분연을 뿜어 올리는 화산 분화로서 주로 부석을 분출한다. 79년 폼페이를 매몰한 베수비오 화산 폭발에 대해 상세히 기록한 플리니우스를 기념해 이와 같은 화산 폭발을 플리니식 분화라고 한다.

25) 우리나라 문헌에서는 태백산, 장백산, 백두산으로 불렸고, 중국에서는 불함산(不咸山), 개마대산(蓋馬大山), 태산(太山), 도태산(徒太山), 태백산(太白山), 장백산(長白山) 등으로 불렸다.

금, 청에 이르기까지 백두산은 언제나 그 민족의 발상지로 또 개국의 터전으로 숭배되어 왔다. 이것은 백두산을 중심으로 한 드넓은 벌판이 언제나 이 민족들의 삶의 터전이였으며, 길고 긴 역사에 걸쳐 민족 주체들의 정서의 중심에 백두산이 자리 잡고 있었다는 것을 의미한다. 발해는 이 백두산을 중심으로 한반도 북부와 중국 동북부의 넓은 땅에 번성했던 나라이다. 따라서 신라가 삼국을 통일해 세력이 한반도로 축소된 것이 아니라 옛 고구려의 땅에는 발해가 고구려를 계승했다고 보는 것이 우리나라의 입장이다. 북쪽의 발해와 남쪽의 신라, 그것이 곧 남북국 시대이다. 그러나 주변국에서는 반드시 그렇게 보지 않는다.

중국은 발해가 당 왕조에 예속된 속말말갈 주체의 지방 정권으로 보고 있으며, 옛 발해 영토의 일부를 영유하는 러시아 역시 발해를 말갈의 수렵 문화를 근본으로 하는 소수 민족 정권으로 보고 있다. 발해와 빈번히 교류했던 일본 역시 나름의 시각으로 발해를 바라보고 있다(송기호, 1993; 한규철, 2006). 발해가 당의 지방 정권이였다는 중국의 주장은 발해 스스로 황제를 칭했으며, 시호나 연호 사용의 독자성 등의 사실을 애써 간과하고 있다. 또한 발해가 만주의 수렵 문화의 일부라는 러시아의 주장도 발해의 율령에 의한 통치 시스템이나 불교의 정신 문화 등을 지나치게 과소평가하고 있는 것이다.

이처럼 각국 간의 합의가 이루어지지 않는 이유는, 가치 중립적(value-neutral)이라기보다 가치 의존적(value-dependent)일 수밖에 없는 역사학 이론 전개의 한계 때문이기도 하지만, 무엇보다 발해 200여 년의 역사가 종식된 이후 그 땅에 나라다운 나라가 세워지지 않았고, 그 문화는 어디에도 계승되지 않고 사라져 버렸기 때문이다. 또한 무엇보다도 발해 스스로의 역사서가 남아 있지 않기 때문이다. 따라서 발해 역사를 재구성하기 위해 중국과 우리나라, 일본 사서에 남아 있는 단편적인 기술을 해석해 빈칸을 하나하나 채워 나가야 한다. 일종의 '퍼즐 맞추기'이다.

이러한 실정에서 발해의 실체 복원은 무에서 유를 창조하는 작업이었다고 해도 과언이 아니다. 그러나 그것이 완벽한 것이라고는 할 수 없다. 그 이면에는 아직 채워지지 않은 '퍼즐'이 존재하고 있으며 그것을 해결하기 위한 대안적 해석은 얼마든지 있을 수 있다.

### 거란의 발흥과 발해의 멸망

발해가 거란의 침공에 의해 멸망한 과정은 거란의 정사인 『요사』에 상세히 기록되어 있다(박시형, 1979; 王承禮, 1988). 거란[26]은 본래 유목 민족으로 구성된 원시 사회였으나, 916년 야율아보기(耶律阿保機, 872~926년)가 주변의 부족을 통일해 고대 국가의 골격을 갖추게 되었다. 그리고 스스로 황제에 오르고 자신을 태조라 했다.

당시 중국 대륙의 중심이었던 당은 9세기 후반부터 서서히 무너져 가고 있었고, 지방은 토호 세력들이 각 지역을 점거하기에 이르렀다. 907년 마침내 주전충(朱全忠)은 당을 멸망시키고 후량(後梁)을 건국하고, 923년 이존욱(李存勖)은 후량을 멸망시키고 후당(後唐)을 건국했다. 이리하여 황하를 통치한 5개의 왕조와 10개의 지방 정권의 시대, 이른바 5대 10국의 대혼란기가 시작되었다. 중국 대륙은 전쟁의 소용돌이 속으로 휩쓸리고, 백성들은 가혹한 재난과 고통 속에 빠져들게 되었다. 이러한 힘의 공백은 동북 지

---

26) 거란(契丹)이라는 국명은 키탄(Qidán) 또는 키타이(Kitai)의 한자 음역이며, 오늘날 홍콩을 거점으로 하는 항공사 캐세이퍼시픽(Cathay Pacific)의 캐세이는 거란에서 유래한다. 947년 태종 야율덕광(耶律德光)은 국호를 요(遼)라 했다.

방의 변방에서 거란이 강국으로 성장할 수 있었던 토양을 제공해 주었다.

야율아보기는 아보기가 약탈자를 의미하는 '아부치'의 음역이라는 사실에서도 짐작할 수 있듯이 호전적이고 잔인했다. 그는 중원의 혼란을 틈타 주변의 성을 공격해 세를 키워 나갔다. 야율아보기는 대륙의 중심으로 진출하기 위해서는 그 배후에 자리 잡은 발해를 제거할 필요가 있었다. 이러한 움직임을 감지한 발해는 거란으로 통하는 요충지 부여성에 정예군을 주둔시켜 거란의 움직임을 예의주시했다. 야율아보기는 919년 발해 서쪽 변방을 침입해 발해의 백성들을 유린하기도 하고, 요동(遼東)의 남부를 점령함으로써 발해를 도발했다. 한편 발해도 거란에 대한 보복을 감행했다. 924년 거란의 요주(遼州)를 쳐서 많은 거란인을 죽이고 포로로 잡아오게 된다. 이제 피차간에 한판 승부는 피할 수 없다. 거란과 발해 사이에 어두운 전운이 짙게 감돌았다.

마침내 야율아보기는 발해를 향한 원정을 결심하고 925년 12월 발해 출병의 깃발을 높이 들었다. 야율아보기는 스스로 거란의 주력 부대를 이끌었다. 또한 거기에는 황후, 황태자가 함께 수행했다. 거란은 출병후 발해 침공의 교두보를 확보하기 위해 곧바로 발해 부여성을 포위하고, 부여성을 포위한 지 단 3일 만(926년 1월 3일)에 성을 함락시켰다. 부여성을 함락시킨 거란군은 파죽지세였다. 다시 거란의 선봉은 발해의 서울 상경 홀한성(忽汗城)을 향해 진격했다. 거란의 선봉 1만 군은 도중에 발해 노상(老相)이 이끄는 3만 대군을 격파하고 단숨에 수도 홀한성을 포위했다. 부여성이 함락된 지 단 6일 만(926년 1월 9일)이었다.

발해의 마지막 왕 대인선(大諲譔)은 홀한성이 포위된 지 3일 후(926년 1월 12일) 항복할 의사를 표시하고, 다시 그 이틀 후(926년 1월 14일)에 정식으로 항복했다(이효형, 2007). 홀한성에서는 크고 작은 저항과 소요가 있었으나,

698년 대조영이 나라를 세운 때부터 926년 거란의 일격에 멸망할 때까지 15대 229년의 역사를 뒤로하며, 세상에 '해동성국'이라는 이름을 남겼던 발해는 이렇게 역사의 무대에서 사라지고 말았다.

발해가 남긴 역사서가 없기 때문에 그 멸망으로 이어지는 경과는 오직 거란의 『요사』의 기록에 의존할 수밖에 없다. 그러나 정복자의 시각으로 서술된 사료에 기초했다는 점을 감안한다고 해도 허망하기 그지없다. 특히 흰옷을 입고 양을 끌고 나와 야율아보기가 탄 말 앞에 엎드려 용서를 비는 발해의 마지막 왕 대인선의 항복 장면 등의 서술은 구체적이면서 굴욕적이다. 이와 같이 발해가 거란의 침공에 의해 멸망했다는 사실이 『요사』에 기록되어 있으며 거란 침공이 직접적인 발해 멸망의 원인으로 이론이 없다. 그러나 발해가 멸망으로 향하는 수순은 너무나 돌발적이고 그러면서도 물 흐르듯 거침 없이 모든 게 빠르게 이루어진다.

『요사』는 요와 금이 멸망한 뒤 원의 재상이었던 탈탈(脫脫, 1314~1355년)이 사료들을 수집해 1344년에 편찬한 사서이다. 그것은 발해가 멸망하고 400년 이상 지난 후의 일이다. 이 『요사』에 관해서는 청의 역사학자 조익(趙翼, 1727~1812년)조차도 "요와 금의 역사는 빠진 게 많다."라고 지적한 바 있었다. 따라서 이 『요사』 기록의 과장된 서술이나 신빙성에는 의문을 가지고 접근할 필요가 있다. 몇몇 의문점을 열거해 보면 다음과 같다.

첫째, 거란의 군대가 부여성을 3일 만에 함락시킨 후 발해의 수도인 상경 용천부의 홀한성을 포위하는 데 불과 6일밖에 걸리지 않았다는 기록이다. 부여성에서 현재 알려진 상경 용천부 홀한성(현재의 동경성)까지는 400km에 달하고(김기섭, 2008) 중간에 험한 산악 지방을 통과해야 한다(그림 2-2). 거란은 본래 유목 민족이므로 6일 만에 400km를 이동하는 것은 가능하다고 이야기할 사람도 있을 것이다. 하지만 도중에 기록에 있는 바와 같이 발해의 노상이 이끄는 3만 대군을 만나서 대전투를 치렀다고 했다. 아무리 기동력이 뛰어난 거란군이라 할지라도 그러고도 단 6일 만에 홀한성을 포위한다는 것이 현실적으로 가능하겠느냐는 문제이다(구자일, 1995).

둘째, 발해 장수 노상의 대전투에 관한 부분이다. 거란군은 부여성에서 홀한성으로 가는 도중에 발해의 최고 장수인 노상이 이끄는 3만 대군과

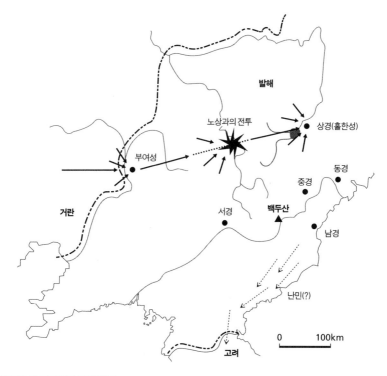

|**그림 2-2**| 거란과의 전투 경로

거란군은 출병 8일 만에 부여성을 포위하고 그 3일 후에 부여성을 함락했다. 부여성을 함락한 6일 후에 상경 홀한성을 포위했고 그 5일 후 발해는 항복했다. 또한 기록에 의하면, 부여성에서 홀한성으로 가는 도중에 거란군은 발해 노상의 군대와 대전투를 치룬 것으로 되어 있다(부여성은 부주扶州로 감안해 작도함).

대전투를 치렀다고 했다. 그런데 기록대로 실제로 대전투가 있었느냐는 문제이다. 실은 거란군과 발해의 노상군의 대전투는 거란 침공을 극적으로 미화하기 위한 구색 갖추기일 가능성이 있다. 그 증거로, 훗날 거란이 발해를 멸망시킨 뒤 이곳에 '동쪽의 거란'이란 의미로 동단국(東丹國)을 세웠는데, 결사항전의 발해 장군으로 전장에서 산화해야 할 노상이 어찌된 영문인지 동단국의 우대상(右大相)이라는 높은 지위에 오르고 있다.

셋째, 거란군에 홀한성이 포위되고 5일 후에 왕이 항복하고 성이 함락되었다는 기록이다. 보통은 이렇게 침략을 당했을 경우 성 안에서 농성을 하거나 방어 진지를 구축해 적어도 수개월은 버티는 것이 자연스럽다. 발해에는 다섯 개의 수도가 있다고 했으니 몽진(蒙塵)을 하거나 원군을 기다리고 저항을 했어야 하는 게 아닌가? 역사상 3일과 이틀을 적에게 포위당했다고 해서 수백 년 이어 온 사직을 포기하고 이처럼 쉽게 적에게 성문을 열어 준 전례는 찾아보기 어렵다.

거란의 야율아보기는 음력 12월의 혹독한 겨울에 군사를 일으켰다. 중국 동북부의 겨울은 가혹하리만큼 혹독하며, 아무리 유목 민족이라 하더라도 그러한 엄동에 이동하고 야영을 하면서 전투를 치른다는 것은 그리 쉬운 일이 아니다. 그런데 가장 큰 의문점은 발해가 거란의 침공에 대해 저항다운 저항을 하지 않았다는 점이다. 15대 229년을 이어 온 이 거대한 왕국이 왜 후발 국가인 거란의 침략에 저항하지 않았는가?

이러한 의문은 쉽게 풀리지 않는다. 저항할 수 없을 내부적인 문제가 있었던 것일까? 그 배후에 거란의 침입이라는 직접적인 원인과는 별도로 또 다른 원인을 가정하지 않고 이 문제를 합리적으로 설명할 수 없다. 중국 역사가들은 발해가 거란의 침입에 대해 크게 저항하지 못하고 멸망한 이유를 대략 세 가지 이유 때문으로 추정하고 있다(방학봉, 1991).

첫째, 발해는 국내 계급 모순과 민족 모순이 날로 첨예화되었을 뿐만 아니라, 당이 멸망해(907년) 발해가 당나라의 보호를 받지 못했기 때문이며, 둘째, 발해 정권은 봉건 경제 체제의 기초 위에 건립되지 못한데다가 귀족들의 사치한 생활 때문에, 그리고 셋째, 발해 왕국 통치 계급 내부의 모순이 격화되었기 때문에 멸망했다는 것이다. 또 한편으로는 현재 전해지는 기록으로 보아서 발해의 지배층 간에 정권 쟁탈전이 벌어졌던 것으로 추측되기도 한다(王承禮, 1988). 권력 다툼에 몰두하고 있던 발해는 거란의 기습 공격에 손쓸 틈도 없이 무릎을 꿇고 말았다는 것이다.

그런데 보다 근본적인 의문점이 하나 더 있다. 그것은 발해가 멸망했던 시점이다. 거란에 의해 상경 홀한성이 함락되어 거란의 수중에 들어갔던 것은 『요사』의 기록에 있는 바와 같다. 그 시점(926년)이 발해 멸망의 시점으로 보는 것이 정설이다. 과연 그랬을까? 거란의 침공에 의해 홀한성이 함락된 시점이 발해가 멸망한 시점이라고 확실히 선을 그어 말할 수 있을까? 실은 그때 발해는 완전히 숨통이 끊어지지 않았을지도 모른다. 왜냐하면 발해가 멸망한 926년 이후에도 상당 기간 동안 '발해사(渤海使)'들이 중국에 사신으로 파견된 사례가 여러 중국 기록에 등장하기 때문이다. 그것은 발해 멸망 후에도 발해 이름을 그대로 사용하면서 국가 체제를 유지한 세력이 그 땅에 존재하고 있었다는 것을 이야기해 준다(이효형, 2007).

그건 그렇고, 불가사의하게도 발해가 멸망하기 전부터 전쟁과 관계없이 많은 발해인들이 발해를 떠나고 있다. 그리고 더 이상한 것은, 거란이 수도 홀한성을 함락시킨 직후부터 정작 그 거란이 발해의 땅을 포기하기 시작했던 것이다.

## 발해를 떠난 난민과 버려진 발해의 땅

지금까지 발해 멸망의 간접적인 원인으로 당의 멸망으로 중원의 보호를 받을 수 없게 된 점, 발해의 계급 모순과 취약한 사회 구성, 귀족들의 사치한 생활, 지배층의 권력 투쟁 등이 제시되었다. 그러나 실제로 이러한 주장을 뒷받침할 문헌 근거는 없다. 이런 주장들 자체가 오늘날의 시각에서 추론한 것일 뿐이다. 이 모두가 발해가 거란을 상대로 싸우지 않고 무릎을 꿇어야 했던 이유를 합리적으로 설명하는 데 설득력이 약하다.

거란이 발해를 멸망시키고 동단국을 세운 후 재상이 된 거란인 야율우지(耶律羽之)는 다음과 같은 기록을 남기고 있다(유정아, 1998에서 재인용).

> 선제에게 고하기를, 발해가 민심이 멀어진 틈을 타 군사를 움직이니 싸우지 않고 이겼다(哉先帝因彼離心乘 釁而動故不戰而克).

발해와 거란의 전쟁에서 발해의 "민심이 멀어진[離心]" 틈을 타서 거란은 "싸우지 않고 이겼다[不戰而克]."는 것이다. 한편으로는 발해 노상과의 대전투를 기록하고 또 한편으로는 싸움이 없었다고 기록하고 있다. 아무튼 "이심(離心)"의 이유에 대해서는 설명이 없다. 발해인들의 마음을 흔들리게 하고 전의를 잃게 한 사건은 무엇인가? 그런데 『고려사』에 거란의 침공이 있기 전인 서기 925년 가을부터 겨울에 걸쳐 발해인들이 대거 고려로 망명했다는 내용이 있다(『고려사』 권1 태조세가, 태조 을유 8년).

> 8년 가을 9월 병신일 발해 장군 신덕 등 500명 내투하다(八年秋九月丙申渤海將軍申德等五百人來投).
>
> 경자일에 발해 예부경 대화균, 균노 사정 대원균, 공부경 대복모, 좌우위장

군 대심리 등 100호의 백성을 이끌고 내부하다(庚子渤海禮部卿大和鈞均老司政大元鈞工部卿大福謨左右衛將軍大審理等率民一百戶來附).

12월 무자일에 발해 좌수위소장 모두간, 검교개국남 박어 등이 1,000호의 백성을 이끌고 내부하다(十二月戊子渤海左首衛小將冒豆干檢校開國男朴漁等率民一千戶來附).

처음에는 발해 장군이 이끄는 500명에서 시작된 망명은 이후 왕족이나 귀족과 함께 100가구, 1,000가구로 늘어나고 있다. 이때는 거란군의 침공이 있기 전이었고 당연히 아직 발해는 멸망하지 않았다. 백성들은 자신의 땅을 생명처럼 여긴다. 그럼에도 불구하고 그 백성들이 자신의 땅을 버리고 떠났던 것이다.

망명의 이유에 대해서는 기록에 없으니 알 수 없다. 거란의 침공을 미리 피해 고려로 내투하였다는 해석도 있고 발해 내부에서 내분, 즉 정권 쟁탈전이 일어났을 것으로 추정하기도 한다. 발해인들이 거란의 침공을 미리 알고 있을 만큼 당시 국제 정세를 훤히 꿰고 있었다는 것도 잘 수긍이 가지 않는 이야기고, 전후 맥락으로 미루어 내분이 있을 만큼 대인선의 지도력에 결함이 있었다는 정황도 찾기 어렵다. 만약 내분이 있었다고 해도 정권 쟁탈전에 패배한 왕족, 귀족들이 차례로 백성들을 이끌고 정치적 망명을 했던 전례를 찾기도 쉽지 않은 일이다.

정치적인 망명이란 그 속성상 정권 쟁탈전에서 패하거나 정치적 박해를 받은 소수의 엘리트가 자기 혼자 또는 극히 제한된 자신의 식솔만을 데리고 몰래 나라를 떠나는 것이다. 정권 쟁탈전에서 패배한 정치인이 이렇게 많은 국민들을 이끌고 앞다투어 대규모 엑소더스를 결행했다는 것은 쉽게 들어보지 못하는 이야기다. 『고려사』에 기록된 "500명", "1,000가구"라는 숫자는 당시로서는 소도시의 인구 전체라고 해도 과언이 아니다. 이러한 인구의 대이동을 위와 같은 원인으로 해석할 수도 있겠지만, 한편으로는 자연 재해에 의한 긴급 피난이고 발해 유민들은 자연 재해를 입은 난민으로 생각할 수 있지 않을까?

동경 용원부에서 남경 남해부를 거쳐 동해안을 따라 신라(이후의 고려)로 내려오는 신라도(新羅道)는 발해와 신라와의 교역을 위한 주요 도로이며 39개의 역이 설치되어 있었다(王承禮, 1988). 이 도로는 그대로 고려로 통하는 도로이기도 했다. 만약 이 시기에 발해에 이상 기온에 의한 대기근이나 알 수 없는 심각한 자연 재해가 발생했다고 가정한다면, 그리고 그곳의 발해인들이 중앙으로부터 원조받을 가능성이 없다고 판단했다면, 그들은 그 길을 따라 고려 내투를 결행했을지도 모른다.

고려로 몰리는 발해 유민들은 이것으로 그치지 않는다. 『고려사』에 의하면, 발해가 멸망한 926년 이후에도 고려 태조 10년(927년), 11년(928년), 12년(929년), 17년(934년), 21년(938년), 그리고 경종 4년(979년)까지 발해 유민들이, 많게는 수만 명씩 고려로 들어온 것으로 기록되어 있다(한규철, 1997). 『고려사』, 『동국통감』에는 50년 동안에 발해 유민 10여만 명이 고려로 들어온 것으로 기록되어 있고(王承禮, 1988), 실제로 고려로 몸을 피한 사람은 사서에 기록된 그 숫자를 훨씬 넘는다고 한다(鄭永振, 2003).[27]

발해 멸망을 전후해 그 유민의 고려로의 유입은 왕족, 귀족 등 지배층을 중심으로 집단으로 이루어지기도 했고 개별적으로 이루어지기도 했다. 아마 고려에 가까웠던 지역, 특히 백두산을 중심으로 삶의 터전을 가

---

27) 옌볜(延邊) 대학 발해사 연구소의 쳉영첸은 발해 멸망을 전후해 고려로 들어온 발해 유민의 숫자는 사서에 기록되지 않은 숫자를 감안해 적어도 20만~30만 명이었을 것으로 보고 있다(鄭永振, 2003).

지고 있던 많은 주민들 스스로 고려로 이동했을 것이다. 이러한 이름 없는 주민들의 숫자는 사서에 기록되지 않았다. 발해 유민의 대부분은 육로를 따라 집단 이주하기도 했고, 해로를 따라 마치 보트 피플처럼 고려로 들어왔다. 이 숫자는 결코 적은 것이 아니었을 것이다. 발해 유민이 고려로 들어온 것은 정권 쟁탈전과 같은 내분 때문이었을까? 또는 거란의 폭정이나 박해 때문이었을까? 그런데 풀리지 않는 수수께끼는 이어진다. 정작 발해를 지배해야 할 거란인들도 발해의 땅을 버리고 곧 떠나 버린 것이다.

926년 거란은 발해를 멸망시킨 후 그곳에 동단국을 세우고 홀한성을 천복성(天福城)이라 이름을 고치고 태조 야율아보기의 큰아들인 야율배(耶律培)로 하여금 통치하게 했다. 그러나 실제로는 거란이 발해를 멸망시킨 후에 곧 발해 땅의 대부분을 포기하고 있다.

거란 태조 야율아보기는 발해와의 전쟁에서 승리해 개선하는 도중에 진중에서 병으로 급사했다. 그의 나이 54세 때의 일이다. 태어나자마자 바로 기어 다녔다고 전해지는 이 당대의 호걸도 발해 원정이 그의 운명을 재촉하게 만든 셈이 되었다. 야율아보기가 죽자, 둘째 아들 야율덕광(요골)이 2대 태종으로 즉위하면서 두 아들 사이에 갈등과 긴장 관계가 형성되었다. 결국 동단국 왕인 큰아들 야율배는 후당으로 망명을 한다.

그런데 태종은 발해를 멸망시킨 926년의 2년 후인 928년에 동단국의 수도를 홀한성(천복성)에서 멀리 서쪽의 랴오양(遼陽)으로 옮긴다. 왜 그랬을까? 거란은 무엇이 두려웠던 것일까? 이렇게 함으로써 거란은 부여부와 요동을 제외한 발해 옛 땅의 통치를 실제적으로 모두 포기하고 말았다. 발해인들이 대거 고려로 들어오게 된 것은 그렇다고 치더라도, 거란이 발해 땅의 통치를 포기한 이유는 또 무엇일까? 『요사』에 따르면, 그것은 발해 땅이 중국 동북부의 벽지에 치우쳐 있어서 통치하기 어려웠기 때문이라고 기록되어 있다. 발해를 멸망시킨 거란이 본격적으로 중원을 향해 눈을 돌렸기 때문이라는 해석도 있고, 발해인들의 부흥 운동이라는 저항에 부딪혔기 때문이라는 주장도 있다. 아마 발해의 땅을 통치할 수 없었던, 수도를 멀리 서쪽으로 옮겨야 했던 또 다른 이유가 있었던 것은 아닐까?

발해가 멸망했을 때의 상황을 좀 더 살펴보기로 하자. 발해 유민은 대체로 2단계에 걸쳐 거란인을 따라 대규모로 고향을 떠나거나 강제 이주했다(鄭永振, 2003). 제1단계는 926년 거란이 발해를 침공한 시기이다. 많은 촌락이 약탈되고 발해인들이 붙잡혀 갔다. 이와 동시에 전란을 피하거나 또는 거란의 지배에 불만을 품고 다른 지역으로 옮긴 발해인도 많았다. 제2단계는 928년 동단국의 수도를 서쪽의 랴오양으로 옮긴 시기이다. 강제로 이주된 유민은 주로 발해 상경 용천부와 그보다 남쪽의 중경, 동경, 서경, 그리고 부여부 등 발해의 중심지와 거란과 근접한 지방의 주민들이다. 발해 귀족들은 강제로 거란의 내륙이나 현재의 선양 이남의 랴오둥 반도 일대로 옮겨지고, 일부는 멀리 도망쳐 몸을 숨겼다.

『요사』에 따르면 이때 강제 이주된 발해인들은 모두 9만 4000여 호에 이른다. 1호를 5명으로 계산해 47만여 명으로 보기도 하고(王承禮, 1988), 기록되지 않는 숫자를 감안해 그 이상으로 추산하기도 한다(鄭永振, 2003).[28] 그러나 이와 같이 고려로 이주한 10만 명과 거란의 내륙과 요동 반도로 이주한 50만 명을 합하면 기록에 남아 있는 것만으로도 적어도 60만 명 이상의 인구가 발해의 옛 땅에서 사라진 셈이 된다. 이것 역시 인류 역사상 전례가 없는 일이다.

---

28) 쳉영첸은 『요사』에 기록된 거란에 의한 강제 이주의 수를 검토해 그 전체 수를 약 100만 명에 달한 것으로 추정했다(鄭永振, 2003).

당시 발해 멸망을 전후해서 전체 인구가 얼마였는지 정확히 알 수 없다. 『신당서』「발해전」에 따르면, 발해가 강성했을 때의 인구는 10여만 호이고 정예의 군사가 수만 명이었다고 한다(王承禮, 1988). 따라서 고려와 거란의 내륙으로 이동한 60만 명이라는 숫자는, 북부의 흑수말갈 지역과 부여부, 요동 지역의 인구를 제외하면, 당시 발해 전체 인구라고 해도 과언이 아니다. 자, 이제 이 사태를 어떻게 설명해야 될까? 그 넓은 발해 강역에서 사람의 모습이 그림자도 없이 돌연 사라져 버린 것이다. 그런 일이 지금의 상식으로 가능한 일인가?

926년에 홀한성(상경 용천부)이 함락된 그 시기를 기준으로 발해가 멸망했다고 본다면, 그 시점부터 발해의 지배층은 거란의 지배층으로 교체된 셈이 된다. 그러나 지배 세력이 교체되었다고 해서 백성들의 사회가 크게 바뀔 일은 없다. 거란은 발해의 새로운 지배층에게 조공을 요구하고, 백성들은 새로운 지배층을 받들며 여전히 종전과 같이 생산 활동을 전개하고 일상적인 생활을 계속하면 된다. 이주할 이유도 없고 땅을 버리고 떠날 이유는 없는 것이다. 역사가들은 주로 『고려사』에 기록된 "내투", 『요사』에 기록된 "이주" 등의 기술을 근거로 발해인들의 이동을 그곳 정치 상황의 변동에 의한 고려에의 망명 또는 거란에 의한 강제 이주 등 정치적인 맥락으로 설명한다. 그러나 이러한 추정만으로 발해인들의 이동과 발해 옛 땅에서 사람이 사라져 간 현상을 제대로 설명했다고 할 수 있겠는가?

한편 『요사』에는 발해인을 강제 이주시킨 현(당시의 촌락 또는 읍락)과 "폐현 (廢縣)"에 대해 기록하고 있다(成澤, 2004). 거란은 969년까지 발해인들을 이주시키고 많은 현을 폐쇄했다(그림 2-3). 폐현이란 관리들을 철수시키고 행정 체제를 포기한 것을 의미한다. 그리고 발해를 통치했다고 하는 동단국에 관한 자료는 930년 이후 사서에 잘 나타나지도 않는다. 『요사』는 무엇

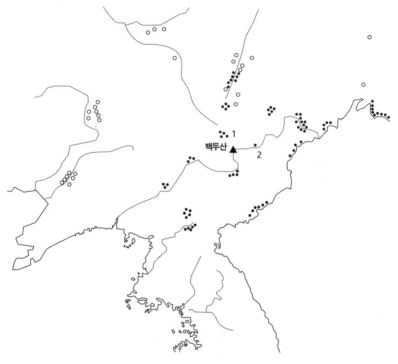

|**그림 2-3**|『요사』에 기록된 발해의 폐현(成澤, 2004)

●은 『요사』에 폐현으로 기록된 곳, ○은 폐현의 기록이 없다. 폐현은 백두산을 중심으로 방사상으로 분포하며 10세기 백두산 강하 화산재가 피복했거나 화산 이류의 발생이 예상되는 곳들이다(1은 내두산 발해 유적, 2는 대동 발해 유적).

때문인지 폐현의 이유를 명시하지 않았다(成澤, 2004).

폐현은 백두산을 중심으로 압록강, 두만강, 쑹화 강의 세 방면에 뻗은 강의 유역, 그리고 신라도로 알려진 동해안의 읍락 및 러시아 연해주 등에서 확인할 수 있으며, 두만강과 쑹화 강 유역의 대동(大洞) 및 내두산(奶頭山) 발해 유적 등이 포함된다. 이 유적들은 발해 시대의 읍락으로 모두 근처에 대홍수의 흔적이 있다. 이것은 10세기 백두산 테프라에 의한 화산 이류와 그 뒤에 빈번히 발생한 홍수일 가능성이 있다.

폐현은 백두산을 중심으로 방사상으로 분포되어 있는데, 흥미로운 점은 이것이 마치 과거 백두산의 화산 피해 예상 지역에 대한 해저드 맵(hazard map)으로 간주해도 될 정도로 10세기 백두산 분화의 화산 분출물의 분포 영역 및 화산 이류의 예상 발생 영역과 대체로 일치한다는 점이다. 이처럼 폐현의 위치가 백두산 분화에 의한 예상 피해 지역과 일치하는 것은 단순한 우연만은 아닐 것이다. 아마 이 폐현의 위치는 실제로 백두산 분화의 피해 지역을 직접 지시하고 있는 것인지도 모른다(成澤, 2004).

동단국이 랴오양으로 이전하고 발해인들이 사라진 후 그곳에 여진족이라는 민족이 역사에 등장했다. 여진족은 발해의 넓은 강역을 점거해 많은 여진 부락을 형성했다. 발해 시대에 신라와의 교역을 위한 신라도 39개 역도 10세기에 잠시 사서에서 사라지고 발해 멸망 이후 여진족이 그곳을 차지한 것으로 기록되어 있다(鄭永振, 2003). 발해 유민 중 일부는 새로이 여진 사회 속으로 동화해 갔다. 그 수는 10만여 명(2만여 호)으로 추산된다(王承禮, 1988). 그 후예들이 이후 1115년 발해의 땅에 금을 건국하는 주력이 되었다.

금이 건국되는 것은 발해가 멸망한 지 200년이 지난 후이다. 200년이라는 세월은 화산 유리가 풍화해 토양이 되고 표토에 식물이 뿌리를 내려 번성하는, 인간이 경작 활동을 시작하기 위해 필요한 최소한의 기간이다. 그 뒤 금의 후예인 만주족(여진은 스스로 만주족으로 고쳐 불렀다.)이 북경에 입성해 거대 제국 청을 건국했다. 이들은 내부 부패와 유럽 세력의 침략으로 무너질 때까지 200년간 중국을 지배하고 결국은 오늘날 중국 민족의 일부가 되었다. 금이나 청이 고구려의 후예임을 표방하지 않았기 때문에 우리 역사에 편성되지 않았지만, 이 국가들의 주민들 속에는 고구려인이나 발해인의 유전자가 이어져 있었다는 것은 분명하다. 그리고 이들의 공통점은 모두 백두산을 조종산으로 숭상했던 민족들이었다는 점이다.

고려에 몸을 의지하고 남쪽으로 내려온 약 10만 명 이상의 발해 유민은 고려인 속으로 스며들어 갔다. 이 발해 유민의 숫자는 견훤의 후백제와 패권을 겨루고 있었던 고려에 별안간 활력을 불어넣었을 것이다. 이 발해 유민들의 유입은 고려가 한반도의 주도권을 쥐게 되고 후삼국을 통일(936년)하게 된 원동력이었음에 틀림이 없다.

### 발해의 마지막 세자

한편 926년에 발해가 멸망한 이후 그 땅을 떠나지 않았던 발해 유민들의 국가 재건의 몸부림이 계속되었다(박시형, 1979; 한규철, 1994a). 이 발해의 부흥 운동은 금이 건국되기까지 역시 200년 가까이 계속되었다. 후발해(928?~976?년), 정안국(938~1003년), 오사성발해국(981~996년), 흥료국(1029~1030년), 대발해국(1116년) 등이 발해의 부흥을 표방하고 건국되었다. 그러나 이 국가들의 활동 무대는 잘 알 수 없으며, 따라서 지도에 영역을 표시할 수도 없다. 다만 10세기 백두산 분화에 의한 테프라 피복 지역에서 벗어난 지역이었을 것으로 생각된다.

발해가 멸망한 이후에 거란의 동단국이 서쪽으로 옮겨 갔으므로 발해의 넓은 땅은 무주공산인 셈이다. 주인 없는 땅이었다는 이야기다. 그런데도 불구하고 발해의 땅에는 이렇듯 진정한 주인도 없었고 강력한 왕국으로 발전되는 일도 없었다. 단지 오랜 세월과 정적만이 흐르고 있었을 뿐이다. 그리고 그것은 역사의 공백으로 남겨졌다.

그 어느 시점에 백두산에서 VEI 7급의 화산 폭발이 일어났다. 드넓은 발해 옛 땅이 부석 사막으로 변해 버리고 화산 이류의 대참사가 있었던 시기가 바로 그때였던 것이다. 이 10세기 백두산 분화는 발해의 멸망과 관계없이 과거 2,000년의 인류 역사상 최대의 화산 분화였다. 만약 10세기 동아시아의 역사에서 이 백두산 분화의 사건이 누락되고 그 영향이 평가되지 않은 채 편성된다면 그 역사는 공허한 것이라고 이야기하지 않을 수 없다. 아직 그 정확한 시기는 알 수 없지만, 당시 백두산의 대폭발에 의해 많은 사람들이 목숨을 잃고 고통을 당했으며, 이 사건으로 인해 역사가 오랫동안 단절되고 정체되었다. 화산 분화가 역사를 움직였다는 것을 인식할 필요가 있다.

한편 일본의 호저 퇴적물 속의 B-Tm이 937년과 938년 사이에 퇴적되었다는 연구 결과가 발표되었고(福澤 등, 1998), 위글 매칭(wiggle matching)이라는 연대 측정 기술에 의해 백두산 창바이 화쇄류(Chanbai pyroclastic flow, C-pfl)에 매몰된 탄화목의 방사성 탄소 연대가 937년(±8년)이었던 것으로 발표되었다(Nakamura et al., 2002). 이 연대들은 오차의 범위 내에서 발해 멸망의 연대(926년)를 비켜나 있으며, 발해가 멸망한 이후에 백두산이 거대 화쇄류를 동반한 대폭발을 일으켰다는 결론으로 귀결된다.

그런데 여기서 눈에 띄는 역사 기록이 있다. 앞서 살펴본 발해 유민에 대한 기록 중 『고려사』 934년의 기록이다. 기록에는 발해 세자 대광현(大光顯)이 수만 명을 이끌고 고려로 들어왔다고 기술되어 있다.[29] 『요사』의 기록대로 홀한성이 함락된 926년을 발해 멸망의 연대로 본다면, 『고려사』에 등장하는 934년의 발해 세자 대광현의 존재가 합리적으로 설명되지 않는

---

29) 대광현의 내투에 대한 고려사 기록은 "주민 수만을 이끌고 내투하다(率衆數萬來投)."이다.

다.[30] 발해의 멸망 연대를 926년으로 보는 것은 정복자인 거란에 의해 쓰여진 『요사』의 기록에 근거한 것이다. 그것은 수도 홀한성이 함락되고 발해 마지막 왕인 애왕(哀王) 대인선이 항복한 연대이다.

『고려사』에 의하면, 고려 태조 11년(928년)에 발해인 은계종(隱繼宗)이란 자가 고려로 내투해 고려 태조를 알현하고 세 번 절했는데, 당시 그것은 왕에 대한 예의에 어긋나는 것이었다. 그러나 고려의 대상 함홍(含弘)이 말하기를 패망한 나라 사람은 세 번 절하는 것이 예의하고 했다.

일본의 『본조문수(本朝文粹)』[31]라는 문집의 929년 기록에는 발해 멸망 이후 동단국의 사절들이 일본을 방문했던 것으로 기록되어 있다. 사절의 대표였던 배구(裴璆)[32]가 일본인들에게 동단국 왕을 비난하는 발언을 하자 일본 조정은 그들의 일본 국왕 알현을 허가하지 않았다. 배구는 발해 시절에도 외교 사절의 대표였으며, 두 왕을 섬기면서 동단국의 새로운 왕에 대해 비난하는 그의 기회주의적 태도가 일본 측을 냉담하게 한 것이었다. 이러한 기록으로 미루어 고려나 일본에서도 926년의 발해 멸망은 기정사실로 받아들여졌다는 것을 알 수 있다.

그러나 발해 세자 대광현이 수만 명의 발해인들을 이끌고 고려로 들어온 시기가 934년이라면, 그때까지 수만 명의 정치·군사적 역량을 가지고

---

30) 대광현의 내투 시기에 대해서는 『고려사』에 기록된 934년 7월과 『요사』의 926년 1월 발해 멸망 시기가 모순된다. 따라서 1452년 김종서 등에 의해 편찬된 『고려사절요』에는 이 모순을 해소하기 위해 대광현의 고려 내투 시기를 『고려사』의 기록과는 달리 『요사』의 기록에 맞추어 홀한성이 함락된 926년으로 하고 있다.

31) 일본 최초의 문집. 헤이안 시대의 대표적 시인이나 학자들이 구사한 화려한 명문장들이 수록되어 있다. 이후 일본 작시, 작문의 규범이 되었다.

32) 배구는 발해 대사로서 수차례 일본을 왕래했던 배정(裴頲)의 아들이다. 그 역시 아버지에 이어 동해를 여러 번 건넜다. 발해의 마지막 사절이었고, 발해 멸망 이후에도 동단국 사절로서 일본을 방문했다.

왕조의 정통성을 가진 발해 세력이 발해의 땅에 존재했다는 의미가 된다. 그렇다면 926년 시점에 수도 홀한성은 함락되었더라도 발해는 완전히 멸망하지 않았다고 할 수 있다. 『고려사』에 기록된 발해 세자 대광현의 등장은 『요사』의 기록과는 또 다른 역사가 숨겨져 있었다는 것을 강하게 암시하는 대목이다.

938년에도 발해인 박승(朴昇)이 3,000여 호의 주민들을 이끌고 고려로 들어온 것으로 기록되어 있는데,[33] 이 시기 역시 동단국이 요동 지방으로 이동해 간 이후이며, 거란의 주력이 없는 이러한 시기에 발해인들이 대규모로 고려로 들어왔다는 것은 부자연스럽다. 백두산 창바이 화쇄류 속에 매몰된 탄화목의 방사성 탄소 연대가 937년(±8년)이었고, 그 오차 범위를 감안하면, 934년의 대광현이나 938년의 박승이 많은 발해인들을 이끌고 고려로 들어왔다는 기록은 백두산의 분화 때문이거나, 그 이후에 빈번히 발생한 화산 이류 등의 자연 재해로 인한 것일 가능성이 있다.

925년부터 시작된 발해인들의 고려 내투는 938년 박승의 기록을 끝으로 당분간 사서에 나타나지 않으며, 발해인의 고려 내투가 다시 기록되는 것은 그로부터 약 41년이 지난 979년의 일이다.[34] 그해에 또다시 수만 명의 발해인들이 고려로 들어왔다. 고려 태조 왕건은 발해 세자 대광현을 종적(宗籍)에 편입시키고 관직과 땅을 주고 조상을 제사 지내게 했다고 한다.

발해가 멸망한 후 대광현이 발해 남부 지역에 잠복하며 나름대로 세력을 키우고 있었다는 주장도 있지만 그 상세는 잘 알 수 없다. 결국 대광현

---

33) 『고려사』 2권 세가 2 태조(938년)의 기록. "이 해에 발해인 박승이 3,000여 호를 이끌고 내투했다(是歲渤海人朴昇以三千餘戶來投)."

34) 『고려사』 2권 세가 2 경종(979년)의 기록. "이 해에 발해인 수만 명이 내투했다(是歲渤海人數萬來投)."

은 거란에 대한 선왕의 복수를 하지 못하고 고려에 자신과 국민들의 몸을 의탁해야만 했다. 비운의 왕자 대광현의 행적도 이처럼 베일에 가려 있다. 사서에 백두산 폭발에 대한 직접적인 기술은 없다 할지라도, 이러한 발해 유민들의 이동이나 거란에 의한 폐현의 기록은 어떤 형태로든 우리에게 백두산이 폭발한 연대에 대한 힌트를 제공해 주고 있다고 할 것이다.

한편 『요사』에 기록된 발해인들의 "이심(離心)"의 의미에 대해서도 다시 한 번 음미해 볼 필요가 있다. 일본 도쿄 도립 대학의 후쿠사와 그 동료들은 일본 북부 지방 오가와라(小川原) 호 연호(年縞, varve, 빙하 호수 바닥에 퇴적된 점토, 호상점토라고도 한다.) 속에 퇴적된 B-Tm을 분석해 발해가 멸망하기 전인 923년부터 925년의 3년간에 걸쳐 급격히 기후가 한랭화해, 오가와라 호와 동일 위도상에 위치한 발해는 심각한 냉해를 입었을 것으로 주장했다(福澤 등, 1998). 당시의 냉해는 농업과 경제에 심대한 영향을 미쳐 그것이 발해인들의 "이심"의 원인이 되었을 수도 있다. 그러나 냉해를 초래한 원인은 아직 알 수 없다.

한편 발해 멸망 이전에도 백두산의 거대 화쇄류 분화의 사건으로 이행하기 전에 소규모 수증기 마그마 폭발이 있었을 것으로 생각된다. 11세기 이후의 백두산 분화에 대해서는 고문서 기록에 의하면 1018년, 1124년, 1200년, 1265년, 1373년, 1401년, 1413년, 1573년, 1597년, 1668년, 1702년, 1903년에 크고 작은 화산 폭발이 있었다는 것이 확인되었다(金東淳·崔仲燮, 1999). 백두산은 11세기 이전에도 이와 같은 빈도로 빈번한 분화를 했을 것이며 발해 멸망 직전에 이러한 소규모 분화가 일어났을 가능성은 얼마든지 있다.

백두산은 당시 그곳 사람들의 정신 세계를 지배하고 있었다. 그 시기에 백두산이 분화했다면 그 분화의 정도가 소규모라 할지라도 정서적인 충격을 가해 사회 변동의 동력으로 작용할 수 있다. 백두산은 그곳 사람들 모두의 조종산이었으며, 전쟁이 임박한 일촉즉발의 당시 상황에서 발해인을 포함한 미신이 깊은 옛사람들은 백두산의 조그만 화산 폭발과 같은 자연 현상에도 매우 복잡하고 민감하게 반응할 수 있다. 그것이 『요사』에 기록된 '이심'의 이유였는지도 모른다. 백두산은 발해 5경의 거의 한복판에 위치하고 있었다는 사실을 환기할 필요가 있다.

정확한 연대는 아직 알 수 없지만 이러한 시기에 백두산이 거대 화쇄류를 동반한 주분화를 일으켰다면 B-Tm 화산재 피복 지역에서 살아남은 사람들은 이동하지 않을 수 없었을 것이다. 또한 화쇄류나 강하 화산재에 의해 직접적인 피해를 입지 않았다고 하더라도, 화산 분화가 끝난 뒤에 빈번히 발생한 화산 이류의 대홍수가 촌락을 덮쳐 그 피해는 수십 년에 걸쳐 나타났을 것이다. 따라서 앞에서 열거한 고려에의 유민(10만 명)이나 거란에 의한 강제 이주(50만 명)의 인구수에는 B-Tm이 피복한 지역에서 살아남은 자들의 인구 이동의 숫자가 포함되어 있었을 것이다. 화산 폭발에 의한 사망자 수가 얼마였는지는 알 수도 없다. 이렇게 발해의 옛 땅에서 사람이 사라지고 황폐한 지역으로 되어 갔다는 것은 그곳이 이미 사람이 거주할 지역이 아니었다는 것을 이야기해 주고 있는 것이다.

오늘날의 중국은 변화하고 있다. 시장 경제를 도입한 중국인들은 물질적인 풍요를 향유하게 되었다. 대도시에 가면 하늘 높이 솟은 마천루와 고급 외제 승용차를 어렵지 않게 발견할 수 있다. 이제 중국은 세계 제2의 경제 대국이 되려 하고 있다. 그런데 이러한 시대 변화에도 불구하고 백두산이 위치한 동북 지방의 지린 성에는 아직도 우마차가 달린다. 백두산의 거대 분화가 일어난 지 이미 1,000년의 세월이 흘렀지만, 백두산의 지린 성만은 여전히 개발에서 뒤떨어져 있다.

발해 5경 중 4경이 위치했을 중국 동북 지방(1경은 북한에 있다.)은 도시에서 조금만 벗어나면 비포장 도로가 많다. 비라도 오게 되면 진창이 되고 물웅덩이가 만들어져서 차가 지나 다닐 수 없다. A4 정도 크기의 중국 전도(全圖)에도 표시되는 주요 간선 도로도 예외는 아니다. 물웅덩이에 빠져 꼼짝 못하는 승용차 옆을 소달구지를 탄 촌로가 조롱하듯 지나가는 모습을 어렵지 않게 볼 수 있다. 그들에게 바쁠 것은 없다. 그들은 그렇게 화산재의 풍화와 더불어 1,000년을 살아왔으니 새삼스레 긴급을 요할 일은 아무것도 없다. 특히 지린 성은 10세기에 일어났던 백두산 폭발의 영향에서 아직 완전히 회복하지 못했다.

백두산 부근 역시 비포장이 많은데 모두 화산재를 깔아 놓았다. 비포장의 흙을 손가락으로 문질러서 자세히 살펴보면 화산 유리가 반짝거린다. 멀리 일본 아오모리에서도 볼 수 있는 낯익은 버블형 화산 유리이다. 배수가 잘 되고 입자가 치밀하기 때문에 도로에 화산재를 깔았겠지만 비가 오면 진창이 되고 비가 오지 않으면 먼지가 날린다. 중국에서는 지린 성의 백두산 부석이 각광받는 자원이라고 한다(홍영국, 1990). 백두산 일대에는 곳곳에서 화산재와 부석을 골재로 채취하고 있다. 삽질을 해서 화산재를 운반해 간다. 아직 중장비를 이용해서 대대적으로 골재를 채취하지 않지만 그렇게 될 날도 머지않았다고 생각된다. 그러나 그것은 복원되지도 않은 역사의 단서를 걷어가 버리는 셈이다.

지금까지 역사가들의 노력에 의해 발해 역사의 퍼즐 조각들이 하나하나 채워져 왔다. 발해 멸망 이후 그곳의 역사 또한 발해의 부흥 운동으로 채워졌다. 그러나 아직 많은 퍼즐의 빈칸이 채워지지 않은 채 남아 있다. 지질학적 기록이 역사 기록의 공백을 메워주지 못할지도 모른다. 그러나 백두산의 지질학적 기록은 하나의 분명한 메시지를 전해 준다. 그것은 그 화산 폭발이 지상의 모든 것을 파괴하고 수십 년, 아니 수백 년간 국가의 기능을 마비시켜 버릴 수 있다는 사실이다. 화산 폭발은 그 땅에 고구려와 발해를 이을 나라가 탄생할 여지조차 남기지 않았다.

본래 발해를 건국했던 사람들의 뿌리는 시베리아 바이칼호 부근으로 거슬러 올라간다고 한다(水谷, 2001). 소위 북방계 '퉁구스(Tungus)'[35] 계통의 민족이다. 그들은 서서히 남하하면서 몽고족으로부터 말[馬]을 다루는 법을 배웠고 중원과 한반도의 문명과 접촉하면서 농사짓는 법을 배웠다. 이들이 세운 고대 국가 고구려는 감히 중원 세력이 넘보지 못할 만큼 강력했다. 고구려는 멸망했지만 또다시 그곳에 발해가 부활했다. 그들은 스스로 고구려의 계승자임을 천명했다.

농경과 기마(騎馬)의 문화를 함께 가진 왕국이 6일에 400km를 이동하는 놀라운 기동력을 가진 유목 민족의 침략에 의해 멸망할 수는 있다. 그러나 그 민족이 존재하는 한 그 문화까지 소멸되는 일은 없다. 그런데 발해의 경우는 그 국가뿐만이 아니라 민족과 그 문화가 어디에도 이어지지 않았다. 그 모든 것이 별안간 이 지구상에서 사라지고 말았다. 거란이 발해의 왕조를 종식시킬 수 있었더라도, 문화의 소멸에까지 관여하지는 못했을 것이다. 중국이 해동성국이라 찬탄해 마지않았던 북국의 이 경이로운 문명과 문화는, 또 다른 무엇인가에 의해, 지구상에서 영원히 그 모습을 감추고 말았던 것이다.

---

35) 중국 동북부, 한반도, 일본 열도의 고대사에 밀접하게 관계되는 고대 민족. 시베리아에서 극동 지역에 걸친 넓은 지역에 살았으며 퉁구스 계통의 언어를 모어로 하는 민족을 지칭한다. 중국 역사 기록에 등장하는 숙신, 읍루, 물길, 흑수말갈, 여진족 등이 이에 속했으며, 부여, 고구려, 옥저 등의 민족과 유연 관계가 있다.

# 제3장

# 백두산 분화의 연대

　지구 과학에는 여러 가지 연대 측정법을 통해 측정된 연대가 있다. 에드윈 허블(Edwin P. Hubble, 1889~1953년)의 법칙을 이용해 천문학자들은 우주의 나이를 137억 년이라고 계산했다. 그리고 지구화학자 패터슨(C. C. Patterson, 1922~1995년)은 지구에 존재하는 가장 오래된 운석의 연령이 45.6억 년이라는 사실을 처음으로 밝혔다. 이것을 바탕으로 지질학자들은 지구의 연령을 46억 년으로 간주한다.

　화산재로 연대를 추정하는 지질학의 전문 분야가 있다. 화산의 분연주가 성층권까지 도달하는 대폭발에 의해 짧은 시간에 넓은 범위에 퇴적되는 광역 테프라는 마치 화석처럼 그 지층의 연대를 알 수 있게 한다. 이러한 학문 영역을 테프라 연대학(tephrochronology)이라고 한다. 이러한 테프라 연대학의 성과에 의해 동아시아의 대표적 광역 테프라인 Toya가 10만 년 전, Aso-4가 9만 년 전, AT가 2만 2000년 전, U-Oki가 9,300년 전, 그

리고 K-Ah가 6,300년 전에 형성되었음이 밝혀졌다.[36]

테프라 연대학은 일본의 북부 지방에서 발견되는 B-Tm의 연대를 대체로 10세기, 또는 지금으로부터 약 1,000년 전으로 제시해 왔다. 그러나 한때 동아시아에 번성한 발해의 멸망과 백두산의 거대 분화 사이에 인과 관계의 가능성이 지적되면서 B-Tm을 뿜어낸 백두산 분화의 정확한 연대가 절실히 필요하게 되었다.

그러나 역사 시대에 일어난 이 파국적 화산 폭발의 사건은, 역사 시대라는 말이 무색할 정도로 그 어떤 사서에도 기록되지 않았다. 그리고 백두산의 폭발을 전후해 발해는 거란에 의해 멸망하고, 거란 역시 그 광활한 발해의 땅을 버리고 곧 떠나 버렸다. 이 폭발적 분화는 언제 일어났으며, 그리고 당시의 국가는 무엇이며, 그 최초의 일격을 목격한 민족은 누구였는가? 유감스럽게도 우리는 이러한 의문에 대해 거의 아무런 대답도 준비하지 못하고 있다.


## 1. 화산 분화를 시사하는 고기록

역사가들은 일본 아오모리나 아키타에서 발견되는 B-Tm의 존재에 대해서는 인정하면서도, 발해가 멸망할 정도의 화산재가 내리쏟아진다는 것은 '과학적'으로 생각할 수 없으며, 또한 지층으로부터 그 분화의 시기를 알아내는 것은 불가능하다고 했다(上田, 1992). 따라서 B-Tm을 초래한 백두산 분화의 연대를 알아내는 작업에 역사학자들의 도움을 기대할 수 있

---

36) 이 책에서 테프라의 연대는 모두 방사성 탄소($^{14}C$) 연대를 제시했다.

는 분위기가 아니었다. 그리고 손에 쥔 단서라고는 지층 속에 퇴적된 한 줄 화산재 밖에 없었다. 이러한 분위기 속에서 이 파국적 화산 분화의 연대를 알아내기 위한 연구가 조용히 시작되었다.

일본의 아오모리 지방에는 10세기에 일본 열도와 한반도에서 일어난 두 거대 분화의 산물, 도와다 칼데라의 분출물(To-a)과 백두산의 분출물 (B-Tm)이 함께 퇴적되어 있는 곳이 알려져 있었다. To-a는 서기 이래 일본 최대의 화산 폭발의 분출물이며, B-Tm은 서기 이래 지구 최대의 화산 폭 발의 분출물이다. 따라서 화산학뿐 아니라 고고학에서 그 두 화산의 정확 한 분화 연대를 아는 것이 매우 중요했다.

1972년 오이케 쇼지는 일본 도호쿠 지방에 널리 퇴적된 To-a가 10세 기경에 분출했다고 보고했다(大池, 1972). 따라서 To-a 바로 위에 발견되는 B-Tm 역시 10세기의 것으로, To-a와의 간격은 20~30년 정도라고 생각 하게 되었다. 이러한 생각은 일본 도호쿠 지방의 고고학적 유물이 발굴되 면서, 사서에 의해 연대가 확실하게 밝혀진 성이나 사원의 유적과 테프라 와의 층위 관계를 검토함으로써 철저하게 조사되었다.

1980년에 고고학자 시라토리 료이치(白鳥良一)는 센다이(仙台) 시의 무쓰코 쿠분사(陸奥國分寺) 절터를 발굴하면서, 고기록에 나타나는 870년과 934년 사 이에 대응하는 지층 속에 한 층의 화산재가 발견되었다고 보고했다. 이 화 산재가 To-a이다(白鳥, 1980). 무쓰코쿠분사 절터 유적의 조사에서는, To-a 의 하부 층에서 이 절이 지진 재해를 입었을 때 복구해 수리한 기와가 출 토되었다. 고문서에 의하면 기와를 수리한 것은 870년의 일이었다. 또한 To-a 상부 층에서 불에 탄 기둥이 출토되었는데, 그것은 문서에 있는 무 쓰코쿠분사 칠중탑이 소실된 934년의 화재 사건을 알려 주는 것이었다. 따라서 To-a의 분화 연대는 우선 870년과 934년 사이로 좁혀졌다.

## 일본 사서의 기록

그런데 일본에서 870년과 934년 사이에 화산재의 강하를 나타내는 기록이 있다. 『부상약기(扶桑略記)』라는 고문서이다. 『부상약기』는 교토의 승려에 의해 기록된 편년체의 사서이다. 원문을 옮겨 보면 다음과 같다.

연희 15년 7월 5일(915년 8월 18일) 아침 해가 빛을 잃어 마치 달과 같아서 사람들은 이를 이상하게 여겼다(延喜十五年七月五日甲子卯時日无暉其貌似月時人奇之).

『부상약기』의 기록은 다음과 같이 이어진다.

데와(出羽) 국[37]에서 보고하기를, 연희 15년 7월 13일(915년 8월 26일)에 우회가 두 치 쌓였고 농가의 뽕나무가 말라죽었다(十三日出羽國言上雨灰高二寸諸鄕農桑枯損之由).

앞의 것은 이 글들이 기록된 교토에서 무엇인가의 원인에 의해 아침 해가 빛을 잃었던 것을 나타내고 있고(아마 화산재에 의한 차광), 뒤의 것은 곧이어 당시 일본 도호쿠 지방에 우회(雨灰), 즉 화산재가 퇴적되었던 사실을 나타내고 있다. 시기적으로 당시 일본의 수도였던 교토 지방과 데와 국(일본 도호쿠 지방)에서 각각 이러한 아침 해의 이상이나 강회를 관찰했다면 도와다 칼데라의 폭발이거나 백두산의 폭발, 둘 중 하나에 해당할 가능성이 있다. 그러나 이 기록만으로 도와다의 것인지 백두산의 것인지 단정할 수는 없다.

---

37) 8세기 초반에 설치된 일본 도호쿠 지방의 한 행정 구역. 북쪽의 아이누 족의 영역과 접하고 있었다. 범위는 대강 현재의 아키타 현과 야마가타(山形) 현에 해당한다.

한편 1990년 나라(奈良) 국립 문화재 연구소의 연구자들에 의해 도와다 칼데라의 To-a와 동시에 발생한 화산 이류 퇴적물 속에 매몰된 아키타 현의 구루미다테 유적에서 가옥의 목재로 사용된 나무가 902년에 벌채된 나이테를 가지는 아키타삼나무라는 사실이 밝혀졌다(奈良國立文化財研究所, 1990). 이 사실은 『부상약기』 915년 기록이 도와다 칼데라의 분화에 해당할 가능성을 높였고 백두산의 분화로 보기에는 불리하게 작용했다.

『부상약기』 915년 기록이 백두산의 것이 되기 위해서는 우선 아키타삼나무를 벌채해 건축재로 사용한 902년에 To-a의 분화가 발생한 뒤 곧바로 이 건축재가 화산 이류에 매몰되어야 하고, 그 정확히 13년 후인 915년에 백두산이 분화하지 않으면 안 되기 때문이다. 그러나 B-Tm과 To-a 사이에 1~2cm의 흑색 토양이 끼어 있었다. B-Tm이 퇴적된 일본 북부 지방은 겨울철 혹한 지역으로 온대나 열대 지방에 비해 토양이 잘 만들어지기 힘든 환경이다. 그런데도 To-a와 B-Tm 사이에 1~2cm의 토양이 끼어 있다는 것은 두 화산 분화의 간격이 적어도 20~30년의 시간 경과를 요한다는 것을 이야기해 주는 것이었다.

915년에 백두산이 폭발했을 가능성을 전혀 배제할 수 없지만, 『부상약기』 915년 기록을 To-a로 보는 것은 다음과 같은 또 다른 정황 때문이다(早川·小山, 1998). 중위도 지방의 강하 화산재는 상공의 편서풍에 밀려서 분화구의 동쪽에 분포하는 것이 일반적이다. 백두산의 B-Tm은 동쪽으로 부채꼴 모양의 분포를 나타낸다(그림 3-1). 이것은 백두산의 분화가 편서풍이 강해지는 겨울철에 일어났다는 것을 시사하는 것이다. 그러나 도와다 칼데라의 To-a는 남쪽으로 분포하고 있다(그림 3-1). 이 To-a의 예외적인 분포는 상공의 편서풍이 약해지는 여름철에 분화가 일어났다고 가정하면 설명이 가능해진다. 『부상약기』의 기술은 양력 8월로서, To-a의 분포로

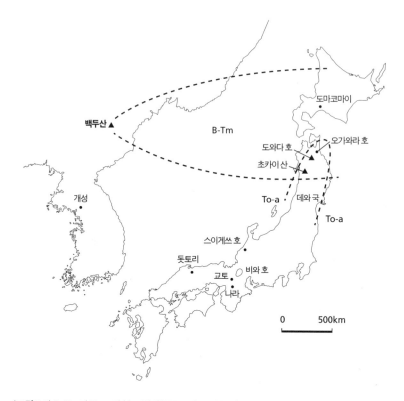

**|그림 3-1|** B-Tm과 To-a의 분포 범위(早川·小山, 1998)

도와다 칼데라와 백두산 천지는 10여 년에서 수십 년의 시차를 두고 동시에 폭발적 분화를 일으켰다. 백두산의 B-Tm은 곧바로 동쪽으로 확산했으나, 도와다 칼데라의 To-a는 이례적으로 남쪽으로 분포하고 있다. 이로 미루어 백두산은 편서풍이 강해지는 겨울에, 도와다는 편서풍이 약해지는 여름에 분화했을 것으로 추정된다.

미루어 이것을 도와다 칼데라의 분화로 간주해도 무리가 없다.

교토는 도와다 칼데라에서 남서쪽으로 800km 떨어져 있다. 화산재를 운반하는 상공의 제트 기류가 시속 100km 정도의 속도로 남서쪽으로 불었다고 가정할 때, 교토에서 915년 8월 18일에 아침 해의 '이상'을 관측했다면 그 전날(915년 8월 17일) 분화가 시작되었을 것이다. 군마 대학의 하야카와와 시즈오카 대학의 고야마는 『부상약기』에 씌어 있는 915년 양력 8월 18일의 아침 해의 이상과 8월 26일의 데와 국 강회 사건은 도와다 칼데라의 To-a 분화를 나타내고 있다고 주장했다(早川·小山, 1998). 그리고 다음과 같은 이유로 백두산의 것일 가능성은 없다고 했다.

첫째, 지금까지 알려진 B-Tm의 분포에 의하면 당시의 데와 국에 B-Tm이 거의 퇴적하지 않았다. 둘째, B-Tm의 분포가 나타내는 강한 편서풍이 8월에 불었을 것으로 생각하기 어렵다. 셋째, 915년에 한반도에서 화산 분화를 시사하는 천변지이(天變地異) 기록이 발견되지 않았다. 이상에서 살펴본 바와 같이 『부상약기』의 915년 기록은 To-a의 분화를 나타내고 있을 가능성이 매우 크다.

B-Tm이 퇴적된 아오모리 현 이북은 당시 일본의 통제를 받지 않았으며 역사를 기록하지 않았던 아이누 족의 땅이었다. 따라서 남아 있는 문서가 거의 없다. 확인할 수 있는 것은 아오모리 현 하치노헤의 네죠(根城)라는 성이 처음 만들어진 1334년의 층뿐이다. 이 층 아래에 B-Tm이 출토된다. 따라서 이러한 자료를 기초로 한다면 우선 백두산은 To-a가 분화한 915년과 1334년 사이에 폭발했다는 것밖에 말할 수 없다.


### 『고려사』의 기록

한편 우리나라 『고려사』에는 946년에 일어난 기묘한 자연 현상이 짧게 기록되어 있다(早川·小山, 1998). 하늘에서 소리가 나는 명동 사건이 기록되어 있는 것이다. 그것은 『고려사』 2권 세가 2 정종 원년(946년)의 기록이다 (사진 3-1).

君之要務
是歲天鼓鳴赦　王備儀仗奉
佛舍利步至十里所開國寺安之又以穀七
萬石納諸大寺院各置佛名經寶及廣學寶
以勸學法者

二年春築西京王城
等銀鉢一事錦絹各一匹三等錦絹各一匹
定其價馬一等銀注子一事錦絹各一匹二
七百匹及方物王御天德殿閱馬爲三等評
三年秋九月東女眞大匡蘇無蓋等來獻馬
忽雷雨震押物人又震殿西角王大驚近臣
等扶入重光殿遂不豫赦始行後漢年號
四年春正月辛亥大匡王式廉卒三月丙
辰王疾篤召安弟昭內禪移御帝釋院薨在
位四年壽二十七王性好佛多畏初以圖讖
決議移都西京徵發丁夫今侍中權直就營群情
不服怨讟勞役胥興及蕆役夫闌而喜躍謚曰
明廟號定宗葬于城南陵曰安陵穆宗五年

**|사진 3-1|** 『고려사』

고려 정종 원년(946년)에 화산의 명동으로 생각되는 기록이 있다. 일본 군마 대학의 하야카와와 시즈오카 대학의 고야마는 이 명동의 기록을 근거로 백두산이 946년에 플리니식 분화를 시작했을 것으로 추정했다.

이 해에 하늘의 북이 울려 대사령을 내렸다(是歲天鼓鳴赦).

『고려사』는 조선 시대에 들어와 여러 차례의 개찬 과정을 거쳐, 정인지, 김종서 등에 의해 1451년에 편찬된 사서이다. 여기에 946년 "하늘의 북[天鼓]"이 울렸기 때문에 죄인들에 대한 대사면을 행했다고 기록되어 있다. 하늘의 북이 울렸다는 것은 무엇을 의미할까? 아마 뇌성 또는 화산 폭발에 의한 명동을 그렇게 표현했을 가능성이 높다. 이때는 고려 2대 혜종이 병사하고 3대 정종이 즉위한 직후였다. 그러나 명동이 들렸던 장소나 날짜에 관한 기술은 없다.

마른하늘에 날벼락, 청천벽력이라고 해야 할까, 아마 당시의 사람들은 그렇게 생각했을 것이다. 그 하늘의 꿩음이 고려의 정사에 기록될 정도였다면 아마 당시 고려의 수도였던 개성까지 이 소리가 들렸을 것이며, 죄인들을 대사면한 것은 고려 3대 정종이 직접 이 명동을 들었기 때문으로 생각된다.『고려사』의 고려 정종 원년의 한 해 동안의 전체 기록이 6행에 불과하다. 그런데도 이 명동 사건을 기록하고 있다는 것은 당시로서는 이것이 매우 중요한 사건이었다는 것을 알 수 있다. 지(志)권 제7에도 "정종 원년 천고명(定宗元年天鼓鳴)"이라는 구절이 나오며,『고려사절요(高麗史節要)』에도 같은 기록이 있다(早川·小山, 1998). 이와 같이 여러 사서에 946년의 명동 사건이 기록되었다는 것은 당시 고려인들에게 매우 중요하고 심각한 현상으로 받아들여졌으며, 사람들에게 강한 공포감을 주었다는 것을 의미한다.

이 기록이 백두산의 폭발을 의미하는지는 알 수 없다. 당시 고려의 영토는 원산 이남으로, 백두산이 위치한 북부 지방에 미치지 못하고, 화산재의 피복 범위에서도 멀리 떨어져 있었다. 이 기록이 백두산의 것이었다고 해도 기록자는 명동의 발생 원인을 알지 못했을 것이다. 그런데 같은 해에 일본에서도 화산 분화를 시사하는 기록이 있다.『흥복사연대기(興福寺年代記)』에는 다음과 같이 기록되어 있다.

천경 9년 10월 7일(946년 11월 3일) 밤에 하얀 화산재가 눈과 같이 내렸다 (天慶九年十月七日夜白灰散如雪).

『흥복사연대기』는 나라(奈良) 흥복사에 남겨진 당시 일본 국내 사건들을 엮은 기록이다. 여기에 946년 11월 3일에 나라 지방에 하얀 화산재가 내렸다고 기록되어 있다. 나라 부근에 화산재를 뿌린 것은 일본의 화산 중 하나일 수도 있지만, 하얀 화산재(白灰)의 흰[白]색은 백두산을 상징하는 색이다. 10세기 백두산 분화 시 천지에서 최초로 분출한 것은 백색 부석이었다. 다음해인 947년에 일본의『정신공기(貞信公記)』에는 다음과 같이 기록되어 있다.[38]

> 천력 원년 1월 14일(양력 947년 2월 7일)에 하늘에서 소리가 났는데, 마치 천둥소리와 같았다(天曆元年正月十四日空中有聲如雷鳴).

『정신공기』는 후지와라노 츄헤이(藤原忠平, 880~949년)[39]가 교토에서 써서 남긴 일기이다. 현존하는 것은 907~948년분의 초록뿐인데, 10세기 초반의 사건이나 정세를 알기 위한 중요한 기본 사료로 간주된다.『정신공기』에 따르면 946년 11월 3일 나라에서 강회가 있었던 3개월 후인 947년 2월 7일에 교토에서 명동이 들린 것이다.

『고려사』의 946년 명동 기록과『홍복사연대기』의 946년 강회 기록, 그리고『정신공기』의 947년 명동 기록의 공통점은 하나였다. 그것은 화산의 폭발을 의미하는 것이었다. 하야카와와 고야마는 이 기록들을 근거로 백두산이 946년 11월 3일에 플리니식 분화를 시작했으며, 947년 2월 7일에 거대 화쇄류 분화를 일으켰다고 추정했다(早川·小山, 1998).

백두산이 946~947년에 폭발했고, 도와다 칼데라가 915년에 폭발했다

---

38) 역시 같은 해 같은 날에『일본기략(日本記略)』에도 "1월 14일(947년 2월 7일)에 하늘에서 마치 천둥과 같은 소리가 났다.(正月十四日庚子此日空中有聲如雷)"라는 기록이 있다.

39) 일본 헤이안 시대의 정치가로, 관백(關白)이라는 최고 지위까지 올랐다. 많은 개혁을 한 것으로 평가되며 천황의 섭정을 할 정도로 권세가 높았다.

고 가정하면, 그 시간 간격이 31년이 된다. 아오모리에서 발견되는 To-a와 B-Tm 사이의 흑토층의 두께는 1~2cm로 20~30년의 시간 간격이 예상되었다. 정동 방향으로 길게 퍼져 나간 B-Tm의 분포 축은 편서풍이 강해지는 겨울철에 분화했을 가능성을 이야기하고 있는데, 『정신공기』에 기록된 계절(2월 7일) 역시 겨울이었다. 백두산의 창바이 화쇄류(C-pfl) 퇴적물 속의 탄화목 나이테의 최외피 조직 관찰에 의하면 조직의 생장이 정지되는 겨울철에 화산 분화가 일어났음을 알 수 있으며(町田·光谷, 1994), 오가와라호 호저 퇴적물 속에 퇴적된 B-Tm의 퇴적 양상에서도 분화 시기가 겨울철이었다고 추정된 바 있었다(福澤 등, 1998).

하야카와와 고야마는 946년 11월 3일 나라에 내린 화산재는 분화 초기의 분출물로서 고공에 뿜어 올려진 화산재가 가을의 북서 계절풍에 의해 오사카(大阪) 부근의 나라 지방에까지 도달했다고 생각했다. 그리고 그 다음 해 편서풍이 강해지는 한겨울, 즉 947년 2월에 본격적인 거대 화쇄류를 동반하는 분화가 일어나서, 화쇄류 상공의 열운이 편서풍에 밀려 홋카이도와 아오모리, 그리고 아키타 북부의 넓은 지역에 광역 테프라가 퇴적되었다고 추정했다.

도쿄 도립 대학의 마치다에 의하면 10세기에 백두산이 분화했을 때 창바이 화쇄류(C-pfl)에 앞서 분출한 것은 백두 강하 부석(Baegdu Plinian fall, B-pfa)이라는 백색 부석이었다. 이 B-pfa의 분포 축은 백두산에서 동남동 방향으로 알려져 있다(Machida et al., 1990). 그 방향은 일본 중부 지방을 향하고 있어 946년 11월 3일(양력) 나라에 내린 화산재가 이것에 해당될 가능성이 있다.

하야카와와 고야마는 946년 한반도의 개성에서 들렸던 명동은 백두산 최초의 B-pfa의 플리니식 분연주가 하늘을 향해 뿜어 올려지는 소리였고, 그리고 그 3개월 후, 일본의 교토에서 사람들을 공포로 몰아놓은 명동이 들렸던 그날, 아마 947년 2월 7일에 백두산에서는 거대 화쇄류(C-pfl)와 함께 파국적인 대분화가 일어났을 것이라고 결론을 내렸다(早川·小山, 1998). 그렇다면 일찍이 698년에 건국해 한때 동아시아를 널리 지배했던 발해가 이 백두산의 분화를 계기로 쇠망의 길을 걸었을지도 모른다는 가설은 기각되고 만다. 발해의 멸망은 926년이라는 것이 역사학계의 정설이므로, 백두산의 분화는 발해가 멸망한 20년 후에 일어난 셈이 되기 때문이다.

그런데 발해 멸망의 미스터리를 풀기 전에, 도대체 백두산의 폭발음이 개성이나 일본에까지 들렸겠느냐는 의문점이 생길 수 있다. 일리노이 대학의 지질학자 수전 웨너 키퍼(Susan Werner Kieffer)는 1980년에 미국 세인트 헬렌스 화산이 폭발했을 때, 화산의 폭발음에 대해 기술하고 있다(Kieffer, 1981). 그의 기술에 따르면 화산을 중심으로 반경 30km 이내 지역에서는 아무도 화산의 폭발음을 들을 수 없었다고 한다. 이를 '무음 영역(zone of silence)'이라고 한다. 화산재 구름의 상승 속도가 소리조차 빨아들여 음파가 도망갈 수 없을 정도로 빠르기 때문이다. 그러나 무음 영역을 벗어난 멀리 떨어진 곳에서는 하늘을 찢는 굉음으로 들린다.

1883년 인도네시아 자바 섬과 수마트라 섬의 3만 6000명의 인명을 앗아간 크라카토아 화산 폭발 때도 그 폭발음이 수천 km 멀리 떨어진 필리핀, 호주, 인도 등지에서도 들렸다. 이러한 사실은 당시 태동하기 시작했던 모스 부호의 전신 기술에 의해 전 세계로 알려졌다. 수천 km 떨어진 곳에서 이 화산의 폭발음을 들을 수 있었고, 실제로 이 충격파가 지구를 일곱 바퀴나 돌며 메아리쳤다는 것이 영국의 기압계 기록에 남겨졌다(Winchester, 2003).

1991년 필리핀의 피나투보 화산이 폭발했을 때는 화구에서 2,770km

나 떨어진 일본 아이치(愛知) 교육 대학에서 폭발이 일어난 정확히 2시간 45분 후에 화산 폭발의 충격파를 포착하고 있다(Tahira et al., 1996). 화구에서 하늘을 찢는 충격파가 정확히 음속으로 아이치 교육 대학의 센서까지 도달한 것이다. 이 음파는 화산의 폭발적 분화에 의해 발생한 공진파(空震波)로서, 성층권에 만들어진 통로를 따라 매우 먼 곳까지 전파된다는 것이 확인되었다. 각종 소음으로 가득 찬 현대를 사는 인간의 청각은 이 명동을 들을 수 없었지만 일본의 관측 장비는 이를 놓치지 않고 잡아냈다. 피나투보의 명동은 그 후 10시간이나 계속되었다.

백두산에서 개성까지는 직선 거리로 500km, 일본의 교토까지는 1,200km 정도 떨어져 있다. 이 정도 거리에서는 피나투보의 20배 규모였던 백두산의 폭발음은 그야말로 하늘이 무너지는 굉음으로 당시 사람들을 공포에 떨게 할 수 있었을 것이다. 그렇다면 과연 하야카와와 고야마의 주장대로 백두산은 946~947년에 폭발한 것일까? 그리고 그 연대가 일본에 B-Tm이라는 광역 테프라를 초래한 거대 화쇄류 분화의 연대일까? 이 주장은 우리나라와 일본의 명동 및 강회 등의 역사 기록을 종합적으로 판단해 최초로 백두산 분화의 연대를 1년 단위로 제시했다는 점에서 의의가 크다.

백두산 폭발의 연대가 실제로 946~947년이었다면, 이 화산 분화는 발해의 멸망(926년)과는 관계가 없다는 것이 된다. 그러나 그 주장을 그대로 받아들이기에는 아직 이르다. 무엇보다 하야카와와 고야마가 제시한 『고려사』의 명동 기록이 백두산의 폭발음이었다는 것을 증명할 방법이 없다. 그리고 일본 사서의 명동이나 강회 기록 역시 심증일 뿐, 그것이 백두산의 것임을 뒷받침할 결정적인 증거가 될 수는 없다.

일본의 946~947년 명동과 강회의 기록들은 나라 및 교토 등 일본 중부 지방에서 기록된 것으로, 일본 북부의 B-Tm 피복 범위에서 멀리 벗어나 있다. 백두산의 화산재가 나라 및 교토 지방에서 발견된다면 그것은 직접적이고 설득력 있는 증거가 될 수 있지만, 아직 그곳에서 백두산 화산재가 발견되었다는 보고는 없다.

## 2. 화산 분화의 연대를 추적하는 과학자들

우리가 지구의 표면에서 볼 수 있는 지형은 과거에 지구에서 일어난 지질학적 현상을 반영하고 있다. 그것이 언제 어떤 시간 간격으로 일어났는가라는 의문은 지구의 역사를 알기 위한 가장 기본적인 의문 사항이다. '시간'은 자연 현상의 변화를 기록하기 위한 중요한 요소이며 그것을 알아내는 직접적인 방법으로 화석 연대, 고지자기 연대, 방사성 탄소 연대 등의 여러 가지 연대 측정 기술이 개발되었다.

한 가지 예를 들어 보자. 제주도 서귀포 해안가 퇴적층은 그 자체가 천연기념물 195호이다. 그게 왜 천연기념물이냐고 생각할지 모르겠지만, 언뜻 방치된 듯한 그 퇴적층 속에 지질 시대의 진기하고 귀중한 해양 동물 화석들이 밀집해 있다. 그중에서도 제주송곳고동(Turritella Saishuensis Yokoyama)은 세계적으로 유명하다. 학명의 *Saishu*-는 제주(濟州)의 일본식 발음이고, 명명자 Yokoyama는 일본 이름[橫山]이니 이 복족류(腹足類) 화석은 일본인에 의해 제주도에서 최초로 발견되었다는 것을 알 수 있다.[40]

---

40) 제주송곳고동의 최초 명명자는 일본 고생물학의 선구자였던 요코야마 마타지로(橫山又次郎, 1860~1942년)이다.

이 뾰족한 고깔 모양의 고동 화석이 중요한 것은 바로 그 시대를 알게 해 주는 표준 화석(index fossil)이기 때문이다. 이 화석은 서귀포 층이 지금으로부터 약 200만~300만 년 전에 만들어졌다는 것을 알게 해 준다. 그것은 세계 어디에서도 적용되는 표준 화석의 보편성이다. 이것이 곧 화석 연대이다. 그 연대는 지질학적으로 큰 의미를 가진다. 이처럼 지질학자들에게는 수백만 년이라는 방대한 시간의 오차조차 허용되는 특권을 누리면서 자유롭게 이론을 전개할 수 있었다.

그러나 백두산의 분화 연대에 있어서는 지질학자들에게 그러한 사치는 주어지지 않는다. 10세기 백두산 분화의 사건이 역사학이나 문화 인류학, 고고학에서 의미 있는 것이 되고, 이 학문들에 공헌할 수 있는 합리적 지식이 되기 위해서는 정확히 몇 년이라는 엄밀한 절대 연대가 요구되는 것이다.


## 호저 퇴적물의 연대

지질학자들은 호수 바닥에 퇴적한 층이 마치 나이테와 같이 1년마다 하나씩 줄무늬를 만든다는 사실을 발견했다. 이 줄무늬를 연호라고 한다. 그리고 연호에 포함된 물질을 분석해 과거의 환경사나 문명의 흥망사를 1년 단위로 규명하는 연구가 시작되었다.

본래 연호는 스칸디나비아 반도의 스웨덴이나 핀란드 등 화산의 화구호에서 빙호 점토에 의해 만들어진다는 사실이 오래전부터 알려져 있었지만, 중위도의 호수에 1년 단위의 줄무늬가 존재하리라고는 생각하지 못했다. 아시아에서는 일본 후쿠이(福井) 현 스이게쓰(水月) 호(그림 3-1 참조)에서 1991년에 연호가 최초로 발견되었다. 그 이후로 아키타 현이나 돗토리(鳥

取) 현(그림 3-1 참조) 등의 호수에서 매우 상태가 양호한 연호가 발견되었다. 돗토리 현에서는 과거 3만 5000년분의 연호 퇴적물이 발견되었는데, 이 연호 속에는 화산재나 홍수 퇴적층이 포함되어 있어 화산 분화나 홍수의 발생 시기를 1년 단위로 알 수 있다는 것이 밝혀졌다(安田, 2004).

호수 바닥에는 봄에 번식하는 규조가 백색의 층을 이루고 가을에서 겨울에 걸쳐 점토 광물이 퇴적되면 흑색 층이 만들어진다. 규조는 일종의 식물 플랑크톤으로 껍질이 암석과 같은 규산(SiO_2)으로 되어 있기 때문에 분해되지 않고 퇴적물 속에 남는다. 이 백색 층과 흑색 층이 한 쌍이 되어 마치 나이테와 같은 줄무늬를 만든다. 연호 속에는 규조 외에도 화분(花粉), 플랑크톤 등 미화석이나 화산재, 황사에 이르기까지 과거의 환경을 알 수 있는 많은 단서가 포함되어 있다. 1,000년 연대의 오차가 수년에 불과하다는 연호는 자연의 변화와 인간 문명의 관계를 규명하는 데 획기적인 무기라고 할 수 있다. 1년 단위의 환경 변동을 기록한 바코드 모양의 연호는 지구의 역사를 담은 타임캡슐이라고 할 수 있다. 이 연호를 분석함으로써 지금으로부터 매우 가까운 과거 인간의 시대와 역사를 알 수 있게 된 것이다(安田, 2004).

1996년 도쿄 도립 대학의 후쿠사와 히토시(福澤仁之) 등의 호저 퇴적물 전문가들이 아오모리 현 오가와라 호(그림 3-1 참조)의 호저 퇴적물의 피스톤 코어 3개를 채취해, 그 속에 포함된 To-a와 B-Tm 사이의 지층을 관찰했다(福澤 등, 1998). 그 결과 두 테프라 사이 두께 13cm의 퇴적물에는 규조, 철광물, 점토 광물의 밀집 층이 규칙적으로 반복되어 연호를 형성하고 있었다(그림 3-2).

그런데 이 To-a와 B-Tm 사이에는 22개의 연호가 있었다. To-a가 2cm 정도 퇴적된 이후 17번째 연호에서 홍수에 의해 만들어진 연호가 한

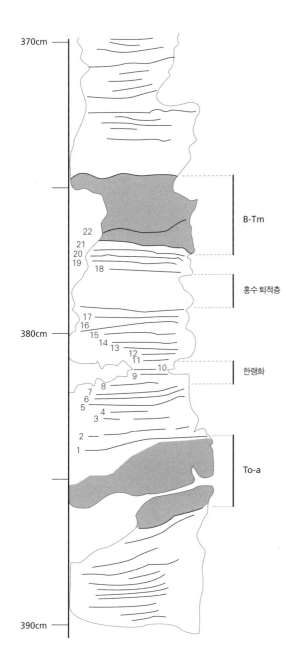

370cm

B-Tm

22
21
20
19
18

홍수 퇴적층

17
16
15
14 13
12
11
10
9
8
7
6
5
4
3
2
1

380cm

한랭화

To-a

390cm

**그림 3-2** 오가와라 호의 연호(福澤 등, 1998)

오가와라 호 호저 퇴적물에는 To-a와 B-Tm 사이에 22개의 연호가 존재했다. 따라서 To-a의 분화를 915년으로 보면 백두산은 937~938년에 분화한 것이 된다. 또한 To-a 퇴적 후 8번째에서 10번째 연호에는 한랭 기후에 서식하는 규조류가 밀집했다. 따라서 발해 멸망(926년) 직전인 923~925년에 걸쳐 한랭한 기후가 계속되어 오가와라 호와 동일한 위도에 위치한 발해는 대규모 냉해를 입었을 것으로 예상된다.

층 있고, 그다음 5개 연호를 사이에 두고 B-Tm이 약 2cm 퇴적되어 있었다. 더욱이 To-a는 규조의 발아 직후에 분화를 했고, B-Tm은 흑색 점토가 밀집된 층의 상하에서 발견되었다. 이것은 To-a가 여름에, B-Tm은 겨울을 사이에 두고 분화했다는 것을 말해 주는 것이었다. To-a에 대해서는 앞에서 언급한 바와 같이, 지금까지 『부상약기』에 나타나는 915년의 도와다 칼데라의 화산재 강하에 해당한다는 것이 거의 정설이다. 이것은 음력 7월 13일(양력 8월 18일)의 기록으로서, 연호에서 추정한 분화 계절과 일치했다. 또한 연륜 연대학의 연구에서 백두산 창바이 화쇄류 속에 포함된 탄화목 최외피의 조직을 관찰한 결과, 백두산의 폭발이 조직의 성장이 정지하는 겨울철에 일어났다는 결과가 이미 발표되었다. 따라서 호저 퇴적물의 연호에서 얻은 결과는 이런 결과와도 일치하는 내용이었다.

후쿠사와 등은 만약 To-a의 분화가 915년이라고 한다면, B-Tm의 분화는 그 22년 뒤인 937년에서 938년에 걸친 겨울에 일어났다고 결론을 내렸다(福澤 등, 1998). 만약 그렇다면 10세기의 백두산 분화는 일찍이 마치다가 제기했던 926년의 발해 멸망과 직접적인 관련이 없다고 결론을 내리지 않을 수 없다.

이 호저 퇴적물 전문가들은 또 새로운 문제를 제기했다. 오가와라 호의 연호에는 915년의 To-a가 퇴적된 이후 8번째부터 10번째 연호에 걸쳐 기후가 매우 한랭한 지역에만 서식하는 규조류가 밀집해 있었다. 따라서 발해가 멸망하기 전인 923년부터 925년의 3년간에 걸쳐 급격히 기후가 한랭화해, 오가와라 호와 동일한 위도에 위치하는 발해는 한랭화에 따른 심각한 냉해가 발생했을 것으로 추정했다. 이 냉해가 거란과의 한판 승부를 목전에 두고 있던 발해의 농업과 경제에 막대한 피해를 초래했을 가능성이 있다. 이와 같이 후쿠사와와 그의 동료들은 B-Tm의 연대를 찾는 화산학자들에게 매우 소중한 정보를 제공해 주었다.

그런데 또 다른 호저 퇴적물 전문가 이케다 마유미(池田まゆみ) 등이 계산한 바에 의하면, 호수 속의 퇴적 속도가 일정하다고 가정했을 때, 일반적으로 오가와라 호의 13cm의 연호가 퇴적되기 위해 약 30년의 시간이 필요하다고 주장했다(池田 등, 1997). 이에 따르면 To-a가 915년이라고 했을 때 그 30년 이후인 945년 이후에 백두산이 폭발했다는 계산이 된다. 이 연대는 명동 사건이 기록된『고려사』나 백색 화산재 강회가 기록된『흥복사연대기』의 946~947년과 시기적으로 일치하며, 하야카와와 고야마의 주장(早川·小山, 1998)을 뒷받침하는 것이었다. 하지만 이를 위해서는 오가와라 호의 연호는 여러 개가 결손되었다는 가정이 필요하다.

그러나 오사카 교육 대학의 아카이시 가즈유키(赤石和幸)와 나라 국립 문화재 연구소의 미쓰다니 다쿠미(光谷拓美) 등은 이케다의 946~947년 설에 이의를 제기했다(赤石 등, 2000). 오가와라 호의 호저 퇴적물이 To-a와 홍수의 이벤트를 포함하고 B-Tm의 두께까지 포함해 연호 22개, 13cm로 보고되었으나, To-a, B-Tm, 그리고 홍수의 층을 제외하면 순수한 연호의 두께는 7cm밖에 되지 않는다. 이 정도 두께의 연호가 퇴적되는 데 22년으로 보아 문제가 되지 않는다는 것이었다. 따라서 결손된 연호가 없다면 B-Tm의 분화 연대는 후쿠사와 등의 주장대로 937~938년으로 추정해도 무방하다. 당시의『일본기략(日本紀略)』[41]에는 다음과 같은 기록이 있다(赤石 등, 2000).

---

41) 작자 미상의 역사서로 일본의 신화 시대에서 1036년까지 기록하고 있다. 헤이안 시대에 편찬되었다. 전34권.

천경 2년(939년) 1월 2일 갑진 봄날에 마치 큰 북 두드리는 소리가 들렸다(天慶二年正月二日 甲辰春日大社鳴如擊大鼓).

이것은 먼 곳에서의 폭발에 의한 명동·공진(空震)을 기록한 것으로 백두산 분화에 의한 것일 가능성이 있다. 또한 『일본기략』에 의하면 천경 2년(939년) 4월 17일(양력 5월 8일)에 북쪽의 아이누 족들이 반란을 일으켰다. 이른바 '천경(天慶)의 난'이라는 것이다. 아이누 족들아 군량을 빼앗고 일본군과 교전했던 것으로 기록되어 있다.

만약 939년 1월의 명동이 백두산의 것으로 그때 화산 분화가 일어났다면, B-Tm의 분포 축이 통과하는 당시 아오모리 이북에 분포해 있던 아이누 족들은 심각한 강회의 피해를 입었을 것으로 생각된다. 939년 5월에 시작된 아이누 족들의 반란이 백두산 분화의 영향일 가능성이 있다. 따라서 아카이시 등은 후쿠사와 등이 주장했던 바와 같이 백두산이 937~938년에 분화를 시작했으며, 『일본기략』의 939년 명동 기록 역시 백두산의 것일 가능성이 크다고 했다. 이것이 사실이라면 백두산은 발해가 멸망(926년)한 11년 후에 본격적인 화산 활동을 시작했다는 셈이 된다.

그런데 온대 지방의 호수 퇴적 환경에서 1년에 반드시 한 장의 연호가 만들어지는지 여부에 대해서는 호저 퇴적물 전문가 사이에서도 이론이 있다. 즉 B-Tm과 To-a 사이의 연호 22개가 반드시 22년의 경과를 나타내는 것은 아니라는 의견이 제기되고 있는 것이다. 이케다는 이상 기온에 의해 온대 지방의 연호가 결락될 가능성을 제기했지만, 이와는 반대로 역시 온대 지방에서 이상 기온이나 홍수 등에 의해 1년에 2개 이상의 연호가 만들어질 가능성이 제기되고 있다. 유럽이나 북미의 호저 퇴적물 속에는 2개의 층이 세트가 되어 1년간 퇴적된 사례가 보고된 바가 있으며, 후쿠사와 등도 그 사실을 부인하지 않았다(福澤 등, 1998).

만약 온대 지방에서 1년에 2개 이상의 연호가 만들어진다면, 호저 퇴적물 전문가들의 기본 가정은 무너지고 만다. B-Tm과 To-a 사이의 연호 22개가 22년의 시간의 경과를 나타내는 것이 아니라, 그보다 더 짧아질 수도 있다는 것을 의미하기 때문이다.


### 나이테로 확인한 화산 분화의 계절

연륜 연대학이라는 분야가 있다. 나무의 나이테[年輪]를 이용해 고고학적 유물이나 과거 환경의 연대를 결정하는 학문이다. 연륜 연대학은 미국 천문학자 앤드루 더글러스(Andrew E. Douglass, 1867~1962년)에 의해 태양 활동의 변동이 나무의 나이테에 기록된다는 데 착안해 미국 애리조나 대학을 중심으로 발전한 학문 영역이다. 나무의 나이테는 1년에 1개씩 만들어지므로 나이테의 숫자가 바로 나무의 나이이다. 그렇다면 옛날에 벌목된 나무의 그루터기가 땅속에서 발굴되었다면 그 나무가 생육했던 연대를 알 수 있을까?

나무는 생육하기 좋은 조건일 때는 빨리 성장하므로 나이테의 간격이 넓어지고 조건이 나쁠 때는 간격이 좁아진다. 따라서 특정 종류의 나무의 나이테를 시간을 거슬러 올라가 조사해 가면, 동일한 지역의 나이테 간격이 넓어졌다가 좁아졌다가 하는 공통된 패턴이 있다는 것을 알게 된다. 수령 1,000년 정도의 나무가 있다면 이러한 나무에서 과거 1,000년간의 나이테 변동의 패턴이 확립된다. 그리고 유적 등에서 더 오래된 과거의 나이테가 나오면, 최근 나이테에서 오래된 나이테까지 연결하는 작업을 반복함으로써 최종적으로 수천 년까지 거슬러 올라갈 수 있다. 이러한 나이테

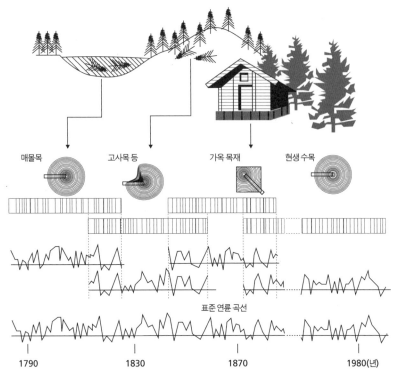

| 매몰목 | 고사목 등 | 가옥 목재 | 현생 수목 |

표준 연륜 곡선

| 1790 | 1830 | 1870 | 1980(년) |

**|그림 3-3|** 연륜 연대 측정의 원리(Schweingruber, 1989)

동일한 지역 · 시대에 성장한 수목의 나이테(연륜) 변동은 유사하게 나타난다. 현대에서 과거로 거슬러 올라가서 이 나이테 변동 폭이나 밀도 등 수목 공통의 연륜 패턴의 변화를 그래프로 나타낸 것을 표준 연륜 곡선이라 한다. 따라서 유적 등에서 발굴되는 목재의 연륜 패턴을 표준 연륜 곡선과 대조함으로써 연대를 정확히 결정할 수 있다.

변동 패턴을 '표준 연륜 곡선'이라고 한다(그림 3-3). 독일에서는 지금으로부터 1만 년 전까지, 미국 남서부 지방(캘리포니아 주)에서는 8500년 전까지 거슬러 올라가는 연륜 곡선이 작성되어 있다고 한다.

미국 애리조나 주의 선셋 크레이터(Sunset crater)가 1064년부터 1065년에 걸쳐 일어난 화산 폭발에 의해 만들어졌다는 것이 애리조나 대학에 의해 밝혀졌다. 이것은 화산 폭발에 의한 고사목의 나이테를 조사해서 알게 된 사실이다. 또한 나이테로부터 과거 600년간의 북반구의 온도 변화를 알게 되었는데, 과거 여름의 이상 저온 현상이 화산의 대분화에 의해 초래된 것임을 알아낸 것도 연륜 연대학이 이룩한 성과 중 하나였다.

예를 들어, 1601년에 과거 600년 중에서 가장 추운 여름과 전 지구적 규모로 유례없는 저온 현상과 냉해를 초래한 것은 VEI 6급의 페루 와이나푸티나(Huaynaputina) 화산의 폭발임이 밝혀졌다(Briffa et al., 1998). 이때 러시아에서는 수년간 기근이 계속되었고, 프랑스와 독일의 포도 수확량이 격감했다. 또한 중국이나 일본에서도 냉해에 의한 농업의 피해가 기록되어 있다. 이 테프라는 지구 전체로 퍼졌고 북반구에서는 그린란드, 남반구에서는 남극 빙하 속에서도 발견되었다.

1996년 5월 11일 일본 『아사히 신문』에 아키타 현의 초카이(鳥海) 산(해발 2,236m, 그림 3-1 참조.)이 기원전 466년에 대분화를 일으켰다고 보도되었다. 이와 같은 사실은 일본 나라 국립 문화재 연구소의 연륜 연대 전문가 미쓰다니 다쿠미(光谷拓實)에 의해 초카이 산 산록의 두꺼운 화산 이류에 매몰되었던 삼나무 15개의 나이테를 조사함으로써 알게 되었다. 일본에서 역사 기록 이전의 분화 연대가 확인된 것은 이것이 처음이었다. 지금까지 지질 조사와 방사성 탄소 연대 측정의 결과는 초카이 산이 지금으로부터 2,600~3,000년 전에 분화했을 것이라는 추정의 영역을 벗어나지 못했다. 미쓰다니에 의해 초카이 산 분화의 정확한 연대가 밝혀진 것은 지금까지의 고고학 연대관을 뒤흔드는 충격적인 사건이었다.

그 뒤 미쓰다니는 일본 지방 각처에 소장된 국보급 목재품의 연대를 감정해 내는 등 그의 손을 거치면 해결되지 않는 '연대'가 없었다. 미쓰다니는 일본 연륜 연대 측정의 일인자가 되어 무대 전면에 등장하게 되었다. 그런 미쓰다니가 백두산 분화 연대를 알아내기 위해 백두산을 향해 날아갔다. 그는 1993년 8월에 백두산의 현지 조사를 하고, 화쇄류 퇴적물에 포함된 탄화목의 표본을 다수 채집해 실험실에 돌아와 나이테를 분석했다. 백두산의 탄화목은 700~800℃ 온도의 시속 150km의 화쇄류에 의해 순간적으로 밀봉이 되고 진공 상태에서 숯이 되었다. 그 탄화목은 화쇄류에 매몰되기 직전의 상태로 성장이 정지된 채로 보존된다. 따라서 탄화목의 나이테를 통해 매몰 당시의 연대를 밝혀낼 것으로 기대되었다.

그러나 미쓰다니는 백두산 분화 연대의 판정에는 이르지 못했다. 현재부터 분화 당시까지 거슬러 올라가는 백두산 지역의 표준 연륜 곡선의 작성에 실패했기 때문이다. 백두산의 화쇄류 퇴적물 속에 포함된 탄화목의 나이테 변동의 패턴을 알기 위해서는 탄화목과 대조하고 조회할 백두산의 연륜 곡선이 먼저 작성되어야 한다. 이 연륜 곡선을 완성하기 위해서는 백두산 분화가 1,000년 이상 거슬러 올라가므로 적어도 수령 1,200~1,300년 이상의 나무가 있거나, 그 연대까지 거슬러 올라갈 목재 자료가 축적되어야 한다. 그러나 백두산 일대는 10세기 창바이 화쇄류(C-pfl)와 백두 강하 부석(B-pfa)에 의해 한때 식물 생태가 완전히 전멸했다. 그리고 그 이후로도 원지 강하 화산재(Yuanchi Plinian fall, E-pfa)나 역사 시대의 빈번한 화산 분화로 인해 식물 생태계의 성장은 지지부진했다. 현재 백두산에 번성하고 있는 가장 오래된 나무의 수령은 기껏해야 수백 년 정도로, 화산 분화의 연대 판정을 위한 나이테 변동의 패턴을 얻기에 너무 적은 나이였다.

그러나 미쓰다니의 연구에서 얻은 것은 있었다. 그는 백두산이 분화한 계절을 알아 낸 것이다. 백두산 탄화목의 최외피 조직을 관찰해 보니, 이 탄화목들이 성장을 정지하는 겨울철에 매몰된 것으로 판단되었다(町田·光

桧, 1994). 이것은 백두산에서 분출한 B-Tm이 정동 방향으로 가늘고 길게 뻗어서 일본 북부 지방을 뒤덮고 있다는 사실이 시사하는 바와 같이, 백두산 분화가 편서풍이 탁월한 겨울철에 일어났다는 추정을 뒷받침해 주는 결과였다.

한편 2002년에 미쓰다니는 아오모리에서 B-Tm 퇴적 이후의 지층을 파서 만든 해자(垓字)에서 채취된 목재가 972년에 벌목된 것으로 밝히고, 백두산의 대폭발이 972년 이전에 일어났다는 사실을 밝혔다. 또한 미쓰다니는 도와다 칼데라의 To-a와 동시에 발생한 화산 이류에 매몰된 가옥의 삼나무 목재를 조사하고 912년에 벌목되었음을 밝혔다(赤石 등, 2000). 이것은 도와다 칼데라가 912년 이후에 폭발했다는 것을 의미하는 것으로, To-a의 분화 연대가 『부상약기』에 기록된 915년이라는 주장은 여전히 유효하지만 대신에 915년이 백두산의 분화 연대가 될 가능성은 거의 없어져 버렸다.[42] 미쓰다니는 백두산 분화 연대 결정에 실패했지만, 앞으로 자료가 축적되면 나이테로부터 백두산의 정확한 분화 연대가 확정될 가능성이 크다. 이를 위해 북한 측에서 백두산을 조사해야 한다.

요즘에도 일본의 연륜 연대학 전문가들이 이러한 고대를 향한 꿈을 가지고 매년 여름이 되면 탄화목 시료를 얻기 위해 백두산으로 향하고 있다. 최근에는 백두산의 낙엽송(*Larix Koraiensis*)의 나이테 변동 패턴이 같은 위도상에 위치한 일본 아오모리 현의 노송나무의 것과 일치한다는 사실이 알려졌다. 아오모리의 노송나무의 표준 연륜 곡선은 이미 완성되어 있으므

---

42) 도와다 칼데라에서 발생한 화산 이류에 매몰된 삼나무의 벌채 연대가 912년이라는 사실이 밝혀짐으로써 915년이 백두산 분화의 연대일 가능성은 없어졌다. 백두산의 분화 연대가 915년이 되기 위해서는 삼나무가 벌채된 912년에 도와다 칼데라가 분화하고 그 3년 후에 백두산이 분화해야 하는데, 일본에서 발견되는 To-a와 B-Tm 사이의 토양으로 미루어 20~30년의 시간 간격이 있기 때문이다.

로, 백두산 화쇄류 퇴적물 속의 탄화목의 수종을 낙엽송에 한정해 분석할 경우 그 연대가 밝혀질 가능성은 아직 남아 있다.

## 방사성 탄소의 연대

식물이 광합성을 통해 탄소를 체내에 흡수하는 순간부터 탄소 동위 원소($^{14}$C)는 1분에 1g당 13.6개씩 붕괴해 $^{14}$N로 바뀌기 시작한다. 생물이 죽어서 더 이상 대기의 탄소를 흡수하지 않더라도 체내의 $^{14}$C는 이 방사 붕괴의 법칙에 따라 감소를 계속하게 된다. $^{14}$C가 정확히 반으로 줄어드는데 5,568년이 걸린다. 이것을 반감기라고 한다. 따라서 식물이나 동물의 유해를 채집해 $^{14}$C의 양을 측정하면 그 연대를 알 수 있다. 이것이 방사성 탄소 연대의 원리이다. 방사성 탄소 연대에는 년(y) 뒤에 BP가 붙는데, 서기 1950년을 기준으로 과거의 연대를 나타낸다. BP는 before present의 약자이다.

1981년 중국의 식물 생태학자 차오다창(趙大昌)은 백두산이 뿜어낸 거대 화쇄류인 창바이 화쇄류(C-pfl) 속에 묻힌 탄화목의 방사성 탄소 연대를 측정했는데, 백두산 북쪽 사면에서 1050±70yBP, 1120±70yBP, 그리고 서쪽 사면에서 1410±80yBP였다(趙, 1981). 발해가 멸망한 것으로 알려진 926년에 대응하는 방사성 탄소 연대는 1024yBP이다. 따라서 차오가 제시한 1050±70yBP의 값만이 오차 범위 안에서 발해 멸망의 연대와 일치한다. 한편 북한에서 제시하는 백두산 탄화목의 $^{14}$C 연대는 오히려 매우 젊다. 시료를 채취한 장소는 알 수 없지만 탄화목의 절대 연대가 850±20yBP라고 했다(김정락, 1998). 북한에서는 13세기에 백두산이 대폭발을 일으켰다고 주장하고 있는데, 아마 이 데이터를 근거로 했다고 생각된다.

우리나라 국립 문화재 연구소의 방사성 탄소 연대 전문가인 강형태는 백두산 동쪽 사면의 창바이 화쇄류(C-pfl) 속에 포함된 탄화목의 방사성 탄소 연대를 측정한 바가 있다. 그 결과 C-pfl 속의 탄화목의 절대 연대는 1360±50yBP였다(소원주 등, 2000). 왜 동일한 창바이 화쇄류 속의 탄화목의 절대 연대가 다르게 나오는가? 혹시 백두산의 창바이 화쇄류(C-pfl)라고 하는 것이 각각 다른 시기에 여러 번 분출한 것은 아닐까? 강형태는 이에 대해서 "동일한 화쇄류에 의해 매몰되었다고 하더라도 탄화목의 수령(樹齡)이 큰 경우에는 시료 채취 부분에 따라 연대가 다르게 나올 수 있다."라고 말한다.

즉 탄화목 자체의 수령이 수백 년 넘는 오래된 경우에는 동일한 방법으로 측정하더라도 중심 부분의 시료와 겉 부분의 시료에 따라서 연대가 수백 년까지 오차가 생길 수 있다는 것이다. 바꾸어 말하면, 탄화목의 매몰 시기(화산의 분화 연대)를 알기 위해서는 탄화목 최외피의 시료를 분석해야 한다는 이야기다.

한편 방사성 탄소 연대 측정법으로는 약 4만 년에서 5만 년 전까지의 연대를 알 수 있으나 백두산 분화와 같은 극히 최근의 사건을 알아내는 데는 오차 범위가 너무 크다. 가령 1만 년 전 사건에 대해서 오차가 500년이라면 그 값은 유용하겠지만, 정확한 연대가 절실히 요구되는 백두산 분화와 같은 1,000년 전 사건에 대해서 50년의 오차가 나온다면 그 자료는 사용하지 못한다. 지금은 오차가 없는 1년 단위의 연대가 절실히 필요한 것이다.

방사성 탄소 연대의 측정을 위해서는 대기 중 $^{14}$C 농도가 과거 5만 년 전부터 현재까지 일정했다는 기본 가정이 필요하다. 그러나 1950년대에 방사성 탄소 연대 측정법을 확립한 미국 UCLA의 윌러드 리비(Willard F.

Libby, 1908~1980년)조차도 이 가정이 성립하지 않는다는 것을 알고 있었다. 연대가 명백한 고대 이집트의 유물이나 연륜 연대가 결정된 연륜 시료로부터 얻은 방사성 탄소 연대 측정값이 일치하지 않았던 것이다.

1960년대에 와서 대기 중 $^{14}C$ 농도가 시대에 따라 변화했다는 것을 알게 되었으며, 수목의 연륜, 빙호점토 속의 연호 등을 이용해 약 4만 년 전까지의 $^{14}C$ 농도 변동의 추이를 알게 되었다. $^{14}C$ 농도의 변동은 수백 년의 장기 변동과 수십 년의 단기 변동이 있는데, 장기 변동은 주로 지자기의 변화에 의하며, $^{14}C$ 위글(wiggle)이라 불리는 단기 변동은 태양 활동의 변동 때문에 생긴다는 것도 알게 되었다. $^{14}C$ 농도의 위글은 다른 이유가 아니라 연륜 형성의 재료가 되는 대기 중 $^{14}C$ 농도 변동 때문이다. 따라서 동일한 시기에 생육한 수목 연륜은 동일한 $^{14}C$ 농도 변동을 나타낼 것이다.

이를 감안해 얻은 정밀한 보정 곡선을 $^{14}C$ 연대의 역년 표준 교정 곡선(INTCAL98)이라고 한다(Stuiver et al., 1998). 방사성 연대 측정에서 이 곡선을 마치 연륜 연대학의 표준 연륜 곡선처럼 이용한다. 즉 연대를 알 수 없는 수목 연륜의 $^{14}C$ 농도를 측정해 그것을 INTCAL98에 대조해 수목의 정확한 연대를 결정하는 것이다. 이 방법을 위글 매칭이라고 한다.

나고야(名古屋) 대학의 방사성 탄소 연대 전문가 나카무라 도시오(中村俊夫)가 백두산 탄화목 시료를 가지고 위글 매칭의 방법으로 백두산 분화 연대를 결정하기 위해 연구에 뛰어들었다. 나카무라는 먼저 1999년에 나라 국립 문화재 연구소의 미쓰다니가 채집해 일본으로 가지고 돌아온 37개의 나이테를 가진 탄화목을 분석했다. 나이테 하나하나의 $^{14}C$ 농도를 측정해 INTCAL98에 대조해 보니, 이 탄화목이 10세기 초반에 생육한 것이라는 사실을 알게 되었다. 그러나 이 탄화목 시료는 최외피가 없었기 때문에 최외피의 형성 시기, 즉 화산 분화의 연대를 결정할 수 없었다.

그 뒤 나카무라는 직접 백두산으로 날아갔다. 그는 그곳의 화쇄류 퇴적층에서 6개의 탄화목을 채집했는데 그중 2개가 최외피를 가지고 있었다. 그 하나는 102개의 나이테를 가지고 있었고, 그는 나이테 하나하나의 $^{14}$C 농도를 측정해 INTCAL98과 대조했다. 그 결과 시료의 최외피 2개의 연대가 937년(오차 ±8년)이라는 결과를 얻게 되었다(Nakamura et al., 2002).

나카무라의 결론은 백두산 분화가 926년 발해 멸망 이후에 일어났으며, 따라서 발해 멸망과는 무관한 사건이었다는 것을 말해 준다. 나카무라는 이 연구 결과를 나고야에서 열린 방사성 탄소 연대 국제 학회에 발표를 했다. 2002년 10월 5일자 《아사히 신문》 석간에는 다음과 같은 기사가 실렸다.

7세기 말에서 10세기에 걸쳐 중국 동북부에서 번성한 발해의 멸망이 백두산의 거대 분화와 무관하다는 사실이 나고야 대학 연구팀에 의해 탄화목의 방사성 탄소 연대 측정으로 알게 되었다. 발해 멸망은 왕권 내부의 분열에 의했다는 설이 유력했지만 화산 분화가 큰 영향을 주었다는 의견이 끊임없이 제기되었다.

나고야 대학 연대 측정 종합 연구 센터의 나카무라 도시오 교수 연구팀은 나라 국립 문화재 연구소로부터 시료를 제공받아 연구에 착수했고, 작년 여름에는 중국과 북한의 국경에 있는 백두산에 가서 화쇄류에 매몰된 수령 1백 년 정도의 전나무에서 더 많은 시료를 채취했다.

이것을 방사성 탄소 연대 측정법으로 분석, 최외피 연륜이 형성된 것은 929년부터 945년 사이라는 측정 결과를 얻었다. 이 연대는 문헌에 나타나는 발해 멸망의 926년 이후이다. 10세기 전반에 백두산이 폭발했고 그 규모가 매우 컸다는 것이 홋카이도와 도호쿠 지방에까지 퇴적된 화산재로부터 확인되었지만, 지금까지 정확한 연대에 대해서는 알 수 없었다.

과학자의 능력은 논문의 숫자로 평가된다. 소책자를 만들 수 있을 만큼 기다란 연구 논문 목록을 자랑하는 일본 방사성 탄소 연대 연구의 일인자인 나카무라가, 위글 매칭이라는 정교한 기법으로 마치 토마호크 미사일이 정확히 이라크의 대통령궁을 찾아내듯 핀포인트로 찾아낸 937년(±8년)이라는 탄소 연대에 대해 아무도 이의를 제기하려 하지 않았다. 또한 이 연대는 호저 퇴적물 전문가 후쿠사와 등이 오가와라 호의 연호에 나타났다고 발표한 연대인 937~938년과도 일치하는 것이었다.

고려의 개성에서 하늘의 명동 사건이 기록되고 나라의 강회 사건이 기록된 것이 946~947년, 오가와라 호의 연호 퇴적물에 의한 B-Tm의 연대가 937~938년, 그리고 백두산 탄화목 최외피의 위글 매칭에 의한 방사성 탄소 연대가 937년(오차 ±8년)으로, 이 자료들은 모두 백두산의 폭발이 발해 멸망 이후에 일어났다는 것을 말하고 있었다. 이것으로 1981년에 마치다에 의해 일본에서 최초로 백두산 화산재(B-Tm)가 발견되고, 1992년에 백두산 분화와 발해 멸망의 인과 관계에 대한 가설이 제기된 이래 거의 20년 만에 마침내 결론이 도출된 것으로 생각되었다.

그러나 그것도 오래가지 않았다. 곧이어 일본 도호쿠 대학이 주도하는 대규모 화산 연구팀에 의해, 백두산에서는 지금까지 문제 삼고 있었던 10세기 이전(아마 9세기)에도 화쇄류를 동반하는 대규모 화산 분화가 있었다는 사실이 발표된 것이다. 이 새로운 발견으로, 이 백두산 분화와 발해 멸망에 관한 문제가 새로운 국면에 들어서게 될 것이라고는 거의 아무도 예상하지 못했다.

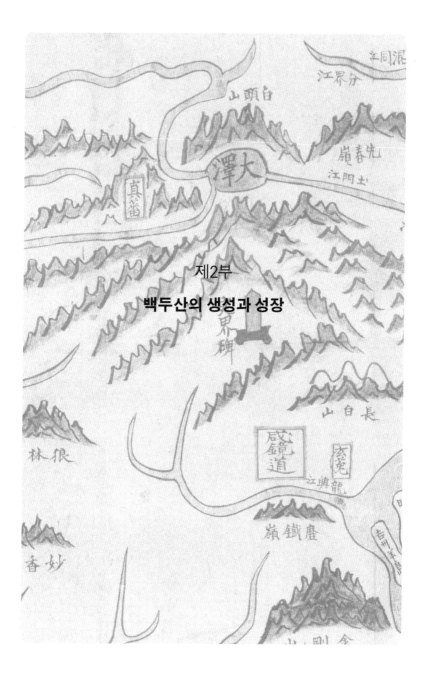

제2부
**백두산의 생성과 성장**

서기 79년 8월 24일 정오 이탈리아의 베수비오 화산이 폭발했다. 플리니우스는 삼촌 플리니우스의 죽음을 전하기 위해 역사가 타키투스(Tacitus)에게 보낸 서간문에 베수비오 화산의 폭발을 매우 사실적으로 기록하고 있다. 베수비오 산에서 솟아오른 버섯 모양의 분연주와 번개의 섬광, 쏟아지는 부석을 피하기 위해 머리에 베개를 대고 갈팡질팡 도망가는 사람들의 모습, 백주의 대낮에 화산재의 칠흑 같은 어둠, 유황 냄새의 공포, 그리고 삼촌 플리니우스의 죽음 등이 2,000년 전의 기록이라고 믿을 수 없을 만큼 생생하게 묘사되어 있다.

당시 19세였던 플리니우스는 『박물지』로 유명한 플리니우스의 조카이다. 그들은 베수비오 산에서 서쪽으로 40km 떨어진 미세눔(Misenum, 현재의 나폴리 만 북쪽)에 정박한 배 안에서 함께 이 화산 폭발을 목격했다. 역사상 처음으로 화산의 폭발적 분화를 상세히 기록한 플리니우스를 기념해 이와 같은 형태의 폭발적 화산 분화를 '플리니식 분화(Plinian eruption)'라고 부른다. 플리니식 분화는 다량의 부석과 화산재가 화산 가스와 함께 폭발적으로 분출되어 화구 위에 버섯구름과 같은 분연주를 만드는 화산 분화이다. 백두산 역시 플리니식 분화를 했다.

10세기의 어느 날 한반도 개마고원의 고요와 정적을 깨뜨린 것은 대지를 찢는 백두산의 거대한 굉음이었다. 그것은 두꺼운 지각을 뚫고 천지 칼데라 위로 25km에 달하는 플리니식 분연주가 일시에 치솟는 대지의 진동이었다. 하늘 높이 치솟은 이 화산 가스와 화산재의 불기둥이 붕괴되면서 발생한 거대 화쇄류의 뜨거운 열풍은 광란하듯 계곡과 산등성이를 질주하며 식물과 동물 생태계를 전멸시켰다. 칼데라 벽을 넘쳐흐른 뜨거운 천지의 물은 해일과 같이 산 사면을 돌진해 끓은 시멘트와 같은 화산 이류가 되어 삼림을 삼켜 버리고 먼 곳에 펼쳐진 평야의 하천까지 범람시켰다.

백두산은 자신의 영지에 마치 화로를 뒤집어엎은 것처럼 도무지 이 세상의 것이라고는 생각할 수 없는 처참한 광경을 남겼던 것이다.

# 제4장

# 10세기 백두산의 거대 분화

　백두산 산록은 10세기 화산의 대폭발에 의해 한때 완전히 파괴되었다. 지금은 생태계가 상당 부분 복구되어 산림 한계선 아래로 깊은 산림이 뒤덮고 있지만, 계곡의 단면을 보면 산림의 모태가 되는 토양은 깊이 수십 m에 달하는 용결·비용결의 화쇄류 퇴적물이란 사실을 알 수 있다.

　방패 모양의 순상 화산인 백두산 화산계 중앙 꼭짓점이 천지에 해당하며, 거기서 완만한 경사로 산록이 사방 수십 km까지 펼쳐진다. 이 완만한 산록 지대의 지표면은 수천억 톤에 달하는 화쇄류와 화산재에 의해 덮여 있다. 이러한 퇴적물이 짧은 시간 동안 유수에 침식되어 백두산 산록에는 아득한 깊이의 V자 계곡이 사방으로 길게 이어져 있다. 테프라가 유수에 의해 침식되어 만들어진 이러한 계곡의 깊이는 아찔할 정도로 깊고, 그 깊이는 바로 과거에 일어난 화산 분화의 크기를 나타낸다.

　정상에 칼데라를 가지는 백두산은 그 자체의 거대한 몸집만으로도 완충 능력이 있는 대규모 화산계이다. 백두산은 그리 쉽게 폭발하지 않는다는 이야기다. 마그마방의 크기가 크기 때문에 화산이 폭발할 정도의 마그마가 채워지는 데 시간이 걸린다. 백두산 지하 깊은 곳의 마그마방에서 지표 가까이에 있는 또 하나의 마그마방으로 끊임없이 화산 활동의 영양분이 공급되고 있으며 마그마의 이동은 화산성 지진의 단조로운 파형으로 기록된다. 백두산 지하에서 불안정한 상태가 지속되고 지하의 평형 상태가 깨어지면 언제든지 칼데라의 중심 분출로 이어질 것이다. 그것이 백두산의 신진대사이다.

조선 시대에도 백두산은 여러 번 소규모 분화를 일으켰다. 이 분화는 주로 파쇄된 암편을 분출하는 수증기 마그마 폭발이었다. 그러나 10세기 백두산의 폭발은 마그마를 직접 뿜어낸 것이었다. 이때 분출한 백색 부석과 거대 화쇄류는 바로 마그마 본질물이었다. 마그마의 어마어마한 열에너지는 운동에너지로 바뀌어 대지뿐 아니라 스스로를 파괴했던 것이다.

## 1. 백두산의 백색 부석

1980년대 후반부터 일본의 마치다 히로시는 아라이 후사오, 모리와키 히로시, 그리고 중국의 차오다창과 함께 백두산 일대의 홀로세 테프라에 대한 광범한 지질 조사를 실시했다(Machida et al., 1990). 그 결과를 담은 논문은 일본의 B-Tm 발견자들이 중국의 백두산 연구자와 함께 그 근원 화산체를 직접 조사한 최초의 논문이었다는 점에서 의의가 크다. 영문으로 작성된 이 논문으로 지구상에서 매우 드물게 일어나는 거대 화쇄류를 동반한 화산의 대폭발이 서방 세계에도 처음으로 알려지게 되었다. 그 뒤로 세계의 많은 화산학자들이 북한과 중국의 국경에 위치한 백두산을 주목하기 시작했고, 그들을 백두산 산록으로 향하게 했다.

1990년대 후반부터 토라린슨 메달(Thorarinsson Medal)[43]을 수상한 독일의 한스 울리히 슈민케(Hans Ulrich Schmincke)가 그의 제자이자 화산 가스 전문가인 주잔네 호른과 함께 북한 쪽에서 백두산 지질 조사를 시작했다. 슈민케는 미국의 리처드 피셔(Richard V. Fisher, 1928~2002년)와 함께 화성 암석학의 고전이라 할 『화산 쇄설암(Pyroclastic Rocks)』을 저술한 저명한 화산학자였다. 한편 2000년대 초반 일본 역시 도호쿠 대학과 홋카이도 대학을 중심으로 대규모 연구팀을 구성해 백두산의 층서와 10세기 대폭발의 경과를 상세히 조사하기 시작했다.

백두산의 가장 상부를 덮고 있는 테프라층을 '천지층'이라고 한다. 이 천지층은 아래에서 위로 몇 개의 층으로 나뉘는데, 이 테프라 지층 하나하나를 해석하면 10세기에 일어난 화산 분화의 에피소드를 복원할 수 있다.

당연한 일이지만, 10세기 백두산 분화를 목격했던 사람이 없으며, 또한 이 사건은 기록으로 남겨지지 않았다. 그러나 백두산 산록에 남아 있는 분화 당시의 흔적과 분출물, 동해와 일본에 퇴적된 B-Tm의 분포로부터 계산된 마그마의 용량, 그리고 오늘날 활동적인 화산들의 관측 결과 얻어진 지식을 바탕으로, 당시의 백두산의 대폭발은 다음과 같이 재구성할 수 있다.[44]

---

43) 국제 화산 지구 화학 연맹(IAVCEI)이 테프라 연대학의 거장 토라린슨을 기념해 화산학 발전에 현저한 공헌을 한 이에게 수여하는 메달로 화산학의 노벨상이라고 할 수 있다. 로버트 스미스(Robert Smith), 리처드 피셔, 영국의 조지 워커(George Walker) 등이 받았다. 슈민케는 1993년에 수상했다.

44) 10세기 백두산 분화의 층서와 명칭은 연구자에 따라 조금씩 다르다. 예를 들면 미야모토 등은 unit A~H로(宮本 등, 2002), 호른과 슈민케는 phase I~II(Horn & Schmincke, 2000)로 구분했다. 이 책에서는 이 분야의 가장 선구적인 연구로서 각 층서에 구체적인 명칭을 붙인 마치다 등(Machida et al., 1990)의 것을 인용했다.

백두산 지하에서는 지옥의 불이 마그마방에 모여들면서 서기 이래 지구 최대의 화산 분화를 준비하고 있었다. 이미 대재앙의 카운트다운은 시작된 것이다. 10세기에 일어난 백두산 화산 폭발은 그때까지 정적과 고요에 휩싸여 있던 개마고원을 흔드는 진폭이 작고 주기가 긴 지진으로부터 시작되었다.

### 엘다오바이허 암설류

백두산의 산체는 마그마에 의해 팽창되고 변형되고 있었다. 천지 바닥의 마그마 뚜껑에 해당하는 잠재 돔은 수십 m 이상 부풀어 오르고, 따뜻해진 사면에 두껍게 덮여 있던 눈이 녹기 시작했다. 잠재 돔은 지하 마그마를 내리누르고 있었지만 마그마의 압력은 서서히 상승해 잠재 돔을 제거하려 하고 있었다. 백두산에 심상찮은 지진이 빈발하고 천지의 물이 끓어오르며 간헐적으로 소규모 수증기 마그마 폭발이 일어났다.

오래전부터 백두산에서 새소리와 짐승 소리가 사라졌다. 이산화황의 화산 가스가 하루에 수천 톤씩 분출되어 이 불길한 냄새를 맡은 날짐승과 산짐승들이 모두 산을 떠나 버린 것이다. 이산화황은 바로 마그마의 체취이다. 그것은 마그마가 바로 천지의 목구멍까지 도달했다는 것을 의미했다. 산체의 팽창이 끝없이 계속되지는 않는다. 주분화의 방아쇠가 당겨지는 것은 이제 시간 문제였다. 그러던 어느 날, 갑자기 백두산이 흐릿하게 보였다. 지진의 진동으로 화산이 겹쳐 보인 것이다. 잠시 후 지금까지 없었던 발작적인 진동이 대지를 뒤흔들었다. 다음 순간 북쪽 사면의 일부가 서서히 붕괴하기 시작했다. 화산이 움직이고 있었다. 아니, 화산 주변 전체의 대지가 살아 움직이듯 꿈틀거렸다.

산체가 붕괴하자 가속된 수백 톤의 암체들이 마치 공중에 부유한 것처럼 시속 150km의 속도로 계곡을 따라 돌진하면서 그 앞부분은 백두산 산록의 마을 엘다오바이허(二道白河)를 향했다. 이때 압축 공기로 인한 충격파의 파동은 주변의 산림을 한 방향으로 일거에 쓰러뜨렸다. 이와 동시에 남쪽 사면에서도 붕괴가 일어났다. 이 충격으로 천지 지하 마그마의 잠재돔에 크게 균열이 생겼다. 드디어 작열한 마그마가 그 혓바닥을 드러냈다. 이제 백두산 지하의 압력은 완전히 개방되었다. 다음 순간 천지에 불기둥과 같은 플리니식 분연주가 치솟으며 천지에 담긴 물이 마치 폭포수가 거꾸로 올라가는 것처럼 쓸려 올라갔다. 상승하는 부석과 화산재가 대류를 일으키며 용솟음치고 대기 중에 열과 정전기가 충만해 번개가 교차했다.

이렇게 백두산 주 분화가 일어나기 전에 산체의 일부가 붕괴되어 암석 덩어리가 산 사면을 따라 대량으로 돌진하는 사건이 발생했다. 그 퇴적물을 '엘다오바이허 암설류(Erdaobaiher debris flow, A-dfl)'라고 한다. 엘다오바이허라는 명칭은 천지에서 북쪽으로 50km 떨어진 산록의 마을 엘다오바이허를 딴 것이다.

중국에서 백두산으로 가기 위해서는 옌지(延吉)에서 가든 선양(沈陽)이나 창춘(長春)을 경유하든 간에 반드시 이 마을을 통과해야 한다. 이곳에는 관광객을 위한 꽤 큰 숙박 시설이 있어서 백두산에 등반하기 위한 베이스캠프와 같은 곳이다(그림 4-1, 그림 4-2). 엘다오바이허에는 중국 과학원 백두산 삼림 생태 연구소가 있다. 백두산을 연구하는 전초 기지이다. 그곳에는 식물 생태학, 곤충학, 토양학, 환경학, 지질학 등의 전문가들이 상주하고 있다. 그들은 자신들의 연구소를 단지 "스테이션(station)"이라고 부른다. 백두산을 연구하기 위한 중간 기착지라는 의미를 담고 있다. 스테이션에는 외래 연구자들을 위한 숙박 시설이 있으며, 야외 조사와 간단한 실험을

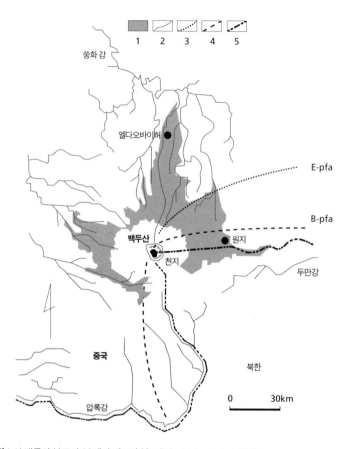

|**그림4-1**| 백두산 부근의 10세기 테프라 분포(Machida et al., 1990)

1. 창바이 화쇄류(C-pfl), 2. 강, 3. 원지 강하 화산재(E-pfa), 4. 백두 강하 부석(B-pfa), 5. 국경

할 수 있는 설비와 장비, 그리고 차량을 갖추고 있어 여름이 되면 세계의 많은 연구자들이 이곳으로 몰려든다.

백두산 홀로세 테프라 층 밑에 있는 엘다오바이허 암설류(A-dfl)는 화산 폭발 직전에 산체 붕괴가 일어났다는 것을 알려 준다. 백두산에서 계속해서 화산성 지진이 발생했을 것이다. 화산성 지진은 사람이 체감할 수 없

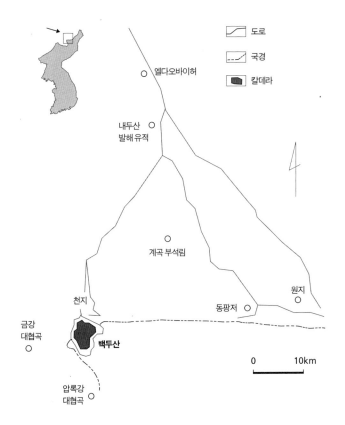

| 도로
| 국경
| 칼데라

엘다오바이허

내두산
발해 유적

계곡 부석림

원지

천지

동팡저

금강
대협곡

백두산

0        10km

압록강
대협곡

|**그림 4-2**| 천지와 원지

엘다오바이허에서 남동으로 약 60km, 백두산 천지에서 동쪽으로 35km 지점에 원지가 위치한다.
원지는 백두산의 풍하 측에 위치하며 백두산에서 분출한 테프라가 차례로 퇴적되어 있다.

을 정도의 진동으로 구조성 지진에 비해 진폭의 변화가 거의 없다는 특징
을 가지고 있다. 지하에서 마그마나 지하수 등의 유체가 이동함으로써 발
생하며 진동이 지속되는 시간이 매우 길고 때로는 수 시간 지속된다. 화산
성 지진은 마그마가 지표를 향해 이동하는 직접적인 증거이며, 그 진동은
마그마 속의 기체를 유리시켜 마그마방의 압력을 일시에 증대시킨다. 압력

이 높아진 마그마는 화도를 막고 있던 기존 암체를 밀어 올려 산체가 팽창하게 된다.

산체 붕괴나 산사태가 일어나면 그것으로 인해 상승하려는 마그마와 그것을 내리누르는 암체 사이의 힘의 균형이 깨지게 된다. 화산의 뚜껑에 해당하는 잠재 돔이 제거되면 마그마의 상승을 억제하던 힘은 사라지게 된다. 압력에서 해방된 마그마의 부피는 일시에 수천 배 팽창하게 된다. 그 것이 화산 폭발이다. 샴페인의 뚜껑을 따기 전에 거품을 만들기 위해 충분히 흔들어 준다. 일본에서 발견되는 B-Tm을 현미경으로 관찰해 보면 산산이 파쇄된 거품의 파편 조각을 볼 수 있다. 이 버블형 화산 유리의 거품 조각이야말로 지진에 의해 지속적으로 마그마방을 흔들어 일시에 분연주를 통해 마그마가 공중으로 뿌려졌던 흔적이다.

야외 관찰에 의하면 백두산 북쪽의 엘다오바이허 일대까지 최대 수 m 의 두꺼운 암설(岩屑, debris)에 매몰되어 있다. 이 암설 퇴적물로 주 분화 직전에 산체 붕괴가 일어났다는 것을 알 수 있으며, 그 위에 주 분화에 의한 테프라가 정합적으로 퇴적되어 있다. 산체 붕괴에 이어, 그리고 그와 거의 동시에, 폼페이의 베수비오 분화를 목격했던 플리니우스조차 경악했을 검은 토네이도와 같은 거대한 플리니식 분연주가 천지에서 치솟아올랐다.


**백두 강하 부석**

백두산 남쪽 사면에서 산체 붕괴가 일어나자, 다음 순간 화구 위로 화산 가스와 산산조각 난 마그마와 암편으로 구성된 플리니식 분연주가 하늘을 향해 치솟았다. 지하의 화도에서 올라온 마그마와 화산 가스가 넓은 칼데라의 입구에서 갑자기 팽창하고, 부석과 화산재의 잿빛 구름이 대류에 의해 마치 토네이도와 같이 맹렬하게 상승하기 시작했다. 그러나 폭발의 굉음은 처음에 들리지 않는다. 하늘을 향해 맹렬히 올라가는 분연주의 상승 속도는 굉음의 음파조차 도망가지 못할 만큼 고속이기 때문이다.

무거운 암석 덩어리는 화산탄[45]이 되어 마치 증기 기관차의 기적과 같은 소리를 내며 곡사포의 궤적을 그리며 낙하해 지표 곳곳에 달 표면과 같은 크레이터를 만들었다. 일시에 높이 25km까지 상승한 분연주는 그곳에서 마치 원자 폭탄의 버섯구름과 같이 서서히 수평 방향으로 넓어지고 거품이 끓는 작열한 부석이 우박처럼 어지럽게 낙하해 주변 일대에 두껍게 퇴적되었다. 분연주 상공의 부석들은 바람을 타고 서서히 남동쪽으로 확산되어 갔다.

이 플리니식 분화는 수일간 계속되었다. 분화가 끝나자 특히 풍하 측의 남동쪽 사면의 산림은 화산재에 매몰되었고, 일대는 백색의 사막으로 바뀌어 버렸다. 이와 같이 본격적인 플리니식 분화는 엘다오바이허 암설류(A-dfl)의 산체 붕괴에 이어 시작되었다. 부석의 분연주가 천지 칼데라 위로 뿜어 올려지고 화산 분출물이 바람에 의해 남동쪽 넓은 범위를 뒤덮었다. 이 분출에 의한 백색 부석층을 '백두 강하 부석(B-pfa)[46]'이라 한다(사진 4-1).

이 백두 강하 부석(B-pfa)이라는 이름은 백두산의 한국명을 따라 이름 지어졌다. B-pfa는 마치 스폰지처럼 구멍이 많은데 물속이나 공기 중에서 대량의 화산 가스가 빠져나왔다는 것을 알 수 있다. 이 부석은 새털처럼 가볍다. 이 부석은 마치 눈처럼 희고 푸른빛조차 띠고 있다. 바로 백두산

---

45) 화산 폭발에 의해 분사된 테프라 중 64mm 이상의 둥근 형태의 것. 각이 진 것은 화산암괴라 부른다. 큰 것은 직경 수십 m에 달하는 것도 있다. 화산탄의 크기와 비거리의 관계에서 분연주의 높이를 계산할 수 있다. 백두산의 분연주는 최소 25km였던 것으로 계산되었다.

46) 이 책에서는 화쇄류는 pfl, 플리니식 강하 부석(plinian pumice fall)은 pfa의 약어를 사용했다.

**|사진 4-1|** 원지 부근의 노두

백두산 천지에서 동쪽으로 35km 떨어진 원지 부근 구릉지의 지층 단면. 가장 하부(모종삽이 있는 부근)에 적갈색 토양이 있고, 그 위에 백색의 백두 강하 부석(B-pfa), 그다음이 창바이 화쇄류(C-pfl), 원지 강하 화산재(E-pfa), 바이산 화쇄류(F-pfl)가 차례로 퇴적되어 있다. 백두 강하 부석(B-pfa)은 10세기 백두산의 폭발에 의해 가장 먼저 분출된 테프라이며 원지 부근에서 삽질을 해 보면 어디서나 이 부석층이 발견된다. 분급이 매우 양호한 이 테프라는 최초의 플리니식 분화의 산물이다(사진: 도호쿠 대학 동아시아 센터 제공).

의 색깔이다. B-pfa는 곧이어 발생한 거대 화쇄류에 피복되어 전혀 풍화되지 않은 화산 분화 당시의 모습을 보존하고 있다. 이 부석층을 계속해서 파 들어가면 곧 풍화된 적갈색 토양이 나타난다. 풍화된 토양은 많은 시간이 경과했음을 보여 준다. 따라서 B-pfa 이전에 상당 기간 동안 커다란 화산 분화는 없었다는 것을 알 수 있다.

엘다오바이허의 스테이션에서 남동쪽으로 60km, 백두산 천지에서 동쪽으로 35km 떨어진 곳에 원지(圓池)라는 호수가 있다(그림 4-2). 직경 약 200m의 이 조그만 호수는 북한에서 천리천평이라고 부르는 용암 대지 위에 있는 마르(maar) 지형[47]으로 그 속에 물이 채워져 있다. 이 원지에서 두만 강의 원류가 발원한다. 중국과 북한의 접경 지역이므로 국경을 넘어온 북한 사람과 언제 조우할지 모르는 곳이기도 하다. 엘다오바이허에서 백두 산으로 가는 7~8km 지점, 장백산 국립 공원 입구 직전에 두 갈래 길이 있어서 하나는 백두산 천지로 또 하나는 원지로 향한다. 엘다오바이허에서 원지까지 지프로 1시간 남짓 걸린다.

백두산의 풍하 측에 해당하는 원지 일대는 상공의 편서풍 영향으로 백 두산에서 분출한 테프라가 차례대로 퇴적되어 있다. 일반적으로 화산의 풍하 측에 해당하는 장소에서는 일단 지표에 쌓인 테프라가 곧이어 분출 한 테프라에 의해 덮이기 때문에 분출 당시의 모습 그대로 잘 보존된다. 원 지 부근에서 B-pfa의 두께가 최대 1m 이상에 달하지만 북쪽으로 갈수록 차츰 얇아진다. 아직 북한 쪽의 백두산 남쪽 산록에 대해서 자세히 알 수 없지만, 그림 4-1의 대체적인 분포 상황으로 미루어 보아 북한 쪽에 이 부 석 퇴적물이 더 두껍고 넓게 퇴적되었을 것이다. 주로 백두산 남쪽의 한반 도 사람들이 이 화산을 "백두산"이라고 부르게 된 것도 백색 부석의 분포 상황과 무관하지 않다.

B-pfa은 매우 구멍이 많은 백색 부석으로 구성되어 있으며 크기에 따라 입자가 잘 나뉘어 있다. 지질학에서는 "분급(sorting)이 양호하다."라는

---

47) 마르는 화산이 폭발할 때 화산 가스만 분출해 둥근 냄비와 같은 지형이 만들어진 것으로 물이 채워져 호수가 되는 경우가 많다. 마르 주위에는 화산 분출물이 없거나 매우 적다는 특징이 있다.

표현을 한다. 즉 하부의 부석은 탁구공만 한 크기이며, 상부로 갈수록 점차 작아져서 콩알만 한 크기가 된다. 동시에 공중에 뿌려진 다양한 크기의 부석이 마치 체질하듯 큰 것은 먼저 낙하하고 작은 것은 나중에 낙하하기 때문이다. 테프라 중에서 '강하 부석', '강하 화산재'와 같이 '강하(降下, air fall)'라는 명칭을 붙이는 것은 이와 같이 '분급'이 양호한 퇴적물일 경우 하늘에서 낙하했다고 판단하기 때문이다.

이 B-pfa는 규산($SiO_2$)의 함량이 매우 큰 알칼리 유문암(alkali rhyolite)질 부석으로, 마치 골프공처럼 구멍이 많고 물에 뜰 정도로 가벼우며 화학 조성이 비교적 균질하다. B-pfa의 화학 조성에 대해 설명하면 이렇다. 막걸리를 가만히 놓아두면 밑에 침전물이 가라앉고 위에 멀건 부분이 뜨는 것과 같이, 지하 마그마 역시 비중이 큰 것은 가라앉고 가벼운 것은 윗부분에 집중된다. 최초 화산 폭발이 일어나면 마그마방의 윗부분에 모인 비중이 작은 마그마만 우선 분출하게 된다. 이 경우 분출되는 테프라는 대부분 부석인데, 백두산에서는 백두 강하 부석(B-pfa)이 이에 해당한다.

보통의 화산 분화는 부석 분출로 끝나는 경우가 많다. 그러나 백두산은 그것으로 끝내려고 하지 않았다. 오랜 지질 시대를 통해 백두산이 간혹 해 왔던 일, 이제 마그마방의 모든 물질을 대기 중에 일시에 쏟아내려 하고 있었다.


## 2. 분연주 붕락과 거대 화쇄류

세계의 거대 화산 분화에는 하나의 공통점이 있다. 그것은 화산 폭발 초기에 대개 부석의 분출이 선행하고, 이어서 거대 화쇄류가 발생한다는 사실이다. 백두산의 분화 계열을 관찰해 보면 세계의 거대 화산 분화에서 나타나는 이 순서를 충실히 따르고 있다. 모든 화산 분화에서 화쇄류가 발생하는 것은 아니지만, 특히 거대 화쇄류는 칼데라의 존재와 관계가 있다. 거대 화쇄류가 발생한 이후에 칼데라가 형성되는 경우가 있고, 칼데라가 존재해 있었기 때문에 거대 화쇄류가 발생하는 경우도 있다.

백두산은 상공을 향해 수직 방향으로 백두 강하 부석(B-pfa)을 뿜어낸 직후, 키가 매우 큰 분연주가 붕락해 창바이 화쇄류(C-pfl)라 불리는 거대 화쇄류를 생성하게 된다. B-pfa와 C-pfl 사이에서 토양[48]의 존재가 관찰되지 않으므로, C-pfl을 초래한 사건은 B-pfa 직후에 발생했다는 것을 알 수 있다. 이와 같이 백두산에서 백두 강하 부석(B-pfa)이 분출하고 퇴적된 직후 화산의 분출 패턴에 커다란 변화가 나타난다. 플리니식 분화에서 거대 화쇄류 분화로 양상이 바뀐 것이다. 이제 화산 분화의 사이클도 파국을 향하고 있었다. 야외에 퇴적된 테프라 분출량의 규모를 비교해 보면 B-pfa는 거대 화쇄류 분화의 예고편에 지나지 않았다는 것을 알 수 있다.


**창바이 화쇄류**

화구상에 분출된 화산재 및 암편이 화산 가스와 함께 혼합되어 난류 상태로 산 사면을 고속으로 흐르는 현상을 '화쇄류'라 한다. 화쇄류는 1902년에 서인도 제도 마르티니크의 몽플레(Mt. Pelée) 화산에서 발생해 산기슭의 생피에르(St. Pierre) 마을을 폐허로 만들고 2만 8천 명이 사망한 것으로 기록되어 있다. 사망자 명단에는 생피에르 시장도 포함되었다. 생존

---

48) 테프라 사이의 토양의 존재는 표면이 풍화하는 데 걸린 오랜 시간의 경과를 의미한다.

자는 경찰서 지하 감옥에 있었던 사형수 1명과 지하 창고에 숨어 있었던 구두 수선공, 이렇게 2명뿐이었다고 한다. 이때 화구에서 마을을 향해 분사된 화쇄류의 내부 온도는 800℃에 달했으며 산 사면을 시속 160km로 질주해 내려갔다(그림 4-3). 화쇄류가 통과한 생피에르 마을에서는 두개골의 봉합선이 파열된 사체가 여러 구 발견되었다. 화쇄류의 열이 뇌의 체액을 일시에 기화시켜 두개골을 파열시킨 것이었다.

프랑스의 화산학자 알프레드 라크루아(Alfred Lacroix, 1863~1948년)는 이 화산 쇄설물의 흐름을 '뉘에아르당트(nuée ardente)'라고 불렀다. '불타는 구름'이란 뜻이다. 화쇄류(pyroclastic flow)의 pyro-는 불[火]을 의미하는 접두어이고, clastic은 산산조각으로 파쇄[碎]된다는 의미이며, 거기에 flow, 즉 흐름[流]을 붙여 '화산 쇄설류' 또는 '화쇄류(火碎流)'라고 한다. 이 화쇄류가 무서운 것은 700~800℃의 고온을 유지하고 있으며, 또한 시속 150km 이상의 매우 빠른 속도로 산 사면을 돌진해 내려간다는 것이다. 화쇄류의 잿빛 열운이 산 사면을 쓸고 내려오면서 지나간 자리의 모든 산림과 건축물을 파괴하고 태워 버린다. 이처럼 화쇄류가 산사면을 따라 분사되는 형태를 몽플레 화산을 따서 '플레형 화쇄류'라 한다.

1991년 6월 3일에 일본의 운젠(雲仙) 화산에서 화쇄류가 발생했다. 우리나라에서도 뉴스 시간에 운젠의 화쇄류가 마치 눈사태처럼 산록을 맹렬한 속도로 돌진해 내려오는 장면이 방영되었다. 이때 화쇄류의 온도는 800℃, 최대 시속 140km를 기록했다. 당시 운젠 화산에서는 이미 용암 돔(lava dome)이 붕괴 임계각을 넘을 만큼 성장하고 있었다. 따라서 용암 돔이 붕괴되었을 경우 화쇄류의 발생이 충분히 예측되었기 때문에 '화쇄류 경보'가 내려졌다. 인근 주민은 모두 대피해 피해가 없었지만, 화산의 능선에서 관측하고 있던 화산학자 등 43명이 화쇄류에 의해 희생되었다.

운젠의 화쇄류는 화구 위에 성장한 용암 돔의 일부가 붕괴되어 산 사면을 타고 굴러 떨어져 산산조각이 나면서 발생하는 형태였다. 이 형태의 화쇄류는 앞의 몽플레 화산의 플레형과는 달리 메라피(Merapi)형 화쇄류라고 부른다(그림 4-3). 1951년에 인도네시아 자바 섬의 메라피 화산에서 용암 돔이 붕괴되어 발생한 화쇄류로 13개의 마을이 소멸하고 1,300여 명이 사망했다.

백두산에서도 어마어마한 화쇄류가 발생했다는 것을 원지 근처에서 확인할 수 있다. 원지에서 B-pfa 바로 위에 황회색의 두꺼운 화쇄류 퇴적

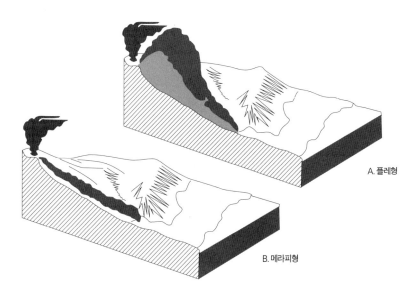

A. 플레형

B. 메라피형

|**그림 4-3**| 화쇄류의 두 가지 형태

A. 플레형: 서인도 제도 마르티니크의 몽플레 화산에서 유래했다. 분연주가 만들어지지 않고 화구로부터 분출한 화산 쇄설물이 사면을 향해 분사되는 유형. B. 메라피형: 인도네시아 자바 섬의 메라피 화산에서 발생한 화쇄류에서 유래했다. 화구에 만들어진 용암 돔이 붕괴해 사면을 굴러 내려오면서 발생하는 유형으로, 1991년 운젠 화산의 화쇄류가 여기에 속한다.

물이 덮여 있는데 '창바이 화쇄류(C-pfl)'라고 한다. 백두산의 중국명 '장백산'을 따서 붙인 이름이다. C-pfl은 공중에서 낙하 퇴적한 강하 테프라와 달리 분급이 매우 불량하고 층리가 확인되지 않는다(사진 4-2). 또한 그 분포는 지형의 영향을 받아 계곡에는 퇴적물을 두껍게 퇴적시키고 산등성이에는 매우 얇은 지층만을 남긴다(사진 4-1).

C-pfl은 10세기 백두산 화산 활동 중에 생성된 가장 용적이 큰 테프라 퇴적물이다. 지금까지 조사된 바에 의하면 백두산 천지를 중심으로 반경 50km 이내의 모든 계곡과 저지대를 이 창바이 화쇄류가 뒤덮고 있다. 현재의 깊이 수십 m가 넘는 계곡은 대부분 이 화쇄류에 덮인 대지가 유수의 침식 작용에 의해 형성된 것이다. 일찍이 백두산을 조사했던 지질학자들은 백두산 사면을 따라 "화산 모래(volcanic sand)", "이용암(mud lava)"이 발생했다고 기술하고 있지만(Kokura, 1967; 立岩, 1976), 퇴적 양상의 기재로 미루어 이 퇴적물은 바로 C-pfl일 것으로 생각된다.

화쇄류가 두껍게 퇴적된 곳에서는 내부의 열에 의해 재용융해 고화되는데 이러한 암석을 용결 응회암(welded tuff) 또는 이그님브라이트라고 한다. 화쇄류가 용결하면 그 속에 포함되었던 부석과 흑요석(黑曜石)은 렌즈 모양(eutaxitic texture)으로 압착된다. 그런데 C-pfl의 경우는 그 방대한 용량에 비해 용결된 부분이 매우 적다. 이것은 가스 함량이 많고 유동성이 큰 난류가 먼 곳까지 이동하면서 상당 부분 열을 잃으면서 퇴적되었다는 것을 이야기해 준다. 이 화쇄류 퇴적물은 북한 영역을 포함해 화산의 거의 모든 산록을 뒤덮고 있다. 중국 영역의 C-pfl 퇴적물의 분포는 그림 4-1에 나타나 있는데, 이는 야외 조사와 화쇄류 퇴적물이 발생할 가능성이 있는 사면의 지형을 추정해 작성된 것이다.

백두산 천지에서 35km 동쪽으로 떨어진 원지에서 C-pfl은 분급이 매

**|사진 4-2|** 창바이 화쇄류의 단면

천지에서 동쪽으로 35km 떨어진 원지의 창바이 화쇄류(C-pfl). 칼데라에서 이 정도 떨어진 거리에서도 이와 같이 훌륭한 화쇄류 노두가 남아 있다는 것은 당시 분화의 규모를 짐작케 한다. C-pfl은 기존의 플레형 또는 메라피형 화쇄류 모델로는 설명할 수 없는 분연주 붕락에 의해 발생하는 것으로 '거대 화쇄류'라고 한다. 화쇄류는 공중에서 낙하 퇴적한 강하 테프라와 달리 분급이 매우 불량하고 층리가 확인되지 않는다. 또한 그 분포는 지형의 영향을 받기 때문에 산의 능선에서는 얇게 계곡이나 골짜기에는 두껍게 퇴적된다.

우 불량하고 층리가 없으며 축구공만 한 백색 부석이 포함되어 있다. 화구에서 이렇게 먼 곳까지 이처럼 큰 부석과 암편이 포함된 대용량의 화쇄류가 퇴적되어 있다는 것은 C-pfl을 발생한 분연주의 높이가 높고 난류의 유동성이 매우 컸다는 것을 의미한다. 그리고 이 화쇄류에는 직경 40~50cm

의 탄화목이 매몰되어 있다. 화쇄류는 맹렬한 속도로 수목을 한 방향으로 쓰러뜨리면서 이동한다. 같은 방향으로 일정하게 탄화목이 누워 있다는 것은 화쇄류가 통과한 증거이다. 따라서 탄화목이 매몰된 방향을 보면 화쇄류의 유동 방향을 알 수 있다(사진 4-3).

온도 700~800℃에 이르는 화쇄류가 흘러내리면서 아름드리 나무를 매몰시켜 진공 상태에서 그대로 숯으로 만들어 버린다. 이것이 탄화목이다. 백두산의 탄화목은 1,000년 묵은 숯인 셈이다. 하늘에서 낙하하는 강하 테프라가 지상에 퇴적될 때는 공기에 냉각되어 상당한 열을 잃어버리기 때문에 탄화목을 만들지 못한다. 오래전 일본의 선행 식물학자는 북한 영역의 백두산 남동쪽 90km 지점에서 두께 30cm의 "화산 모래층(volcanic sand layer)" 속에서 탄화목 3종을 발견하고 종을 분석한 결과를 보고했다 (Koyama, 1943). 화산 모래층이란 아마 화쇄류를 의미할 것이다. 탄화목을 만들 수 있는 것은 화쇄류밖에 없기 때문이다. 따라서 화쇄류는 백두산으로부터 최소한 100km가 넘는 지역 또는 더 먼 곳의 저지대까지 도달했을 것으로 생각된다.

C-pfl 퇴적물은 거의 모든 방향의 산록의 완경사에서도 나타나며 전체 피복 면적은 적어도 $2000km^2$ 이상일 것으로 추정된다. 전체 두께를 5m로 어림한다면 이 퇴적물만으로도 약 $10km^3$에 이른다. 이 화쇄류는 동쪽으로 두만강, 서쪽으로 압록강, 그리고 북쪽으로 쑹화 강 등의 계곡을 따라서 저지대로 맹렬히 흘러갔으며 분화가 끝난 이후에도 중하류 지역에 대홍수를 유발했을 것이다.

그런데 C-pfl의 암석 기재적 특성은 일본의 광역 테프라 B-Tm과 동일하다는 것이 알려져 있다. 화구 부근의 화쇄류(창바이 화쇄류)가 원격지에서는 화산재(B-Tm)로 나타나는 것이다. 이것은 일본 규슈 아이라 칼데라에

**|사진 4-3|** 백두산 원지의 탄화목

산림이 화쇄류에 의해 매몰되면 그 고온에 의해 산림이 진공 상태에서 숯이 되는데, 이것이 탄화목이다. 백두산 산록의 탄화목이 누워 있는 방향으로 화쇄류의 유동 방향을 추정할 수 있다. 또한 이 탄화목은 방사성 탄소 연대 및 연륜 연대학 등에 의해 10세기에 일어난 백두산 분화의 정확한 연대를 알기 위한 결정적인 역할을 할 것으로 기대된다. 탄화목 주위의 테프라가 화쇄류이다.

서 발생한 이토 화쇄류(Ito-pfl)가 원격지에서는 AT로, 기카이 칼데라에서 발생한 고야(幸屋) 화쇄류(Koya-pfl)가 K-Ah로 이어지는 것과 같다. 이와 같은 코이그님브라이트 화산재는 거대 화쇄류와 동시에 만들어지기 때문에 화산 부근에서는 화쇄류가 질주하고 상공의 화산재 열운은 바람을 타고 광역 테프라가 되어 원격지에 퇴적되는 것이다.

앞에서 '플레형'과 '메라피형' 화쇄류에 대해 살펴보았지만, 백두산의 화쇄류는 이러한 도식으로는 잘 설명되지 않으며, 기존 화쇄류 분류 체계의 어느 것에도 포함되지 않는다. 일반적으로 백두산의 C-pfl과 같은 화쇄류를 '거대 화쇄류'라고 표현한다. 말 그대로 거대한 화쇄류이며 그것이 학술적인 명칭이다.

거대 화쇄류의 발생과 생성에 대해서는 비교적 최근에 알려지게 되었다. 거대 화쇄류는 모두 칼데라와 관련이 있으며 분연주의 키가 매우 큰 화산 폭발에서 발생한다. 마그마가 상승해 칼데라에 도달하게 되면 분연주는 처음 기세 좋게 솟아오르지만 점차 화구가 벌어지게 되면서 단위 면적당 분출률이 감소하고 상승하고 있던 분연주 자체가 붕괴된다. 이때 거대 화쇄류가 발생한다. 분연주를 구성하는 화산재와 부석, 암편의 혼합물이 분연주의 붕괴와 함께 자유 낙하를 하고 사면에 충돌한 분연주가 재폭발을 일으키며 화쇄류는 맹렬한 속도로 방사상으로 확산되는 것이다.

### 분연주의 붕락

1970년대 후반에 화산학자들은 화산 폭발에 의해 매우 드물게 발생하는 자연 현상의 규명에 몰두하고 있었다. 그리고 조지 워커(George P. Walker)와 스티브 스파크스(Steve Sparks), 그리고 라이오닐 윌슨(Lionel Wilson) 등 영국의 화산학자들은 일련의 논문을 발표했다. 이른바 '분연주 붕락 이론(column collapse theory)'에 관한 논문이다(Walker and Sparks, 1977; Sparks et al., 1978). 화구에서 뿜어 올려진 분연주는 중력에 의해 붕괴한다는 이론이다. 여기서 분연주가 붕락해 거대 화쇄류가 발생하고, 화쇄류가 광역 테프라로 연결되는 과정을 살펴보기로 하자.

화산의 최초 폭발의 분사력과 격렬한 대류에 의해 마그마 물질이 분연주가 되어 상승한다. 그러나 분화 후 분연주의 상승 속도는 감속되고, 결국 어느 높이까지 다다르면 상승을 멈추게 된다. 이때부터 분연주 속의 물질은 비중에 따라 분리되기 시작한다. 분연 내의 온도가 높고 화산 쇄설물의 비중이 주위 대기보다 작은 경우는 마치 연기가 퍼져 나가듯 부력을 유지하면서 확산된다. 반대로 비중이 큰 경우는 화산 쇄설물이 서서히 하강하기 시작하고 급기야는 마치 폭포수처럼 낙하해 사면에 충돌하고 파도처럼 부서져서 산 사면을 고속으로 비산해 간다.

1951년 파푸아뉴기니의 래밍턴(Lamington) 화산이 분화했을 때 이러한 현상이 일어났다(Taylor, 1958). 멀리서 보면 마치 화산 전체가 불을 뿜어내고 있는 듯이 보였다고 한다(Thompson, 2000). 그러나 이때 화구 자체가 벌어진 것은 아니었다. 바로 분연주가 붕괴되어 돌진하고 부서지는 화쇄류는 장애물이나 물을 만나 제2, 제3의 폭발과 함께 곳곳에 크레이터를 만들기 때문에 마치 화산 전체에서 분연을 뿜어내고 있는 듯이 보였던 것이다. 래밍턴 화산에서는 분연주가 붕괴하고 낙하한 테프라 물질이 사면에 격돌해 화쇄 서지가 발생했다. 화쇄 서지는 폭풍과 같은 기세로 능선의 높은 벽을 타고 넘어 또다시 산의 사면을 내려와 인간의 마을을 덮치고 거의 모든 주민을 태워죽였다.

화쇄 서지는 본래 1946년 7월 비키니 섬의 원폭 실험에서 처음 관측된 현상이다. 그 실험에서 위쪽으로 상승하는 버섯구름뿐 아니라 지면을 방사상으로 확산하는 동심원의 구름이 관측되었다. 이 구름은 나무를 한 방향으로 쓰러뜨리고 콘크리트 건물을 모두 날려 버렸다. 이것이 서지(surge)이다. 화산이 폭발할 경우에도 똑같은 원리로 측방으로 확산되는 폭풍, 즉 서지가 발생한다. 이를 화쇄 서지라 한다.

화쇄 서지는 화쇄류 본체에 앞서 발생하는 고온의 모래 폭풍과 같은 현상으로 대형 트럭을 바람개비 돌리듯 옆으로 굴릴 수 있는 위력을 가지고 있다. 화쇄 서지는 난류 상태의 저밀도의 흐름으로 야외에서는 화쇄류에 비해 분급이 양호하고 사구 퇴적물에서나 볼 수 있는 사교 층리가 나타나는 매우 얇은 지층만을 남긴다. 사교 층리는 퇴적물이 위에서 퇴적된 것이 아니라 측면에서 퇴적되었다는 것을 이야기해 준다.

1991년 일본 운젠 화산이 분화했을 때 43명의 화산학자와 신문 방송국의 희생자들은 화쇄류 본체에 매몰된 것이 아니었다. 안전하다고 여겨졌던 산 능선의 관측 지점에 모여 있던 그들은 산등성이를 넘은 화쇄 서지에 의해 모두 희생되었다. 1951년 래밍턴 화산의 분화에서 약 3,000명이 희생되었는데 모두 이 화쇄 서지에 의해 희생되었다. 분화가 끝난 이후 래밍턴 화산에서 수십 km 떨어진 곳까지 화쇄 서지의 얇은 지층이 발견되었다.

분연주의 붕락은 잠재 돔이 제거되는 방식과 관계가 있다. 잠재 돔은 지표 밑 얕은 부분에 굳어진 마그마의 뚜껑이다. 지하 마그마가 잠재 돔을 향해 이동할 때 화산성 지진이 발생하고 산체가 변형된다. 화산 산체가 마치 호흡을 하듯 상하로 움직이거나 부풀어 오르는 것도 잠재 돔이 마그마의 상승을 억제하고 있기 때문이다.

이 잠재 돔에는 상부 암체가 내리누르는 엄청난 하중과, 밑에서 마그마가 밀어 올리는 압력이 팽팽하게 걸려 있다. 그 압력은 잠재 돔이 제거되면서 개방된다. 이때 만들어지는 마그마의 출구의 크기가 분화 양식을 결정한다. 마그마가 좁은 화구를 따라 분출될 경우에는 압력은 서서히 개방되고, 그 결과 수직 방향의 한줄기 플리니식 분연주가 만들어진다. 물총의 구멍이 작으면 더 멀리 물을 쏠 수 있는 것과 같다. 그러나 칼데라와 같은 넓은 화구의 뚜껑이 한꺼번에 열리면, 지하의 압력은 일시에 개방되고 모든 물질이 단 한 번의 초대형급 분출에 의해 토해져서, 그 결과 분연주는 제대로 상승하지 못하고 스스로 무너져 내리게 된다. 분연주가 붕락하는 것이다(그림 4-4). 이렇게 해 화구를 중심으로 방사상으로 거대 화쇄류가 발

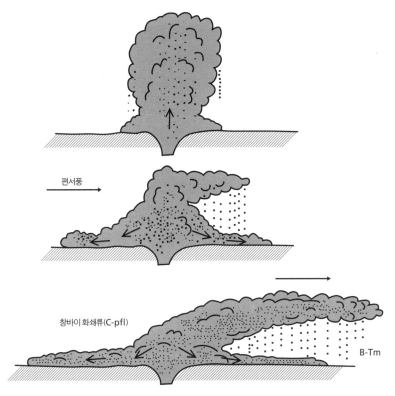

**편서풍**

**창바이 화쇄류(C-pfl)**

**B-Tm**

|**그림 4-4**| 창바이 화쇄류와 광역 테프라 B-Tm

일본에서 발견되는 광역 테프라 B-Tm의 분화원을 추적해 보면 결국 창바이 화쇄류(C-pfl)의 연장이라는 것을 알 수 있다. 키가 매우 큰 분화주가 중력에 의해 붕괴하면 산록 부근에서는 거대 화쇄류가 발생하고, 입자가 작은 화산재는 상층의 바람에 의해 확장되고 확산된다. 이러한 화산재를 코이그님브라이트 화산재라고 한다. 이 그림은 마치다(町田, 1977)가 이토 화쇄류(Ito-pfl)의 분화주 붕락과 AT의 생성 메커니즘을 설명하기 위해 그린 것을 일부 수정한 것이다.

생한다. 그리고 상부 열운의 가벼운 화산재는 상층의 바람을 타고 광역 테프라가 되어 확산된다.

일반적으로 플리니식 분화에서는 부석 분출이 많고, 거리의 증가와 함께 입자의 크기가 급격히 감소한다. 그러나 거대 화쇄류에 의해 형성되는 광역 테프라는 거리가 증가해도 입자의 크기가 그다지 변하지 않는다는 특징이 있다. 일본의 AT와 K-Ah, 지중해의 캄파니안(Campanian),[49] 미노안(Minoan)[50] 테프라 등의 코이그님브라이트 화산재는 본래가 세립질 화산재이며 거리가 증가해도 입자의 크기는 감소하지 않는다. 이 특징을 B-Tm 역시 가지고 있다. 이것이 일본에서 발견되는 B-Tm이 세립질 화산재의 형태를 띠고 있지만 백두산 산록에서는 화쇄류의 얼굴을 하고 있는 이유이다.

백두산 천지층의 현지 조사 결과를 종합해 보면 10세기 백두산의 대분화는 다음과 같이 재구성할 수 있다. 10세기의 어느 날, 천지 지하의 마그마가 상승해 한 점에 집중되기 시작했다. 그러나 이 마그마는 지표의 암석에 의해 상승을 방해받고 산체는 풍선처럼 팽창하기 시작했다. 가스가 빠져나가고 마그마 속에서 결정이 성장해, 마그마는 부력을 잃고 점성이 커진다. 상승하는 마그마가 정지하고 그 윗부분은 굳기 시작했다.

이 굳은 잠재 돔은 또다시 화도를 엄청난 압력으로 내려 누른다. 그러나 밑의 마그마는 기체가 유리되면서 부력이 더욱 강해지고 위를 향해 상승하려는 압력을 증대시킨다. 피스톤을 누르는데 주사 바늘이 막혀 있는 경우와 같다. 그러나 이 균형은 곧 깨어지고 만다. 잠재 돔에 균열이 생기고 틈이 벌어지면서 온 세상을 뒤흔드는 듯한 강력한 충격파가 대지를 달린다. 이 파동에 의해 산 사면의 붕괴 직전의 안식각에 놓인 산체가 무너지면서 암설류가 마치 눈사태와 같이 사면을 돌진해 내려갔다. 이 산체 붕괴가 분화의 방아쇠를 당겼다.

---

49) 약 3만 3000년 전 이탈리아 캄피(Campi) 화산의 폭발에 의한 유럽 최대의 광역 테프라. 총 용적 130km³에 달하며 지중해의 해양 고환경 연구의 지표가 된다.

50) 약 3,500년 전 이탈리아 산토리니(Santorini) 화산에 의한 광역 테프라. 총 용적이 40km³으로 고대 그리스 미노아 문명의 쇠퇴를 초래했다.

천지의 화구에서 굉음을 내면서 한 줄기 분연이 하늘을 향해 치솟았다. 분연주는 마치 원자 폭탄의 버섯구름처럼 순식간에 고도 25km까지 달하고 번개의 섬광이 교차했다. 이때는 주로 백색 부석을 뿜어내면서 화구 주위 30km 이내에 거의 1m 이상에 달하는 부석층을 퇴적시켰으며, 특히 화구의 남동쪽, 현재의 북한의 산야에는 더 두껍게 더 멀리까지 퇴적시켰다. 이것이 백두 강하 부석(B-pfa)이다.

이어서 대지를 잡아 찢는 듯한 굉음과 함께 백두산의 본격적인 주 분화가 시작되었다. 샴페인의 뚜껑을 따듯이 마그마의 뚜껑이 완전히 열린 상태에서 천지의 지름과 맞먹는 직경 4km의 분연주는 폭포수의 화면을 거꾸로 돌리듯 하늘 높이 치솟아 대류권을 뚫고 성층권까지 달했다. 일단 상공에 치솟은 분연주는 스스로의 중력을 이기지 못하고 다시 지표를 향해 붕괴되기 시작했다. 붕괴된 화산 쇄설물은 도로 칼데라로 되돌아오는가 싶었지만, 이번에는 마치 화로에서 연기가 흘러넘치듯이 외륜산의 외벽을 타고 넘었다. 거대 화쇄류가 발생한 것이다. 이 700~800℃의 거대 화쇄류는 태풍과 같은 속력으로 백두산 산록을 질주해 100km 이상 먼 곳까지 도달했으며, 화쇄류 선단의 화쇄 서지의 강풍은 당시 산림을 한 방향으로 쓰러뜨리고 그 위에 뜨거운 퇴적물을 두껍게 퇴적시켰다. 이 화쇄류는 당시의 동식물 생태계를 전멸시키고 일대를 생명체가 없는 화산재의 백색 사막으로 만들어 버렸다.

화쇄류는 저지대를 따라 흘러내리면서 하천을 두껍게 매몰시키면서 힘차게 앞으로 진행했다. 화쇄류에 매몰된 물은 고온의 퇴적물에 가열되고 수증기 폭발을 일으켰다. 이러한 2차, 3차 폭발에 의해 형성된 2차, 3차 크레이터를 남기며 화쇄류는 확산되어 갔다. 아마 화쇄류는 최대 시속 150km의 속도로 산악 지대를 넘고 대지를 질주했고, 현재의 무산이나 혜산, 청진까지 도달했을 가능성이 있다. 이 화쇄류를 발진시키는 에너지는 바로 마그마가 지하에서 수만 년 동안 축적해 왔던 식을 줄 모르는 열에너지였다.

거대 화쇄류의 상공에 머물던 화산재의 열운은 때마침 불던 강한 편서풍에 밀려 동쪽으로 확산되어 갔다. 이때 코이그님브라이트의 화산재 구름은 초속 120m(시속 약 400km)의 속도[51]로 동해로 확산되어 3, 4시간 후에는 일본 열도에 도달했을 것이다. 이 화산재는 한반도 북부와 동해를 뒤덮고 일본 홋카이도와 아오모리 지방에 널리 퇴적되었다.

옌볜 대학의 지리학자 심혜숙에 의해 백두산 백색 부석의 분포 영역이 자세하게 기술되었는데, 백두산 천지를 중심으로 편심 타원상을 이루고 있다고 했다(심혜숙, 1997). 여기서 백두산 부석의 분포가 편서풍의 영향을 강하게 받았음을 알 수 있다. 북한 쪽에서의 부석 분포의 남쪽 한계선은 혜산과 무수단을 연결한 선이고, 북쪽 한계선은 회령과 은덕을 연결한 선이라고 한다. 부석이 비교적 뚜렷하게 분포된 화산재 분포의 주축은 보천과 청진을 연결한 선이며 이 부석 층의 동쪽 경계선은 동해에서 끝난다(그림 4-5). 물론 이 선을 연장해 보면 1992년에 일본의 마치다와 아라이가 도시한 B-Tm의 분포 영역(町田·新井, 1992)과 일치하게 되는데, 지극히 당연한 일이다.

### 리안장 화산 이류

화산의 정상에 눈이나 빙하가 덮여 있는 경우에는 그 표면에 고온의 화산재, 화쇄류가 덮으면서 급속하게 융해되어 화산재와 암편들이 물과 뒤

---

51) 1991년 필리핀 피나투보 화산 분화의 클라이맥스 때 화산재 구름이 초속 100m의 속도로 확산해 가는 것이 위성 사진으로 확인된 바 있다. 아마 편서풍이 강한 백두산의 상공은 이보다 더 빠른 속도로 동쪽으로 확산되었을 것이다.

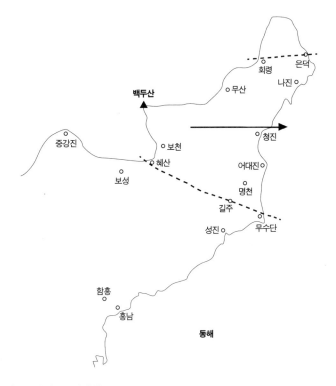

**|그림 4-5|** 백두산 백색 부석의 분포

심혜숙이 기술한 백두산 백색 부석의 분포를 지도에 도시해 본 것이다(심혜숙, 1997). 점선은 각각
백두산 부석의 남북 한계선를 나타내며, 화살표는 부석 분포의 주축을 나타낸다. 이것을 일본까지
연장해 보면 마치다와 아라이(町田·新井, 1992)가 도시한 B-Tm의 분포와 대체로 일치한다.

범벅이 되어 뜨거운 시멘트와 같은 형태로 맹렬한 속도로 산 사면을 흘러
내리는데, 이를 화산 이류라 한다.

　1985년 콜롬비아 네바도델루이스 화산의 분화에서 분출한 마그마의
양은 약 0.08km³로 규모 면에서는 비교적 작은 폭발이었다. 그러나 분출
한 마그마가 화산 정상에 쌓여 있던 눈을 녹이면서 화산 이류를 발생시켰
다(勝井, 1986). 마그마에 녹은 눈은 화산 이류가 되어 삽시간에 주변 4개의

도시를 매몰시키고 약 2만 3000명의 사망자를 낳았다. 이것은 20세기에 들어와서 서인도 제도 몽플레 화산의 1902년 화쇄류에 의한 재해(사망 2만 8천 명)에 이어 두 번째로 큰 것이었다.

인도네시아 켈루트(Kelut) 산의 화구호에는 조금씩 이산화황이 녹아들어 호수는 황산으로 채워져 있었다. 1919년에 이 화산이 폭발했을 때 화구호의 물이 흘러넘쳐 용암과 암편, 황산이 뒤섞인 라하르, 즉 화산 이류가 발생해 5,100명이 희생되었다. 화산 이류가 과학적으로 조사된 것은 이것이 처음이었다.

백두산 정상에서 북쪽으로 엘다오바이허를 따라 내려가면 70km 지점의 리안장(兩江) 강 부근에 최고 두께 10m의 부석과 스코리아, 화산재, 자갈, 그리고 잘게 파쇄된 탄화목 조각 등으로 뒤엉킨 하안 단구가 발달해 있다. 이 퇴적물은 정상의 눈이 녹아 테프라와 함께 범벅이 되어 계곡을 따라 돌진한 것으로, 리안장 화산 이류(Lianjiang mudflow, D-mfl)라고 한다. 부근의 침식된 단면에서는 이 종류의 퇴적물을 어렵지 않게 볼 수 있다.[52] 이 퇴적물은 엘다오바이허의 마을이나 리안장, 그리고 천지에서 100km 이상 떨어진 곳에서도 볼 수 있다. 또한 이것은 더 멀리 하류 지역까지 확장되었을 것으로 생각된다.

이 퇴적물은 백두 강하 부석(B-pfa)이나 창바이 화쇄류(C-pfl), 또는 그 다음에 이어진 원지 강하 화산재(E-pfa)의 분출 직후, 또는 그 이후로도 수시로 강을 따라 화산 이류가 발생했다는 것을 보여 준다(사진 4-4). 백두산

---

52) 야외에서 화쇄류와 화산 이류 퇴적물은 비슷하게 보이지만 자세히 보면 차이가 있다. 화쇄류는 매우 분급이 불량하고 층리가 나타나지 않지만, 화산 이류는 물과 함께 혼합되어 계곡을 흘러 내려갔기 때문에 그 속에 포함된 부석이 둥글게 마모되어 있다. 그리고 화산 이류 속에서는 탄화목이 아주 잘게 부서져 있다.

**|사진 4-4|** 화산 이류 퇴적물

백두산 원지 부근의 화산 이류. 이 화산 이류 퇴적물은 주변 계곡을 완전히 매몰해 그 일부가 하천의
침식에 의해 다시 노출되었다. 부석 조각들이 하천의 침식을 받아 둥글게 마모되어 있다. 포함된 탄
화목들이 산산조각으로 부서져 있다.

의 화산 이류는 주로 산정에 쌓인 눈이 마그마와 접촉해 일시에 녹으면서
발생하기도 했고, 천지의 물이 흘러넘치면서 발생하기도 했으며, 산 사면
에 불안정하게 퇴적된 테프라가 여름철 집중 호우에 의해 강수와 혼합되
어 사면을 흘러내리면서 발생했다고 생각된다. 그 분포 범위를 살펴보면
피해 규모는 화쇄류에 비해서 결코 뒤떨어지지 않는다.

1985년 네바도델루이스나 1991년 피나투보 등 오늘날 화산 분화에서
도 볼 수 있는 바와 같이, 활동적인 화산 근처의 하천을 따라 형성된 촌락
이나 도시는 언제나 화산 이류로 인해 괴멸적인 피해를 입었으며 그 위험
에서 벗어날 수 없다. 천지 남쪽 국경 부근의 압록강 대협곡이나 백두산의

남서쪽 압록강 변의 화산 이류 퇴적물을 살펴보면, 강하 테프라의 피해를 덜 입은 것으로 생각되는 백두산의 서쪽에서는 오히려 규모가 더 큰 화산 이류가 발생해 한때 계곡을 매몰시켰다는 것을 보여 준다. 조용하게 흐르던 강이라고 하더라도, 화산 이류가 일단 매몰시킨 계곡은 토사량이 많은 급류로 변하게 된다. 많은 비가 오게 되면 하류 지역의 마을과 도시는 언제나 홍수와 범람의 위협에 시달리게 된다.

아마 이러한 상황은 화산 폭발이 끝난 이후에도 수십 년 동안 지속되었을 것이다. 인간이 대자연의 맹렬한 위력을 멈추게 할 수는 없는 노릇이다. 그렇다고 살아남은 사람들은 무시무시한 화산 이류의 죽음의 심판을 앉아서 기다릴 수는 없다. 다음은 자기 차례일지도 모른다. 사람들은 흑백의 풍경을 뒤로한 채 다시는 되돌아오지 않을 먼 길을 떠났을 것이다. 그것이 사서에 기록된 발해 유민인지도 모른다. 그리고 이 광활한 땅에서 점차 사람들의 모습은 자취를 감추게 되었다.


## 3. 백두산 식물 생태계의 파괴와 회복

도와다 칼데라와 백두산은 10세기의 비슷한 시기에 일본 열도와 한반도에서 잇달아 거대 화산 분화를 일으켰다. 바다를 사이에 두고 마주 보고 있는 두 거대 화산의 폭발은 당시 지구의 기온을 하강시키고 많은 기상 이변을 초래했을 것이다. 이 화산 분화에 의해 화산의 영역에 살고 있던 주민들의 처참한 생활은 두말할 필요도 없지만, 이 정도 규모의 화산 폭발은 그곳에서 멀리 떨어진 인간 사회에까지 영향을 미친다. 1991년에 일본 운젠 화산과 필리핀 피나투보 화산이 동시에 폭발한 것도 그렇지만, 화산의 분화사를 살펴보면 서로 떨어져 있는 화산이 동시에 분화한 경우가 종종 있었다. 예를 들면, 1783년에 서로 지구 반대편에 있는 아이슬란드와 일본에서 동시에 대규모 화산 분화가 일어났다.

일본에서는 1783년 5월에 아사마(淺間) 산이 분화를 시작했다. 아사마 산은 현재도 일본에서 매우 활동적인 화산으로 분류된다. 최후의 클라이맥스에서 산 정상부에 성장한 용암 돔이 붕괴되어 발생한 메라피형 화쇄류가 산록을 질주해 내려갔다. 화쇄류가 돌진한 북쪽 산록의 부락에서 약 500명이 사망했다고 기록되어 있다. 또한 화쇄류는 북쪽의 아즈마(吾妻) 강에 도달해 화산 이류가 발생했다. 화산 이류는 강을 따라 형성된 촌락들을 차례로 엄습해 화쇄류보다 많은 약 1,400명의 사망자를 냈다.

한편 아이슬란드에서는 1783년 6월에 라키(Laki) 화산이 분화했다. 이것은 역사상 가장 거대한 용암 분출로 기록되었다. 라키 화산의 25km에 달하는 기다란 열극을 따라 총 용적 12km³의 액체 용암을 천천히 분출시키고 9,350명의 사망자를 냈다. 이때 용암과 함께 화산 가스를 대량으로 분출해 유럽 전역에 '블루 헤이즈(blue haze, 푸른 안개)'라는 기상 이변을 일으켰다. 그해 유럽의 여름은 이상 저온으로 아무런 작물도 수확할 수 없어 대기근이 발생했다. 수년간에 걸친 흉작과 기근은 프랑스에도 영향을 미쳐 이윽고 프랑스 혁명(1789년)의 또 다른 원인이 되었다고도 한다.

역시 일본에서도 1783년부터 수년간 전국적으로 사상 최악의 대기근에 의해 10만 명 이상 사망한 것으로 기록되어 있다. 이것은 일본의 아사마 산 분화뿐 아니라, 유럽의 아이슬란드 라키 화산의 블루 헤이즈가 아시아에도 영향을 미쳤기 때문이다. 아무리 얌전한 액체 용암의 분출이라고 해도 화산의 분화는 사람들로 하여금 그 땅을 버리고 떠나게 한다. 라키 화산의 분화로 인해 당시의 아이슬란드 인구는 급감하고 말았다. 그 후 원래의 인구를 회복하는 데는 또다시 많은 세월을 요했던 것이다.


### 백두산의 식물 생태학자

서로 멀리 떨어진 화산이 거의 같은 시기에 폭발했던 예를 살펴보았지만, 서로 멀리 떨어져 있는 연구자가 같은 시기에 동일한 화산에 대해 연구한 경우가 있다. 그 연구 대상은 다름아닌 백두산이었다.

1981년 마치다는 그의 동료들과 함께 학술 잡지《과학(科學)》에 일본 북부 지방에서 산출되는 세립질 화산재(B-Tm)의 근원 화산이 바로 백두산이라는 내용을 담은 논문을 발표했다(町田 등, 1981). 그런데 같은 해에 중국의 차오다창은 10세기에 발생한 백두산 분화에 의해 백두산 산록의 식물 생태가 전멸했다는 내용을 담은 논문을 발표했다(趙, 1981; Zhao, 1981). 이들은 각각 화산학자와 식물 생태학자로 한 번도 만난 일도 없고 서로의 논문을 읽은 적도 없었다. 그러나 일본과 중국에서 자신의 분야를 독립적으로 연구하면서 동일한 화산의 분화를 추적하고 있었던 것이다.

차오는 중국 과학원의 식물 생태학자였다. 그는 여름을 포함해서 6개월은 백두산의 '스테이션'에 머물면서 야외 조사를 하고, 나머지 6개월은 선양의 중국 과학원 연구실로 돌아와 야외 조사 결과를 정리하고 백두산 분화가 식물 생태에 미친 영향에 관한 일련의 연구를 수행하고 있었다. 그는 조그만 체구에 단단한 몸집을 가지고 있었다. 차량도 변변찮았던 시절에 오직 두 다리만으로 다람쥐처럼 백두산 일대를 누비고 다녔다. 일단 스테이션을 떠나 조사에 착수하면 수 주일을 텐트 속에서 생활해야만 했다. 차오는 10세기에 발생한 백두산·천지의 대규모 분화에 의해서, 특히 백두산 동쪽 산록의 식물 생태계가 전멸했다는 사실에 주목했다. 그는 백두산 산록의 화쇄류에 묻힌 탄화목의 연대를 측정해 분화가 일어난 연대를 추정했다. 그 결과 백두산 홀로세 대분화가 지금으로부터 약 1,000년 전, 10세기에 일어났다는 사실을 처음으로 밝혀냈다.

한편 일본의 마치다는 B-Tm의 분화원이 백두산이라는 결론에 이미 도달해 있었다. 그것은 동해에서 시추한 피스톤 코어의 자료와 백두산 화산암류에 대한 고전적인 연구가 뒷받침해 주고 있었다. 그러나 그 분화 연대를 알 수 없었다. 당시는 일본의 고고학적 유적에서 산출되는 B-Tm의 지층에 의하면 915년에 폭발한 도와다 칼데라의 To-a보다는 나중이라는 사실밖에 알 수 없었다.

이 정도 규모의 화산 폭발이라면 한반도나 중국 측 사서에 기록으로 남겨졌을 것이다. 이렇게 생각한 마치다는 몇몇 역사학자들에게 10세기경에 백두산이 폭발했다는 기록이 있는지에 대해 문의했다. 그러나 그런 기록은 없다는 회신이 돌아왔다. 그것은 매우 의외였다. 이 사건이 먼 지질 시대가 아닌 역사 시대에 일어난 일이고, 전무후무한 규모의 화산 폭발임에도 불구하고, 그 사건이 어떤 사서의 기록에도 등장하지 않는다는 사실에 마치다는 속을 태우고 있었다. 마치다는 거대 화쇄류에 의한 AT나 K-Ah 등 광역 테프라를 연구하면서 얇지만 넓은 지역에 퇴적되는 화산재층의 위험성을 누구보다 잘 알고 있었다. 그는 B-Tm의 분포와 퇴적 양상, 그리고 화산 쇄설물의 총량으로 볼 때 백두산을 중심으로 한반도와 중국 동북부 일대에 살았던 인간들이 입은 피해는 상상을 초월한 것이라고 추정했다.

마치다는 백두산에 관한 중국의 학술 논문을 찾기 시작했다. 그러다 우연히 중국의 식물 생태 학회가 발간하는 잡지에서 하나의 논문이 눈에 들어왔다. 차오의 논문이었다. 이 논문은 백두산 산록의 식물 생태를 한때 괴멸시켰던 화산 분화 사건을 다루고 있었다. 화쇄류에 매몰된 탄화목의 세포 사진과 함께 이 산림을 쓰러뜨린 고온의 화쇄류가 지금으로부터 약 1,000년 전에 발생했다는 사실을 담고 있었다. 마치다는 차오의 논문에서 백두산이 할퀸 날카로운 발톱 자국을 본 것이었다. 마치다는 이제 10세기 백두산 분화에 대한 한가닥 실마리를 찾을 수 있겠다고 여겼다. 그런데 당장 차오와 연락을 취해 보려고 했지만 지금처럼 이메일이 일반화된 시기도 아니었고, 자유롭게 왕래가 되는 시절도 아니었다. 결국 마치다는 1985년에야 중국에서 개최된 임학(林學) 관련 학회에서 차오를 만나기 위해 중국행 비행기에 몸을 실었다.

차오는 멀리 바다를 건너 자신을 만나러 온 마치다를 반갑게 맞이했다. 두 사람은 서로 전문 분야는 달랐지만 동일한 화산의 분화를 추적하고 있다는 공통점이 강한 동료 의식을 느끼게 했을 것이다. 마치다는 차오의 안내로 곧장 백두산으로 향했다. 마치다는 칼데라의 테두리에 올라 B-Tm을 뿜어낸 화구와 처음으로 마주보고 섰다. 백두산의 지형과 지세가 새롭다는 것은 그것이 매우 젊은 화산임을 의미한다. 산 정상에 입을 크게 벌린 칼데라는 언제든지 세상을 순식간에 불바다로 만들 수 있는, 세계에서 가장 위험한 화산이라는 것을 이야기해 주고 있었다.

차오에 의하면, 10세기 백두산의 단 한 차례의 분화에 의해 백두산 동쪽 넓은 영역의 식물 생태계가 전멸되었다. 그리고 1,000년이 지난 지금까지도 부석 사막의 토양 위에 새로이 조성된 식물 생태가 아직 분화 이전의 상태로 완전히 회복되지 않았다는 것이다. 백두산 분화의 흔적은 화쇄류 퇴적물 속에 보존되어 있다. 바로 탄화목이 그것이다.

10세기에 백두산이 대분화를 일으켰을 때 동쪽으로 약 35km 떨어진 원지 부근에서는 불과 수분 후에 첫 번째 고온의 화쇄 서지가 통과하고 그 직후 약 800℃에 달하는 화쇄류 본체가 도달했다. 화쇄류는 지표의 토사나 암편을 쓸고 내려가면서 직경 1m에 달하는 거목들을 쓰러뜨리는 무서운 기세로 흘러 내려갔다. 이 서지에 휩쓸린 거목의 줄기들이 탄화목으로 남아 과거의 참극을 증언하고 있다. 여기서 발견되는 탄화목에는 주먹만 한 돌덩어리가 나무 표면에 박혀 있기도 했고 외피는 모두 벗겨지고 최초 화쇄 서지의 충격파에 의해 뿌리째 뽑혀 탄화된 나무도 있었다.

탄화목의 세포를 관찰해 수종을 동정할 수 있으면 과거의 산림을 복원할 수 있다. 차오는 탄화목을 잘라내어 박편을 만드는 끈기가 필요한 작업에 착수했다. 차오의 분석 결과, 현재의 삼림에서는 나타나지 않는 소나무(Pinus spp.), 전나무(Picea spp.) 그리고 다양한 종류의 활엽수가 현재보다 고도가 더 높은 원지의 화쇄류 퇴적물 속에 일정한 방향으로 누워 있다는 것을 알게 되었다(사진 4-5).

일반적으로 화쇄류는 크고 작은 고체의 혼합물이지만 고온 난류의 흐름을 이루어 마치 액체와 같은 거동을 한다. 수십 km를 이동한 화쇄류가 서서히 속도를 잃었을 때 암석이나 그루터기에 부딪치면서 가스와 함께 공중으로 비산하는 모습이 마치 슬로 모션의 화면과도 같다. 일단 화쇄류가 움직임을 멈추더라도 아직 그 열을 완전히 잃은 것은 아니다. 정지한 화쇄류의 표면에 돌을 던지면 물보라를 일으키며 화산 가스가 새어나온다. 그리고 돌은 마치 늪 속으로 침강하듯 천천히 빠져 들어간다. 이 화쇄류에 접촉한 나무가 대기에 노출되었다면 순식간에 불에 타 증발해 버렸겠지만, 곧바로 매몰되었기 때문에 숯이 된 것이다. 백두산의 화쇄류는 1,000년이 흘렀지만 아직 고화되지 않은 부드러운 흙이며 암석으로 굳어지기까지 또다시 수십만 년의 시간을 필요로 할 것이다.

그림 4-6에 의하면, 현재 백두산 북쪽 산록의 산림은 고도에 따라 수

|**사진 4-5**| 백두산 동쪽 산록의 매몰 탄화목

창바이 화쇄류(C-pfl) 속에는 많은 탄화목이 있다. 이 탄화목은 분화 당시의 식물 생태계를 복원하기 위한 정보를 간직하고 있다. 탄화목의 수종 분석을 통해 백두산 분화 이전의 식물 생태를 복원시킨 결과, 백두산의 동쪽 산록 역시 분화 이전에는 정상적인 수직 분포를 나타내고 있었다는 것을 알게 되었다(사진: 趙大昌 제공).

종이 점차 변화하는 비교적 정상적 분포를 나타내고 있다. 즉 A. 해발 2,000m 이상은 알파인 툰드라, B. 2,000~1,700m는 자작나무 삼림, C. 1,700~1,150m는 가문비나무와 잣나무 삼림, D. 1,150~550m는 잣나무와 낙엽성 활엽수, E. 550m 이하는 주로 떡갈나무를 비롯한 인공 식목에 의한 삼림이다. 그런데 북쪽과 달리 백두산 동쪽 산록에는 고도에 관계없이 오직 성장이 매우 불량한 낙엽송 종류만이 번성하고 있다(사진 4-6).

그러나 차오의 탄화목 분석에 의하면 분화 이전에는 그곳에도 정상적인 식물의 수직 분포가 존재했던 것이다. 10세기 백두산의 분화 이전에는 동쪽 산록의 고도 1,300m 이상에서도 현재의 백두산 북쪽 산림과 동일한 활엽수의 무성한 원시림이 존재했다. 이 바다와 같은 원시림이 10세기 화산 분화에 의해 모두 잿더미로 변해 버리고 말았던 것이다. 백두산 산림 생태는 아득하게 먼 곳까지 백두산의 테프라에 피복되어 그 생장이 좌우되어 왔다. 당시 주변의 인간 사회가 그곳에서 멀리 떨어져 있었다고 하더라도 이 화산 분화가 미친 영향은 의심할 여지가 없었다.

### 원지 강하 화산재

백두산 산록에는 창바이 화쇄류(C-pfl)의 상부에 수증기 마그마 폭발의 산물을 비롯해 여러 층으로 이루어진 화산재가 퇴적되어 있다. 이를 원지 강하 화산재(Yuanchi pumice fall, E-pfa)라고 한다(사진 4-7).

마치다는 1990년에 실시한 차오와의 공동 연구(Machida et al., 1990)에서 C-pfl과 E-pfa는 연속적인 분화 사이클의 퇴적물로 보았으나, 이후 C-pfl과 E-pfa 사이에 새로이 토양이 관찰되어 1990년 논문을 수정했다(町田·光谷, 1994).[53] 즉 C-pfl과 E-pfa는 동일 분화 계열의 테프라가 아니라 C-pfl가 퇴적되고 난 이후에 오랜 시간 동안 화산 활동의 휴지기가 있었던 것으로 생각되었다.

E-pfa는 매우 작은 회색 부석과 화산재가 교대로 퇴적된 지층으로 4개

---

53) 마치다는 C-pfl과 E-pfa 사이에 토양을 관찰해 1994년에 1990년의 논문을 일부 수정했는데, E-pfa는 10세기가 아닌 훨씬 이후의 테프라로 정정했다. 그러나 일본 도호쿠 대학의 연구팀은 1994년에 마치다가 관찰한 C-pfl은 실은 9세기의 화쇄류였을 것으로 추정했고, E-pfa는 당초 마치다의 1990년 논문대로 10세기 테프라가 틀림없을 것이라고 했다(中川 등, 2004)(「4. 새로이 발견된 9세기 화쇄류」 참조).

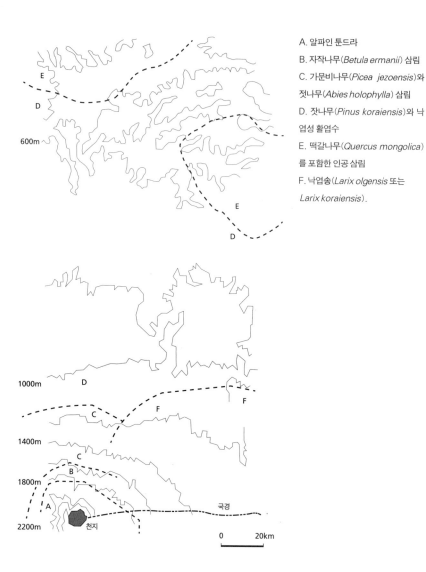

A. 알파인 툰드라
B. 자작나무(*Betula ermanii*) 삼림
C. 가문비나무(*Picea jezoensis*)와 젓나무(*Abies holophylla*) 삼림
D. 잣나무(*Pinus koraiensis*)와 낙엽성 활엽수
E. 떡갈나무(*Quercus mongolica*)를 포함한 인공 삼림
F. 낙엽송(*Larix olgensis* 또는 *Larix koraiensis*).

**|그림4-6|** 백두산 북쪽과 동쪽 산록의 삼림 분포(Machida et al., 1990)
백두산 북쪽 사면은 A→B→C→D→E의 고도에 따른 정상적인 산림 분포를 이루나, 동쪽 사면은 성장이 불량한 낙엽송(F)만이 분포하고 있다. F와 C, D의 경계가 원지 강하 화산재(E-pfa)의 북쪽 한계선과 거의 일치하는데, 이는 백두산의 강하 테프라가 산록의 식물 생태를 통제했다는 것을 나타낸다.

|**사진 4-6**| 백두산 동쪽 산록의 낙엽송(Larix)

백두산 동쪽 산록은 천지가 분화할 때마다 두꺼운 강하 테프라가 퇴적되었다. 따라서 이곳에는 생장
이 불량한 낙엽송만이 번성하고 있다.

의 플리니식 부석층과 3개의 수증기 마그마 폭발에 의한 화산재층, 이렇
게 모두 7개의 층으로 세분되었다. 이 테프라층은 C-pfl에 비해 소규모이
기는 하지만 거대 화쇄류 발생 이후에도 천지 칼데라 화구 위로 적어도 7번
이상 분연주가 뿜어 올려졌다는 것을 의미하고 있었다.

10세기 이후에도 백두산에서 소규모 화산 분화가 여러 차례 일어나 풍
하 측에 강하 테프라를 퇴적시켰다는 것을 사서를 통해 확인할 수 있다.
『조선왕조실록』제37책 「현종대왕실록」권지 14(1668년)의 기록에는 함경
도 경성과 부령 일대의 "우회(雨灰)"를 기록하고 있고, 『조선왕조실록』제
280책 「숙종대왕실록」권지 36(1702년)에도 경성과 부령 두 곳에서 "우회"

**|사진 4-7|** 원지 부근의 층서

백두산 동쪽 35km 지점의 원지 부근의 테프라 층서. 아래에서부터 백두 강하 부석(B-pfa)→창바이 화쇄류(C-pfl)→원지 강하 화산재(E-pfa)가 차례로 퇴적되어 있다. 창바이 화쇄류(C-pfl)에는 탄화목 편이 포함되어 있다.

를 관찰해 기록으로 남기고 있다. 우회, 즉 재의 비는 강하 화산재를 뜻한다. 경성과 부령은 백두산에서 남동으로 300km 떨어진 풍하 측에 해당하며 백두산이 분화했을 때 테프라의 피복을 피할 수 없는 곳이다.

이 기록들에는 화산재가 백두산으로부터 유래되었다는 직접적인 기술은 없다. 그러나 고온의 화산재가 서북쪽에서 밀려왔다는 점, 그리고 "마치 눈이 내리는 것처럼(散落如雪)" 등의 표현이 백두산을 상징하는 백색의 화산재를 묘사하고 있다는 점에서 백두산 천지의 폭발에 의한 강하 화산재로 생각된다(윤성효·최종섭, 1996).

천지 동쪽 사면을 북쪽에서 남쪽으로 횡단해 보면 삼림의 종류가 급격히 변화하는 전이대를 만나게 된다. 북쪽 일대는 울창한 침엽수 삼림이 뒤덮고 있으나, 전이대를 지나면 갑자기 성장이 불량하고 비정상적으로 번성한 낙엽송 삼림이 남쪽 일대에 분포되어 있다(그림 4-6의 F). 이 전이대의 경계가 E-pfa의 북쪽 한계선과 대체로 일치한다. 이러한 사실은 B-pfa(백두 강하 부석)와 그리고 그 이후의 E-pfa 등, 빈번한 강하 테프라에 의해 삼림의 성장과 분포가 통제되었다는 것을 알 수 있다. 원지를 포함해 전이대 남쪽 산록은 빈번한 백두산 분화의 테프라 피복에 의해 오늘날까지 성숙한 식물 생태가 이루어지지 못했다. 이러한 상황은 B-pfa나 E-pfa의 분포 주축이 남동쪽으로 향하고 있으므로 북한 영역에서 더 심각하다는 것을 충분히 유추해 볼 수 있다.

낙엽송과 자작나무의 불안정한 산림은 이러한 화산재의 토대 위에서, 계속 이어지는 백두산의 분화에 의해 사라졌다가 다시 회복하면서 파괴와 회복을 반복했던 것이다. 마치다와 차오는 10세기 백두산 분화에 의한 식물 생태계의 영향에 대해 다음과 같이 결론을 내리고 있다(Zhao, 1987; Machida et al., 1990).

첫째, 10세기 백두산 분화 이전의 식물 생태는 동쪽과 북쪽 산록이 모두 오늘날보다 안정되었다. 둘째, 이 성숙된 삼림은 특히 창바이 화쇄류 (C-pfl)와 플리니식 및 코이그님브라이트 화산재 강하의 사건에 의해 한때 완전히 파괴되었다. 삼림 파괴는 4,000km²가 넘는 넓은 범위에서 이루어졌다. 셋째, 안정한 화쇄류 퇴적물의 표면에는 식물 생태의 회복이 비교적 빨랐으나, 불안정한 강하 화산재에 의해 피복된 동쪽 산록은 아직 10세기 분화 이전으로 완전히 회복하지 못했다. 그러나 오늘날 백두산의 삼림 한계선은 점차 상승하고 있다.

C-pfl은 백두산 천지에서 최대 100km 이상 떨어진 먼 곳까지 확산되어 퇴적되었고, 또한 화쇄류와 동시에 발생한 B-Tm은 C-pfl이 도달한 영역보다 훨씬 더 먼 곳까지 확산되어 퇴적되었다. 그러나 실제로 백두산 동쪽 산록의 식물 생태를 통제한 것은 E-pfa 등 소규모 강하 테프라였다는 것은 매우 흥미로운 사실이다. 여기서 화산 폭발의 산물인 화쇄류 등의 테프라가 백두산의 식물 생태에 미친 영향에 대해 좀 더 자세히 살펴보기로 하자 (横山, 2003).

화쇄류가 발생하면 저지대에서는 화쇄류가 두껍게 퇴적하므로 식물 생태는 전부 퇴적물에 매몰되어 식물의 종류나 지표의 피복 상황에 관계없이 전멸한다. 산지나 고지대라 할지라도 화쇄류가 도달했다면 그 범위 내의 모든 장소에서 식물 생태계가 소멸하고 일단은 백색의 사막으로 변했을 것이다. 또한 화쇄류가 통과한 주변은 화산 가스 등의 영향으로 산림 생태는 고사하며 저지대와 마찬가지로 괴멸적인 타격을 입는다. 또한 산지와 고지대의 식물 생태가 화쇄류 본체의 통과를 면했다고 하더라도 화쇄 서지와 같은 열풍이 통과할 수 있다. 화염 방사기와도 같은 이 열풍은 넓은 범위에서 산불을 발생시키고, 산불이 발생하지 않더라도 식물을 고사시킬 열을 가지고 있다. 따라서 고지대에서 화쇄 서지의 얇은 화산재층이 남아 있는 지역은 일단 식물 생태가 전멸했다고 보아야 할 것이다.

한편 B-pfa나 E-pfa의 강하 화산재나 부석이 퇴적된 지역은 그 고열로 인해 전체 식물 생태를 소사시키거나 고사시켰을 것이다. 이러한 죽음의 세계에서 새로이 식물 생태가 출현하기까지는 많은 시간을 필요로 한다. 일반적으로 소규모 분화라 하더라도 분화 후 당분간 식물은 전혀 출현하지 않는다. 적어도 1~2년 지난 후에 조류, 지의류, 선태류 등이 출현하고 수년이 지난 이후에야 초본이나 목본류가 출현하기 시작한다. 그런 다음에도 분화 후 10년 이내에 지표를 완전히 덮는 급속한 식물 생태의 번성은 일반적으로 일어나지 않는다.

지표 식물 생태의 존재 여부는 지표면의 상태에 큰 영향을 미친다. C-pfl과 같은 화쇄류 대지에서는 식물 생태가 새로이 출현해 지표면을 보호하기까지 지표의 침식과 삭박에 대해 전혀 무방비 상태에 놓인다. 화쇄류 대지는 수시로 홍수에 의해 무너지고, 산지의 사면은 급격한 갈리(gully, 작은 계곡) 침식이 진행되어 하류에 많은 토사를 운반한다. 이러한 토사는 화산 이류를 발생시킨다. 화산 이류는 분화 후 수년간 빈발하고 식물 생태가 어느 정도 안정될 때까지 계속된다. 이처럼 거대 화쇄류에 관계된 식물 생태의 파괴와 회복이 반복되는 공간은 매우 광대하다. 10세기 백두산의 거대 분화가 일어났을 때 C-pfl과 B-Tm에 의해 식물 생태가 피해를 입은 범위는 북한의 함경북도와 양강도, 러시아 연해주 일대, 그리고 중국 지린성 옌벤 조선족 자치주 전역이다.

한편 2만 2000년 전 일본 규슈의 아이라 칼데라의 거대 분화에서 발생한 광역 테프라 AT가 그곳에서 1,000km나 떨어진 긴키(近畿) 지방에 20cm 이상 퇴적되었는데, 그 지역의 화분 화석을 분석해 과거 식물 생태가 복원된 바 있다(河合, 2001). 그 결과 당시 식물 생태가 대타격을 입고 일대는 마치 사막과 같은 토지로 변했다는 사실이 밝혀졌다. 그 후 식물 생태가 회복되는 데는 오랜 시간이 필요했는데, AT가 피복하기 전과는 전혀 다른 식물 종이 출현해 번성했다는 것이 밝혀졌다.

식물의 경우는 화산 분화가 끝난 후 산불에 의해 모두 소사했다고 해도 땅속의 뿌리가 살아 있으면 잿더미 위에 또다시 새싹을 내는 경우가 있다. 또는 먼 곳의 씨앗이 바람에 운반되어 새로운 토양에 뿌리를 내리기도 한다. 그러나 인간을 포함해서 동물은 그 사정이 다르다. 현실적으로 이 자연의 재앙에서 살아남거나 성공적으로 후손을 남길 수 있는 방법이 거의 없다. 차오의 연구는 화산 분화에 의한 식물 생태의 변화에 국한된 것이었지만, 그 토지 위에서 생활을 영위했을 인간이나 동물에 미친 영향은 식물 생태에 미친 것보다 훨씬 광범하고, 복잡하고, 그리고 치명적이었을 것이다.


## 4. 새로이 발견된 9세기 화쇄류

10세기 백두산 분화의 정확한 연대를 알아내기 위한 노력은 고문서에 남아 있는 화산 분화를 시사하는 기록과, 주로 일본의 연륜 연대학과 방사성 탄소 연대, 그리고 호저 퇴적물에 남겨진 분화의 흔적에 의해 행해졌다. 그 성과에 의해 백두산이 분화한 연대는 937~938년, 또는 946~947년으로 좁혀졌다. 이 연구 결과는 백두산의 분화 연대가 발해 멸망 이후였으며, 백두산의 화산 활동이 발해 흥망에 아무런 영향을 미치지 않았다는 결론으로 귀결되었다. 이것으로 오랫동안 연구자들을 흥분하게 한 고대로 향한 꿈과 로망은 일단락이 나는 듯했다.

그런데 일본 도호쿠 대학은 이 논쟁을 끝내려고 하지 않았다. 백두산 일대는 중국과 북한의 국경 지대라는 지리적 조건 때문에 화산 분출물에 대한 조사가 충분히 이루어졌다고는 할 수 없었다. 그들은 백두산 거대 분화의 전모를 밝히기 위해 또다시 각 분야 연구자들을 모아 하나의 프로젝트를 가동시켰다.

## 10세기에 일어난 2차례 거대 화쇄류 분화

백두산 거대 분화를 연구했던 연구자들에게는 공통된 하나의 인식이 있었다. 그것은 과거 2,000년간 세계에서 일어난 화산 분화 중에서도 백두산의 10세기 분화는 최대급에 해당한다는 것이었다. 그럼에도 불구하고 약 100km$^3$의 화산 분출물을 토해 낸 화산 분화가 사서의 기록에 누락된 것은 물론이고, 당시 그곳의 인간 사회와 국가에 미친 영향에 대해서는 완전히 베일에 가려진 상태였다.

우선 지금까지 10세기 백두산 분화의 총 분출량은 연구자에 따라 50~172km$^3$로 달랐다.[54] 이 책에서는 대체로 그 사이 값인 100km$^3$를 분출량이라 해 왔지만, 이 각각의 연구자들이 제시한 백두산의 분출량도 사실은 퇴적 이후 화산 이류에 의해 제거된 양은 감안하지 않은 것이었다. 1991년 피나투보 화산이 분화한 이후 10년 동안에 화산 분출물의 6분의 1이 화산 이류에 의해 유출되었다고 하며, 백두산은 분화한 지 이미 1,000년

---

54) 선행 연구에 의하면, Machida et al.(1990)이 50km$^3$, Gill et al.(1992)이 150km$^3$, Liu and Wei(1996)가 172km$^3$, Horn and Schmincke(2002)가 96km$^3$로 추산했다.

이 지났기 때문에 화산 이류로 유출된 양이 화쇄류 퇴적물의 상당 부분에 달할 것으로 예상되었다. 그러나 아직 화산 이류로 유출된 양조차 조사되지 않은 상황인 것이다.

도호쿠 대학을 중심으로 한 연구팀은 백두산 현지에서 4년간 지질 조사를 했다. 그리고 10세기의 백두산 분화를 지질학적·암석학적으로 재검토한 결과 백두산에서 10세기에 두 번의 거대 화쇄류 분화가 일어났고, 지금까지 문제가 되었던 10세기에 앞서 9세기에도 화쇄류를 동반한 화산 폭발이 있었다는 새로운 사실을 발표했다(谷口, 2004).

도호쿠 대학 연구팀의 일원인 미야모토 쓰요시(宮本毅) 등의 지질 조사에 의하면(宮本 등, 2002), 최초 백두 강하 부석(B-pfa)을 뿜어낸 플리니식 분화 후 분연주가 붕락해 거대 화쇄류(C-pfl)가 발생했다. 여기까지는 마치다의 지질 조사 내용과 동일했다. 그런데 백두산의 화산 활동은 그것으로 끝난 것이 아니다. 1년에서 1년 반의 간격을 두고 또다시 바이샨 화쇄류(Baishan pyroclastic flow, F-pfl)를 동반한 두 번째 분화가 일어났으며, 이렇게 두 번의 분화에서 발생한 코이그님브라이트 화산재가 일본에 퇴적되어 이 양자가 함께 일본의 B-Tm을 구성한다는 것이었다. 또한 이 두 개의 분화는 전혀 다른 마그마방에서 유래한 마그마에 의한다고 했다.

이전부터 일본에서 발견되는 B-Tm의 화학 조성 폭이 매우 넓다는 것이 지적되었다. 이 정도 대규모 화산 폭발의 경우 화학 조성은 매우 좁은 영역에 한정된다는 것이 지금까지의 통념이었다. 그러나 B-Tm만은 예외였던 것이다. 지금까지 B-Tm의 화학 조성은 알칼리 유문암에서 조면암까지 그 폭이 매우 넓다는 것은 분석 오차의 가능성을 포함해서 여러 연구자로부터 지적되었지만 그것이 가지는 의미의 중요성은 간과되어 왔다.

홋카이도 대학의 나카가와 미쓰히로(中川光弘)와 도호쿠 대학의 오바 쓰카사(大場司)는 홋카이도의 남부 해안[55]에서 채취한 B-Tm을 조심스럽게 삼등분해 화학 분석을 해 보니 상부는 주로 조면암, 하부는 알칼리 유문암으로 명백히 구분되었다(Nakagawa and Ohba, 2002). 이어서 나카가와와 오바는 백두산 현지 지질 조사에서 채취한 창바이 화쇄류(C-pfl)와 바이샨 화쇄류(F-pfl)의 화학 분석을 한 결과, 각각 C-pfl은 B-Tm의 하부, F-pfl은 B-Tm의 상부에 해당한다는 사실을 알게 되었다. 지금까지의 B-Tm의 화학 조성의 폭이 넓었던 것은 분석의 오차가 아니라 그저 두 번의 분화에 의해 생성된 화산재를 한꺼번에 섞어서 분석했기 때문에 나타난 결과라는 것이다. 그들 역시 미야모토 등의 연구와 마찬가지로 두 번의 백두산 분화는 서로 다른 계열의 마그마에서 유래한다고 했다. 일본의 B-Tm은 천지 칼데라의 2번의 분화의 역사와 함께 마그마방의 정보를 그대로 간직하고 있었던 것이다.

천지 칼데라의 북동쪽 21km 떨어진 지점의 바이샨(白山)에는 어두운 색의 화쇄류 퇴적물이 두께 8m로 계곡 벽에 노출되어 있다. '바이샨 화쇄류'라고 명명된 이 퇴적층은 암석학적으로나 화학 조성으로 미루어 명백히 창바이 화쇄류(C-pfl)와는 다른 화쇄류 퇴적물이었다. F-pfl은 갈색의 세립질 부석 및 화산재, 암편으로 구성되어 있으며, 이 퇴적물에서는 C-pfl과는 달리 탄화목은 발견되지 않았다.

바이샨 화쇄류(F-pfl)[56]의 존재에 대해서는 1990년에 이미 마치다 등이

---

55) 홋카이도 대학의 나카가와와 도호쿠 대학의 오바는 홋카이도 남부 야구모(八雲) 지방의 해안 사구 퇴적물에서 B-Tm의 시료를 채취했다. 야구모 지방은 삿포로와 하코다테의 중간 지점으로 B-Tm의 분포 주축이 통과한다.

56) 바이샨 화쇄류는 1990년에 마치다에 의해 기재되고 2002년 미야모토 등에 의해 상세히 조사되었다. 마치다는 E-pfa의 일부 부석층과 F-pfl이 동시에 발생했을 가능성을 지적했는데, 미야모토 등이 이러한 사실을 입증했다. 즉 B-pfa→C-pfl와 E-pfa→F-pfl로 이어지는 화쇄류 분화가 약 1년 간격

밝혔다(Machida et al., 1990). F-pfl는 원지 강하 화산재(E-pfa)의 일부를 덮고 있으며 두 테프라 층 사이에서 암석학적 유사점이 나타나기 때문에, 그들은 F-pfl과 E-pfa의 일부가 동시에 발생해 퇴적되었을 가능성을 지적했다(그림 4-7, 사진 4-8). F-pfl는 백두산 천지를 중심으로 전 방향에 분포하고 있으며 최대 25km까지 분포하고 있었다. 그 분포 양상은 계곡과 산등성이를 모두 덮었던 C-pfl과는 달리 F-pfl은 깊은 V자 계곡에만 두껍게 퇴적되었다.

천지에서 북쪽 15km까지 엘다오바이허로 이르는 계곡의 F-pfl은 모두 용결되어 있으며 높이 50m에 달하는 노두도 있다. 특히 화구에 가까운 계곡에서는 강하게 용결되어 화쇄류의 특징인 부석이 압착되어 만들어지는 흑요석 렌즈 구조가 현저하게 나타난다. 이 화쇄류는 전형적으로 계곡에만 두껍게 퇴적되는 유형이며 산록의 계곡 지형은 침식 정도가 비슷하기 때문에 모두 동일한 화쇄류로 판단되었다. 천지에서 남쪽의 압록강 대협곡(그림 4-2 참조), 서쪽의 금강 대협곡,[57] 북쪽의 계곡 부석림(그림 4-2 참조)에서 볼 수 있는 용결 응회암의 악지(badland) 지형을 형성하고 있는 것도 바로 이 F-pfl였다.

화쇄류 퇴적물 속에는 화산 가스가 탈출한 흔적인 파이프 구조가 남는다. 이 F-pfl은 고온의 화산 가스가 위로 통과한 부분은 강하게 용결된 첨탑 구조(pinnacles overlook)를 남겼다. 이 지형은 차별 침식에 의해 비용결 부분은 침식되고 용결 부분만 남아 기묘한 형태의 송곳 바위와 같은 기암괴석으로, 바로 자연이 만들어 낸 조각품이다. F-pfl의 퇴적층은 여러 개의

으로 일어났다고 했다.

57) 중국에서는 '창바이 대협곡'이라고 한다.

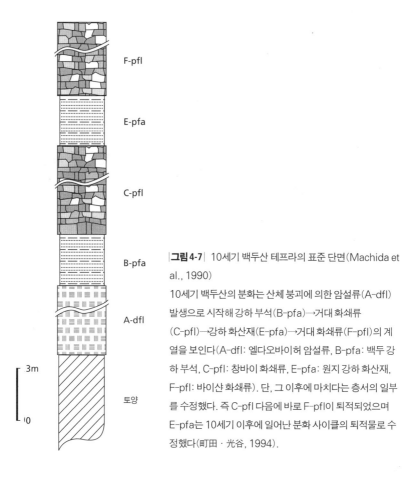

|그림4-7| 10세기 백두산 테프라의 표준 단면(Machida et al., 1990)
10세기 백두산의 분화는 산체 붕괴에 의한 암설류(A-dfl) 발생으로 시작해 강하 부석(B-pfa)→거대 화쇄류 (C-pfl)→강하 화산재(E-pfa)→거대 화쇄류(F-pfl)의 계열을 보인다(A-dfl: 엘다오바이허 암설류, B-pfa: 백두 강하 부석, C-pfl: 창바이 화쇄류, E-pfa: 원지 강하 화산재, F-pfl: 바이산 화쇄류). 단, 그 이후에 마치다는 층서의 일부를 수정했다. 즉 C-pfl 다음에 바로 F-pfl이 퇴적되었으며 E-pfa는 10세기 이후에 일어난 분화 사이클의 퇴적물로 수정했다(町田 · 光谷, 1994).

흐름 구조로 이루어져 있어서 분연주가 여러 개 생성되었다는 것을 반영하고 있다. 전체적으로 어두운 갈색으로 보이는 이 퇴적물의 최상부 표층만이 황색을 띠고 있다. 이것은 구성물의 차이 때문이 아니라 표층의 산화에 의한 변색 때문이다.

C-pfl은 계곡뿐 아니라 산등성이에도 두껍게 퇴적되어 있어서 키가 매우 큰 분연주가 붕괴되어 생성된 유동성이 큰 화쇄류였다. 반면에 F-pfl은

**|사진 4-8|** 바이산 화쇄류

압록강 대협곡의 바이산 화쇄류(F-pfl). 대부분 강하게 용결되었다. 사진은 중국 쪽에서 바라본 모습이다(사진: 도호쿠 대학 동아시아 센터 제공).

C-pfl과는 달리 대개의 경우 계곡을 두껍게 퇴적시켰다. 따라서 F-pfl은 유동성이 적은 화쇄류로 생각되었다(宮本 등, 2004). F-pfl은 칼데라 벽이 가장 낮은 북쪽 엘다오바이허 부근에서 가장 두껍게 퇴적되어 있었고 강하게 용결되어 있었다. 그러나 칼데라 벽이 가장 높은 남쪽의 북한 영역에는 거의 퇴적되지 않았다. 북한 영역을 조사한 독일의 화산학자들도 이 화쇄류 퇴적물을 확인하고 있지만, 그 규모는 그리 크지 않았다고 했다(Horn and Schmincke, 2000). 따라서 F-pfl은 분연주가 붕괴되어 발생하는 화쇄류가 아니라, 마그마가 발포되어 주로 칼데라 벽이 낮은 북쪽으로 끓어 넘치고 측면으로 분사되는 형태(예를 들면 플레형)였던 것으로 추정되었다.

전 세계적으로 10세기 백두산 분화와 같은 거대 분화는 발생하는 빈도가 매우 낮아서 관측 사례가 적으며 화산 폭발에 따른 시간의 경과에 대해서는 잘 알지 못했다. 그런데 미야모토 등은 C-pfl와 F-pfl의 두 거대 화쇄류 분화 사이에 약 1년에서 1년 반 정도의 시간 간격이 있었다고 추정했다(宮本 등, 2002).

한편 아오모리 현 오가와라 호 연호 퇴적물 속에는 1장의 연호를 사이에 두고 B-Tm이 그 상하 양쪽에 퇴적되어 있었다. 도쿄 도립 대학의 후쿠사와 등은 이러한 퇴적 상태로 보아 B-Tm은 1년 이상 계속해서 오가와라 호에 퇴적되었을 것으로 추정했다(福澤 등, 1998). 그러나 미야모토 등은 1815년 탐보라 화산의 관측 사례 등을 고려하면 백두산과 같은 거대 분화가 1년 이상 화산 활동을 계속하면서 B-Tm을 일본에 퇴적시켰다고 가정하기는 힘들다고 생각했다(宮本 등, 2002).

1815년 탐보라 화산 분화에서는 짧은 시간 동안 여러 개의 분연주가 형성되었고, 최종적으로는 분연주가 모두 붕괴해 파국적인 거대 화쇄류와 코이그님브라이트 분화로 옮겨 갔지만, 여기에 소요된 시간은 수일에 불과했기 때문이다. 미야모토 등은 10세기 백두산 분화 역시 탐보라의 사례와 마찬가지로 겨울에 시작된 화산 활동에서 매우 높은 분출율의 여러 개의 분연주가 형성되었고(B-pfa), 이것이 전 붕괴해 유동성 높은 화쇄류(C-pfl)가 발생한 것은 약 1일 정도의 매우 짧은 순간이었다고 생각했다. 그리고 백두산은 일단 활동을 멈춘 후 1년에서 1년 반의 시간이 경과한 후에 다시 화쇄류를 동반하는 분화(F-pfl)가 일어났을 것으로 생각했다. 백두산 산록에는 C-pfl의 표면을 덮는 화산 이류 퇴적물을 많이 볼 수 있는데 모두 C-pfl의 것으로만 구성되어 있으며 F-pfl의 것은 포함되지 않았다. 이것은 C-pfl이 퇴적한 직후에 빈번하게 화산 이류가 발생했다는 것을 의미하며, C-pfl과 F-pfl 분화 사이에 상당한 시간 간격이 있었다는 것을 시사하는 것이었다(宮本 등, 2002).

미야모토 등은 C-pfl와 F-pfl은 화산 분출물의 화학 조성이 다르므로 각각 천지 내의 서로 다른 화구에서 분출했을 것으로 추정했다. C-pfl이 방사상으로 펼쳐진 분포 상황으로 미루어 C-pfl의 분화구는 천지의 중심이었을 것으로 생각되었다. 반면에 F-pfl는 북쪽과 동북쪽 칼데라 벽에 두껍게 퇴적되어 있었고 그 속에는 4,000년 전 백두산의 부석을 포함하고 있었다. 4,000년 전 부석은 북쪽의 천문봉 부근에 두껍게 퇴적되어 있고 칼데라 북쪽에만 분포하는 화산 분출물이다. 따라서 미야모토 등은 F-pfl의 화구는 천지의 북쪽에 있었다고 추정했다.

미야모토 등은 의하면 두 분화가 각각 40km³ 이상 용적의 화산 분출물을 뿜어낸 모두 VEI 6 이상에 달하는 거대 분화였다. 미야모토와 동료들은 C-pfl과 F-pfl 상공에서 각각 발생한 화산재 열운이 강한 편서풍에 의해 이동해 퇴적된 코이그님브라이트 화산재가 광역 테프라로서 일본의 B-Tm을 구성했다고 결론을 내렸다.


### 9세기 백두산의 거대 화쇄류 분화

앞에서 언급한 바와 같이 마치다는 1990년에 백두산 지질 조사 결과를 정리해 논문을 발표했으나(Machida et al., 1990), 곧이어 1994년에 그 내용의 일부를 수정하고 있다(町田·光谷, 1994).

마치다는 당초 1990년 논문에서 그림 4-7과 같이 10세기 백두산 분화 층서의 계열을 백두 강하 부석(B-pfa)→창바이 화쇄류(C-pfl)→원지 강하 화산재(E-pfa)→바이샨 화쇄류(F-pfl)가 연속적으로 퇴적된 것으로 설명했다. 그러나 1994년의 조사에서 시간 간격 없이 연속적으로 퇴적되었다고 보았던 C-pfl과 E-pfa 사이에 시간 간격을 나타내는 얇은 토양과 사고 층리가 새로이 발견되었기 때문에 백두산 분화의 계열을 스스로 수정한 것이다. 따라서 마치다는 10세기의 분화가 백색 부석의 분출(B-pfa)에서 시작해 거대 화쇄류의 분출(C-pfl)로 일단 종식했고, E-pfa는 10세기의 테프라가 아닌 별도의 새로운 화산 분출물로 생각했다. 그리고 E-pfa가 1702년 등 사서에 나타나는 더 새로운 시대의 화산 분화의 산물일 것으로 생각했다.

연구자가 자신의 오류를 인정하고 수정 논문을 내는 경우는 그리 흔치 않다. 그러나 마치다는 1990년 지질 조사에서는 보지 못했던 C-pfl과 E-pfa 사이의 토양을 1994년에 야외에서 확인했으므로 논문을 수정하지 않을 수 없었다. 1994년의 논문은 단 2쪽에 불과하며 그 내용은 주로 탄화목의 연륜 연대 분석에 관한 것이었지만, 그중 1쪽을 할애해 1990년의 테프라 층서를 수정하고 있다. 또한 마치다와 아라이가 집대성한 '화산재 아틀라스(Atlas)'의 B-Tm 부분에도 이 백두산 층서의 수정을 강조하고 있다(町田·新井, 2003). 그만큼 테프라 사이의 시간 경과를 나타내는 토양의 존재는 중요했다.

화쇄류가 퇴적되어 안정되면 시간이 흐름에 따라 그 표면에 1차 초본 식물들이 뿌리를 내리고 테프라의 풍화가 시작된다. 화쇄류의 표면이 토양화되기 시작하는 것이다. 그런 다음 다시 새로운 테프라가 퇴적되면 그 사이에 토양이 낀 채로 보존된다. 따라서 테프라 사이의 토양을 판정하기 위해서는 토양 속에 한때 번성한 식물의 유해나 화분 화석의 분석 등을 거쳐야 한다. 토양의 존재는 그 면이 한때 지표면이었음을 지시해 주며, 그 두께에 따라 수 년에서 수십 년의 시간 경과를 나타낸다. 그런데 마치다가 보았던, 그래서 자신의 논문까지 수정했던 테프라 사이의 토양의 존재에 관한 새로운 해석이 대두되었다.

홋카이도 대학의 나카가와와 도호쿠 대학의 동료들은 마치다가 10세기의 창바이 화쇄류(C-pfl)라고 이름 붙인 화쇄류 밑에 "토양"을 사이에 두고 "새로운" 화쇄류 퇴적물을 발견했다고 발표했다(宮本 등, 2003; 中川 등, 2004). 이 테프라가 발견된 곳은 천지에서 동쪽으로 20km 떨어진 동팡저(東方澤, 그림 4-2 참조)라는 곳이었다. 이 화쇄류 퇴적물은 C-pfl에 비해 규모는 작았지만 두께 30m에 달하는 엄청난 것이었다. 그 밑에는 2m 이상에 달하는 초기 플리니식 분화의 산물인 강하 부석도 퇴적되어 있었다. 이것은 지금까지 많은 연구자들이 10세기 화산 분화만을 문제 삼고 있었지만, 실은 10세기 분화가 일어나기 불과 수십 년 전에 분연주를 뿜어 올리고 화쇄류를 발생시킨 또 하나의 거대 분화의 에피소드가 있었다는 것을 의미하고 있다.

나카가와 등은 이 또 하나의 화쇄류를 발생시킨 분화를 10세기 분화와 구별하기 위해 "9세기 분화"라고 부르기로 했다. 이것은 반드시 9세기에 일어난 분화라기보다 10세기 분화와 구분하기 위해 붙인 이름이다. 10세기와 9세기 화쇄류 사이에는 2cm 정도의 토양이 끼어 있으며, 이 토양은 수 년에서 수십 년의 시간 간격을 나타낸다고 했다. 그들은 1994년에 마치다가 C-pfl 위의 토양을 발견하고 18세기 분화(1702년, E-pfa)/토양/10세기 분화(C-pfl)라고 수정한 층서가 실은 10세기 분화(E-pfa)/토양/9세기 분화였을 것이라고 했다(그림 4-8).

나카가와 등은 중국 쪽 천지 칼데라 벽에서는 이 9세기 분화와 대비할 수 있는 퇴적물을 발견할 수 없었다. 따라서 이 분출물의 주요 분포는 남쪽의 북한 측일 가능성이 크다. 그렇다면 이 테프라가 발견된 "동팡저"는 강하 부석 및 화쇄류의 분포 주축이 아니다. 그럼에도 불구하고 화구에서 20km나 떨어진 곳의 강하 부석 층의 두께가 2m나 되고 그 위에 화쇄류 퇴적물이 30m에 달한다는 것은 10세기 이전에 그와 필적할 또 하나의 화산 분화의 에피소드가 있었다는 것을 말해 주는 것이다(사진 4-9). 이 9세기의 분화도 여느 거대 화산 분화와 마찬가지로 강하 부석→거대 화쇄류→코이그님브라이트 화산재의 분화 사이클을 가지고 있었을 것이다.

마치다의 1990년 논문은 천지 주변과 반경 50km 이내의 지질 조사를 통해 화쇄류와 강하 화산재의 분포 영역, 그리고 화쇄류와 강하 화산재의 층서를 매우 면밀하게 구획한 것으로 백두산에서 야외 조사를 하는 연구자들에게는 바이블과 같은 문헌이었다. 그 뒤 1994년에 테프라의 층서를 다소 수정했지만, 백두산의 거대 화쇄류 퇴적물은 창바이 화쇄류(C-pfl)와 바이샨 화쇄류(F-pfl), 이렇게 2개라는 것은 의심의 여지가 없었다.

그러나 기존에 이미 확립된 틀 속에서만 사고하다 보면 연구자들의 상상력은 그 틀 속에 갇혀 선행 논문의 영역에서 벗어나지 못하는 것일까? 마치다 본인도 그랬는지 모른다. 10세기 테프라의 규모가 너무 커서 9세기의 테프라를 완전히 덮어 버렸기 때문에 지금까지 발견이 늦어졌을 가능성이 있다. 도호쿠 대학의 연구팀이 찾아낸 9세기 화쇄류 퇴적물의 발견은 화산학자들에게는 실로 충격적인 것이었다. 2004년 7월 11일자《요미우리 신문》에는 다음과 같은 기사가 실렸다.

한반도 최고봉·백두산(높이 2,750m)에서 과거 2,000년간 최대급의 10세기 거대 분화에 필적할 대규모 분화가 9세기경에도 발생했다는 것이 10일 도호쿠 대학 등 연구 그룹의 조사에서 밝혀졌다.

10세기 거대 분화는 중국 동북부에서 번성한 발해국(698~926년)의 멸망과

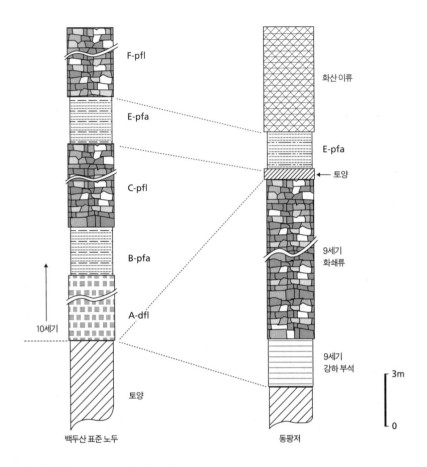

|**그림 4-8**| 동팡저 노두 주상도의 모식도
천지에서 동쪽으로 20km 떨어진 동팡저에는 10세기 원지 강하 화산재층(E-pfa) 아래에 토양을
사이에 두고 9세기의 화쇄류가 퇴적되어 있다.

는 관계가 없었지만, 새로이 9세기 거대 분화의 존재가 밝혀짐으로써, 연구 그
룹의 대표 다니구치 히로미쓰(谷口宏充) 도호쿠 대학 동북아 연구 센터 교수(화
산학)는 "이 분화가 발해 멸망에 영향을 주었을 가능성이 있다."라고 말했다.

도호쿠 대학의 9세기 화쇄류의 발견은 백두산 일대의 테프라 층서를 포함해서 모든 것을 처음부터 다시 생각해야 한다는 것을 의미했다. 그리고 만약 정말로 10세기에 앞서 그에 필적할 거대 화쇄류를 동반하는 분화가 있었다면 그것은 당연히 발해 왕국의 국운을 뒤흔드는 사건이었음에 틀림이 없다.

　4년간 백두산 현지를 지질 조사한 후 도호쿠 대학의 연구팀에 의해 2004년에 발표된 이 괄목할 성과는 너무나도 의외이고 센세이셔널한 내용이었다. 특히 2002년 나고야 대학의 나카무라에 의해 탄화목 위글 매칭의 연대가 937년(±8년)이며, 이것은 오가와라 호의 연호가 나타내는 937~938년의 연대와 일치해, 백두산의 폭발과 발해 멸망과는 무관했다는 결론으로 그 모든 것이 일단락이 났던 시점이었다. 모두가 그 결과를 받아들였다. 그러나 도호쿠 대학의 연구팀은 이 꺼져 가던 논쟁의 불씨에 다시 기름을 부은 것이다.

　도호쿠 대학 연구팀을 구성한 과학자들의 면면을 보면 모두 일본과 외국의 활동적인 화산을 조사한 풍부한 경험을 가진 화산학자들이다. 그럼에도 불구하고 도호쿠 대학이 발표한 백두산 9세기 분화의 연구 결과에 대해 소박한 의문을 가지게 된다. 그 의문은 다음과 같다.

　첫째, 많은 연구자들이 백두산을 조사했지만 왜 지금까지 9세기 화쇄류에 대한 보고는 없었는가? 둘째, 도호쿠 대학 연구팀은 4년간이나 현지 지질 조사를 했는데 왜 동팡저에서만 9세기 화쇄류가 관찰되는가? 그리고 셋째, 동해 해저 피스톤 코어에서 그 시대의 백두산 화산재가 왜 1개밖에 보고되지 않았는가?

　실은 필자도 이전에 동팡저의 노두를 본 적이 있었다. '동방홍림장(東方紅林場)'이라는 백두산 산림 관리소 직원의 안내를 받고 그곳에 갔었다. 너

|사진 4-9| 9세기 화쇄류 사진 상위의 얇은 부분을 제외하고 모두 9세기 화쇄류 퇴적물이며 최대 30m의 두께이다. 전체적으로 여러 개의 흐름 구조로 나뉜다(사진: 도호쿠 대학 동아시아 센터 제공).

무도 훌륭한 화쇄류 퇴적물이었으므로 동행했던 중국 과학원의 과학자에게 "훌륭한 노두"를 중국어로 뭐라고 하느냐고 물어보니, "하오뚜안빈(好斷面)"이라고 했다. 필자는 그곳에 안내해 준 관리소 직원에게 그 노두를 "하오뚜안빈"이라고 이야기했던 기억이 있다. 필자 역시 그 일대 화쇄류 노두가 의심할 여지 없이 당연히 창바이 화쇄류(C-pfl)라고 생각했다. 그런데 그것이 C-pfl이 아닌 9세기의 화쇄류라는 도호쿠 대학의 논문을 접하고 처음에는 무척 놀라기도 했고 한편 혼란스럽기도 했다. 아마 연구가 누적되면 이러한 의문은 자연히 풀리겠지만, 필자는 나름대로 도호쿠 대학의 입

장에서 저간의 사정을 생각해 보았다.

첫째, 10세기의 C-pfl은 너무나 방대해 9세기의 화쇄류를 모두 덮어 버려 9세기 화쇄류를 관찰할 수 있는 노두가 적었다. 연구자들이 9세기 테 프라를 보았다고 하더라도, 그것을 10세기(C-pfl)의 것으로 당연히 받아들 였을 것이다. 둘째, 화쇄류의 분포는 지형에 지배되며 하나의 화쇄류가 퇴 적된 위에 반드시 또다시 다른 화쇄류가 퇴적된다는 보장은 없다. 따라서 10세기 화쇄류/9세기 화쇄류가 연속으로 퇴적된 지형이 발견되지 않아 9세 기 화쇄류의 발견이 늦어졌다. 야외에서 9세기 화쇄류 위에 10세기 화쇄류 가 퇴적되지 않고 토양을 사이에 두고 E-pfa가 퇴적되었을 수 있다. 이것 을 보고 마치다는 논문을 수정했을 가능성이 있다. 셋째, 백두산 산록에 서 9세기와 10세기의 화쇄류를 혼동했던 것과 같이 지금까지 피스톤 코어 에서 채취된 시료를 모두 당연히 10세기의 것으로 보았을 것이다. 그것이 동해 피스톤 코어에서 백두산 화산재가 1개밖에 보고되지 않은 이유이다.

여기서 가장 근본적인 의문은 연속적으로 퇴적된 테프라 사이의 토 양의 존재이다. 테프라 사이의 토양의 존재는 오랜 시간의 경과를 나타낸 다. 과연 나카가와와 그 동료들이 보았던 동팡저 노두의 토양은 마치다가 1994년에 관찰해 논문을 수정했던 바로 그 토양과 동일한 것인가? 다음 과 같은 가능성을 배제할 수 없다. 즉 도호쿠 대학 연구팀이 토양이라고 판 정한 얇은 지층은 실은 강하 화산재일 가능성이 있다. 이 경우 상하 화쇄 류의 발생 시간차는 수 시간에서 수십 일에 지나지 않는다. 또 하나의 가 능성은, 토양 밑에 있는 9세기 화쇄류 퇴적물은 실은 유수에 의해 상류의 화쇄류 퇴적물이 화산 이류가 되어 재퇴적된 것을 오인했을 수도 있다.

이러한 생각이 머릿속을 맴돌 뿐 그것을 확인하기는 어렵다. 화산 전문 가들의 그룹이 토양과 강하 화산재를 구별하지 못했거나, 화쇄류와 화산 이류를 분간하지 못하는 초보적인 실수를 범하지는 않았을 것으로 생각되기 때문이다. 그러나 이러한 의구심은 곧이어 발표된 연구 결과에서 구체적으로 나타났다. 그 후속 연구 결과에 의하면, 동팡저 노두에서 채취한 302개의 나이테를 가진 탄화목의 위글 매칭에 의한 연대 측정 결과, 의외로 탄화목의 매몰 연대가 9세기가 아닌 10세기 중엽으로 발표되었다.[58]

도호쿠 대학 연구팀에 의하면, 동팡저의 화쇄류 퇴적물은 층서로는 분명히 10세기 퇴적물의 아래에 있어서 더 오래된 것임에 틀림이 없다고 한다. 그런데 그 속의 탄화목의 연대는 나고야 대학 나카무라(Nakamura et al., 2002)가 10세기 창바이 화쇄류(C-pfl)에서 채취한 탄화목의 연대(937±8년)보다 오히려 그 이후로 나온 것이다. 그렇다면 동팡저의 노두는 9세기가 아니라는 것인가? 아니면 동팡저 탄화목 시료에 문제가 있는 것일까? 또는 위글 매칭이라는 연대 측정법 자체에 아직 알려지지 않은 어떤 문제가 있는 것일까?

아직 정확한 것은 알 수 없다. 백두산의 9세기로 알려진 화쇄류가 발해 왕국의 흥망에 직간접적으로 영향을 미쳤을 것이라는 도호쿠 대학 측의 주장에 대해서 시간을 두고 차분히 후속 연구의 결과를 기다릴 필요가 있다. 도호쿠 대학 연구팀은 2005년부터 9세기 화쇄류의 분포 주축으로 지목한 북한 영역에서의 예비 조사를 끝내고 현재 본격적인 지질 조사를 준비하고 있는 것으로 전해지고 있다. 북한은 백두산 분화에 의해 피해를 입었던 대부분의 영역을 포함하고 있다. 따라서 백두산이 또다시 활동하기 시작한다면 곧바로 현실적인 위협이 될 수 있다. 이에 대처하기 위해 북한

---

58) 9세기의 것으로 알려진 동팡저의 강하 부석과 화쇄류 경계에서 채취한 탄화목의 위글 매칭 연대는 957+66/-18 cal AD였다(八塚 등, 2006).

이 일본 지질학자들에게 손을 내민 것이다.

서둘 필요는 없다. 9세기로 이름 붙여진 화쇄류와 그때 발생했을 강하 화산재의 분포, 그리고 분출량을 조사하면 지금까지 알지 못했던 새로운 사실이 밝혀질지도 모른다. 거란이 침공해 들어왔을 때 발해인들이 싸우지 않던 '이심(離心)'의 이유가 바로 이 화산 분화 때문이었는지도 모른다. B-Tm과 백색 부석은 중국 쪽보다 주로 북한의 넓은 영역을 뒤덮었다. 따라서 화산 활동의 전모를 밝혀내기 위해서는 화산재의 풍하 측인 북한 쪽을 조사하지 않으면 안 된다. 북한의 산과 평야에서 제2, 제3의 폼페이를 찾게 될 날이 곧 현실로 다가올지도 모른다. 과학자들의 고대를 향한 꿈의 여행은 실은 이제 시작일 뿐이다.

# 제5장

# 하얀 머리의 산

백두산이라는 명칭에 대해 두 가지 설이 있다. 산 정상부의 하얀 눈 때문에 그렇게 이름이 붙었다는 설과, 또 하나는 정상 부근의 백색 부석 때문에 그렇게 이름이 지어졌다는 설이다. 실제로 백두산은 지질 시대 빙하에 의해 침식된 흔적이 있고, 장백 폭포에서 북쪽 엘다오바이허 측을 바라보면 전형적인 빙하 지형인 U자 계곡이 형성되어 있다. 이것은 옛날에 산정이 빙하로 뒤덮여 있었다는 것을 말해 준다.

그러나 북한의 리돈(李敦)과 같은 화산학자는 후자의 설을 택한다. 그에 의하면 백두산의 폭발적 화산 활동에 의한 백색 부석과 백색 화산재가 산정에 덮여 있어 머리 부분이 희게 보인다는 것이다. 이것은 백두산의 백색 부석과 백색 화산재가 주는 의미를 상징적으로 이야기해 주는 것이다.

역사 기록을 살펴보면 중국에서는 진·한 시대에 백두산을 불함산(不咸山)이라 불렀다. '불함'이 화산을 뜻하는 volcano의 어원인 '불칸(vulcan)'과

음가가 같다는 것이 단지 우연의 일치인지는 알 수 없다.[59] 당 이후부터는 중국과 우리나라가 함께 태백산 또는 장백산이라고 불렀다. 오늘날 중국 사람들은 여전히 장백산으로 부르고 있지만, 우리나라에서는 어느 시점부터 백두산이라고 고쳐 부르게 되었다. 그 이유는 무엇일까?

백두산이 문헌에 최초로 등장하는 것은 『고려사절요』 성종 10년(991년)의 "압록강 밖의 여진족을 쫓아내고 이를 백두산 밖에 살게 했다(逐鴨綠江外女眞於白頭山外居之)."라는 기록이다(鶴園, 2004). 따라서 최소한 991년 이전의 어느 시기에 장백산을 백두산이라고 부르게 된 어떤 사건이 발생했다고 생각할 수 있다. 그것은 화산의 머리가 갑자기 하얗게 변해 버린 사건이다. 바로 백색 부석과 백색 화산재의 분출 사건이다.

특히 고려인들에게 백두산으로 불렸던 것은 백색 부석(B-pfa)의 분포와 관련이 있다. 백색 부석은 주로 북한 영역에만 퇴적되었으며 천지 서쪽에는 거의 퇴적되지 않았다. 991년에는 국가의 정사를 기록하는 사가조차도 '백두산'으로 기록했다. 그만큼 고려에서는 그 명칭이 정착되어 있었던 것이다. 이와 같이 '백두산'이라는 명칭 속에는 장백산이 대폭발을 일으켰다는 의미를 내포하고 있다. 따라서 마치다가 의도하지 않았더라도, '백두산-도마코마이 화산재(B-Tm)'라는 명칭 자체가 화산의 대폭발을 상징하고 있는 것이다.

---

59) 문헌에 나타나는 백두산의 최초 명칭은 불함산으로 『산해경(山海經)』에 기록되어 있다. 『산해경』은 중국 전국 시대에서 진·한 시대에 걸쳐 성립된 중국 최고(最古)의 지리서이다.

## 1. 신생대 제3기 화산 활동

백두산의 백색 부석과 백색 화산재는 10세기에 일어난 폭발적 화산 분화의 산물이다. 그러나 백두산 화산 활동의 시작은 수천만 년 전 신생대 제3기라는 아득한 옛날로 거슬러 올라가지 않으면 안 된다.

백두산에 대한 근대적 지질 조사는 20세기 초에 주로 외세에 의해 시작되었다. 이 시기에 마치 사람들이 금맥을 찾아 서부로 모여든 것처럼 한반도에서 광산 개발권을 얻기 위해 광상 지질학자들을 앞세워 수많은 외국인들이 우리나라로 몰려들었다. 청일 전쟁과 러일 전쟁이 일본의 승리로 끝난 후부터는 광산 개발은 일본이 독점하게 되었다. 일본은 조선 총독부에 지질 조사소를 설치하고 한반도의 지질을 연구하고 지하자원의 채굴에 열을 올렸다.

이러한 과정에서 제주도, 울릉도, 백두산 등의 신생대 알칼리 화산암류에 대해서도 세상에 알려지게 되었다. 그러나 당시 접근이 쉽지 않았던 백두산은 개발에서 제외되어 지형이나 지질에 대한 연구는 충분히 이루어지지 않았다. 제2차 세계 대전이 끝나고 냉전 시대에 들어가면서 북한과 중국의 국경 지역에 위치한 이 활동적인 화산에 대해서는 서방 세계의 관심에서 멀어져 버리고 말았다.

그 뒤 오랜 공백이 있었다. 그러다가 1970년대에 들어와 주로 중국과 북한의 지질학자들에 의해 백두산의 형성 과정과 화산암류에 대한 암석학적 연구가 시작되었고, 최근에는 백두산에서 발생하는 심상찮은 화산성 지진이 알려지면서 지구 물리학자들도 관심을 기울이게 되었다. 그리고 1990년대 초가 되어서야 한중 수교와 함께 우리나라 화산학자들도 백두산 화산 활동과 화산암류 연구에 참여하게 되었다.

## 대륙의 열점 화산

백두산은 신생대 제3기(6,500만~200만 년 전)에 들어와서 본격적인 화산 활동을 전개했다. 백두산 지역의 신생대 제3기 화산 분출의 역사는 화산암 층서의 암석 연대 측정 결과를 토대로 몇 단계로 구분된다.

표 5-1에서 볼 수 있는 바와 같이, 신생대 제3기의 백두산 화산 활동은 마안산기, 증봉산기, 내두산기, 망천아기, 홍두산기, 군함산기로 구분되는데, 주로 단열대를 따라 맨틀 상부에서 올라온 점성이 작은 현무암 용암이 조용히 흘러내리는 열극 분출이었다. 이 현무암 용암은 하와이형 맨틀 플룸(mantle plume)이었다.

지구 내부의 일정한 깊이에 도달하면 그곳의 모든 것이 녹아서 마그마가 된다고 생각할 수 있겠지만 실은 그렇지 않다. 만약 그렇다면 북한산이나 관악산도 용암을 뿜어내겠지만 그런 일은 일어나지 않는다. 실제로는 지구상 세 종류의 제한된 지역에서만 화산 활동이 일어난다. 첫째는 해양판(plate)이 끊임없이 생성되는 대서양 중앙 해령과 같은 확산 경계(divergent boundary), 둘째는 일본 해구, 필리핀 해구와 같이 판이 소멸하는 수렴 경계(convergent boundary), 그리고 셋째는 판 내부의 열점(hot spot)이라고 불리는 지역이다. 현재 세계 도처에 분포하는 역사 시대 이래 활동이 기록된 화산과 현재 활동하고 있는 화산의 수는 500개 이상으로 추산되는데, 이 중 15%는 확산 경계, 80%는 수렴 경계 그리고 나머지 5%는 판 내부에 위치하는 열점 화산이다.

대서양 중앙 해령은 바다 밑에 길게 이어진 해저 산맥으로 그 가운데에는 해저 열곡이 있다. 여기서 맨틀에서 올라온 물질이 분출하면서 새로운 지각이 만들어지고 좌우로 확산되기 때문에 확산 경계라고 부른다. 일본 해구는 태평양판과 필리핀판이 유라시아판과 충돌하면서 밀도가 큰

|표 5-1| 백두산의 제3기 화산 활동(윤성효 등, 1993)

| 지질 시대 | | 화산 활동기 | 연대(년 전) | 분출물 | 주요 지질 사건 |
|---|---|---|---|---|---|
| 제 3 기 | 플라이 오세 | 군함산기 | 290만~270만 | 현무암 | 순상 화산 |
| | | 홍두산기 | 310만 | 알칼리 유문암 | 유문암 돔 |
| | | 망천아기 | 440만~360만 | 현무암, 조면 안산암 | 열극 분출 순상 화산 |
| | 마이오세 | 내두산기 | 1,600만~1,500만 | 현무암 | 열극 분출 용암 대지 |
| | | 증봉산기 | 2,300만~1,900만 | 현무암 | 열극 분출 용암 대지 |
| | 올리고세 | 마안산기 | 2,800만 | 현무암 | 열극 분출 |

해양판이 밀도가 작은 대륙판(유라시아판) 밑으로 소멸해 들어가는 곳이다. 이와 같이 판이 소멸하는 곳을 수렴 경계라고 한다. 이곳에서는 판과 판의 상호 작용에 의해 마그마가 생성되고 분출된다. 일본 열도는 이러한 판의 수렴 경계에 위치하고 있으며 화산으로 이어진 화산 열도(volcanic island arc) 이다. 일본에서 동서 또는 남북으로 신칸센을 타고 여행을 하면 한쪽에는 태평양이 보이고 그 반대쪽으로는 화산이 끊임없이 이어진다.

열점은 그 명칭에서도 알 수 있는 바와 같이 이동하는 판 아래 깊은 곳의 맨틀에서 직접 마그마가 올라오는 고온의 부분이다. 이러한 마그마를 맨틀 플룸이라 한다. 지구의 오랜 역사에서 거대한 맨틀 플룸은 지구 내부에서 다량의 열과 $CO_2$를 지구 표면에 공급해, 때로는 생물을 대절멸(mass extinction)[60]시키고 지구 시스템을 변동시키기도 했다.

---

60) 중생대 말의 K-T(중생대 백악기-신생대 제3기)층을 경계로 공룡을 비롯한 지구상의 많은 생

열점 화산은 판의 움직임과 관계없이 마그마가 지구 내부 맨틀에서 직접 올라온다. 백두산을 포함해서 울릉도와 제주도 한라산 등 우리나라의 화산들은 모두 판 내부의 열점 화산이다. 지구 내부에서 올라온 플룸이 마치 토치 불꽃처럼 지각 판에 구멍을 낸 것이 열점 화산이며 열점 위를 판이 이동하면 그 궤적이 일렬의 화산섬으로 남는다. 예를 들면 태평양의 하와이 제도는 태평양판이 이동해 간 궤적을 나타낸다(그림 5-1). 하와이 제도의 암석의 연령을 조사해 보면 북서쪽으로 갈수록 연대가 오래되는데, 이것으로 판이 북서쪽으로 이동해 갔다는 것을 알 수 있다. 거의 일직선으로 연결된 하와이 제도의 화산 열도는 도중에서 캄차카 반도를 향해서 꺾여 있다. 이 궤적은 약 7000만 년에 걸친 태평양판의 움직임을 나타냄과 동시에 약 4300만 년 전에 태평양판의 운동 방향이 바뀌었다는 것을 말하고 있다.

무엇보다 열점 화산은 지구가 쉬지 않고 뜨거운 숨을 내쉬고 있다는 증거이기도 하다. 하와이 제도의 남동쪽에 위치한 하와이 본섬의 킬라웨아 화산에서는 지금도 조용히 현무암 분출을 계속하고 있으며, 하와이 본섬에서 남동쪽으로 20km 떨어진 바다 밑에 모습을 숨기고 있는 로이히 해산이 현재의 열점 위치로 알려져 있다. 하와이 제도는 얇은 해양 지각을 뚫고 올라온 열점 화산이지만, 백두산은 엄청나게 두꺼운 대륙 지각을 뚫고 올라온 열점 화산이다. 또한 하와이 제도는 지금도 판이 움직이고 있지

물이 절멸했다. 1980년에 노벨 물리학상 수상자인 미국의 루이스 알바레스는 K-T 대절멸(Mass extinction)의 원인이 운석의 충돌 때문이었다고 주장했다(Alvarez et al., 1980). 그러나 1978년 미국의 지질학자 듀이 맥린은 K-T 대절멸은 화산 활동으로 대기 중에 방출된 $CO_2$의 지구 온난화 때문이었다고 주장했다(McLean, 1978). 맥린에 의하면 6500만 년 전 K-T 대절멸은 인도 데칸 고원의 현무암 대지를 형성한 지구 역사상 가장 큰 맨틀 플룸 화산 활동과 시기적으로 일치한다.

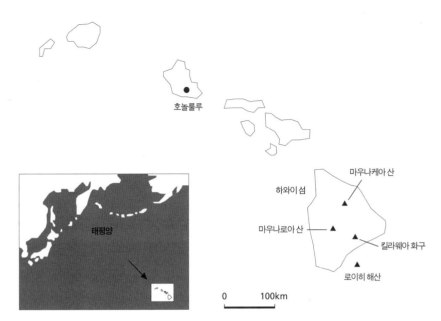

호놀룰루

태평양

마우나케아 산

하와이 섬

마우나로아 산

킬라웨아 화구

로이히 해산

0　　　100km

|**그림 5-1**| 하와이 제도와 로이히 해산

열점 화산은 맨틀과 외핵의 경계 부근에서 상승하는 플룸이 마치 토치 불꽃처럼 지각 판에 구멍을 내어 만들어진다. 열점의 위치는 거의 변하지 않기 때문에 그곳을 판이 이동하면 하와이 제도와 같은 화산 열도가 만들어진다. 현재 열점의 위치는 로이히 해산에 해당한다.

만, 백두산 아래 대륙 지각은 미동도 하지 않고 한곳에 고정되어 있다는 점이 다르다.

　백두산을 열점 화산으로 보는 이유는 다음과 같다(윤성효 등, 1993). 첫째, 백두산의 알칼리 현무암을 분출시키는 마그마의 발생 깊이는 대략 지하 70~150km이다. 이 깊이는 바로 맨틀 상부를 나타낸다. 둘째, 백두산의 현무암 중에는 단사 휘석의 커다란 결정[巨晶]이 포함되어 있는데, 이런 종류의 결정은 대체로 10~15KhPa의 높은 압력 환경이 아니면 생성되지 않는다. 이 압력은 맨틀 상부의 환경을 지시한다. 셋째, 백두산 일대의 현무암 분출 활동은 백두산 심부 단열대와 관련이 있는데, 지진파 연구에 의하면 이 열곡의 깊이는 100km 이상으로 지각과 맨틀 경계인 모호면을 절단해 맨틀 상부에 이른다. 그 밖에도 백두산을 열점 화산으로 보는 여러 지구화학적인 근거가 제시되기도 한다.[61]

또한 백두산의 현무암을 만든 마그마의 미량 원소 조성의 특성이 일본 화산과 같은 해양판 섭입(subduction)과 연관된 특성을 보이지 않는다. 이와 같은 사실들은 백두산의 마그마가 맨틀 대류의 상승부에서 직접 올라오고 있다는 것을 나타내며, 바로 백두산이 대륙의 열점 화산임을 말해 주는 것이다.


## 두 개의 마그마방

땅속으로 내려가면 갈수록 지열이 높아진다. 지구의 열에너지가 감소하지 않는 것은 내부에서 우라늄 등의 방사성 원소가 붕괴해 에너지를 계속해서 방출하기 때문이다. 방이 더워지면 창문을 열어 공기를 환기시킨다. 마찬가지로 지구 내부의 남아도는 에너지는 물이 높은 곳에서 낮은 곳으로 흐르듯 지구 내부에서 지각 밖으로 흐르게 된다. 그 에너지의 흐름이 화산과 온천을 만들고 지각 활동의 원천이 된다.

지표로부터 30~50km 정도 내려가면 온도가 800~1,000℃에 달한다. 이런 곳에서 열과 압력의 조건이 딱 들어맞으면 마그마가 부분적으로 용

---

61) 방사성 동위 원소 $^{87}Sr/^{86}Sr$의 초생비(初生比)를 측정해 마그마의 기원을 알 수 있는데 그 값이 0.715 이하이면 맨틀 상부의 마그마를 지시하고, 0.715 이상이면 지각 물질이 재용융해 생성된 마그마로 해석된다. 백두산 현무암의 $^{87}Sr/^{86}Sr$의 초생비는 0.7054~0.7055로서 마그마가 맨틀 상부에서 나온 것임을 나타내고 있다(윤성효 등, 1993).

융된다. 용융한 마그마가 압력이 작은 지각의 균열 등을 따라서 지표로 분출하는 것이 화산 활동이다. 물론 시냇물 흐르듯이 조용한 용암의 분출이 되느냐 또는 끈끈한 마그마가 폭발하느냐는 전적으로 마그마의 화학 성분(SiO₂)에 달려 있다.

현무암질 용암(SiO₂ 45~52%)은 점성이 적고 유동성이 커서 강물이 흐르는 속도보다 더 느린 속도로 조용하게 흘러내린다. 분출 뒤에도 멀리까지 흘러가므로, 높은 산체를 이루기보다는 넓은 지역에 용암 대지를 만든다. 미국 콜롬비아 고원이나 인도 데칸 고원, 백두산 개마고원 등이 그 대표적인 예이다. 백두산을 중심으로 개마고원과 중국 동북부에 걸쳐 분포하는 백두산 용암 대지는 동서 240km, 남북 400km에 달한다. 이것은 신생대 제3기에 백두산 심부 단열대를 따라 줄지은 분출구로부터 점성이 적은 현무암이 분출되어 만들어진 것이다.

반면에 유문암질 용암(SiO₂ 66% 이상)은 점성이 크기 때문에 흐르지 않고 대신에 화구에서 폭발을 한다. 극단적으로 점성이 큰 유문암질 용암은 화구조차 막아 버리기도 하고, 버터와 같은 끈끈한 용암이 상승한 채 식어서 굳어 버리면 제주도의 산방산이나 울릉도 성인봉과 같이 경사가 급한 돔 모양의 화산체를 형성하기도 한다. 백두산은 처음에 단열대를 따라 조용히 현무암을 분출하는 분화로 일관했지만, 신생대 제4기에 들어서면서 갑자기 마그마의 성분이 현무암질에서 점성이 큰 조면암질~알칼리 유문암질로 바뀌었다. 이에 따라 얌전했던 화산 활동 역시 갑자기 격렬해지기 시작했다. 구슬프고 숨이 긴 서편제의 소리꾼이 갑자기 요란스러운 랩가수가 된 것이다.

백두산을 구성하는 신생대 화산암류의 SiO₂ 성분의 변화를 조사해 보면, 하부의 현무암은 SiO₂ 45~54%, 상부의 조면암과 알칼리 유문암은

SiO₂ 63~73%의 범위를 보이며, 그 중간에 해당하는 중성의 안산암질 암석($SiO_2$ 55~62%)이 발견되지 않는다(Liu et al., 1998). 이러한 화산체를 쌍모식 화산체(bimodal assemblage)라고 한다. 백두산 부근의 여러 화산암의 화학 조성을 분석한 TAS(Total Silica-Alkali) 도표를 보면, 그 중간에 해당하는 안산암질 암석이 없다(그림 5-2). 쌍모식 화산체에 대해서는 미국 유타 주, 애리조나 주와 뉴멕시코 주의 화산에서 그 예가 알려져 있는데, 백두산 역시 이들과 같은 쌍모식 화산체이다.

지하의 마그마는 분출하는 동안 그 성분이 점차적으로 변화한다. 이를 마그마의 분화 과정이라 한다. 교과서에서 제시하는 마그마의 분화 과정을 살펴보면, 현무암질 마그마→안산암질 마그마→유문암질 마그마의 순으로 분화해 간다. 따라서 화산 부근의 암석을 조사해 보면, 가장 아래쪽에 현무암, 그 다음에 안산암, 마지막으로 가장 위쪽에 유문암이 분포하는 것이 일반적이다. 캐나다의 위대한 화성 암석학자 노먼 보웬(Norman Bowen, 1887~1956년)은 1928년에 『화성암의 진화(The Evolution of the Igneous Rocks)』라는 저서에서, 지하의 온도와 압력에서 어떻게 광물 결정이 만들어지고 암석이 생성되는가를 밝혔다. 따라서 이러한 현무암→안산암→유문암의 변화 계열을 그의 이름을 따서 '보웬의 반응 계열(reaction series)'이라 한다.

그러나 백두산의 경우는 하부에 현무암이 있고 그 다음에 바로 유문암으로 건너뛰었다. 중간의 안산암 계통의 암석이 없는 것이다. 유아기에서 소년기를 거치지 않고 바로 청년이 되어 버린 것과 같다. 쌍모식 화산체는 서로 다른 깊이의 지하 심부에서 발생한 서로 다른 마그마가 같은 장소에서 분출함으로써 형성되는 것으로 알려져 있다. 즉 현무암질 마그마는 맨틀에서, 유문암질 마그마는 지각에서 각각 형성되었다는 것이다. 이러한 설명을 받아들인다면 백두산 지하에는 성질이 다른 마그마방이 2개 존재

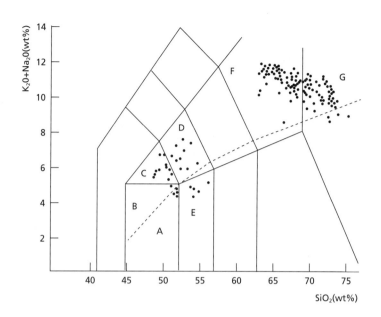

|**그림 5-2**| 백두산 일대 화산암의 TAS 도표(Liu et al., 1998)
백두산 화산암류는 A~E의 현무암질 암석과 F, G의 조면암질 및 유문암질 암석으로 나뉘며, 중간의 안산암질 화산암이 발견되지 않는다. 이와 같이 중간의 안산암질 화산암이 결여된 화산체를 쌍모식 화산체라고 한다(A: 현무암, B: 알칼리 현무암, C: 조면암질 현무암, D: 현무암질 조면안산암, E: 현무암질 안산암, F: 조면암, G: 유문암, 점선은 알칼리암과 서브 알칼리암의 경계).

하는 셈이 된다.

백두산 천지 밑에 마그마방이 2개 존재한다는 징후는 여러 가지로 살펴볼 수 있다. 마그마가 지표를 향해 상승할 때 화산성 지진이 발생하는데, 중국 옌벤 지진 조사소의 지진파 자료 분석 결과에 따르면, 백두산 일대 화산성 지진의 진원은 약 10~15km와 30~40km의 두 부분으로 분석된다고 한다. 백두산 지하 모호면(지각과 맨틀의 경계)의 깊이가 약 35km임을 감안할 때 30~40km 깊이는 현무암질 마그마방에 해당하며, 10~15km

깊이는 유문암질 마그마방에 해당하는 것으로 생각된다.

중국 지진 조사소 리우료신(劉若新)과 동료들은 백두산의 마그마 진화와 관련해 맨틀 상부의 마그마방 이외에 백두산으로 주입되는 마그마방이 또 하나 존재한다고 생각하고 모델로 제시했다(Liu et al., 1998). 그들에 의하면 용암 대지를 형성한 현무암은 맨틀에서 올라온 마그마에 의해 생성되었으며, 용암 대지 위에 우뚝 솟은 화산체를 만든 점성이 큰 유문암은 비교적 얕은 위치의 마그마방에서 올라왔다는 것이다(그림 5-3).

그들은 10세기에 일어난 백두산의 폭발적 분화는 아래에 위치한 큰 마그마방의 맨틀 마그마가 위에 있는 작은 마그마방 속으로 주입되면서 대대적인 마그마의 혼합(magma mixing)이 일어나고, 압력이 급상승해 화산 폭발의 방아쇠가 당겨졌다고 했다. 부산 대학교 화성 암석학자 윤성효에 의하면, 백두산에서는 가까운 과거에도 유문암질 테프라의 분출에 이어서 현무암이 분출되었으며, 또한 유문암질 암석 속에서 석영과 함께 감람석이 포함되어 발견되는 경우가 있다고 한다. 감람석은 맨틀 상부의 마그마에 포함되는 것으로, 석영과 함께 산출되기 어려운 광물이다. 이러한 증거들은 백두산 지하에서 마그마의 혼합이 실제 일어났다는 것을 말해 준다.

일본에서 발견되는 B-Tm 화산 유리의 굴절률이 $n=1.511{\sim}1.522$로서 비교적 넓은 범위의 값을 나타낸다고 했다. 화산 유리의 굴절률은 마그마의 화학 조성을 반영하는데, 1회의 화산 폭발에 의한 테프라는 통상 매우 좁은 범위의 화학 조성을 가진다. 특히 화산 폭발의 규모가 클수록 그 화학 조성은 좁은 범위에 한정되는 것이 보통이다. 수일에서 길어야 수개월 정도 계속되는 분화에서 마그마의 성분이 수시로 바뀔 수는 없기 때문이다.

홋카이도 대학의 나카가와와 도호쿠 대학의 오바가 1~2cm의 B-Tm을 3등분으로 나누어 화학 분석을 해 본 결과, $SiO_2$의 함량이 하부에서

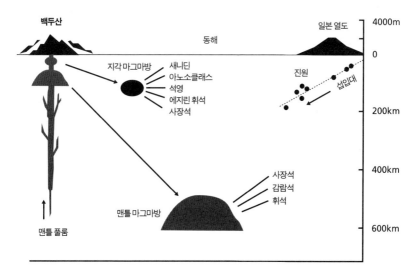

백두산, 동해, 일본 열도, 지각 마그마방, 새니딘, 아노소클래스, 석영, 에지린 휘석, 사장석, 진원, 섭입대, 맨틀 마그마방, 사장석, 감람석, 휘석, 맨틀 플룸

4000m
0
200km
400km
600km

|**그림 5-3**| 백두산의 2개의 마그마방 모델(Liu et al., 1998)
백두산 화산암의 쌍모식 패턴을 효율적으로 설명하기 위해 중국 지질 조사소 연구자들이 그린 2개의 마그마방 모델이다. 이에 의하면, 지하 깊은 곳의 큰 마그마방(맨틀 마그마방)에서 현무암질 용암을 공급하고, 백두산 천지 바로 밑에 작은 마그마방(지각 마그마방)이 존재해 유문암질 용암을 만들어 낸다.

상부로 갈수록 낮아져서 명확히 두 영역으로 나뉜다고 했다. 이러한 경향은 일본 홋카이도에서 발견되는 모든 B-Tm의 공통된 특성이라고 했다(Nakagawa and Ohba, 2002). 나카가와와 오바는 이러한 현상은 당시 백두산에서 서로 다른 기원의 마그마에 의해 두 차례 폭발이 일어났기 때문이라고 설명했다.

한편 도호쿠 대학의 미야모토와 그 동료들은 백두산의 지질 조사를 통해서 10세기에 백두산에서는 창바이 화쇄류와 바이샨 화쇄류의 두 차례의 거대 화쇄류 분화가 있었고 화산 분화를 일으킨 마그마의 성질이 각각 달랐다고 했다(宮本 등, 2002). 중국 지질 조사소와 일본 홋카이도 대학, 도호쿠 대학의 연구 결과를 종합해 보면, 실제로 백두산 지하에 두 개의 마그마방이 존재하고 있고, 두 마그마방 사이에서 마그마 혼합이 일어났을 가능성을 말해 주고 있다.

하부 마그마방에서 상부 마그마방으로 마그마 주입이 일어나 그 압력에 의해 먼저 $SiO_2$의 함량이 큰 마그마가 먼저 분출을 하고, 이어서 마그마 혼합에 의해 $SiO_2$의 함량이 다소 적은 마그마가 나중에 분출을 했다고 생각하면, B-Tm의 굴절률 및 화학 조성의 폭이 넓다는 점도 무리 없이 설명할 수 있다. 백두산 지하에 두 개의 마그마방이 있어서 지금도 하부 마그마방에서 상부 마그마방으로 계속 마그마가 주입되어 압력이 가해지고 있을 것이다. 지금은 힘의 균형으로 평온을 유지하고 있지만 이 균형이 깨어지는 것은 순간적이다. 만약 그 균형이 깨어진다면 백두산 화산 활동은 매우 긴박하게 전개될 수도 있다.

마그마의 이동은 지진계의 노이즈 속에 진폭의 변화가 없는 화산성 지진 특유의 흔적을 남긴다. 지진학자들은 지진계의 기록 속에서 노이즈를 소거해 화산성 지진의 파형을 찾아내고 있다. 지진이 빈번하면 이산화황 ($SO_2$) 등 화산 가스의 양이 증가하고 지하수의 온도도 올라갈 것이다. 백두산에서는 실제로 이러한 화산 분화와 관련한 전조 현상이 종종 전해지기도 한다.


### 백두산의 구조적 위치

우리나라 사람이 백두산에 대해 가지는 느낌은 일본인이 후지 산에 대해 품는 감정과 같다. 이 두 거대 화산은 바로 두 민족의 자존심을 표상한다. 그런데 둘 다 나라와 민족의 긍지를 상징하는 젊은 화산이지만 두 화산이 만들어진 내력은 아주 다르다(町田·白尾, 1998).

첫째, 화산체의 크기가 다르다. 높이는 후지 산(3,776m)이 백두산(2,744m)보다 높지만, 산체의 직경은 후지 산(40km)보다 백두산(100km)이 크다. 즉, 후지 산은 키가 크고 늘씬한 성층 화산이지만, 백두산은 마치 방패를 엎어 놓은 것과 같은 완만한 용암 대지 위에 정상 부분만이 우뚝 솟은 복합 화산체이다.

둘째, 후지 산은 착실하게 소규모 분화를 계속하면서, 테프라를 산록에 퇴적시키고 자신의 몸을 지금의 형태로 가꾸어 왔다. 반면에 백두산에는 후지 산에서 거의 일어나지 않았던 대규모 화산 폭발에 의해 만들어진 칼데라가 있다. 천지 칼데라이다. 또한 칼데라가 만들어질 때 발생한 거대 화쇄류 퇴적물이 산을 완전히 뒤덮고 있다. 따라서 후지 산은 여성적인 화산이고, 백두산은 남성적인 화산이라 할 수 있다. 후지 산은 자신의 얼굴을 쉴 새 없이 화장하고 좌우 대칭의 균형 잡힌 몸매를 유지하는 슈퍼모델과 같은 아름다운 화산이다. 그러나 백두산은 그 속을 쉽게 드러내는 일이 없다.

셋째, 화산 작용을 일으키는 마그마의 성질이 다르다. 후지 산을 만든 마그마는 판의 수렴 경계에서 올라온 마그마지만, 백두산의 마그마는 맨틀 심부에서 직접 상승한 맨틀 플룸이다. 백두산은 대륙성 열점 화산인 것이다. 후지 산은 지각의 판 경계에 줄지어 선 화산 열도를 구성하는 화산군(群)에 속하는 화산의 하나이지만, 백두산은 거대한 대륙의 기반을 뚫고 맨틀에서 직접 올라오는 플룸이 배출되는 분출구의 중심이다. 백두산 화산계(系)가 쉬지 않고 분출한 현무암이 중국 동북부 일대와 북한의 개마고원에 걸쳐 거대한 용암 대지를 형성했다.

넷째, 후지 산은 빙하의 영향을 받지 않았지만, 백두산은 빙하의 영향을 크게 받았다. 백두산에는 U자 계곡이나 카르(Kar) 지형, 빙하 퇴적물 등 빙하 시대의 두꺼운 빙하에 의해 침식된 흔적이 많이 남아 있다.

다섯째, 후지 산이 높은 화산이라면, 백두산은 깊은 화산이다. 후지 산은 후지노미야(富士宮)나 고텐바(御殿場) 등 산록의 거의 모든 방향에서 바라볼 수 있는 화산이다. 도쿄에서 오사카로 가는 신칸센 안에서도 후지 산의 웅장한 모습을 볼 수 있고, 비행기 안에서도 구름 위에 우뚝 솟은 자태를 볼 수 있으며, 날씨가 좋은 날에는 도쿄 타워에서도 멀리 후지 산을 볼 수 있다. 그러나 백두산은 그렇지 않다. 백두산에서 가장 가까운 중국 쪽 산록의 마을 엘다오바이허에서도 그 정상을 잘 볼 수 없다. 백두산은 그 표정조차 잘 드러내지 않고, 결코 자신의 패를 알 수 없게 하는 냉혹한 포커페이스의 화산인 것이다.

여섯째, 후지 산과 백두산은 둘 다 국가 주도로 유네스코 세계 유산에 등록을 시도하고 있다는 공통점이 있다. 후지 산을 세계 유산에 등록하려는 것은 물론 일본 정부이지만, 백두산을 '창바이산'이라는 이름으로 세계 유산에 등록하려는 것은 중국 정부이다.

한반도는 지반이 안정되어 지진이나 화산과는 연이 없다고 생각하기 쉽다. 실제로 과거에 그렇게 기술된 우리나라 중등학교 검인정 과학 교과서가 있었다. 그러나 실은 한반도를 포함해서 유라시아 대륙 동부는 지진이 많고 화산 활동이 빈번한 지역으로 분류된다. 그뿐 아니라 베이징, 산둥반도, 보하이 만 등에는 수많은 지구대(地溝帶)가 분포하고 있어서 대륙을 남남동에서 북북서 방향으로 잡아 찢는 듯한 지구 내부의 거대한 힘이 작용하고 있다고 한다. 이것이야말로 아프리카 아라비아 반도의 대지구대에 필적하는 지각의 균열이라는 이론이다. 그 옛날 대륙에서 일본 열도를 분리시킨 그 힘이 아직도 계속 작용하고 있다는 이야기다.

백두산 지구에도 여러 개의 거대한 단층과 단열 구조가 있다. 그중에서도 이른바 '백두산 심부 단열대', '후창-백두산 단열대', 그리고 '중강-백두산 단열대'의 3개의 심부 단열대가 있는데, 백두산은 이 커다란 3개의 단열대가 만나는 교점에 위치하고 있다(김정락, 1998). 백두산 심부 단열대는 백두산에서 무수단까지 연장되어 있고, 후창-백두산 단열대는 후창과 백두산을 관통하며, 중강-백두산 단열대는 중강-백두산-무산을 연결하는데, 모두 길이 300km가 넘는 대형 단열대들이다(그림 5-4). 이 단열대들을 따라 신생대에 활발하게 현무암이 분출했다.

이때는 마그마가 폭발하지 않았다. 하와이와 같이 점성이 작은 현무암질 용암이 매우 얌전하게 분출했다. 지금은 당시 생성된 암석이 틈을 채우고 있어서 단열대 자체의 모습을 관찰할 수 없지만, 지진파 탐사에 의하면 각 단열대의 깊이는 무려 100km 이상에 달하고 지각은 물론 상부 맨틀까지 절단한 심부 단열대이다. 이 심부 단열대는 판 구조론적으로 말하면 대륙의 열곡(rift)에 해당하는 것으로, 지각이 갈라져서 맨틀 물질이 상승되어 올라오는 통로이다.

제2차 세계 대전 당시 연합군의 공포의 대상은 독일의 U보트라고 불리는 잠수함이었다. 이에 대처하기 위해 연합군 측에서도 잠수함의 개발을 서두르지 않을 수 없었다. 결과적으로 잠수함의 등장으로 당시까지 미지의 부분이었던 해저의 세계를 알게 되었다. 그중에서도 가장 충격적이었던 것은 대양저 중앙 해령 열곡의 발견일 것이다. 이 열곡을 통해서 지하 맨틀 물질이 분출되어 새로운 지각이 형성된다는 것이 확인되었다. 이 열곡이 벌어지면서 그 틈 속에는 새로운 지각이 채워지고 오래된 지각은 열곡을 중심으로 양옆으로 확장된다. 이것이 바로 프린스턴 대학 해리 헤스(Harry Hess, 1906~1969년)가 주창한 해저 확장설(seafloor spreading theory)이다.

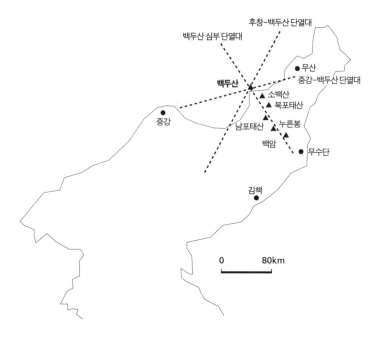

**|그림 5-4|** 백두산의 세 심부 단열대(김정락, 1998)

백두산은 백두산 심부 단열대, 후창-백두산 단열대, 그리고 중강-백두산 단열대가 한 점에서 만나는
삼중점(triple junction)에 위치하고 있다. 따라서 백두산은 주위보다 압력이 낮아서 지하 맨틀에
서 끊임없이 마그마가 집중된다.

오늘날의 판 구조론은 베게너의 대륙 이동설에서 해리 헤스의 해저
확장설을 거쳐, 프린스턴 대학의 존 윌슨(John T. Wilson, 1908~1993년)에 의해
그 골격이 완성되었다. 윌슨은 지각의 '판'이라는 명칭을 처음으로 제안
했다. 그리고 판이 열곡을 중심으로 좌우로 이동하는 현상을 '변환 단층
(transform fault)'이라는 개념으로 너무나도 쉽게 설명해 버렸다. 이것으로 지
각이 생성되고 확장되고 이동하는 메커니즘, 그리고 지진과 화산 등 지구
과학적 현상들을 지구 규모로 설명할 수 있게 되었다. 지각의 판은 분명히
움직이고 있으며, 단지 그 움직임이 워낙 느려서 관측할 수 없을 뿐이다. 판

은 지금도 손톱이 자라는 속도로 움직이고 있다.

판이 생성되는 해저의 열곡 부근에는 열수 분기공이 있어서 오늘날에도 뜨거운 열수가 뿜어져 나오고 있으며, 지구상에서 최초로 생명이 탄생한 곳으로도 생각되고 있다. 대륙에서도 흔하지는 않지만 바다 밑과 마찬가지로 이러한 열곡이 있다. 대표적인 것이 아프리카 대열곡으로, 오늘날에도 계속 열곡이 벌어져서 새로운 지각이 만들어지고 있다. 백두산은 이러한 대륙 열곡 3개 교차점의 바로 중심에 놓여 있는 것이다. 이러한 삼중점(triple junction)은 주위보다 압력이 낮다. 따라서 마그마가 한곳으로 집중될 수밖에 없다. 저기압 중심으로 공기가 모여들어 상승 기류의 두꺼운 구름으로 태풍이 생성되는 원리와 같다.

특히 백두산 심부 단열대를 따라 백두산, 소백산, 남포태산, 누른봉 등 화산이 이어져 마천령산맥을 이루고 있는데, 이 화구의 정점으로부터 작은 단층들이 또다시 방사상으로 놓여 있다. 백두산 화산 활동은 초기 오랜 시간 동안 점성이 적고 유동성이 큰 현무암질 마그마가 단열대에서 조용히 흘러나와 현재의 개마고원을 만들었다. 그러나 그 뒤 갑자기 마그마가 점성이 큰 유문암 및 조면암질 마그마로 바뀌었다. 그리고 마그마가 백두산 천지 한곳으로 집중되면서, 그 분화 양상도 매우 폭발적이고 격렬해진 것이다.


## 2. 백두산 천지 칼데라

조선 시대에 많은 조선인들이 두만강을 건너 간도(間道)에 이주하게 되었다. 따라서 청과 조선 사이의 국경을 명확히 할 필요가 있었다. 그래서

1712년에 세워진 것이 백두산 정계비이다. 여기에는 국경을 "서쪽을 압록, 동쪽을 토문(土門)으로 한다."라고 표기되어 있다. 이 "토문"이라는 지명의 해석을 둘러싸고, 청나라의 "토문=두만강"이라는 주장과 조선의 "토문=토문강(쑹화 강 지류)"이라는 주장이 20세기 초까지 충돌했다.

한때 중국은 조선의 주장을 받아들인 적도 있었으나, 청일 전쟁과 러일 전쟁에서 차례로 승리한 일본이 중국으로부터 이권을 얻어 내기 위해 1909년 간도의 중국 영유권을 인정하는 간도 협약을 일방적으로 체결했다. 결국 1962년에 이르러 북한조차 중국의 주장을 받아들여 북중 변경 조약이 체결되었다. 현재 압록강과 두만강이 중국과 북한의 국경이며, 천지 위에 북한과 중국의 가상 국경선이 그어져 있다. 자신의 소유권을 둘러싼 그런 세속적인 인간들의 다툼을 아는지 모르는지, 오늘도 백두산 천지는 세상의 모든 산을 압도하듯 위압적인 위용으로 하늘 위로 솟아 있다.

백두산은 신생대 제3기의 오랜 기간에 걸쳐 심부 단열대를 따라 현무암질 용암의 분출을 계속했으나, 신생대 제4기(200만 년 전~현재)에 들어와서 지하 마그마 성분이 갑작스레 점성이 큰 마그마로 바뀌게 되었다. 그리고 화산 활동이 백두산 천지 한곳으로 집중되면서 그 화산 활동의 양상도 격렬하고 폭발적으로 변했다. 이를 '백두산기(期)' 화산 활동이라 부른다. 백두산에서는 신생대 제4기 200만 년 전부터 최근 5만 년 전까지 유문암질~조면암질의 테프라 분출이 연이어 일어났다. 이 제4기의 테프라 층은 백두산 용암 대지의 기반을 이루고 있는 제3기 현무암층 위에 평행 부정합으로 놓여 있다.

**파괴자의 조건**

북한의 김정락이 1998년에 발간한 저서(『백두산 총서: 지질 편』)에 의하면, 백두산기의 분출 시기와 암석 종류 및 분출 형식에 따라 아래서부터 푸른봉층, 북설령층, 북포태산층, 대평층, 무두봉층, 향도봉층, 장군봉층으로 나뉜다(표 5-2). 이 일련의 플라이스토세(Pleistocene)[62]의 화산 활동이 끝난 뒤 지하 심부의 마그마방은 잠시이기는 하나 한동안 평온을 되찾았다.

그러나 그 후 화도에 휘발성 성분이 점차로 집중되고 마침내 수증기압이 커지면서, 지금으로부터 1,000년 전을 전후해서 다량의 부석과 화산재를 일시에 분출하는 대폭발이 일어났다. 이를 '백운봉기' 화산 활동이라 부른다. 백운봉이란 명칭은 장군봉에 이어서 두 번째로 높고 중국 쪽에서

|표 5-2| 백두산 일대의 신생대 제4기 층서(김정락, 1998)

| 시대 | | | 화산 활동기 | 지층 | 연대(년) | 분출물 |
|---|---|---|---|---|---|---|
| 제4기 | 홀로세 | | 백운봉기 | | | 자갈, 모래 |
| | | | | 천지층 | 1,000(?) | 백색 부석, 흑색 응회암 |
| | 플라이스토세 | 후기 | 백두산기 | 장군봉층 | 5.7만~8만 | 조면암, 유문암, 흑요석 |
| | | | | 향도봉층 | 10만~13만 | 조면암, 응회암 |
| | | 중기 | | 무두봉층 | 19만 | 스코리아 |
| | | | | 대평층 | 30만 | 현무암 |
| | | | | 북포태산층 | 39만 | 조면암, 응회암 |
| | | 전기 | | 북설령층 | 185만 | 유문암, 응회암 |
| | | | | 푸른봉층 | 200만 | 조면암 |

---

62) 신생대 제4기는 플라이스토세(200만~1만 년 전)와 홀로세(1만 년 전~현재)로 나눈다.

는 가장 높은 천지 외륜산에서 따온 명칭이다. 이 책에서 주목하는 것은 가장 마지막의 10세기 백운봉기 천지층을 형성한 화산 활동이다.

표 5-2에 의하면, 천지층(10세기 테프라)은 '백색 부석층'과 '흑색 응회암(black tuff)층'으로 나뉜다고 한다(김정락, 1998). '백색 부석층'은 크고 작은 부석 알갱이로 구성되어 있는데, 부석층 입자의 크기와 두께는 천지에서 크고 두꺼우며 멀어지면서 작고 얇아진다. 부석은 수 mm 정도의 미세한 구멍을 가지는 해면상 구조이며 비중이 $0.3 \sim 0.9 \mathrm{g/cm^3}$로 매우 가볍다. 이러한 내용으로 미루어 볼 때, 이것은 플리니식 분화에 의한 강하 퇴적물을 묘사하고 있다. 한편 '흑색 응회암층'은 백두산 사면의 골짜기들과 강의 상류 지구에 분포되어 있다. 조면암질 조성의 검은 부석(아마 스코리아)과 화산재로 구성되고 비교적 용결되었다. 이 층은 백색 부석층 위에 놓여 있으며, 층 속에 백색 부석을 포함하고 있다고 한다. 이 기재로 보아 이 퇴적물은 화쇄류에 의한 용결 응회암이다.

백두산 일대 가장 상위의 천지층에 대한 기재는 연구자마다 조금씩 다르지만, 대체로 비용결 부분과 용결 부분으로 구분된다. 표 5-3은 백두산을 지질 조사한 각국 화산학자들에 의한 테프라 명칭을 비교한 것이다.

일본의 마치다 등은 천지층을 매우 세밀하게 구분해 A~F의 계열로 나누었다. 백두산은 백두 강하 부석(B-pfa)이 퇴적된 직후에 창바이 화쇄류(C-pfl)라는 거대 화쇄류가 발생했으며, 마지막에 바이샨 화쇄류(F-pfl)라는 용결 응회암이 퇴적되었다고 했다(Machida et al., 1990). 한편 독일의 호른과 슈민케는 화쇄류의 발생을 기준으로 각각 phase Ⅰ(강하 부석, 비용결 화쇄류)과 phase Ⅱ(용결 화쇄류)로 나누고 있으며(Horn & Schmincke, 2000), 가장 최근에 천지층을 조사한 일본 도호쿠 대학의 미야모토 등은 천지층을 Unit A~H로 나누었는데, 그들의 기본적인 층서는 마치다 등의 것과 동일하다(宮本

|표 5-3| 홀로세 백운봉기 천지층 테프라의 명칭

| | 천지 층 | |
| --- | --- | --- |
| | 비용결 부분 | 용결 부분 |
| Machida et al.(1990) | 백두 강하 부석(B-pfa) 창바이 화쇄류(C-pfl) | 바이산 화쇄류(F-pfl) |
| 김정락(1998) | 백색 부석 | 흑색 응회암 |
| Horn & Schmincke(2000) | phase I (강하 부석, 비용결 화쇄류) | phase II (용결 화쇄류) |
| 宮本 등(2002) | 강하 부석(Unit A) 거대 화쇄류(Unit B) | 용결 응회암(Unit F) |

등, 2002). 이 세 연구에서 모두 백두산에서 거대 화쇄류가 2회 발생했다는 것을 확인할 수 있다.

이상의 연구 결과를 종합해 보면, 10세기 백두산의 폭발적 분화에 의해 플리니식 분화에 의한 강하 퇴적물인 백색 부석이 먼저 퇴적되고, 그와 거의 동시에 대규모 화쇄류 퇴적물이 산등성이까지 널리 퇴적되었다(phase I). 그리고 그다음으로 계곡을 따라 암색(暗色)의 용결 응회암(이그님브라이트)이 두껍게 퇴적되었다(phase II, 사진 5-1). 이러한 테프라 퇴적의 순서는 강하 부석→화쇄류→광역 테프라의 윤회가 적어도 두 번 이상 발생했다는 것을 말해 준다.

천지는 승용차 또는 보통의 밴으로는 올라갈 수 없다. 백두산 산록의 마을 엘다오바이허에서 천지 거의 정상까지 도로가 포장되어 있지만, 백두산은 광대한 용암 대지 위에 우뚝 솟은 화산이다. 기반은 방패를 엎어 놓은 모양의 순상 화산의 형태이지만 그 중심은 종을 엎어 놓은 것과 같은 형상이다. 머리 부분이 뾰족한 마귀할멈이 쓰는 챙 넓은 모자와 같은 모양

**|사진 5-1|** 용결 응회암

백두산 천지에서 북동쪽 20km 지점의 계곡 부석림(그림 4-2 참조)에 나타나는 용결 응회암, 즉 이 그님브라이트이다. 이 용결 응회암은 10세기의 백두산 분화 때 두 번째의 거대 화쇄류인 바이산 화 쇄류(F-pfl)의 두꺼운 퇴적물이 용결해 만들어진 것이다(사진: 도호쿠 대학 동아시아 센터 제공).

이다. 엘다오바이허까지는 매우 완만한 경사로 고도가 서서히 높아지지만 엘다오바이허에서 천지까지는 경사가 갑자기 급해진다. 따라서 보통 승용차로 올라갈 수는 없고 사륜 구동의 지프가 아니면 안 된다. 정상 부근의 기상 관측소 부근에서 지프에서 내려서 가파른 칼데라 외벽을 단숨에 오르면 갑자기 눈앞에 호수가 펼쳐진다(사진 5-2).

천지, 눈부시게 맑고 투명한 하늘 아래 펼쳐진 코발트빛 호수! 천지는 보는 이에게 탄식과 감동을 안겨 준다. 이 높은 곳에 이렇게 소름 끼치듯 장엄한 아름다움이 존재할 수 있을까…… 누군가가 맑은 천지의 광경을

**|사진 5-2|** 백두산 천지

백두산은 항상 구름에 덮여 있는 경우가 많아서 맑은 천지를 보기가 힘들다. 사진은 천지 칼데라 외륜산의 하나인 천문봉에서 내려다본 모습.

본 적이 있다고 한다면 그는 운이 좋았다고 해야 할 것이다. 백두산은 연간 강수량이 1,000mm를 넘고 해발 고도가 2,700m를 넘는 곳이어서 구름이 걷힌 맑은 천지를 볼 수 있는 날은 1년 중 손꼽을 정도다.

천지를 지칭하는 명칭 역시 시대와 장소에 따라 여러 가지이다. 큰 연못이라는 뜻의 대택(大澤), 대지(大池) 또는 용왕이 사는 못이라는 의미의 용담(龍潭) 등으로 불렸다. 그 이름이 무엇이든 천지는 공식적으로 지구에서 가장 높은 곳에 위치한 칼데라 호이며, 중국어로도 '티안치(天池)', 영문으로 표기해도 'Heaven Lake(하늘의 호수)'일 뿐이다.

캐나다 앨버타 대학에는 필립 커리(Philip Currie)라는 세계적인 육식 공룡 전문가가 있다. 그는 영화 「쥐라기 공원」의 학술적인 자문을 했는데, 로버트 바커(Robert Bakker)와 함께 공룡 온혈설, 공룡 조류설이라는 새로운 패러다임으로 무장하고 활동적이고 생동감 넘치는 새로운 공룡 상을 제시했다. 커리는 「쥐라기 공원」에서 공룡 벨로시렙터가 혀를 날름거리는 장면을 보고 스티븐 스필버그에게 그 장면을 삭제하도록 요구했다. 공룡은 냉혈 동물인 파충류가 아니기 때문에 혀를 날름거리지 않았다는 게 그의 지론이다. 스필버그는 군말 없이 영화에서 그 장면을 삭제했다고 한다. 커리는 대학의 고생물학 강좌에서 공룡의 해부학 강의를 할 때는 프라이드치킨의 먹다 남은 뼈를 사용한다고 했다. 공룡의 골격 구조는 조류의 것과 매우 유사하기 때문이다.

언젠가 필자는 앨버타 주 드럼헬러의 로얄 티렐 고생물 박물관에서 그런 커리를 만난 적이 있었다. 공룡을 파충류가 아닌 조류로 분류하는 그는 공룡과 새 발자국 화석이 함께 나오는 우리나라 경상남도의 노두에 대해서도 잘 알고 있었다. 그때 그는 티라노사우루스 렉스의 골격 구조는 오직 먹이를 분쇄하기 위해 만들어진 가장 완벽한 포식자의 조건을 가지고 있다고 말했다. 하지만 그는 백두산을 본 적은 없을 것이다. 백두산이야말로 화산 중의 화산, 화산의 티라노사우루스 렉스와 같은 존재이다. 그것은 아직 심장이 멎지 않은 지질학적 공룡이다. 천지야말로 완벽한 파괴자의 조건을 모두 갖추고 있는 것이다.

직경 4.5km의 거대한 칼데라는 마치 공룡의 입을 연상케 한다. 맨틀 플룸에 의해 지하에서 끊임없이 공급되는 마그마, 그 압력은 두꺼운 암반을 산산조각 내고 대지를 뒤흔들었다. 천지의 물과 두껍게 쌓인 산정의 눈은 백두산이 폭발할 때마다 치명적인 화산 이류를 발생시켰다. 이것이야말로 화산의 지존이라 할 파괴자의 모습이다. 엄청난 파괴력을 잠재한 천지는 그것을 보는 사람으로 하여금 자연에 대한 무한한 외경을 느끼게 한다. 그것은 남성의 완력과 여성의 섬세함이 느껴지는 자연이 만들어 낸 미학의 극치이다.

그러나 세계적인 광역 테프라를 살펴보면 10세기 백두산 분화의 규모를 훨씬 상회하는 것들이 많이 있다는 것을 알 수 있다(町田·新井, 2003). 북미의 옐로스톤에서 분출된 3개의 테프라(라바 크리크(Lava Creek), 메사폴(Mesa Falls), 허클베리 리지(Huckleberry Ridge)), 롱벨리 화산에서 분출된 비숍(Bishop) 등의 테프라가 북미의 거의 전역에서 발견된다. 한편 해저에서 광역성이 확인된 대표적인 테프라는 인도양의 영기스트 토바(Youngest Toba), 지중해의 캄파니안, 중남미의 로스 초코요스(Los Chocoyos) 등이 있다.

이 중에서 지구상 최대 규모의 것은 무엇인가? 이 질문에 대한 답은 단연 인도네시아의 영기스트 토바와 북미의 허클베리 리지이다. 둘 다 총 체적 2,500km³를 넘는 VEI 8급의 슈퍼 헤비급 화산 폭발의 분출물들이다. 인도네시아 토바 화산은 직경 100km에 달하는 토바 칼데라를 가지고 있으며, 신생대 제4기에만 세 번의 대분화를 일으켰다. 그중에서 최대의 것이 지금으로부터 7만 년 전의 세 번째 것으로서, 그때 뿜어낸 분출물이 영기스트 토바이다. '가장 젊은 토바'라는 뜻이다. 이 화산재는 멀리 인도양을 건너 벵골 만과 인도 대륙을 뒤덮었다. '허클베리 리지'는 200만 년 전 옐로스톤의 분출물로서 미국의 거의 전 지역에서 발견된다. 옐로스톤은 그 자체가 하나의 열점 화산이며 거대한 칼데라이다. 규모 면에서는 이에 뒤지지만 옐로스톤에서는 지금으로부터 63만 년 전에 라바 크리크를 분출했고 이 역시 미국의 전 지역에 분포하고 있다. 라바 크리크를 마그마로 환산한 체적(DRE)은 1,000km³을 넘는다.

이러한 테프라들은 우리나라 백두산 또는 일본의 대규모 광역 테프라와 비교하면 자릿수가 다를 정도로 훨씬 규모가 크다. 그것은 이 지역들의 지질 구조가 다르며, 그 스케일이 한반도나 일본 열도보다 훨씬 크고, 엄청난 양의 마그마가 생성되고 한곳으로 모여들기 때문이다. 그러나 이러한 테프라들은 적어도 수만 년 전 지질 시대에 분출된 테프라들이다. 즉 인류의 수가 적었던 시기에 일어난 화산 폭발의 산물인 것이다. 백두산의 테프라가 중요한 것은, 그것이 지질 시대가 아닌 인류의 역사 시대에, 그것도 비교적 인구 밀도가 높은 고구려와 발해 옛 영토의 한복판에서 100km³급의 대폭발을 일으켰다는 사실이다.

그렇다면 천지 칼데라는 언제 만들어졌을까? 약 1,000년 전 화산 폭발 지수 VEI 7급의 백두산 대분화가 일어날 때 천지 칼데라가 만들어졌다고 생각하는 사람이 있지만, 그것은 사실이 아니다. 천지는 이미 그 이전부터 존재하고 있었으며, 천지의 형성은 훨씬 전으로 거슬러 올라가지 않으면 안 된다. 천지 칼데라 벽에 빙하의 침식으로 만들어진 빙하 권곡(카르)이 남아 있는 것으로 미루어 적어도 1만 년 전 마지막 빙하 시대가 끝날 쯤 이미 천지는 지금의 형태로 존재하고 있었다. 그때의 빙하 침식 지형 위에 10세기의 테프라가 덮고 있기 때문이다. 이 천지의 형성에 관한 문제를 해결할 단서를 일본에서 발견된 또 하나의 광역 테프라에서 찾을 수 있다.


### 천지 칼데라의 형성

이 테프라는 일본 아키타 현 오가 반도에서 처음 발견되었기 때문에 "백두산-오가 화산재(Baegdusan-Oga, 약칭 B-Og)"라고 불린다. B-Og는 오가 반도 해안의 사구 퇴적물의 이탄층 속에 3~4cm 두께로 퇴적되어 있다.

오가 반도(그림 1-1)는 애초에는 해안선에서 떨어진 섬이었지만, 간빙기

동안 요네시로 강에서 운반된 퇴적물이 해안선에 퇴적되어 사주로서 연결되고 현재와 같은 반도가 되었다. 그러나 오가 반도 자체는 화산 활동과 매우 밀접한 관계가 있어서, 해안가에 작은 성층 화산인 간푸 산(寒風山)이 있고, 주변 해안선에 있는 여러 개의 둥근 만(이치노메(一の目) 만, 니노메(二の目) 만, 도가(戸賀) 만)은 화산과 관련한 마르 지형이다. 이러한 활발한 화산 활동으로 생성된 테프라가 과거 지질 시대에 백두산에서 날아간 테프라를 덮어주어 보존해 주었던 것이다.

B-Og를 최초로 발견한 것은 도쿄 대학의 시라이 마사아키(白井正明)였다. 그는 수년간을 오가 반도에 머물며 논문을 작성했다. 그는 B-Og의 연대를 약 46만 년 전으로 제시했는데(白井, 2001), 이것은 북한에서 제시된 백두산 북포태산층의 연대(39만 년 전)와 대비할 수 있다(표 5-2, 사진 5-3).

북포태산층은 조면암의 화학 조성을 가지며, 백두산의 칼데라 벽에 노출된 지층으로, 가장 두껍고(최대 두께 60m) 가장 훌륭한 용결 응회암이다. 이 북포태산층은 장백 폭포에서 그 단면의 일부를 관찰할 수 있다(사진 5-4). 장백 폭포는 천지의 물이 천지의 출구인 달문을 통해 유일하게 밖으로 흐르는 관문이다. 천지가 압록강과 두만강의 원류로 알려져 있지만 이것 역시 사실이 아니다. 장백 폭포를 따라 흐른 천지의 물은 유일하게 북쪽 쑹화 강의 원류가 된다. 장백 폭포의 단면에는 용결 응회암의 주상 절리가 보이고, 그 밑으로 암석 파편들이 흘러내린 암설이 보인다. 백두산에서 빈번히 발생하는 지진의 충격에 의해 흘러내린 사태 퇴적물이다.

B-Og층이 만들어진 약 46만 년 전에 백두산에서 대규모 화쇄류를 동반한 화산 분화가 일어나고 이때 장백 폭포 단면에서 관찰할 수 있는 북포태산층이 형성되었다. 아마 이때 화구가 대대적으로 파괴되어 대체적인 천지의 모습이 형성되었을 것이다. 필자는 수년 전 오가 반도에서 지질 조

|사진 5-3| 오가 반도의 B-Og

아키타 현 오가 반도 해안에 신생대 제4기 사구 퇴적층이 두껍게 퇴적되어 있다. B-Og는 두꺼운 이탄층 속에 협재되어 발견된다. 이 테프라의 연대는 약 46만 년 전으로 추정되었다.

사를 하고 있던 시라이를 만났던 적이 있다. 동행했던 도쿄 도립 대학의 마치다가 가벼운 농담으로 그를 소개했다.

"이 사람은 오가 반도에 목숨을 건 사람입니다."

그러자 시라이는 웃으면서 정정을 해 주었다.

"목숨까지 걸지는 않았고, 청춘을 걸었을 뿐입니다."

시라이는 오랫동안 오가 반도에 머물며 그곳의 테프라에 대해 조사했다. 오가 반도 해안의 사구 퇴적물 속에는 원격지에서 날아온 광역 테프라가 여럿 확인되었는데 그중 하나가 B-Og였다. 그는 동해 해저를 시추한 피스톤 코어에서도 B-Tm뿐만 아니라 그 하부에 또 하나의 백색 테프라 B-Og가 발견된다는 사실을 알아내고 연대를 측정했다. 시라이가 청춘의

|**사진 5-4**| 장백 폭포

장백 폭포의 단면은 조면암질 용결 응회암으로 북한에서는 북포태산층이라고 부른다. 사진의 장백 폭포 노두에 나타나는 북포태산층은 유수에 의해 깊게 V자 모양으로 침식되었는데 칼데라 벽에서는 최대 두께 60m에 달한다. 북한 자료에 의하면, 이 지층의 연대는 약 39만 년 전으로, 동해 해저와 일본에서 발견되는 B-Og와 대비가 가능하다. 이 테프라가 천지에서 분출될 때 천지의 대체적인 모습이 형성되었을 것으로 추정된다.

한때에 열정적으로 몰두했던 세월에 대한 보상이 B-Og의 발견과 그로 인한 명예였다. 앞으로도 B-Og에 관련된 논문의 참고 문헌에는 그의 이름이 남겨질 것이다. 이것이야말로 자신의 발로 야외를 걸어 다니며 지적인 땀을 흘렸던 사람에게만 주어지는 소박한 훈장과도 같은 것이다.

백두산 칼데라 벽에 나타나는 북포태산층의 규모나 일본 오가 반도에서 B-Og가 퇴적된 층의 두께로 미루어, 46만 년 전 B-Og를 만든 화산 폭발은 10세기의 B-Tm을 만든 화산 폭발의 수 배에서 수십 배의 어마어마한 규모에 달했을 것으로 생각된다. 아마 북미의 허클베리 리지나 인도네시아의 영기스트 토바에 버금가는 규모였을 것이다.

오가 반도의 B-Og는 아직 완전히 암석으로 고화되지 않은 상태이다. 땅속에서 굳지 않는 부드러운 화산재가 발견되었다면, 그것은 대개 지사학적으로 신생대 제4기(200만 년 전부터 현재까지)에 생성된 것임을 의미한다. 그러나 지구 생성 이래의 유구한 시간과 비교한다면 그 사건은 바로 어제 일어난 것과 같다. 이 시대가 과거 어느 지질 시대보다 의미가 깊은 것은, 그것이 오늘날의 자연 자체가 형성되고 변화되어 온 시대이며, 따라서 지구의 장래를 통찰할 때 중요한 자료를 제공해 주는 시대이기 때문이다. 또한 이 시대는 인간이 지구상에 처음으로 모습을 나타낸 시기이기도 했다.

B-Og는 장백 폭포 등 화구 근처에서는 용결 응회암(이그님브라이트)으로 나타난다. 용결 응회암이란 두꺼운 화쇄류가 일단 퇴적된 후 자체의 열에 의해 재용융해 굳어진 암석이다. 화쇄류가 화구에서 분출되면 최초 700~800℃의 온도를 유지하고 있다. 그러한 테프라가 지면에 두껍게 퇴적되면 그 퇴적층 내부는 열이 빠져나갈 수 없어 열을 누적하게 되고 마침내 용융점을 넘어 재용융한다. 이렇게 해서 굳어진 암석이 용결 응회암이다. 야외에서 유문암, 또는 조면암이라고 불리는 암석은 실은 이렇게 해서 만들어진 암석이 많다. 용결 응회암은 그 특유의 흐름 구조(flow structure)가 나타나는데, 유문암(流紋岩)이라는 용어 자체가 이 흐름 구조를 의미하고 있다.

천지 칼데라는 일반적으로 함몰 칼데라로 알려져 있다. 칼데라는 스페인 어로 '냄비'를 의미하는데, 함몰 칼데라는 화산 지하의 대량의 마그마가 한꺼번에 방출되어 마그마방에 공간이 생겨 산체가 붕괴되어 함몰된 지형이다. 그러나 천지 칼데라를 함몰 칼데라로 단정할 수는 없다. 그런 주장을 입증해 줄 자료도 빈약하고 천지 칼데라의 형성에 관해서는 아직 잘 모르는 부분이 많기 때문이다. 폭발에 의해 산체가 제거되고 그곳에 커다란 웅덩이 모양의 지형이 만들어졌을 수도 있고, 본래 아무것도 없던 평탄한 지표면에 화산 폭발 후 커다란 구멍이 생겼을 수도 있다. 잠시 천지 칼데라 형성의 시나리오에 관해 살펴보기로 하자.

첫째, 천지가 함몰 칼데라인 경우이다(그림 5-5). 함몰 칼데라에는 크라카토아형과 피스톤 실린더형이 있다. 크라카토아형은 대량의 테프라가 분출한 직후 산체가 붕괴하고 함몰해 생성되는 칼데라로서, 1883년 인도네시아 크라카토아 화산이 폭발해 해저에 이 형태의 칼데라가 만들어졌다. 크라카토아 화산이 있었던 섬은 화산체가 함몰하면서 자취를 감추고 말았다. 피스톤 실린더형 칼데라는 마그마방 상부에서 하부를 향해 고리 모양의 균열이 발생해 이 균열을 따라 원통형 부분이 함몰하는 칼데라이다. 이 형태의 칼데라는 미국 뉴멕시코의 바이어스 칼데라(Valles caldera)가 대표적이다.

과거에는 대개 성층 화산의 산정이 분화에 의해 함몰해 함몰 칼데라가 만들어지는 것으로 생각되었다. 그러나 최근에는 칼데라의 생성과 성층 화산과는 아무런 관계가 없다는 것이 알려지게 되었다. 본래 아무것도 없었던 장소에서도 거대 분화가 일어나면 칼데라가 만들어질 수 있다는 것이다. 아소(阿蘇), 도와다, 도야, 하코네(箱根) 등 일본의 대표적 칼데라들이 그렇게 만들어졌다고 한다.

둘째, 천지가 폭발 칼데라인 경우이다. 이것은 대규모 테프라 분출이 일어났을 때 산체를 형성하고 있던 암석이 테프라와 함께 칼데라 밖으로 제거되었다고 보는 입장이다. 폭발 칼데라에서도 화산체의 붕괴에 의해 원형~U자형의 함몰 지형이 만들어지는 경우가 많다. U자형 칼데라는 말굽

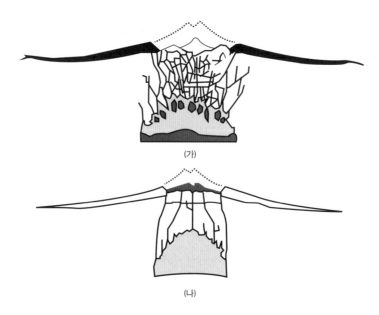

(가)

(나)

|**그림 5-5**| 함몰 칼데라(Kuno, 1953, 일부 수정)
(가) 크라카토아형 칼데라: 대량의 테프라 분출 직후에 마그마방에 공동이 생겨 그 속으로 화산체가 함몰해 형성, (나) 피스톤 실린더형 칼데라: 마그마방의 상부에서 화산체 내부에 고리 모양의 균열이 생겨 이 균열을 따라 원통형의 부분이 함몰해 형성된다.

모양을 닮았다고 해서 마제(馬蹄)형 칼데라라고도 부른다. 산체가 붕괴되는 모습은 1980년 미국 세인트헬렌스 화산이 폭발했을 때 연속 사진으로 촬영되어 그 모습이 밝혀졌다. 이때 붕괴된 산체는 화산에서 멀리 옮겨져 '흐름산(hummocky)'이라고 불리는 수많은 작은 언덕을 만들었고, 산정에는 말굽 모양의 칼데라를 남겼다. 바로 폭발 칼데라이다.

　백두산과 같이 $100km^3$를 넘는 마그마가 짧은 시간에 분출하기 위해서는 그 몇 배 규모의 마그마가 지표 가까이에 모여 있어야 한다. 이러한 엄청난 양의 마그마가 지표에 분출될 때 급격한 체적의 팽창에 의한 폭발력과 산체 함몰에 의해 칼데라가 형성되지만, 마그마가 분출되지 않고 지표 가까이에서 굳어 버리는 경우 지질학자들이 저반(底盤, batholith)이라고 부르는 거대 화성암체가 된다. 지표 넓은 곳에 이러한 저반이 존재한다는 것은 과거에 그곳에서 화쇄류 분화에 의해 칼데라가 형성되기 일보직전에 화산활동이 멈추었다는 것을 짐작케 하는 것이다.

세계의 칼데라 주변에는 그 화산이 분출한 테프라 퇴적물이 있으며 테프라의 분출량과 칼데라의 크기 사이에 상관관계가 있다. 그러나 천지 칼데라의 크기(직경 4.5km) 자체는 그다지 크다고 할 수 없다. 가까운 일본에만도 아이라 칼데라, 도야 칼데라, 시코쯔(支笏) 칼데라 등 직경 20km가 넘는 대형 칼데라들이 많이 있다. 이들과의 차이점은 천지 칼데라가 대륙의 맨틀 플룸에 의한 열점이며 마르지 않는 샘처럼 마그마가 공급되고 있다는 점이다.

지금까지 살펴본 바와 같이, 천지 칼데라가 지금으로부터 1,000년 전의 단 한 번의 거대 분화에 의해 만들어진 것이 아니라는 것을 알 수 있다. B-Tm과 B-Og를 분출한 대분화도 현재의 천지를 형성하는 지질학적 에피소드의 하나일 뿐이다. 동해의 해저에는 이 밖에도 B-J(Baegdusan-Japan Basin) 테프라가 발견되는데 그 분출 연대는 지금으로부터 약 5만 년 전으로 추정되고 있다(町田·新井, 1992; 천종화 등, 2006). 이와 같이 폭발적인 대분화가 여러 번 반복되고 대규모 테프라가 분출할 때마다 그에 상응하는 크기로 칼데라가 성장되고 확장되었을 것이다.

천지 칼데라의 현재의 아름다운 모습을 빚어 내는 데 빙하의 역할을 무시할 수 없다. 백두산에서는 마치 스푼으로 아이스크림을 떠내듯 만들어진 빙하의 침식 지형과 모레인(moraine)이라 불리는 빙하 퇴적물을 여러 곳에서 볼 수 있다. 장백 폭포에서 엘다오바이허를 향해서 바라보면 U자 계곡이 멀리 이어진다. U자 계곡 역시 빙하에 의한 침식 지형이다.

북한 연구자들은 천지에 7개의 분화구가 있으며, 여기서 동시 다발적으로 부석 분출이 있고 난 이후 얼마 지나지 않아 화구가 함몰되어 지금과 같은 천지 칼데라가 완성되었다고 주장했다(그림 5-6). 그들은 천지 칼데라의 안쪽 절벽의 모양은 부석 분출 시 분화구의 바깥쪽 호(弧)를 반영한다고 했다(김정락, 1998). 필자는 처음에는 이 주장이 그럴 듯하다고 생각했다. 북한 연구자들의 주장대로 천지의 분화구가 7개라고 한다면, 일본의 B-Tm의 화학 조성의 폭이 큰 이유를 설명할 수 있겠다고 생각했다. 7개의 분화구에서 서로 조금씩 화학 성분이 다른 마그마가 동시 다발적으로 폭발했다면, 일본의 B-Tm의 화학 조성은 조금씩 달라질 수 있다고 생각한 것이다.

그러나 실제로 천지에서 각각의 만입부를 관찰해 보면 그러한 생각이 잘못되었다는 것을 알 수 있다. 북한에서 말하는 이른바 7개의 분화구는 화산 분화구가 아닌 빙하의 침식에 의해 만들어진 카르 지형이다. 이 빙하의 침식 지형을 10세기의 테프라가 모두 덮고 있다. 백두산은 마지막 빙하기(지금으로부터 1만 년 전)까지 두꺼운 빙하로 덮여 있었고 빙하가 침식한 많은 흔적이 남아 있다. 백두산은 역사 시대에도 여러 번 대규모 분화를 했으므로 이러한 빙하 침식 지형이 모두 사라졌을 것으로 생각하는 사람도 있겠지만, 결코 그렇지 않다. 역설적이지만, 10세기에 일어난 백두산 화산 분화가 빙하 침식 지형까지 모두 지워 버릴 정도의 폭발은 아니었다.

한편 일본 도호쿠 대학의 미야모토와 그 동료들은 10세기의 백두산 폭발은 2개의 분화구에서 일어났다고 추정했다. 백두산 산록에는 창바이 화쇄류(C-pfl)와 바이샨 화쇄류(F-pfl)의 두 종류의 화쇄류가 두껍게 퇴적되어 있는데, 마그마 성분이 각각 달라 서로 다른 분화구에서 폭발이 일어났

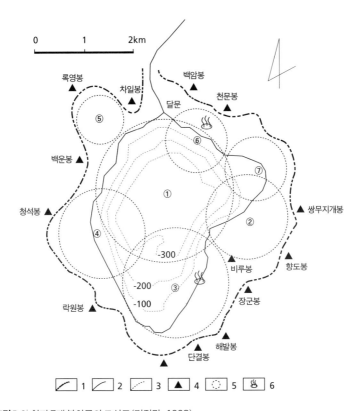

**|그림 5-6|** 천지 7개 분화구의 모식도(김정락, 1998)

1. 백두산 천지 칼데라 경계, 2. 천지 물가선, 3. 등수심선, 4. 외륜산, 5. 분화구 테두리, 6. 온천. 북한 연구자들은 천지 내부에 분화구가 7개 있으며, 여기서 동시 다발적으로 부석 분출을 했다고 했다. 그들은 천지 안쪽 절벽의 만입부는 부석 분출 시 분화구의 바깥쪽 호를 반영한다고 했다(김정락, 1998). 그러나 그것은 칼데라 벽의 빙하 침식 지형(카르)을 잘못 인식한 것으로 분화구가 아니다.

을 것이라고 했다(宮本 등, 2002). 미야모토 등은 C-pfl의 분화구는 천지 중심에 있었고, F-pfl의 분화구는 북쪽 달문 부근이었을 것으로 추정했다. C-pfl은 천지를 중심으로 원형으로 분포되어 있지만, F-pfl은 산 사면을 따라 분사하는 형태의 화쇄류로서 남쪽 북한 지역에는 거의 퇴적되지 않았기 때문이다. 그러나 이러한 주장들도 천지 내부의 지형 조사와 칼데라 지하를 시추해 보지 않고는 확인할 길이 없다.

여담이지만, 엘다오바이허의 '백두산 자연사 박물관'에는 천지에 산다고 하는 네스를 닮은 괴물의 모형이 전시되어 있다. 그리고 그 괴물이 출현한 날짜와 연도별 빈도 분포까지 도표와 그래프를 만들어 놓았다. 그 빈도가 점점 늘어나고 있다. 그냥 웃고 넘길 일이지만 괴물을 목격했다는 주장은 끊이지 않는다. 백두산의 10세기 대분화는 천지에서 일어난 엄청난 규모의 중심 분출이었다. 또한 사서에 기록된 빈번한 분화를 생각한다면 현재 천지에 그러한 대형 동물이 살아 있을 리는 없다.

이것은 주의를 끌기 위한 목적 외에 아무것도 아니지만, 천지의 괴물에 대해 나름대로 생각을 해 보았다. 천지는 끓는 물과 찬 물이 함께 있다고 해 온량박(溫涼泊)으로 불려졌다는 기록이 있듯이, 백두산 천지 밑에는 간혹 열극을 통해 용암이 분출되기도 한다. 호수 밑에서 마그마가 분출할 때는 용암 속의 기포와 부석이 수면 위로 올라와서 부글부글 끓게 된다. 천지는 날씨가 나쁘고 안개나 구름이 끼는 날이 많다. 용암에 의해 발생한 기포와 부석을 사람들은 괴물이라고 여길 수 있다.

요즘은 백두산 산록에 고급스런 온천 호텔이 생겼고 상당히 많은 중국인들, 최근에는 일본인들까지 패키지 관광으로 백두산을 찾게 되었다. 그러나 아직 중국 쪽에서 천지를 찾는 관광객은 대부분이 한국인과 중국 조선족들이다. 북한 쪽을 쌍안경으로 바라보니 역시 많은 사람들이 칼데라 외벽에 올라 이쪽을 바라보고 있다. 가까운 장래에는 북한 쪽에서 삼지연을 통해 백두산을 관광할 수 있게 된다는 보도도 있으니, 언젠가는 장군봉에 올라 중국 쪽을 바라보는 날이 올 것이다. 이 위험한 화산의 콧등에 올라타 감격하고 있는 사람들 중에는 10세기에 일어난 백두산의 분화를 체험하고 살아남은 자들의 후예가 있을까? 부질없는 생각인 줄은 알지만, 실제로 무의식 깊은 곳에 잠재된 무서운 기억들까지 후손들에게 유전되었는지 어떤지는 알 길이 없다.

대부분 등산복 차림으로 이 산을 오르지만, 저만치서 원색의 색동 치마저고리를 입은 여자들이 환한 웃음으로 재잘거리며 기념 촬영을 하고 있다. 조선족 처녀들이다. 그 높은 음역의 억양은 귀에 익은 친근한 우리말이다. 그렇다! 백두산은 언제나 우리의 마음속에 함께하는 민족의 영산인 것이다.

# 제6장

# 백두산 화산재의 지문

　사람들은 흙은 대개 황갈색이라고 생각한다. 아이들이 그린 그림을 보면 땅은 대개 황갈색 크레파스로 색칠을 한다. 그리 머지않은 옛날에는 황토로 지은 시골집들을 많이 볼 수 있었고, 지금도 곳곳에 황토방이라는 사우나가 유행이다.

　그러나 제주도나 울릉도와 같은 화산의 본고장에 가면 흙은 회색이다. 그리고 물을 흡수하면 검게 된다. 검은 물감처럼 새까만 흙도 있다. 제주도나 울릉도의 바싹 마른 흙을 한줌 움켜쥐어 보면 마치 화로의 재와 같은 느낌이 난다. 제주도의 검은 흙을 채취해서 몇 차례 물에 씻어서 점토 분을 제거해 현미경으로 살펴보면, 그 속에 사장석, 휘석, 각섬석, 감람석과 같은 어두운 색 광물을 볼 수 있다. 모두 화산에서 유래한 광물들이다.

　반면에 육지의 황갈색 흙을 똑같이 해서 관찰해 보면 석영 입자가 많다. 석영은 화강암이나 사암에서 유래한 것으로, 풍화에 매우 강한 무색

투명한 광물이며, 화산 분출물에는 잘 포함되지 않는다. 해변의 백사장은 거의 석영과 장석 등 밝은 색 광물로만 구성되어 있다. 그런데 검은 모래사장도 없지 않다. 제주도의 일출봉이나 송악산 등 화산 주변 해변의 모래는 검다. 그곳 해변의 모래는 일출봉이나 송악산에서 분출한 테프라가 풍화한 것으로 각섬석이나 휘석 등 어두운 색 광물로 구성되어 있다. 그래서 모래사장의 색이 검은 것이다.

화구로부터 먼 곳까지 날아가서 퇴적된 화산재는 그 고장의 토양과 혼합되고 풍화되어 새로운 토양의 모태가 된다. 그런데 도시인들은 발밑에 흙이 있다는 사실을 잊고 산다. 도로가 포장되고 보도블록이 흙을 덮어버렸기 때문이다. 젊은 어머니들은 아이가 흙장난이라도 할라치면 기겁을 하고 아이를 혼낸다. 흙을 경원시하는 이러한 생각은 서양인들에게도 별반 차이가 없다. 영어로 흙(dirt)의 형용사는 더러운(dirty)이 된다. 그러나 이렇게 괄시를 받는 한 줌 흙에도 나름대로의 내력이 있고 숨 막히는 드라마가 있다.

화산재는 엄연한 화산 분출물의 하나로서 화산학이나 지질학의 연구 대상이다. 용암 등 딱딱한 암석을 연구하는 지질학자는 해머와 시료 상자를 사용하지만, 부드러운 화산재를 연구하는 지질학자는 모종삽과 샘플팩을 사용한다는 것이 다를 뿐이다.


## 1. 화산 유리의 형태

지질학의 역사는 아리스토텔레스의 시대로 거슬러 올라갈 만큼 역사가 오래되었지만 화산재 연구는 비교적 최근에 시작되었다. 화산학자들은 용암과 같은 암석에 관한 연구를 정도(正道)라고 생각하고 폭발적 화산 분화의 산물인 화산재에 대해서는 한 줌 흙으로 치부해 오랫동안 냉대해 왔기 때문이다. 화산재의 근대적 연구는 토양을 개량하기 위한 연구의 일환으로 뉴질랜드나 일본과 같은 화산국에서 시작되었다. 이때는 화산재 토양 개량을 위한 연구였기 때문에 화산학이라기보다 토양학이었다.

1930년대에 뉴질랜드에서 가축에 질병이 만연해 그 원인을 조사해 보니 어느 특정 화산재층을 모태로 하는 흙의 목초에 코발트(Co) 성분이 현저하게 결여된 것이 그 원인이라는 것을 알게 되었다. 이 때문에 그 화산재의 근원 화산과 분포, 그리고 그것을 어떻게 제거하고 개량할 것인가 라는 문제가 대두되었다. 이것이 화산재의 선구적 연구의 효시이다. 이것은 같은 영연방의 종주국인 영국의 SATIS(Science and Technology in Society)라는 중등 교과서에도 소개된 내용이다. 처음에는 화산재의 풍화 과정이나 풍화된 점토 광물의 성질 등과 같은 토양학적 문제에서 시작해, 점차 화산재 그 자체의 기원이나 퇴적 연대, 퇴적 양상, 화산재를 생성한 마그마의 성질 등과 같은 본격적인 화산학적 연구로 옮아가게 되었다.

화산재는 화산의 폭발에 의해 생성되는 화성암이지만, 분출→운반→퇴적→풍화의 과정을 거쳐서 형성되기 때문에 퇴적암의 성질도 함께 가지고 있다. 화산재는 화성암인 동시에 퇴적암이라는 양면성을 가지고 있는 것이다. 따라서 화산재를 포함한 테프라를 구별하기 위해 이 두 측면을 동시에 고려하게 된다(町田 등, 1986). 테프라의 동정이나 대비에서는 이 양면성에 대해서 가능한 한 많은 정보를 수집해, 종합하고 판정을 내리게 된다. 이러한 개개의 화산재는 마치 사람의 지문과 같은 특성이 있어서 다른 화산재와 구별하게 한다. 백두산 화산재 역시 일본의 화산재와 구별되는 독특한 지문을 가지고 있다. 그 특성은 백두산이 대폭발한 당시 지하 마그마의 성질과 화도와 화구의 물리 화학적 환경까지 알 수 있게 한다. 여기서는 그 특성에 대해 살펴보기로 한다.

## 화산이 만들어 내는 유리 세공

화산의 폭발은 마그마가 지하에서 지표까지 상승함으로써 일어나게 된다. 어떤 원인에 의해 마그마 속에서 기포가 발생해 부력이 커지면 지하 마그마가 지표를 향해 상승하게 된다. 그리고 지표에 도달하면 마그마의 부피가 순식간에 팽창하게 된다. 이때 지표 부근의 마그마는 액체, 고체에 관계없이 산산조각이 나고, 부석과 스코리아, 입자가 작은 화산재 등이 화구 위 높이 수 km에서 수십 km까지 뿜어 올려져, 거대한 버섯구름 모양의 분연주를 만든다. 이렇게 상공에 뿜어 올려진 테프라는 당시의 탁월풍이나 상공의 편서풍, 즉 제트 기류를 타고 원격지까지 운반된다.

마그마에 기포를 발생시키는 성분은 마그마 속에 포함되어 있는 수분이다. 화산이 폭발할 때 나오는 화산 가스의 대부분은 바로 수증기이다. 마그마 속의 수분은 이미 비등점을 넘었기 때문에 대기에서는 수증기 상태여야 한다. 물이 수증기가 된다는 것은 표준 대기압에서 부피가 1,700배 팽창한다는 것을 의미한다. 그러나 두꺼운 암석으로 둘러싸인 지하 마그마방에서는 수분이 팽창할 공간이 없다. 하지만 마그마가 지표에 도달하기만 한다면 그때부터 물은 화학 법칙에 따라 자유로이 팽창하게 된다.

그 다음 과정을 눈으로 확인하고 싶다면, 결코 권장하고 싶지 않지만 다음과 같은 간단한 실험을 해 볼 수 있다. 전자레인지에 날계란을 넣은 다음, 스위치를 켜고 몇 분을 기다려 보라. 아무 일도 일어나지 않으면 전자레인지를 흔들어 계란에 조그만 자극을 주라. 틀림없이 전자레인지가 폭발해 버릴 것이다. 이를 전문 용어로 '평형 파탄형 수증기 폭발(Boiling liquid expanding vapour explosion)'이라고 하는데, 날계란의 껍질뿐 아니라 전자레인지 자체를 폭발시켜 버리는 힘은 바로 가압된 수증기의 순간적인 팽창력이다. 암반 사이에 갇힌 고온·고압의 물(열수)이 지각의 균열을 만나는 등의 원인으로 압력이 갑작스레 감압되면 평형 파탄형의 폭발이 일어난다. 이것이 수증기 마그마 폭발의 원리이다. 마찬가지로 마그마의 팽창력이 위에서 짓누르는 암석의 압력을 넘어서면 화도를 막고 있던 마그마의 뚜껑을 제거할 정도의 순간적인 팽창력을 가지게 된다. 이것이 화산의 폭발이다.

그런데 지구 내부의 열 덩어리인 마그마가 지표에 도달했다고 해서 모두 폭발하는 것은 아니다. 수분을 적게 포함하는 현무암질 마그마의 경우에는 기포가 잘 발생하지 않고 점성도 작기 때문에 화산의 분화는 비교적 조용하게 일어난다. 주로 액체 상태의 마그마 즉, 용암이 물 흐르듯이 흘러내린다. 하와이의 화산들이 그 대표적인 예이다. 하와이의 작열한 용암이 화구에서 바다에 이르기까지 사람이 걷는 속도보다 더 천천히 흐른다.

한편 수분의 함량이 많고 점성이 큰 유문암질 마그마의 경우에는 이야기가 달라진다. 지표 부근에서 일시에 많은 기포를 발생시키고 그 팽창력으로 인해 갑작스러운 폭발을 일으킨다. B-Tm을 포함해서 광역적으로 퇴적되는 대부분의 테프라는 이러한 유문암질 마그마에 의한 화산 폭발의 산물이다. 일본에서 발견되는 B-Tm의 화산 유리를 현미경으로 관찰해 보면 산산조각 난 유리 거품의 조각들을 볼 수 있다. 이것은 백두산 지하 마그마 속의 압력에서 해방된 기체가 팽창해 일시에 엄청난 양의 기포가 발생했다는 것을 보여 준다.

광역 테프라에서 흔히 볼 수 있는 화산 유리의 형태는 커다란 비눗방울이 산산조각 난 모양의 버블형과, 섬유 다발 또는 해면이나 스폰지 모양으

로 작은 구멍이 나 있는 퍼미스형으로 나눌 수 있다(Soh, 1991, 사진 6-1). 이것
은 모두 점성이 큰 유문암질 마그마의 폭발에 의해 만들어지는데, 일본의
아이라-단자와 부석(AT), 기카이-아카호야 화산재(K-Ah), 아소-4 화산재
(Aso-4), 도야 화산재(Toya), 그리고 백두산-도마코마이 화산재(B-Tm) 등 세
계적 광역 테프라는 특히 버블형 화산 유리가 많다는 것이 특징이다.

　버블형 화산 유리는 문자 그대로 커다란 비눗방울(버블)의 파편으로, 얇
고 가볍기 때문에 고층의 기류를 타면 어디까지라도 운반된다. 버블형 화
산 유리는 냄비로 우유를 끓일 때 볼 수 있는 것과 같이, 지표 가까이에 도
달한 대량의 마그마가 일시에 끓어서 거품을 만들어 한꺼번에 분출하는
거대 화쇄류 분화가 일어날 때 특징적으로 만들어진다. 샴페인으로 축배
를 들 때 우선 술병을 상하로 마구 흔든다. 그렇게 해서 마개를 따야 이 발
포성 와인의 거품이 잘 생긴다. 마찬가지로 버블형 화산 유리가 많다는 것
은 그 화산 근처에서 지속적으로 지진이 일어나 지하 마그마방을 계속해
서 흔들어 주었다는 것을 의미한다.

　이에 비해서 퍼미스형 화산 유리는 해면이나 스폰지처럼 매우 작은 구
멍이 난 형태로서 광역 테프라에는 그다지 많지 않다. 예외적으로 퍼미스
형 화산 유리만으로 구성된 광역 테프라도 있는데, 바로 울릉도 화산이
지금으로부터 약 9,300년 전 폭발해 일본까지 테프라를 날려 보낸 울릉-
오키 화산재(Ulreung-Oki volcanic ash, U-Oki)가 그 대표적인 예이다. 이러한 형
태의 화산재는 화구 가까이에서는 플리니식 분화에 의한 커다란 부석의
두꺼운 층이 있고, 화구에서 멀어질수록 원격지에서는 퍼미스형 화산 유
리로 옮겨 가는 경우가 많다.

　화산 유리를 관찰하기 위해서는 우선 야외에서 채취한 시료를 비커에
넣고 물을 넣어 잘 저은 후 점토 성분과 풍화물을 제거한다. 다음으로 어

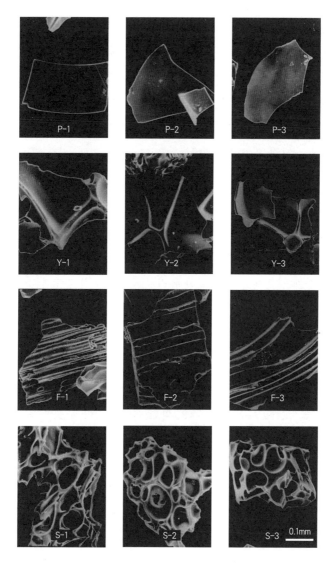

**|사진6-1|** 화산 유리의 전자 현미경(SEM) 사진

화산 유리의 형태는 P(plate: 판상), Y(y-shape: y상), F(fiber: 섬유상), S(sponge: 해면상)로 분류된다. 또는 P와 Y를 버블형, F와 S를 퍼미스형이라고 하기도 한다. B-Tm은 주로 Y상과 F상 화산 유리로 구성되어 있다. 시료는 일본 아오모리 나카노타이 유적의 B-Tm.

느 정도 점토 성분을 제거한 화산재에서 초음파 세정기(ultrasonic cleaner)를 이용해 화산 유리 표면의 미세한 점토 성분을 제거한다. 이러한 세정 작업을 여러 차례 반복해 완전히 점토 성분을 제거한 뒤 건조시켜 그 시료를 현미경으로 관찰하게 된다. 그러나 이렇게 공들여서 얻은 순정품(?) 화산 유리는 실수로 살짝 재채기라도 하면 모두 날아가 버린다.

화산재는 화산 유리의 형태만으로도 그 종류가 어느 정도 판별된다. 서양인을 처음 본 사람은 그들이 모두 똑같은 얼굴을 하고 있는 것처럼 여긴다. 그 얼굴이 그 얼굴이다. 그러나 그들을 자주 접하다 보면, 차츰 이 사람은 잭이고, 저 사람은 존이라고 구별할 수 있게 된다. 테프라 역시 마찬가지다. 화산 유리를 처음 보는 사람에게는 그게 그거인 것처럼 보일지 모르지만, 화산재 전문가들은 그 화산 유리 개개의 얼굴을 알고 있다. 화산 유리 형태만으로도 화산재를 구별할 수 있게 되는 것이다.

일본 북부 지방에는 백두산-도마코마이 화산재(B-Tm)와 그 바로 밑에서 도와다 칼데라의 분출물(To-a)이 발견된다고 했다. B-Tm과 To-a의 경우에도, 비록 야외에서 육안으로는 비슷하게 보일지라도 현미경으로 화산 유리를 관찰해 보면 전혀 다른 화산 분출물이라는 것을 알 수 있다. B-Tm 화산 유리는 버블형과 퍼미스형이 거의 비슷한 비율이고 특징적인 숯 모양의 섬유상 화산 유리를 볼 수 있다. 이에 비해 To-a는 주로 퍼미스형이 많고 B-Tm에 비해 입자의 크기도 크다(사진 6-2, 사진 6-3).

현미경으로 화산 유리를 관찰해 보면 화산 분화 순간의 여러 가지 정황을 추측해 볼 수 있다. 마그마가 분출하는 순간 마그마에서 커다란 거품이 산산조각 나면서 판 모양의 유리 조각이 만들어지고, 작은 거품이 산산조각 나 곡면의 유리 조각이 만들어진다. 그리고 거품과 거품 사이의 접촉부의 파편은 y자 모양(y상)이 된다. 이와 같이 판 모양(판상)이나 y상의 버블형

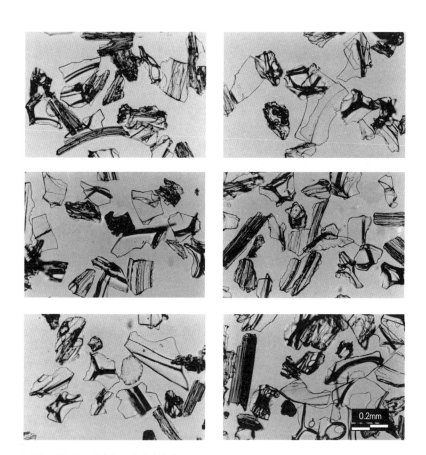

**|사진 6-2|** B-Tm 화산 유리 현미경 사진
B-Tm는 버블형 화산 유리와 퍼미스형 화산 유리가 거의 비슷한 비율이다. 버블형은 γ상이 많고 퍼미스형은 특징적인 숯 모양의 섬유상 화산 유리가 두드러진다(시료는 일본 아오모리 현 나카노타이 유적).

화산 유리가 만들어지는 것이 칼데라 분화의 특징이다. 반면에 성층 화산의 좁은 화도 속에서는 가스가 미세한 관을 따라서 상승하기 때문에 섬유상(fiber)의 유리가 만들어지거나, 거품이 더 작을 경우에는 스펀지 모양의 해면상(sponge) 유리가 만들어진다. 화산 유리는 이러한 지하의 열과 압력

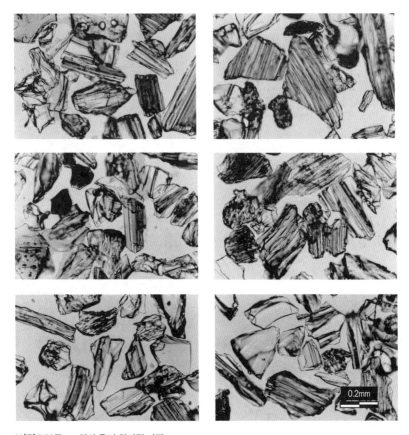

| 사진 6-3 | To-a 화산 유리 현미경 사진

To-a 화산 유리는 주로 퍼미스형(섬유상)이며 암편을 다수 포함한다(시료는 일본 아오모리 현 나카노타이 유적).

에 의해 만들어지는 섬세한 유리 세공물인 것이다.

백두산은 대륙 심부 열곡대의 교차점에 위치한 열점 화산인 만큼 지하 마그마방에 모여드는 마그마 양이 엄청나며, 마그마의 지표로의 출구가 칼데라이다 보니 다양한 화산 유리가 만들어졌다. 대량의 시하 유문암질

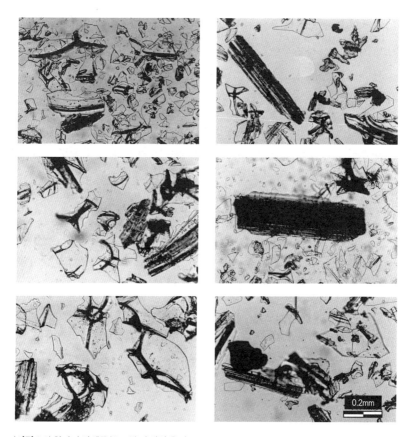

**|사진 6-4|** 창바이 화쇄류(C-pfl)의 화산 유리

10세기 백두산의 분화에서 발생한 거대 화쇄류가 창바이 화쇄류(C-pfl)이다. 이 화쇄류 화산 유리는 γ상과 특징적인 숯 모양의 섬유상이 두드러지고 그 형태는 B-Tm과 매우 유사하다. B-Tm은 창바이 화쇄류가 연장되어 일본에 퇴적된 것이다(시료는 백두산 원지의 것이다.).

마그마가 마그마방에서 상승하기 시작해 입을 크게 벌린 칼데라에 도달하면 지각에 균열이 생기고, 마치 샴페인이 터지듯이 격렬하게 거품이 일며, 이어서 칼데라 표면에서 대폭발이 일어난다. 천지에 담긴 물은 폭발의 위력을 배가시켰을 것이다.

일본의 B-Tm과 백두산 산록의 창바이 화쇄류(C-pfl)는 둘 다 얇은 유리의 거품이 산산조각으로 파쇄되어 만들어진 파편으로 구성되어 있다 (소원주·김우철, 2000). 이 두 시료를 현미경상에서 '이산 가족 상봉'을 시켜 보면 한눈에 혈육지간임을 알 수 있다(사진 6-4). 여기서 '혈육'이라는 단어는 적당하지 않을지 모른다. 왜냐하면 B-Tm과 C-pfl은 한날한시에 동일한 화구에서 생성된 테프라이며, 단지 산출되는 장소가 다를 뿐이기 때문이다. 백두산 일대의 넓은 산록에는 10세기에 발생한 C-pfl이 뒤덮고 있고 동해나 일본 열도의 원격지에는 B-Tm이 퇴적되어 있다. 즉 백두산 일대에서는 거대 화쇄류가 발생했고 그와 동시에 화쇄류 상층의 화산재 열운이 일본까지 날아가 퇴적된 것이다. 앞에서도 말한 바와 같이 B-Tm은 C-pfl과 동시에 생성된 코이그님브라이트 화산재이다.

야외에서 채취한 한 줌 흙에서 버블형 화산 유리를 발견했다면 그것은 홀로세(최근 1만년~현재)에 일어난 거대 화쇄류 분화의 흔적이자 마그마의 본질물을 찾은 셈이 된다. 이처럼 화산 유리의 형태는 화산재 동정의 자료가 될 뿐만 아니라, 그것을 초래한 화산의 분화 양식을 추정하는 1차적인 단서가 되는 것이다.


## 2. 화산 유리의 굴절률


물질은 빛을 투과시키는 고유한 굴절률을 가진다. 화산 유리의 굴절률은 화산 유리의 원자 구조, 즉 화학 조성을 반영한 물리적 성질의 하나이다. 따라서 화산재 속에 포함된 화산 유리의 굴절률은 분화 당시의 마그마의 화학 조성과 관계있으며, 굴설률 값으로 화산재를 식별해 낼 수 있다.

지금은 대학이나 대학원 지질학 실험실에서 광물의 굴절률을 측정하는 예가 매우 드물다. 광물의 굴절률에 대해서는 광물학 교과서에 나와 있지만, 이제는 광물학자조차 굴절률을 잘 측정하지 않는다. 광물학 연구에서도 고전적인 방법론이 된 것이다. 그러나 광물학 실험실에서 이미 용도 폐기된 굴절계에 새로운 생명력을 불어넣고 세상에 다시 부활시킨 것이 화산재 연구자들이었다. 그리고 그들은 화산 유리의 굴절률 측정이라는 강력한 무기로 무장하고 야외를 누비고 다녔다.

본래 광물학에서 굴절률의 측정은 '광물'을 식별하기 위한 것이었다. 그러나 화산재 연구에서는 그 개념이 조금 다르다. 측정 대상이 화산 유리라는 것은 현미경으로 이미 확인이 끝났다. 따라서 화산 유리임을 확인하려는 것이 아니라, 어떤 영역의 굴절률을 가진 화산 유리인가를 확인함으로써 화산재를 동정하는 것이다.


### 화산 유리의 물리적 특성

일본에서 테프라 동정을 위해서 처음으로 굴절률 측정을 시도한 사람은 군마 대학의 아라이 후사오였다. 아라이는 담백한 성격으로 허식을 싫어하는 사람이었다. 흔히 교사나 교수끼리 서로 '선생님'이란 존칭을 붙여서 부르는 경우가 많지만 아라이는 자신에게 그렇게 부르는 것을 거절했다. 그는 나이가 적거나 후배라 할지라도 함께 야외 조사를 했다면 모두가 대등한 연구자라고 생각했다. 아라이는 조용한 어조와 부드러운 미소를 가진 진정한 신사였다. 그리고 동시에 여러 가지 뛰어난 재주를 갖춘 연구자이기도 했다. 그의 실험실을 방문해 본 사람은 그의 소박한 인간성과 탁월한 손재주를 알게 된다. 예를 들어 굴절율 측정을 위한 침액은 온도에 매우 민감하다. 따라서 정확한 굴절율 측정을 위해서는 침액의 온도를 일정하게 유지하지 않으면 안 된다. 이를 위해 흔히 실험실에 엄청난 공조 시설을 설비하게 되는 법인데, 아라이는 간단한 히터와 선풍기, 온도계만으로 아무렇지 않게 완벽한 공조 시설을 만들었다. 그는 그런 사람이었다.

아라이는 자신의 전공 분야인 암석 기재적 수법을 화산재에 적용해 광물의 굴절률 특성이 한 층 한 층의 테프라를 판별해 내는 데 유용하다는 것을 제안했다(新井, 1972). 그리고 그는 당시까지 연구자마다 제각각이었던 화산재 동정법을 통일시켰다. 화산재의 굴절률 측정은 매우 유효하고 강력한 방법이었다. 이 방법으로 도쿄 도립 대학의 마치다와 함께 테프라를 하나하나 정복해 나가며 일본 제4기 학회(Japan Association for Quaternary Research)[63]를 선도했다.

그는 화산 유리의 굴절률 측정은 극히 적은 양의 시료만으로도 충분하며, 손쉽게 그리고 매우 저렴한 비용으로 테프라를 동정할 수 있다는 점에 착안했다. 또한 굴절률의 측정은 현미경을 통해서 하게 되는데, 현미경 관찰 과정에서 화산 유리의 형태, 광물과 화산 유리의 비율, 입자의 크기, 반정 광물의 종류 등 테프라에 관한 많은 정보를 얻을 수 있다. 따라서 테프라에 대한 종합적인 검토를 할 수 있다. 굴절률은 소수점 이하 3~4자리의 상세한 수치로 제시되기 때문에 화산 유리 형태가 비슷해 구별하기 어려운 테프라라도 굴절률 값에서 명확한 차이가 있으므로 식별이 가능하다.

화산 유리의 굴절률은 침액법(immersion method)에 의해 측정하는 것이 일

---

63) 신생대 제4기의 지구 변화를 연구 대상으로 하는 학회로서 지질학, 화산학, 지리학, 고생물학, 토양학, 고고학, 지구 물리학, 인류학 등 다양한 연구 분야의 연구자들에 의해 1956년에 창립되었다. 《제4기 연구(第4紀研究)》라는 학회지를 발간하고 있다. 한편 제4기 학회의 국제 조직으로 국제 제4기 학회(International Union for Quaternary Research: INQUA)가 있고 본부를 아일랜드에 두고 있다.

반적이다. 침액법은 미리 굴절계를 이용해 많은 종류의 액체[침액]의 정확한 굴절률을 측정해 두고, 분말로 만든 화산재 시료를 각 침액에 담궈 현미경 하에서 침액과 시료의 굴절률 차이를 검토하는 작업을 반복한다. 현미경의 경통을 올리면 소위 벡케 선(Becke's line)이라는 하얀 선이 화산 유리 윤곽의 안이나 밖에 생긴다. 이때 벡케 선이 생기는 쪽의 굴절률이 높다는 것이 전제된다. 침액을 바꾸어 가면서 이러한 작업을 반복해 침액과 화산 유리의 굴절률을 비교해 간다(사진 6-5). 이것은 매우 끈기가 필요한 작업이다. 이윽고 시료의 굴절률과 일치하는 침액을 찾아내어 그 굴절률을 미지 시료의 굴절률로 결정한다.

언젠가 필자는 화산재를 동정하기 위해 굴절계가 필요하게 되었는데, 그때 이미 대부분의 국내 대학의 지질학 교실에서 굴절계가 사라진 지 오래되었다는 사실을 알게 되었다. 그런데 우연히 한 섬유업체 연구소에 아베(Abbe) 굴절계가 있다는 이야기를 듣게 되었다. 실제로 그곳을 찾아가 보니 화학 실험실에서 굴절계를 사용하고 있었다. 그곳의 연구자들은 섬유의 염료를 연구하고 있었는데, 굴절계를 이용해 염료 속의 톨루엔을 "잡아

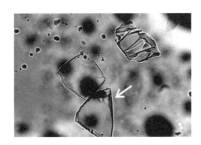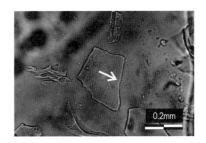

|**사진 6-5**| 벡케 선

굴절률의 측정은 침액 속의 화산 유리를 관찰하면서 실시하는데, 현미경의 경통을 올리면 굴절률이 높은 쪽에 벡케 선이 생긴다. 여러 개의 침액으로 이 과정을 반복하여 시료의 굴절률과 일치하는 침액을 찾아내어 그 굴절률을 미지 시료의 굴절률로 결정한다. (화살표가 가리키는 것이 벡케 선.)

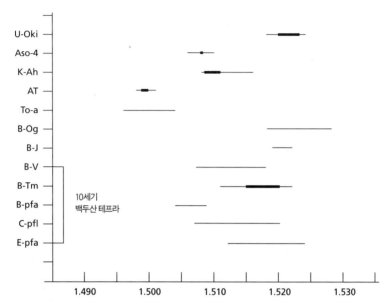

|**그림6-1**| 동아시아의 주요 광역 테프라의 화산 유리 굴절률

U-Oki(울릉-오키: 9,300yBP), Aso-4(아소-4: 90,000yBP), K-Ah(기카이-아카호야: 6,300yBP), AT(아이라-단자와: 22,000yBP), To-a(도와다-a: 915년), B-Og(백두산-오가: 460,000yBP), B-J(백두산-일본해분: 50,000yBP), B-V(백두산-블라디보스톡), B-Tm(백두산-도마코마이), B-pfa(백두 강하 부석), C-pfl(창바이 화쇄류), E-pfa(원지 강하 화산재). 그래 프에서 B-V~E-pfa는 10세기 천지 칼데라에서 분출한 테프라이다(자료는 町田·新井, 1992).

낸다."라고 했다. 염료의 굴절률을 측정해 톨루엔의 함량을 확인한다는 의 미였다. 그들은 오히려 화산을 연구하는 데 무엇 때문에 굴절계가 필요하 냐고 물어 왔다. 필자는 굴절계를 이용해 화산재 속의 화산 유리를 "잡아 낸다."고 대답해 주었다.

마치다와 아라이에 의해 일본을 포함한 동아시아의 주요 광역 테프라 에 대해서 화산 유리 굴절률에 의한 상세한 카탈로그가 만들어져 있으 며, 이 데이터들은 오늘날에도 끊임없이 추가되고 축적되고 있다(町田·新井,

1992: 2003). 연구자들은 야외에서 발견한 화산재의 굴절률을 측정해 이러한 카탈로그에 기재된 굴절률과 비교해 화산재를 동정하고 있다. 만약 화산재의 굴절률이 카탈로그에 없는 것이라면 그것은 새로운 테프라의 발견으로 이어질 가능성이 커진다.

그림 6-1은 동아시아 주요 광역 테프라와 약 1,000년 전[1ka] 백두산 화산 폭발에 의해 퇴적된 B-Tm을 비롯해서 각 지역에서 발견되는 백두산 화산재의 굴절률을 나타낸 것이다. B-Tm 화산 유리의 굴절률은 대체로 n=1.511~1.522의 비교적 넓은 범위가 알려져 있는데, 굴절율의 범위가 넓은 것은 화학 성분의 폭이 넓다는 것과도 관련이 있다.

## 3. 화산 유리의 화학 조성

1949년 프랑스의 물리학자 레몽 카스탱(Raimond Castaing, 1921~1998년)은 물질에 전자선을 쬐면 고유의 X선이 방출된다는 것을 알아냈다. 또 이 고유 X선을 검출함으로써 물질의 원소 종류를 알 수 있고, X선의 강도를 가지고 그 함량까지 알 수 있다. 이 원리를 이용해 물질의 화학 분석을 위해 개발된 것이 EPMA(electron probe microanalyzer)로 불리는 전자 현미 분석 장치이다. 이 장치는 처음에 철강 등 금속 재료 분야에 도입되어 그 위력을 발휘했다.

용도 폐기된 굴절계조차 다시 살려내는 지질학자들이 이 장치를 보고 그냥 지나칠 리가 없었다. 이 장치를 이용하면 광물의 화학 성분을 측정할 수 있다는 것을 알게 되자 즉각 광물학 분야에 도입했다. 예상한 대로 특정 광물을 화학 성분에 의해 동정할 수 있는 등 많은 성과를 올리게 되었다.

화산 유리는 전기가 통하지 않으므로 그대로 전자선을 쐬면 시료가 대전해 버린다. 따라서 시료 표면에 얇게 탄소 또는 금의 박막을 입히고 이 막을 통해서 전기가 방전되도록 시료를 준비한다. EPMA는 주사 전자 현미경(SEM)으로 시료를 수만 배까지 확대하면서 관찰해 사진을 찍고, 평탄한 면을 찾아 거기에 전자선을 쐬면 주 원소의 화학 분석 결과가 즉시 프린트되어 나온다. 사진 촬영과 화학 분석이 동시에 가능하므로 일석이조인 셈이다.

### 주 원소와 희토류 원소

EPMA는 직경 20μm까지의 미소 영역의 화학 분석이기 때문에 시료는 아주 작아도 무방하다. 따라서 화산 유리의 화학 분석에는 안성맞춤이다. 판상의 화산 유리를 찾아 전자 현미경으로 확인하면서 정조준해 정량 분석을 한다. 따라서 광물학자들은 EPMA를 "찍는다."라고 표현한다. 특정 광물에 전자선을 쏜다는 뜻이다.

일반적으로 광물학이나 암석학에서는 각각의 광물의 종류를 정확하게 동정하고 분류하기 위해서 이 방법을 사용하지만, B-Tm과 같이 90% 이상 화산 유리를 포함하는 광역 테프라의 경우는 화산 유리의 분석만으로 전체 암석의 화학 성분을 알 수 있는 전암(全岩) 분석의 효과를 얻는다. 이렇게 해서 얻어진 일본 북부 지방과 동해에서 채취된 B-Tm과 To-a의 화학 분석 결과를 TAS(total alkali-silica, Zanettin, 1984) 도표에 그려 보면 각 화산재가 어떤 암석의 영역에 해당하는지를 알 수 있다(그림 6-2). 즉 이 도표에 의하면 B-Tm(동해의 피스톤 코어 포함)은 조면암~알칼리 유문암~유문암에 걸치는 넓은 범위의 화학 조성을 가지며, To-a는 유문암의 좁은 범위에 집중된다.

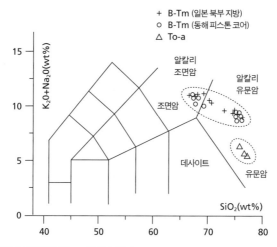

**|그림 6-2|** 백두산 테프라와 To-a의 TAS 도표
알칼리(Na₂O + K₂O) 성분을 세로축, 규산(SiO₂) 성분을 가로축으로 하는 TAS 도표에 의하면,
B-Tm은 조면암~알칼리 유문암~유문암에 걸친 넓은 화학 조성을 보인다. 반면에 To-a는 유문암
의 범위에 속한다.

화산 유리의 규산(SiO₂) 함량은 To-a가 높은 반면, 알칼리(Na₂O+K₂O) 성분
은 B-Tm이 훨씬 높다(소원주·윤성효, 1999).

한편 화산재에 포함된 SiO₂, Na₂O+K₂O 등 주 원소를 조사하는 것은
마치 혈액형을 가지고 자신의 혈육을 찾는 것과 같다고 하면, 희토류 원소
(rare earth element)와 같은 미량 원소(trace element)[64]는 유전자 감식에 의한 친
자 확인과 같다. 미량 원소는 암석 내에 불과 0.1% 미만이지만 마그마를

---

64) 테프라의 화산 유리 및 반정 광물의 미소 영역의 조성은 EPMA로 분석하며, 전 시료(bulk
sample)를 사용하는 주 원소 분석에는 XRF(X-ray fluorescence spectrometry)가 이용된다. 이러
한 분석 기기에서 찾아내기 어려운 미량 원소(희토류 포함)의 정량 분석에는 ICP-MS(inductively
coupled plasma mass spectrometry), 그리고 INAA(instrumental neutron activation analysis) 등의
방법이 있다. XRF나 ICP-MS, INAA의 방법에서는 풍화물을 완전히 제거한 1g 이상의 정제된 시
료가 필요하다.

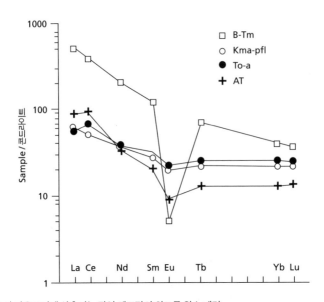

|**그림 6-3**| 아오모리에 산출되는 광역 테프라의 희토류 원소 패턴

B-Tm(백두산-도마코마이 화산재), Kma-pfl(게마나이 화쇄류), To-a(도와다-a 화산재), AT(아이라-단자와 부석). Kma-pfl와 To-a는 동일한 도와다 칼데라의 테프라로서 희토류 분포가 유사한 패턴을 나타낸다. 시료는 모두 일본 아오모리에서 채취했다.

생성한 물질의 성질, 마그마의 진화 및 분화 과정 등 화산 내부 환경을 밝히는 데 큰 도움이 된다. 또한 미량 원소는 광물 정출에 관여하므로 마그마로부터 광물이 정출될 때의 온도와 압력, 그리고 광물이 정출되고 난 후 마그마 잔액 등에 대한 정보를 제공한다. 특히 미량 원소 중에서 원자 번호 57의 란탄(La)에서 71의 루테튬(Lu) 사이의 희토류 원소는 원자가와 이온 반경 등 광물의 결정 구조와도 깊은 관계가 있어서 화성암의 진화 과정을 밝히는 데 큰 도움을 준다(福岡, 1991).

그림 6-3은 일본 아오모리에서 발견되는 B-Tm, To-a, 게마나이 화쇄류(Kma-pfl), 그리고 AT의 희토류 원소 패턴을 비교하기 위해 나타냈다.

게마나이 화쇄류는 915년 To-a와 동시에 발생한 화쇄류이며, AT는 2만 2000년 전 규슈 아이라 칼데라가 분출해 직선 거리 1,500km 떨어진 아오모리까지 날아간 광역 테프라이다.

희토류 원소 농도가 1,000배 이상 차이가 나므로 세로축은 통상 밑을 10으로 하는 지수의 값($\log_{10}X$)을 취한다. 이렇게 작도된 그래프를 '스파이더 다이어그램(spider diagram)'[65]이라 한다. 그래프가 마치 거미처럼 보인다고 해서 그렇게 부른다.

게마나이 화쇄류와 To-a의 희토류 패턴은 거의 일치하는데 이 둘은 각각 도와다 칼데라의 화쇄류와 코이그님브라이트 화산재로서 서로 혈육지간임을 알 수 있다. AT는 규슈 아이라 칼데라의 분화물로서 Kma-pfl, To-a 등과 함께 판 경계에서 생성된 마그마, 즉 일본 열도의 분출물이다. 한편 그림 6-3에서 B-Tm의 희토류 원소 농도는 매우 높으며 그래프의 기울기도 크다. 이것은 대류 열점의 알칼리 마그마로부터 유래한 B-Tm이 지하에서 많은 진화 단계를 거친 뒤 지표로 분출했다는 것을 시사한다.

B-Tm의 희토류 원소 패턴의 특징은 유로퓸(Eu) 원소로 잘 설명된다. 유로퓸(Eu)은 본래 '유럽'에서 유래된 명칭으로, 마리 퀴리(Marie Curie, 1867~1934년)가 방사성 원소 폴로늄(Po)과 라듐(Ra)을 발견할 수 있도록 도와준 프랑스 화학자 드마르세이(E. A. Demarcay, 1852~1904년)가 1896년에 발견한 희토류 원소이다. 그런데 스파이더 다이어그램을 보면, B-Tm은 일본의

---

65) 스파이더 도표를 작성하기 위해서는 맨틀 물질과 비교해야 하나 현재로서는 맨틀의 성분을 알 수 없다. 따라서 화산재의 희토류 원소 값을 맨틀 물질 대신에 운석(주로 C1 chondrite)의 값으로 나누어 나타내는데, 이를 운석 표준화(chondrite normalized)라고 한다. 즉 운석의 희토류 원소 함량은 지구 맨틀의 것과 같다고 가정하고 각 암석의 희토류 원소 함량을 운석의 것과 비교함으로써 각 암석이 본래의 맨틀에서 얼마나 진화했는지 추정한다. 운석 표준화 값(그래프의 세로축)이 1이라는 것은 화산재의 희토류 원소 함량이 운석의 것과 같다는 것을 의미한다.

테프라에 비해 모든 희토류 원소 농도가 높지만, 유로퓸(Eu) 농도만은 일본 테프라보다 낮아 깊은 골을 만든다. 이러한 Eu의 특이한 거동을 '부(負)의 이상(negative anomaly)'이라고 한다. 이 B-Tm의 V자 모양의 희토류 패턴은 10세기 백두산 분화에서 생성된 화산재에 나타나는 커다란 특징이다. Eu 부의 이상이 나타나는 원인은 사장석의 생성과 밀접한 관련이 있다. Eu는 사장석에 농축하는 희토류 원소이다. 따라서 Eu가 적다는 것은 B-Tm은 사장석이 적다는 것을 의미한다. 사장석은 현무암 등 초생 마그마에 많이 포함되는 광물이다.

이것은 백두산의 알칼리 유문암 또는 조면암질 테프라를 만든 마그마가 이미 사장석의 분별 결정 단계를 넘어섰다는 것을 의미한다. 10세기 대폭발을 일으킨 백두산 마그마가 매우 진화된 것이라고 말하는 것도 그러한 이유 때문이다. 이러한 특징은 일본 열도 화산 기원의 어떠한 테프라에도 볼 수 없는 매우 독특한 것이다.


## 4. 반정 광물

마그마가 지하에서 오랜 시간을 두고 서서히 냉각될 경우는 많은 광물 결정을 만들어 낸다. 그러나 폭발적 분화와 같이 광물 결정을 만들 시간적 여유가 없을 경우에는 액체 상체의 마그마가 그대로 냉각되면서 화산 유리가 만들어진다. 따라서 화산 유리는 광물학적으로 비정질(非晶質)이라 한다. 결정이 아니라는 의미이다.

현미경으로 화산 분출물을 관찰해 보면 화산 유리와 광물 결정을 함께 볼 수 있다. 특히 이때 편광 현미경의 직교 니콜(cross Nicol) 하에서 화산 유리는 검게 보이고 반정 광물(광물 결정)[66]은 밝게 빛난다. 반정 광물(phenocryst)의 어원은 본래 '나타나는(pheno)+결정(cryst)'이라는 뜻이다. 비유하자면 화산 유리는 재료에 해당하고 반정 광물은 거기서 나온 완제품에 해당한다. 시간 여유가 있었다면 많은 완제품을 만들어 내겠지만 화산 폭발의 경우에는 그런 시간 여유가 없다. 따라서 광물을 정출시키지 못하고 대신 속성으로 화산 유리를 만들어 낸다.

화구로부터 먼 곳에서 발견되는 광역 테프라는 주로 화산 유리로 구성되어 있는데, 아주 적은 양이긴 하지만 반정 광물을 포함하고 있다. 화산재에 따라 포함된 반정 광물의 종류가 다르다. 따라서 화산재를 식별할 수 있다. 특히 B-Tm과 같이 대규모 화산 폭발에 의한 광역 테프라는 거의 90% 이상이 화산 유리이며, 반정 광물은 10%도 되지 않는다. 그러나 실험실에서 중액 분리라는 조작으로 이 10%의 반정 광물을 털어 낼 수 있다.


### 광물 동정의 암묵적 지식

화산 유리의 비중은 $2.3 \sim 2.4 g/cm^3$, 반정 광물은 $2.5 \sim 2.8 g/cm^3$이다. 따라서 통상 그 중간 비중의 중액(重液)[67]을 이용해 화산 유리와 반정 광물을 분리해 낸다(소원주·김우철, 1996). 비중 $2.45 g/cm^3$ 정도의 중액에 시료를 담가 둔 채 하루 정도 두면, 화산 유리는 위에 뜨고 반정 광물은 밑에 가라

---

66) 현미경 하에서 화산 유리와 같이 바탕을 이루는 부분을 기질(基質, matrix)이라 하고, 광물 결정(crystal)을 반정 광물 또는 반정(斑晶, phenocryst)이라 한다.

67) 테트라브로모에탄(tetrabromoethane, $Br_2CHCHBr_2$, 비중 $2.968 \sim 2.976 g/cm^3$)과 에탄올($C_2H_5OH$, 비중 $0.793 g/cm^3$)을 7:3으로 혼합해 비중 $2.45 g/cm^3$의 중액을 만들어 화산 유리와 반정 광물을 분리할 수 있다.

앉게 되는 간단한 원리다. 이것을 중액 분리라고 한다.

반정 광물의 분리를 끝내면 이제 편광 현미경으로 이 반정 광물을 감정하는 일만 남게 된다. 그런데 그것이 그리 쉬운 일이 아니다. 알갱이 상태, 그것도 격렬한 화산 폭발로 산산조각이 난 광물을 알갱이 상태로 식별해 내는 것은 분명 아무나 할 수 있는 일은 아니다. 내과 의사 중에는 X선 사진을 판독해 그것만으로 병소를 찾아낼 수 있는 사람도 있고 그것을 보지 못하는 사람도 있다. 의사라고 해서 모두 같은 의사는 아니다. 평범한 의사가 있고 명의가 있는 법이다. 광물의 동정도 이와 같다.

광물의 특징은 광물학 교과서에 상세히 나와 있다. 그러나 그러한 광물을 직접 관찰하면서 얻을 수 있는 경험을 말이나 글로 모두 표현할 수 없다. 화산재 속의 반정 광물의 식별은 오랜 시간 편광 현미경에 몰두한 사람이 아니면 해낼 수 없다. 이런 종류의 지식은 물리학자 마이클 폴라니(Michael Polanyi, 1891~1976년)가 말한 것처럼 '암묵적 지식(tacit knowledge)'이다. 암묵적 지식이란, 교과서에는 없는, 장인과 도제 사이에서만 전달되는, 말이나 글로 설명할 수도 없는, 오랜 경험과 직감에 따르는, 따라서 암묵적인 지식이다. 예를 들어 의과 전문 대학원에 갓 입학한 의대생이 있다고 치자. 의대 교수는 한 장의 X선 사진을 가리키며 이렇게 묻는다.

"여기 병소가 보이는가?"

그러나 학생의 눈에는 아무것도 보이지 않는다. 오직 심장과 늑골의 음영과 그 사이에 있는 반점을 볼 수 있을 뿐이다. 교수는 그의 상상력을 통해 가공의 이야기를 꾸며대고 있는 것처럼 보인다. 학생은 교수가 말하고 있는 것에 대해 아무것도 알지 못한다.

그러나 그 학생은 대학원 과정을 마치고 수련의와 전문의 과정을 거치면서, 오랜 시간에 걸쳐 수많은 X선 사진을 통해 수술 자국이나 만성 질환의 병리학적 특징, 급성 질환의 증세와 같은 다양한 임상적 현상에 대한 지식을 습득하게 된다. 그리고 급기야 한 장의 X선 사진만으로도 특정 병소가 보이게 되는 것이다. 이윽고 그는 교수가 되어 전문 대학원에 갓 올라온 학생들 앞에 한 장의 X선 사진을 내 보인다. 그리고 예전의 교수가 했던 것과 똑같이 이렇게 묻는다.

"여기 병소가 보이는가?"

요컨대 좋은 시력의 눈이 필요한 것이 아니라, 한 장의 X선 사진에서도 치명적인 병소를 찾아낼 수 있는 이론과 경험으로 무장된 눈이 필요한 것이다. 오늘날은 박편의 광물 종류를 잘 몰라도 EPMA로 '찍어 보면' 간단히 그 종류를 알 수 있는 디지털의 시대이다. 따라서 화산재에 포함된 산산조각 난 상태의 광물을 감별할 수 있는 아날로그의 전문가를 만나기는 힘들다.

한국 지질 자원 연구원의 지질학자 고상모는 점토 광물 전문가이다. 그는 필자에게 화산재의 알갱이 조각으로 광물을 식별할 수 있는 사람은 광물 감별에서 '신(神)'의 경지에 이른 것이라고 말한 적이 있었다. 대신에 그는 다음과 같은 방법을 가르쳐 주었다. 광물 알갱이 시료를 에폭시 수지에 침전시켜 응고시킨 뒤, 윗부분을 다이아몬드 판으로 연마해서 '날려 버리고' 얇은 박편으로 만들어 현미경으로 관찰하면 쉽게 광물을 식별해 낼 수 있다는 것이다. 점토 광물은 본래 이렇게 해 박편을 만들어 관찰한다고 했다. 점토 광물이든 화산재든 본래 '흙'이라는 점에서는 같다.

사진 6-6은 이렇게 해 얻은 박편 사진이다. 일본 학술지에 게재된 화산재 관련 논문을 많이 봐 왔지만, 이와 같이 화산재의 반정 광물 박편을 게재한 논문은 아직 본 적이 없다. 아마 일본에는 군마 대학의 아라이와 같은 입신의 경지에 들어선 광물학자들이 많기 때문에 구태여 박편을 만들

필요가 없는 것인지는 모르겠지만, 우리나라에서 알갱이 상태의 광물을 감별하는 신의 눈을 가진 연구자는 많지 않다.

B-Tm은 반정 광물로서 알칼리 장석의 일종인 새니딘을 볼 수 있다. 새니딘은 알칼리($Na_2O+K_2O$) 성분이 많은 조면암이나 유문암에서만 만들어지는 광물이다. 아라이가 알갱이 상태로 확인해 기재했던 바로 그 광물이다. 이 광물이 일본 테프라 속에 포함된 사례가 학회에 보고된 예는 거의 없었다. 새니딘은 산산조각으로 파쇄된 상태이지만 알칼리 장석의 특징인 쌍정을 하나만 가지는 칼스버그 쌍정(Calsberg twin)[68]을 확인할 수 있다. 또한 소광 각도, 그리고 정벽(晶癖) 등을 살펴보면 이 광물이 새니딘임을 알 수 있다. 새니딘은 일본의 화산 분출물에서는 매우 드물게 산출되지만 백두산 일대에서는 흔하게 나타난다.

10세기에 B-Tm이 일본에 퇴적될 때 백두산에서는 거대 화쇄류가 발생했는데, 바로 창바이 화쇄류(C-pfl)이다. 이 C-pfl의 용결 응회암의 박편 사진(사진 6-7)을 보면 알칼리 장석의 커다란 결정을 쉽게 볼 수 있다. 바로 새니딘이다. 용결 응회암은 화구 근처의 화쇄류 퇴적물이 두껍게 퇴적되어 재용결되어 만들어진 암석이다. 따라서 비교적 커다란 광물 결정을 볼 수 있다. B-Tm의 산산조각 난 광물 결정 조각을 맞추어 보면 이와 같은 커다란 결정을 얻을 수 있을 것이다.

한편 편광 현미경으로 관찰해 보면, To-a에는 B-Tm에는 볼 수 없었던

---

68) 알칼리 장석의 특징으로 쌍정을 하나만 가진다. To-a와 같은 일본의 테프라에는 사장석이 많이 포함되어 있으며, 쌍정을 복합적으로 여러 개 가지는 알바이트 쌍정(Albite twin)이 나타난다. 한편 휘석의 종류에서도 B-Tm은 일본의 테프라와 구별된다. B-Tm은 알칼리 성분이 많은 에지린 휘석(aegirine augite)를 포함하며, 일본 테프라는 단사 휘석(clinopyroxene)이나 사방휘석(orthopyroxene)을 포함한다.

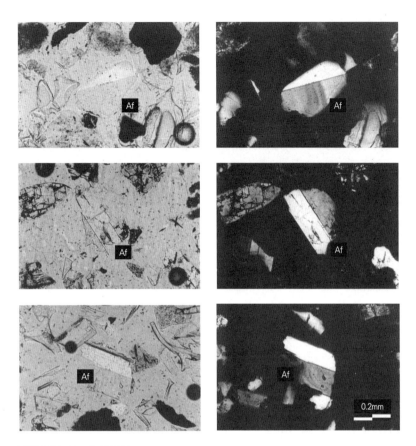

|**사진 6-6**| B-Tm의 반정 광물

테프라 속의 반정 광물은 폭발 당시의 충격에 의해 산산조각이 난다. 따라서 테프라 속의 광물을 동
정하고 식별하기가 매우 어렵다. B-Tm 속에는 일본에서 거의 보고되지 않은 알칼리 장석이 관찰된
다. Af는 알칼리 장석(새니딘). 왼쪽은 개방 니콜, 오른쪽은 직교 니콜.

포도송이와 같은 변질물 집합체(aggregate)가 많이 포함되어 있다. 이 변질
물들은 본질물(essential material)이 아닌 유질물(accessory material)이다(사진 6-8).
본질물이란 마그마에서 직접 만들어진 물질을 뜻하며, 유질물이란 화도
나 칼데라 벽 등을 구성하던 기존 암석의 파편을 말한다. 화산 폭발에 의

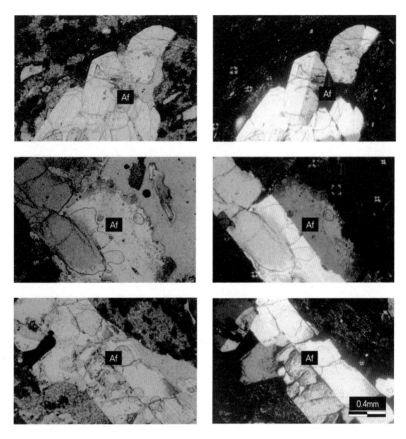

**|사진6-7|** 백두산 용결 응회암의 박편 사진

10세기 B-Tm과 동시에 발생한 창바이 화쇄류(C-pfl)가 재용결해 만들어진 용결 응회암의 박편 사진. 이 용결 응회암 속에 알칼리 장석(Af, 새니딘)의 커다란 결정을 볼 수 있다(왼쪽은 개방 니콜, 오른쪽은 직교 니콜).

해 마그마 자체뿐 아니라 기존의 화산체를 구성하고 있던 암석 등이 폭발과 함께 날아가 버린다. 따라서 테프라에는 이러한 본질물과 유질물이 뒤섞여 있다.

이 To-a의 변질물을 자세히 관찰해 보면, 포도송이같이 변질물 속에 매우 작은 사장석 조각들이 있다. 이것은 기존의 화도를 구성하고 있던 암석 조각이 높은 열과 압력에 의해 변성되어 만들어진 것으로 마그마 본질물이 아니다. 테프라 속에 이러한 유질물을 많이 포함되어 있다는 것은 화구가 그리 멀리 떨어지지 않았다는 것을 지시하는 지표가 될 수 있다. 일본 아오모리 현 하치노헤 시 나카노타이 유적에 퇴적된 To-a에는 이러한 변질물이 많이 포함되어 있다. 반면에 B-Tm에는 변질물이 거의 포함되어 있지 않다. 이것은 B-Tm이 매우 먼 곳에서 날아와 퇴적되었다는 것을 지시한다. 나카노타이에서 도와다 칼데라까지는 100km, 백두산까지는 1,200km 떨어져 있다.

또한 테프라를 주의 깊게 관찰해 보면 퇴적암류나 변성암류 등 비(非)화산성의 암편이 포함되어 있다. 이것들은 화산체의 토대를 구성하고 있던 화산과는 관계없는 오래된 지층이나 암석에서 유래하기 때문에 화산이 만들어 내는 물질과 다르다는 점에서 '이질물(accidental material)'이라고 부른다. 예를 들어 To-a의 화산 분화에서는 마그마 본질물과 함께 기존의 산

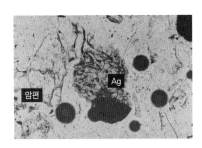
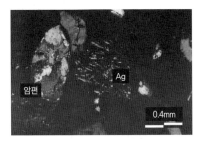

|**사진 6-8**| To-a 속의 변질물 덩어리

To-a는 매우 많은 변질물 집합체를 포함한다. 이 변질물은 마그마 본질물이 아니라 화도의 기존 암석이 변질되어 함께 분출된 것으로, 그 속에 변질에 의해 생성된 매우 작은 사장석 조각들을 볼 수 있다. 이것이 많이 포함되어 있다는 것은 화구가 가까이 있다는 것을 의미한다. B-Tm은 이러한 변질물을 거의 포함하지 않는다(왼쪽은 개방 니콜, 오른쪽은 직교 니콜, Ag는 변질물 집합체).

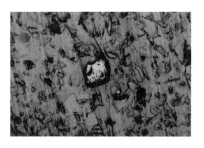
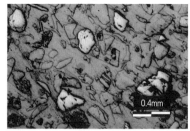

|**사진 6-9**| 테프라 내의 불투명 광물(B-Tm과 To-a)
황철석 등 불투명 광물은 빛을 투과시키지 않으므로 일반적인 광학 현미경으로 보면 까맣게 보인다.
반사 현미경으로 이러한 광물을 관찰할 수 있다(왼쪽이 B-Tm, 오른쪽이 To-a).

체의 일부에서 유래한 유질물이나 이질물이 많이 포함되지만, B-Tm과 같은 마그마 자체의 용적이 큰 대규모 분화에서는 상대적으로 유질물·이질물의 함량비는 적으며, 화산 유리 등 마그마 본질물이 주체가 된다.

이러한 사실로부터도 To-a를 초래한 도와다 칼데라의 분화가 일본 역사상 최대의 화산 폭발이었다고 하지만, B-Tm을 퇴적시킨 백두산의 분화 규모에는 미치지 못했다는 것을 알 수 있다. 이처럼 테프라를 구성하는 물질은 일반적으로 본질·유질·이질의 세 종류로 구성되어 있고 각각의 함량비 역시 화산 분화의 규모를 비교할 수 있는 지표가 된다.

한편 B-Tm에는 불투명 광물(opaque mineral)이 포함되어 있다(사진 6-9). 편광 현미경을 포함해 광학 현미경에서 까맣고 네모나게 보였던 부분이 사실은 불투명 광물이며, 이것을 관찰하기 위해서 반사 현미경[69]이라는 또 다른 현미경을 사용한다. B-Tm의 불투명 광물은 황철석(pyrite)이다. 황철석은 철과 황으로 구성된 천연 광물로서 황철석을 두드리면 불꽃이 튀

---

69) 반사 현미경은 아래에서 빛을 투과시켜서 상을 보는 것이 아니라 위에서 빛을 비추고 피사체에서 반사된 상을 관찰하는 현미경이다.

므로 옛날부터 부싯돌로 사용되었다. 황철석의 어원은 pyr-(불)+-ite(돌)로서 바로 부싯돌을 의미한다.

잘 알려진 바와 같이, 광물의 개념을 처음 제안한 것은 생물 분류 체계를 확립한 스웨덴의 박물학자 린네(Carl von Linne, 1707~1778년)였다. 그는 자연계를 동물, 식물, 광물의 3계로 나누어 생물 이외의 것을 광물(mineral)로 분류했다. 이 mineral을 '광물(鑛物)'이라고 처음 번역해 사용한 것은 일본 지질학 여명기의 지도적 인물이었던 고토 분지로(小藤文次郎, 1856~1935년)였다. 오늘날 우리가 사용하고 있는 유문암, 현무암[70] 등의 용어도 실은 그가 번역해 만든 용어들이다.

그런 고토가 1911년에 지금의 북한과 중국 지린 성에 걸친 지역을 조사하고 백두산 일대에 대한 지리를 소개했던 자료가 남아 있다(立岩, 1976). 시대적으로 우리나라가 가장 불행했던 시절에 쓰였던 그 논문이 백두산 지질에 관한 최초의 근대적 논문이었다.

---

70) 고토는 1884년 독일 라이프치히 대학에서 수학하고 귀국했다. 그는 'rhyolite'에 대해 rhyax(흐름)+lithos(암석)의 그리스 어 어원에 따라 유문암(流紋岩)이라 했고, 효고(兵庫) 현 겐부 동굴(玄武洞)에 산출되는 'basalt'에 대해 현무암(玄武岩)이라 했다. 그 외에 반려암(gabbro), 섬록암(diorite) 등의 암석명이나 각섬석(hornblende), 휘석(pyroxene) 등 광물명도 고토가 번역한 암석·광물명으로, 현재 우리나라에서도 그대로 사용되고 있다.

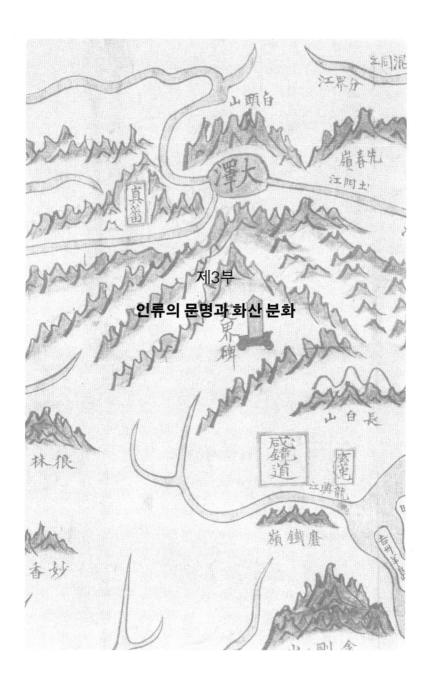

제3부

**인류의 문명과 화산 분화**

우리나라는 북반구 중위도에 위치해 편서풍의 영향을 받는다. 봄철에 중국 황하강 유역에서 발달한 기압골이 우리나라로 이동하는 것도 이 편서풍 때문이다. 이때 이동성 저기압과 함께 티베트 고원의 모래 먼지가 우리나라로 이동해 온다. 바로 황사라는 것이다. 황사가 기승을 부릴 때는 눈병을 일으키고, 세탁물을 더럽히며, 흰 와이셔츠를 입고 외출할 수가 없다. 따사로운 봄날에 우리나라 전역에서 황사의 세례를 받는 것도 이 편서풍 때문이다.

여름이 되면 열대 수렴대라고 불리는 적도 부근의 바다에서 태풍이 태어난다. 이 태풍은 에너지가 낮은 북쪽으로 진행하는데, 중위도 부근에 도달하면 북동 방향으로 크게 휘어지면서 진로를 바꾼다. 태풍은 진로를 바꾼 후 이동 속도가 빨라지고 위력도 더해진다. 이 역시 편서풍 때문이다. 겨울철에는 서풍이 더욱 강해진다. 상공의 편서풍에 지상의 북서 계절풍이 더해지기 때문이다. 발해는 34차례나 일본에 사신을 보냈다. 그 옛날 일본으로 향한 발해의 외교 사절들이 이 서풍을 타기 위해 주로 한겨울에 동해를 건넜다. 고도의 항해술을 가진 발해인들은 그다음 해 초여름에 남동 계절풍이 불기를 기다렸다가 바람을 타고 발해로 돌아갔다.

지금으로부터 약 1,000년 전 백두산의 대폭발에 의해 분출된 화산재 역시 이 편서풍을 타고 멀리 일본 열도에 퇴적되었다. 일본 북부 지방의 넓은 지역에서 이 화산재가 발견된다. 화산 분화에 의해 대기에 주입된 대량의 화산재는 에어로졸(aerosol)의 형태로 대기 중에 머물면서 태양빛을 차단한다. 또한 화산 유리는 응결핵이 되어 강수량을 증가시키고 집중 호우를 내리기도 한다. 화산 분화는 이상 기상을 초래하는 것이다. 그리고 대기 중에 주입된 대량의 화산재는 장기간 대기에 머물면서 지구의 기온을 변화시켰을 것이다.

그러나 그것보다 더 큰 문제는 화산회와 화산 가스에 의한 성층권의 오존층 파괴였을지도 모른다. 성층권까지 도달한 백두산의 거대 분연주가 북반구 오존층을 휘젓고 커다란 구멍을 남겼을 것이기 때문이다.

# 제7장

# 동아시아의 광역 테프라와 고대 문명

1982년 6월에 갈룽궁 화산이 분화했다. 갈룽궁 화산은 인도네시아 자바 섬에 위치한 화산으로 이 분화로 대량의 화산재를 대기 중에 뿜어냈다. 1982년 6월 24일 영국 히드로 국제 공항을 출발한 브리티시 항공 보잉 747기가 240명의 승객을 태우고 자바 섬 남쪽 50km 해상을 지나고 있었다. 그때 항공기가 갈룽궁의 화산재 구름 속으로 돌진했다(Johnson and Casadevall, 1994).

화산재를 흡입한 좌우 4개의 제트 엔진은 차례로 작동을 멈추었고 기체는 고도를 잃고 순식간에 하강하기 시작했다. 조종사는 필사적으로 재시동을 시도해 기적적으로 1개의 엔진이 작동하기 시작했다. 항공기는 자카르타에 무사히 긴급 착륙했지만, 항공사는 이 신형 항공기의 엔진 4개를 모두 교체하지 않으면 안 되었다.

갈룽궁 사건을 계기로 세계의 항공사들은 화산의 비위를 살피지 않을 수 없게 되었다. 제트기가 화산재의 구름 속으로 돌진하면, 화산재가 방풍창에 새까맣게 달라붙어 시계를 잃게 한다. 또한 화산재는 고전위의 정전기를 발생시키기 때문에 불꽃이 튀고 자동 운항 시스템까지 손상시킨다. 그런데 문제는 화산재가 유리 조각이라는 사실이다. 제트 엔진이 공기와 함께 대량의 화산재를 흡입하면 1,000℃가 넘는 고온의 제트 엔진 연소실에서 화산재가 유리로 용융되어 엿가락처럼 터빈에 달라붙어 엔진을 정지시키는 것이다(Casadevall, 1994). 순식간에 비행기는 조정 불능 상태의 하늘을 나는 고철 덩어리가 된다.

1991년 6월 필리핀의 피나투보 화산이 폭발했다. 이때 발생한 화산재 구름 속에 보잉 747기와 DC-10기 18대가 차례로 돌진하는 사건이 발생했다(Casadevall et al., 1996). 항공기 승무원들에 의하면, 조종실과 객실에 담배 연기 같은 옅은 안개와 전선이 타는 듯한 냄새가 충만해 산소 마스크를 착용해야 했고, 수 분간에 걸쳐 부석이 우박처럼 기체에 부딪히는 소리가 들렸다고 한다. 조종실 방풍창에 스파크와 같은 불꽃이 일어난 항공기도 여러 대 보고되었다. 결국 이 항공기들은 최신형 터보 엔진을 포함해서 10개의 엔진을 교체해야만 했다.

피나투보의 최초 폭발에서 12시간이 지난 후 콸라룸푸르에서 도쿄로 향하던 DC-10기가 또다시 짙은 화산재 구름 속으로 돌진했다. 그것은 피나투보 화산에서 동쪽으로 1,000km 이상 떨어진 태평양 상공이었다. 바로 화산재의 광역성을 이야기해 주는 좋은 사례이다.

## 1. 아이라-단자와 부석

    지질학자들에게 화산재의 광역성은 또 다른 의미를 준다. 동일한 화산재에 뒤덮인 지층의 면은 서로 멀리 떨어져 있어도 동일 시간의 면을 의미하기 때문이다. 이 동일 시간 면을 식별함으로써 그 당시의 지표면을 정밀하게 복원할 수 있다. 따라서 화산의 근원지로부터 1,000km 이상 떨어진 곳에서도 발견되는 광역 테프라는 멀리 떨어진 지역 간의 지층의 대비, 또는 지사를 논하는 데 대단히 중요하다.

    일본에서는 B-Tm의 발견에 한발 앞서 규모 면에서도 이를 웃도는 일본 최대의 양대 광역 테프라, AT와 K-Ah가 차례로 발견되어 그 분화의 전모가 세상에 알려지게 되었다. 여기서는 일본의 대표적 광역 테프라인 AT와 K-Ah 발견의 경위를 소개하고, 당시 인간 사회에 미쳤을 영향에 대해 살펴보기로 한다. 이 규슈의 거대 칼데라를 기원으로 하는 광역 테프라는 10세기에 일어난 백두산 거대 분화의 전모와 B-Tm의 확산 메커니즘을 이해하는 데 도움이 될 것이다.

    한편, 일본에서는 울릉도를 기원으로 하는 광역 테프라가 발견된다. U-Oki로 불리는 이 테프라는 9,300년 전 울릉도 화산 폭발의 산물로서 K-Ah와 함께 동해의 형성과 변천의 수수께끼를 풀 실마리를 제공해 준다. 또한 제주도만큼 화산체가 밀집된 곳은 세계적으로도 찾아보기 어렵다. 화산재의 고장인 제주도의 화산 활동에 대해서도 살펴보았다. 끝으로 17세기 일본 홋카이도에서 일어난 화산 분화는 자연의 변화가 인간의 역사에 어떤 영향을 미치는가에 대해 시사점을 던져 줄 것이다.

## 도쿄에 퇴적된 규슈의 화산재

일본 도쿄 근처의 가나가와(神奈川) 현 단자와[71] 지방에는 하코네 산과 후지 산에서 날아온 두꺼운 화산재층이 퇴적되어 있다. 그 화산들의 엄청난 분출물이 바람에 의해 운반되어 퇴적되고 보존된 두꺼운 테프라층이다.

그런데 그 화산재층 사이에 수 cm의 두께로 매우 독특한 화산 유리로 구성된 백색 화산재층이 퇴적되어 있다는 것이 알려졌다. 그 뒤 간토 지방[72]을 중심으로 넓은 지역에서 이와 동일한 백색 화산재가 발견되었다. 이 화산재를 최초로 발견한 것은 도쿄 도립 대학의 마치다였다. 그는 이 화산재가 최초로 발견된 단자와라는 지명을 따서 '단자와 부석(Tanzawa pumice, 약칭 TnP)'이라는 이름을 붙였다(町田 등, 1971). 이 TnP는 구석기 시대 지층이 자세히 조사되어 왔던 일본 간토 지방에서는 매우 중요한 건층으로서 구석기 시대를 구획하는 데 중요한 역할을 하고 있었다. 그 테프라가 언제 어디에서 날아온 것인지 알 수 없었지만, 마치다는 세립의 화산 유리로 구성된 이 화산재가 매우 먼 곳에서 날아온 것으로 추측하고 있었다.

1975년 여름, 마치다는 공동 연구자인 군마 대학의 아라이와 함께 지질 조사를 위해 돗토리 현에 가게 되었다(町田, 1977). 그런데 그곳 연구자로부터 도쿄 근처의 TnP와 비슷한 화산재를 자기 고장에서도 볼 수 있다는 이야기를 듣게 되었다. 돗토리 현(그림 7-1)은 도쿄에서 서쪽으로 800km나 떨어져 있다. 도쿄의 TnP가 돗토리 현에 퇴적되어 있을 리는 없다. 두 사람은 설마 하는 기분으로 가는 길에 그 노두에 들려 보기로 했다.

---

71) 도쿄에서 서쪽으로 30km 떨어진 산지(山地). 후지 산과 하코네 산 기원의 테프라, 즉 간토 로움층이 두껍게 퇴적되어 있다. 그림 7-1 참조.

72) 일본 도쿄를 중심으로 한 수도권. 도쿄, 가나가와, 사이타마, 군마, 도치기, 이바라기, 치바 등의 현을 포함한다.

마치다는 야외의 테프라 퇴적물에 대한 지질 조사를 통해 과거 화산 활동을 복원하는 화산학자인 반면, 아라이는 주로 실험실에서 작업하는 광물학자였다. 두 사람은 간토 지방의 화산재 연구가 계기가 되어 그 뒤로 함께 공동 연구를 수행하고 있었다. 언덕에 노출된 절개면 앞으로 안내를 받은 그들은 한 장의 화산재층을 살펴보고 있었다. 바로 그 지방 연구자가 이야기했던 입자가 매우 작은 백색 화산재였다. 그런데 그 화산재는 실제로 도쿄 부근의 TnP와 놀라우리만치 닮아 있었다(사진 7-1).

자세히 살펴보니 날카로운 모서리를 가진 편평한 형태의 매우 독특한 버블형 화산 유리의 화산재였다(사진 7-2). 이 화산재는 일대에서는 어디에서나 두께가 20cm 정도로 일정하다고 했다. 부근의 화산에서 분출한 것

|**사진 7-1**| AT
이전에 '단자와 부석(TnP)'으로 불렸던 광역 테프라 AT. 상하 이탄층 속에 퇴적되어 있다. 이 광역 테프라는 2만 2000년 전 규슈 아이라 칼데라 화산 폭발의 산물이다. 사진은 아키타 현 오가 반도의 노두. 아이라 칼데라에서 북동쪽으로 1,500km 떨어져 있다.

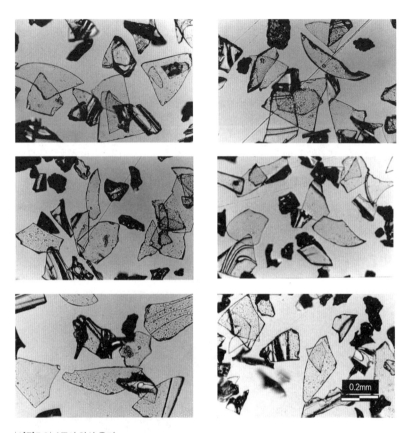

|**사진 7-2**| AT의 화산 유리

AT의 화산 유리 형태는 날카로운 모서리를 가진 버블형(판상) 화산 유리로서, 굴절률은 1.500의 매우 좁은 범위를 나타낸다. 또한 반정 광물로서 사방휘석의 굴절률은 1.731~1.733이다. 시료 채취 장소는 일본 아오모리 현 데키시마(出來島).

이라면 당연히 그 화산에 가까워질수록 두께가 두꺼워진다. 그러나 그 일대에서 두께의 변화가 없다면 이 화산재는 더 먼 곳에서 유래했다고 생각하지 않을 수 없다. 두 화산재의 또 하나 공통점은 지층이 퇴적된 연대였다. 마치다는 TnP가 2만 1000~2만 3000년 전에 퇴적된 화산재로 이미 학회에 보고했는데, 돗토리의 화산재도 방사성 탄소($^{14}$C) 연대에 의하면 거의 비슷한 시기에 퇴적되었다는 것이다.

아라이는 반신반의하며 돗토리에서 돌아오자마자 대학의 실험실에 들어가 채취한 화산재의 화산 유리와 반정 광물의 굴절률을 측정하기 시작했다. 분석을 끝낸 아라이는 스스로도 믿을 수 없는 결과에 접하게 되었다. 그것은 돗토리의 화산재와 그곳에서 동쪽으로 800km나 떨어진 단자와 지방의 TnP의 광물학적 특성이 완전히 일치한다는 것이었다.

분석 결과를 전해 들은 마치다는 이제 다른 일은 제쳐두고 이 두 화산재의 대비라는 문제가 머릿속을 떠나지 않았다. 그는 우선 이에 대한 정보를 수집하기 시작했다. 교토, 오사카에서도 비슷한 화산재가 학회지에 보고되어 있었는데, 화산재의 연대 측정 결과, TnP의 것과 비슷한 연대가 제시되어 있었다. 히로시마에 들렀더니 그곳 연구자들에게서도 주변에 2만 년 전경에 퇴적된 것으로 보이는 유리질 화산재가 있다는 이야기를 듣고 그 시료를 보니 이것 역시 돗토리의 것이나 TnP와 동일한 화산재였다.

도쿄와 후지 산 산록, 돗토리, 그리고 교토, 오사카, 히로시마 등 일본 열도를 동에서 서로 횡단해 퇴적된 이 화산재는 모두 동일한 것으로 볼 수밖에 없었다. 그 이유는 다음과 같았다(町田·新井, 1976; 町田, 1977).

첫째, 그 속에 포함되는 사방휘석의 굴절률이 모두 일본에서는 매우 드문 1.731~1.733이라는 높은 굴절률을 나타내고 있었다. 둘째, 화산 유리의 굴절률이 1.500으로써 매우 좁은 범위를 나타내며, 셋째, 그 형태는 투명하고 편평한 유리판 또는 곡면의 날카로운 모서리를 가진 유리 파편으로, 한눈에도 알 수 있는 매우 독특한 것이었다.

이제 한 가지는 분명해졌다. 이 화산재들의 암석 기재적 특성들이 일치한다는 것은, 이 화산재들이 한날한시에 동일한 화산에서 뿜어져 나왔다는 것을 이야기하는 것이었다. 그렇다면 이 테프라를 뿜어낸 화산은 대체 어디인가? 도쿄 — 후지 산 — 히로시마 — 교토 — 오사카 — 돗토리를 잇는 위도상에 이만한 화산 분출물을 쏟아 낼 화산은 없었다.

그런데 후지 산에서는 두께 수 cm, 돗토리에서는 20cm 정도였는데, 히로시마에서는 30cm로 두터워졌다. 편서풍이 탁월한 중위도 지방의 태풍의 북상 경로에서 유추해 본다면, 이러한 화산재의 분포는 그 분화원이 거대 화산들이 밀집해 있는 남쪽의 규슈에 있을지도 모른다는 것을 의미하고 있었다. 규슈에는 여러 개의 칼데라가 있고 모두 과거 거대 분화의 이력을 가지고 있었다. 마치다는 지질도를 보면서 규슈의 화산들을 이것저것 생각하고 있었다. 그때 문득 뇌리를 스치는 것이 있었다. 그것은 규슈의 '시라스(白砂)'였다. 규슈 남부 지방의 광범위한 지역을 뒤덮고 있는 척박하고도 두꺼운 백색 화산재 토양을 규슈 사람들은 그렇게 부른다.

'시라스'라는 용어는 본래 흰 모래라는 의미이지만, 지질학적으로는 직경 20km의 아이라 칼데라에서 분출한 '이토 화쇄류(Ito-pfl)'를 일컫는 말이다. 이 화쇄류는 규슈 남부 거의 전 지역을 뒤덮으며 그곳 토양의 모태는 모두 시라스라고 해도 과언이 아닐 정도의 엄청난 용량의 화산 분출물이었다(사진 7-3). 규슈 남부 평지 대부분은 두께 100m가 넘는 이 퇴적물로 뒤덮여 있으며, 인구 60만의 가고시마(鹿兒島) 시를 비롯한 인구 밀도가 높은 도시들이 이 퇴적물 위에 건설된 도시들이다. 마침 마치다는 수년 전에 규슈를 조사한 적이 있었다. 마치다는 시료 상자에서 이토 화쇄류의 시료를 꺼내 물로 씻고 현미경으로 들여다보았다. 그러자 눈에 익은 편평하고 모서리가 날카로운 투명 화산 유리가 눈에 가득 들어오는 것이 아닌가!

마치다는 서둘러 아라이에게 연락을 했다. 아라이는 즉각 규슈의 시라스 시료의 정밀한 굴절률 측정에 착수했다. 그 결과 시라스 시료 속의 사방

|사진 7-3| 이토 화쇄류와 오스미 강하 부석
규슈에서는 어디를 가나 흰색의 시라스 토
양을 만난다. 시라스는 지질학적으로 직
경 20km의 아이라 칼데라에서 분출한 이
토 화쇄류(Ito-pfl)에 해당한다. 사진 아랫
부분이 오스미 강하 부석(Osumi-pfa),
그 윗부분이 이토 화쇄류(Ito-pfl)이다(사
진: 町田洋 제공).

휘석 최대 굴절률과 화산 유리의 굴절률, 그리고 광물의 조성 등 암석 기
재적 특성이 모두 도쿄의 TnP와 완전히 일치했다. 이렇게 해 돗토리, 오사
카, 교토, 히로시마에 퇴적된 백색 화산재가 도쿄의 단자와 부석(TnP)과
동일하다는 것이 밝혀졌다. 그리고 이들을 뿜어낸 화산이 멀리 규슈 가고
시마 현 아이라 칼데라이며, 이 모든 화산재가 규슈 '시라스'의 연장이었다
는 사실이 밝혀지게 된 것이다(町田·新井, 1976; 町田, 1977). 바로 일본 최대의
광역 테프라가 발견되는 순간이다.

아이라 칼데라는 직경 20km의 대형 칼데라로서 그 안은 모두 바닷물
로 채워져 만을 형성하고 있다. 그 칼데라 외벽에 새로 생긴 화구인 사쿠
라지마(櫻島) 화산은 규슈 남부 지방의 상징이며, 오늘날에도 가끔 연기를
뿜어내며 자신의 존재를 알리고 있다.

테프라 연구의 선진국이라고 할 수 있는 미국은 활동적인 화산이 대부분 서부에 많고 화산의 풍하 측이 드넓은 육지로 이어져 있기 때문에 오래 전부터 거대 화산 분화의 산물로 인지된 테프라가 여럿 있었다. 그러나 일본은 4면이 바다이고 화산의 풍하 측이 모두 태평양 바다이다. 따라서 광역적으로 추적된 테프라는 그때까지 알려진 바가 없었다. 이어서 이 화산재의 분포와 연대에 관해서 육지뿐만 아니라 해양에까지 일본 전국에 걸쳐서 자세한 조사가 실시되었다. 지금까지 알려진 이 화산재의 분포는 그림 7-1과 같으며, 일본 전역과 한반도 일부, 그리고 러시아 연해주에서도 발견되었다(町田 등, 1983).

마치다는 이 광역 테프라에 새로운 이름을 붙였다. 그 이름은 "아이라-단자와 부석(Aira-Tanzawa pumice)"으로, 흔히 이니셜을 따서 AT라고 부른다. 물론 '아이라'는 이 테프라를 뿜어낸 근원 칼데라의 명칭이며, '단자와'는 후지 산 산록에서 최초로 발견된 단자와 부석(TnP)을 기념하기 위한 것이었다. 단자와 부석(TnP)이 AT로 바뀐 것은 단지 명칭이 바뀐 것 이상의 의미를 가지는 것이었다. 이것은 TnP의 시대는 끝나고 새로이 AT의 시대가 도래했음을 의미하는 것이며, 광역 테프라의 개념에 대한 이해와 인식이 한 단계 크게 도약했다는 것을 의미하는 것이었다.

마치다와 아라이가 동료들을 만나면 "규슈의 시라스를 도쿄에서도 볼 수 있다."라고 자랑 삼아 이야기하고 다녔다. 그러나 얼마 지나지 않아 규슈의 시라스가 도쿄뿐만 아니라 더 북쪽의 혼슈 최북단에서도 발견되어 AT가 일본 열도를 거의 모두 뒤덮었다는 것이 밝혀졌다. 거대 화쇄류 분화에서 강하 화산재나 화쇄류 등 테프라의 확산 메커니즘을 이해하는 데 AT만큼 절호의 예는 없었다. 또한 적어도 동아시아에서 고고학적 동일 기준 면을 제공한다는 의미에서 AT는 획기적인 역할을 하게 되었다.

>0

오가반도

5cm

10

돗토리

교토

도쿄

단자와

히로시마

오사카

20

50

아이라
칼데라

0          500km

|**그림 7-1**| AT의 분포(町田 · 新井, 1992)

AT는 아이라 칼데라에서 2만 2000년 전에 분출한, 이제까지 알려진 일본 제일의 광역 테프라이
다. 우리나라 울산, 진해 등에서도 발견된 바 있다. 이 테프라는 동해를 포함해 거의 일본 전역을 뒤
덮고 있다. 아이라 칼데라-돗토리는 500km, 아이라-단자와는 1,000km, 아이라-오가 반도는
1,500km 떨어져 있다.

## 일본 최대의 광역 테프라

아이라 칼데라에서 발생한 화쇄류는 저지대를 매몰시키면서 전진해 규슈 남부 지방에 수 m에서 최대 200m 두께의 방대한 시라스 대지를 만들었다. 그러나 이 토양은 유수에 침식되기 쉽고 점토를 거의 포함하지 않기 때문에 농업에 적합하지 않다. 이 척박하고 불안정한 시라스 퇴적층의 말단 부분은 절벽인 경우가 많고, 태풍이 지나면 사면이 쉽게 붕괴되었다. 집중 호우에 대량의 토사가 뒤섞인 토석류(土石流, flood of rocks and mud)[73]가 제방을 넘어 주택가를 덮쳐 매년 수많은 인명 피해를 내고는 했다. 시라스 토양은 물을 유지하는 힘이 적으므로 논농사에 적합하지 않고 유기물이나 영양분이 적기 때문에 고구마, 무 등의 농작물밖에 생산되지 않는, 아무튼 문제가 많은 토질이다.

그러면 규슈 일대에 이 척박한 토양의 대지를 만들고 아득히 먼 곳까지 백색의 광역 테프라를 퇴적시킨 일본 최대의 화산 분화의 경과를 더듬어 보기로 하자(町田·新井, 1976; 町田, 1977).

먼저 그림 7-2를 살펴보자. 동쪽으로 오스미(大隅) 반도와 서쪽으로 사쓰마(薩摩) 반도 사이에 가고시마 만이 있다. 그 안쪽 원형의 만은 실은 화산 활동에 의해 만들어진 직경 20km의 칼데라이다. 그 이름이 아이라 칼데라이다. 일본 가고시마 현을 상징하는 사쿠라지마 화산은 이 칼데라의 남쪽 외벽에 새롭게 솟은 젊은 화구라는 것은 앞서도 이야기했다(사진 7-4). 그 사쿠라지마 화산이 만들어지기 전인 지금으로부터 2만 2000년 전의

---

73) 토사가 물과 섞여 하천 또는 계곡에 흘러내리는 현상. 화산 이류와 혼용되어 사용되기도 한다. 집중 호우에 의한 산사태나 불안정한 토사의 이동에 의해 발생한다. 토석류의 선단 부분은 커다란 암괴나 사태에 의해 쓰러진 나무 등이 집중하기 때문에 커다란 파괴력을 가지며, 도로, 건물, 교각 등을 파괴한다.

**그림 7-2** 아이라 칼데라와 시라스(이토 화쇄류)의 분포(橫山, 2003)

가고시마 만의 끝자락에는 직경 20km의 대형 칼데라가 위치하고 있는데, 바로 아이라 칼데라이다. 지금으로부터 2만 2000년 전 여기서 뿜어낸 이토 화쇄류는 규슈 남부 지방을 뒤덮고 시라스 대지를 이루었다.

어느 날, 여기서 규슈 일대를 뒤흔든 엄청난 대폭발이 일어났다.

먼저 칼데라에서 플리니식 분화가 시작되었다. 이때 분화의 산물이 '오스미 강하 부석(Osumi-pfa)'이라고 불리는 부석이다. 퍼미스형 입자로 구성된 이 부석층은 규슈 남부의 대부분을 뒤덮었다. 플리니식 분화 후 칼데라에서는 지하 마그마를 한꺼번에 토해 내는 초대형급 화산 분화가 일어났다. 칼데라 중앙부에서 화도의 대규모 파괴가 시작되었고 클라이맥스의 분연주가 완전 붕락해 '이토 화쇄류'가 발생했다. 이 거대 화쇄류는 순식간에 규슈 남부의 넓은 대지를 매몰시키고 오늘날 '시라스'로 불리는 죽음의 부석 사막으로 바꾸어 버렸다(그림 7-2).

**|사진 7-4|** 사쿠라지마 화산

아이라 칼데라 외벽에 새로 솟은 사쿠라지마 화산은 근래에도 종종 분연을 뿜어낸다. 전면에 움푹 패인 부분이 1914년 폭발에 의해 새로이 만들어진 이른바 다이쇼(大正) 화구이다(사진 : 町田 洋 제공).

아이라 칼데라에서 가까운 시라스 대지를 조사해 보면, 이토 화쇄류 위에 연속적으로 AT가 1m 남직 퇴적된 것을 관찰할 수 있다. 그런데 칼데라에서 멀어질수록 이토 화쇄류는 점차 소멸하고 AT만이 원격지까지 이어진다는 것을 알 수 있다. 이러한 퇴적 양상이 바로 AT와 이토 화쇄류의 관계를 보여 주고 있다(町田, 1977). 즉 거대 분연주가 붕괴해 중·하부의 밀도가 큰 부분이 화쇄류로서 지면을 질주하고, 정상부의 밀도가 작은 화산재가 시차를 두고 그 위에 천천히 퇴적되었다는 것을 말해 주는 것이다. 1,000km를 넘는 먼 곳까지 도달한 AT는 상공의 화산재 열운이 편서풍에 의해 이동된 것이다. AT는 이토 화쇄류의 코이그님브라이트 화산재인 것이다.

일반적으로 화쇄류가 퇴적되면 내부가 용결하는 경우가 많지만, 이토 화쇄류, 즉 시라스는 방대한 용량에도 불구하고 용결된 부분이 적다. 이것은 화산 분출물이 공중에 노출되어 상당히 냉각된 후 서서히 하강해 산록에 흘러내렸음을 의미하고 있었다. 더욱이 화쇄류는 도중에 높이 1,000m 이상의 병풍처럼 둘러싼 여러 겹의 산지를 넘어 규슈 중부까지 흘러갔다. 이토 화쇄류 형성 당시 분연주의 높이가 40km에 달했을 것으로 추정되었는데, 이렇게 키가 큰 분연주가 붕괴하면서 생성된 유동층을 상상해 본다면 이와 같은 퇴적물의 확산과 퇴적 양상이 무리 없이 설명된다(町田, 1977). 오스미 강하 부석(Osumi-pfa)→이토 화쇄류(Ito-pfl)→광역 테프라(AT)로 이어지는 일련의 과정은 10세기 백두산 천지 칼데라 화산 분화의 순서와 일치한다. 백두산에서는 백두 강하 부석(B-pfa)→창바이 화쇄류(C-pfl)→광역 테프라(B-Tm)의 순이었다.

이 아이라 칼데라의 활동은 보통의 화산 활동과는 비교할 수 없는 엄청난 규모였다. 이 테프라가 덮은 면적은 400만 km² 이상이며, 테프라의 양은 오스미 강하 부석 100km³ 이상, 이토 화쇄류 200km³, AT 150km³로, 모두 합산해 약 500km³에 달하는 VEI 7급의 거대 화산 분화였다(町田·新井, 1992).

한편 이 아이라 칼데라에서 일어난 파멸적인 대분화에 의해 규슈 지방은 상상할 수 없을 정도로 처참한 상황이 전개되었을 것이다. 적어도 이토 화쇄류가 도달한 지역의 동식물과 자연 환경은 두꺼운 테프라에 그대로 매몰되고 말았다. 이 화산 분화에 의해 생성된 화산재는 지구 대기에 머물며 햇빛을 차단하고 기온 저하를 초래했을 것이다. AT의 화산 폭발이 있었던 지금으로부터 2만 2000년 전은 이미 구석기 문화가 일본 각지에서 시작되고 있던 시기였다. 물론 규슈 지방에도 구석기인들이 주거하고 있었을 것이며, 이 화산 분화가 구석기인들에게 회복이 불가능한 타격을 주었음은 명백하다.

AT의 발견은 광역 테프라의 개념을 정립하는 데 커다란 역할을 했다. 그리고 화산학자들의 테프라 분포에 대한 인식을 완전히 바꾸게 했다. 또한 이 테프라 한 장으로 지금까지 각지에서 독자적으로 엮이던 사건을 하나로 묶어서 이야기할 수 있게 되었다. 그리고 그동안 영역이 다른 연구자들 간에 문제가 되었던 사항들도 간단히 해결할 수 있게 되었다.

예를 들어, 멀리 떨어진 두 지역에서 서로 다른 석기(石器)가 출토되어 시대가 다르다고 알려졌던 유적이 AT의 출토에 의해 동일한 시대의 유적이라는 것이 판명되고, 그것과 관련된 여타 문제들을 말끔히 해결해 주었던 것이다. 이와 같이 한 층의 테프라 분포 범위가 넓으면 넓을수록 각 지역의 자연의 역사를 하나로 묶어 종합적으로 엮을 수 있게 한다. AT가 그 전형적인 예이다. 우리나라에서도 AT가 동해의 피스톤 코어에서 여러 번 확인된 바 있으며, 최근에는 육상의 고고학적 유적에서도 발견되어, 이 광역 테프라를 동정함으로써 우리나라 고고학 편년 확립에 유용하다는 인식을 갖기에 이르렀다(이선복, 2000, 임현수 등, 2006).

분명히 AT는 지금까지 알려진 일본 최대의 화산 분화의 산물이지만, 정확히 말하자면 최대 규모의 분출물 중 하나의 예에 지나지 않는다. 곧이어 AT에 버금가는 규모와 범위로 퇴적된 광역 테프라가 발견되었다. AT보다 더 새로운 시대, 지금으로부터 6,300년 전 규슈 남부 해저 칼데라의 화산 폭발의 산물인 광역 테프라 K-Ah가 발견된 것이다.

## 2. 기카이-아카호야 화산재

AT에 이어 발견된 또 하나의 일본의 대표적 광역 테프라 기카이-아카호야 화산재(Kikai-Akahoya ash, K-Ah)는 지금으로부터 6,300년 전 규슈 남부 해저 화산, 기카이 칼데라의 폭발에 의해 생성된 테프라이다.

'아카호야'[74]는 규슈 농민들이 붉은색 세립 화산재층에 붙인 이름이다. 아카호야는 지하에 판상으로 굳게 다져진 화산재층으로 식물의 뿌리를 쉽게 통과시키지 않으므로 농업에 장애가 되었다. 따라서 농민들의 골치를 썩이는 이 불량 화산재층은 처음에 토양학자들에 의해 연구되었다. 그리고 1960년대에 이르러 넓은 범위에 걸친 대강의 분포 범위가 알려지게 되었지만, 과연 이들 모두가 동일한 화산재인가, 또는 화산이 다른 별개의 화산재인가를 둘러싸고 의견이 나뉘어 있었다.

넓은 지역에 분포하는 아카호야가 단일 기원의 테프라라고 주장하는 토양학자가 있었지만(Matsui, 1967), 대부분의 지질학자들은 다기원설을 지지했다. 다기원설이 우세했던 이유는 다음과 같다(町田, 1977). 첫째, 일반적으로 강하 화산재는 분출한 화구에서 멀어질수록 그 두께가 규칙적으로 감소하지만, 아카호야의 경우에는 규슈 남부에서 북부에 이르기까지 그다지 변화가 없었다. 둘째, 각 지역의 광물 조성의 특징은 닮았지만, 그렇다고 모두 동일한 테프라라고 하기에는 그 자료의 양이 빈약했다.

한편 1976년 마치다는 규슈 일대에서 광역 테프라 AT를 추적하고 있

---

74) 규슈 미야자키(宮崎)의 농민들이 붉은색 화산재층에 붙인 이름. 붉은색이라는 뜻의 '아카'와 램프의 유리를 의미하기도 하는 '호야'가 결합되어 만들어진 명칭이라고 알려져 있다. 이 화산재는 규슈 가고시마와 남쪽 도서 지역에서는 '아카보코', 규슈 중부 지방에서는 '이모고', 시코쿠(四國)에서는 '온지'라고 불렸다.

던 도중에 AT의 상위에 출현하는 '아카호야'를 관찰하게 되었다. 이 아카호야의 기원을 둘러싸고 토양학자들과 지질학자들의 논쟁이 계속되는 가운데, 마치다가 이 테프라에 대해서 본격적으로 조사하기 시작했다. 그 결과, 규슈 전 지역에 분포하는 붉은색 화산재 토양이 지금으로부터 6,300년 전 한날한시에 동일한 화구에서 분출한 테프라라는 것이 밝혀지게 되었다(町田·新井, 1978). 그리고 그동안 다수파에 의해 지지되었던 아카호야 다기원설을 잠재워 버렸던 것이다.

## 바다 속에 잠든 칼데라

마치다가 이 화산재를 처음 본 것은 규슈 남쪽 바다의 섬 다네가시마(種子島, 그림 7-3 참조)를 조사하고 있던 1965년으로 거슬러 올라간다(町田, 1977). 다네가시마의 지표 토양 속에 두께 수십 cm의 붉은색을 띠는 화산재층이 널리 퇴적되어 있었다. 그 섬 사람들은 이를 '아카보코'라고 부르고 있었다. 마치다는 다네가시마보다 남쪽에 위치한 야쿠시마(屋久島) 섬(그림 7-3 참조)에서도 아카보코와 동일한 화산재를 발견했다. 놀랍게도 야쿠시마에서는 고도 1,000m의 높은 산의 사면에도 이 테프라가 퇴적되어 있었다. 야쿠시마는 매년 태풍 서너 개가 쓸고 지나가는 길목에 위치한 다우지역이다. 따라서 테프라가 산의 사면에 머물러 있기 어렵다. 이렇게 토양의 침식이 빠른 환경에도 불구하고 테프라가 그다지 유실되지 않았다는 것은 이 테프라를 퇴적시킨 화산 분화가 엄청난 규모의 것이었고 그것이 그렇게 먼 시대에 일어난 것이 아니라는 것을 의미하는 것이었다.

그런데 이 테프라를 뿜어낸 분화구를 알 수 없었다. 마치다는 규슈 남부 여러 도서 지역에서 나타나는 화산재층을 우선 "아카보코"라 명명해

학회에 보고했지만(町田, 1969), 그 분화구를 찾는 일은 단념한 채 그 일에 대해서는 곧 잊고 말았다.

한편 마치다가 규슈 남쪽의 섬들을 조사하던 바로 그 시기에 화산학자 우이 다다히데(宇井忠英, 현재 홋카이도 대학 명예 교수. 화쇄류, 산체 붕괴, 화산 재해 방재 분야의 일본 일인자. 1998년부터 2000년까지 일본 화산 학회 회장을 역임했다.)는 규슈 남부의 오스미·사쓰마 반도(그림 7-3 참조)에서 극히 얇지만 넓게 분포하는 붉은 색 화쇄류 퇴적물을 추적하고 있었다(宇井, 1973). 이것은 입자가 작은 버블형 화산 유리를 주체로 하고 있고 화산 유리의 색이 붉기 때문에 야외에서 간단히 구별할 수 있었다. 그리고 그 연대는 방사성 탄소($^{14}$C) 연대에 의해 약 6,000년 전이라고 추정되었다. 우이는 이 화쇄류에 그곳 마을 이름 고야를 따서 '고야 화쇄류(Koya-pfl)'라고 이름을 붙였다(그림 7-3).

우이는 화쇄류 전문가였다. 그는 무심코 하늘에서 날아온 강하 화산재라고 생각하기 쉬운 얇은 테프라가 화쇄류임을 간파하고 있었다. 규슈 남부 내륙에서는 수십 cm의 두께로 거의 모든 지표를 뒤덮고 있었지만, 잘 살펴보면 화산재 속에 커다란 부석 덩어리가 어지럽게 뒤섞여 있었다. 이것은 하늘에서 강하한 것이 아닌 지면을 기어간 난류의 퇴적물임을 나타내고 있었다. 계곡에 두껍게 퇴적된 것도 강하 화산재에서 볼 수 없는 특징이었다. 그리고 이 지층을 따라 오스미 반도 남단의 해안에 이르면 머리통만 한 부석을 포함한 두께 수 m의 어엿한 화쇄류의 얼굴을 드러내는 것이었다. 우이는 기포가 매우 많은 비누 거품과 같은 모양의 붉은색 부석으로 구성된 것으로 미루어, 이 퇴적물이 다량의 화산 가스를 포함한 저밀도의 유동성이 매우 큰 화쇄류라고 판단했다(宇井, 1973; 町田, 1977).

한편 1976년 마치다는 각 지역의 AT 분포 상황을 면밀히 조사하고 있었다. 그런데 규슈나 시코쿠, 그리고 일본 중부 지방의 넓은 지역에서 AT

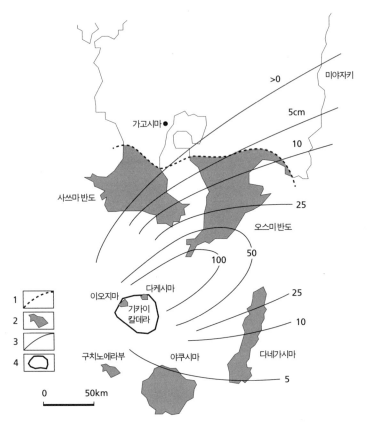

| 1 | ......... |
| 2 | ■ |
| 3 | ⟋ |
| 4 | ◯ |

0    50km

**|그림 7-3|** 기카이 칼데라에서 분출한 강하 부석과 화쇄류 분포(町田 · 新井, 1992)
기카이 칼데라의 6,300년 전 분화에서도 강하 부석→화쇄류→코이그님브라이트 화산재로 이어지
는 전형적인 분화의 계열을 나타낸다. 그중 고야 화쇄류는 바다 위를 흘러서 북쪽으로 50km 지점
의 사쓰마 반도, 오스미 반도에 상륙하여 북쪽으로 전진했다(1. 고야 화쇄류의 북쪽 한계선, 2. 고야
화쇄류 분포지, 3. 강하 부석의 등후선, 4. 칼데라).


상위에 또 하나의 붉은색을 띤 화산 유리로 구성된 화산재층이 있다는 것
을 알게 되었다. 많은 지질학자들이 '아카호야'라고 부르고 있던 화산재층
이었다. 이 '아카호야'와 마치다가 이전에 다네가시마와 야쿠시마에서 보

왔던 '아카보코', 그리고 우이가 조사했던 '고야 화쇄류'는 어떤 관계가 있을까?

마치다는 시료 상자에서 예전에 규슈 남쪽 바다의 여러 섬에서 조사했던 아카보코의 시료를 찾아내 그 특징을 살펴보니 아카호야나 고야 화쇄류 퇴적물과 매우 닮았다는 것을 알게 되었다. 마치다의 공동 연구자인 아라이는 이 시료들의 화산 유리와 반정 광물의 굴절률 측정에 착수했다. 그 결과 예상한 대로 아카보코와 아카호야, 고야 화쇄류의 광물학적 특성이 모두 일치했다.

마치다는 우이가 그의 논문에서 적시했던 고야 화쇄류의 노두가 있는 규슈 남부 오스미 반도 해안에 가 보았다. 그곳의 노두에는 고야 화쇄류 퇴적물을 사이에 두고, 밑에는 한눈에 강하 퇴적물이라고 알 수 있는 입자 크기에 따라 분리가 매우 잘된 부석층(고야 강하 부석(Koya-pfa))이 있고, 위에는 붉은색의 화산재층이 놓여 있었다. 이 일련의 화산 분출물의 분포를 조사해 보면, 하부의 강하 부석층과 화쇄류는 그곳에서 북쪽으로 멀어질 수록 소멸해 버리고, 상부의 화산재층만이 규슈 북부까지 이어지는 '아카호야'라는 것을 알게 되었다(町田, 1977).

이와 같은 고야 강하 부석→고야 화쇄류→강하 화산재(아카호야)의 층서는, 앞에서 서술한 오스미 강하 부석→이토 화쇄류→AT로 이어지는 거대 화쇄류 분화의 사이클과 일치한다. 아카호야 역시 고야 화쇄류(아카보코)의 코이그님브라이트 화산재였던 것이다. 또한 아카호야는 규슈 남부에서 북부에 걸쳐 단일층으로서 발견된다는 것을 알게 되었고, 아카호야는 어디서나 비슷한 퇴적 양상을 보여 주었다. 하나의 노두에서 이것과 닮은 테프라가 둘 이상 나타나는 일은 없었다. 즉 아카호야는 하나였다. 따라서 마치다는 이를 뿜어낸 화구 역시 하나라고 확신했다.

그러나 아직 그 화구를 알 수 없었다. 마치다는 이전에 다네가시마 섬과 야쿠시마 섬에 퇴적된 아카보코를 분출한 화산의 화구에 대해 추측했던 일을 생각해 냈다. 그때는 화구의 추적을 단념했었다. 그러나 이제는 그 화구의 추적을 더 이상 미룰 수 없게 되었다. '아카보코'의 퇴적 양식과 분포 상황을 조사해 보면 화구를 알 수 있을 것이다. 그렇게 판단해 1976년 봄, 마치다는 도선을 타고 규슈 남쪽의 섬으로 건너갔다(町田, 1977).

마치다가 10여 년 만에 다시 보는 다네가시마와 야쿠시마의 '아카보코'는 틀림없는 화쇄류의 특징을 보여 주었다. 앞에서 서술한 야쿠시마의 고도 1,000m 이상의 산의 사면에 퇴적된 테프라도 실은 섬의 높은 봉우리를 넘은 놀라울 만치 두꺼운 유동층을 가지는 '고야 화쇄류'였던 것이다. 이 엄청난 화쇄류를 뿜어낸 화산은 어디인가? 그 후보로 부근에 활화산인 이오지마(硫黃島)[75]와 구치노에라부(口永良部) 화산이 있다(그림 7-3). 그런데 사쓰마 반도, 오스미 반도의 고야 화쇄류와 야쿠시마, 다네가시마에 퇴적된 아카보코의 퇴적 상태를 감안하면 구치노에라부 화산은 남쪽에 치우쳐 있고, 그 한가운데 있는 이오지마가 화구였을 가능성이 더 크다.

이오지마는 해안에 바로 원추형의 화구가 솟은 어지간히 험상궂은 A급 활화산으로 지금도 분화구에서 분연을 내뿜고 있다. 주변의 바다 역시 유황으로 온통 황백색이다. 또한 이 부근의 해저 화산 활동은 매우 활발하다는 것이 알려져 있었다. 그러나 각처의 테프라 퇴적 상황을 감안할 때 아무리 A급 활화산인 이오지마라 할지라도 그 조그만 화구에서 이 엄청난 테프라가 분출되었다고 생각하기 어렵다.

---

75) 일본에는 이오지마가 두 곳이다. 제2차 세계 대전 당시 미일 간 치열한 전투를 벌인 격전지로 알려진 '이오지마(硫黃島)'는 오가사와라(小笠原) 제도에 속하는 또 다른 섬이다. 이를 구분하기 위해 규슈 남부의 이오지마를 '사쓰마 이오지마(薩摩硫黃島)'라고도 한다.

이오지마와 그 옆의 다케시마(竹島)를 연결하고 해저의 높은 곳을 연결해 보면, 그곳에는 타원형의 저지대가 있음을 알 수 있다. 이 바다 속 저지 대야말로 일찍이 일본 화산학의 태두라고 불렸던 구마모토(熊本) 대학의 마쓰모토 다다이치(松本唯一, 1892~1984년)가 쓴 「규슈의 4대 칼데라 화산」이라는 논문에 등장하는 직경 25km의 "기카이 칼데라"로 불린 바다 속에 잠자고 있는 크라카토아형 해저 칼데라이다(Matumoto, 1943). 아카호야 및 고야 화쇄류의 규모와 분포의 광역성으로 미루어 이오지마와 다케시마 등은 칼데라의 테두리에 불과하고 그 분화구는 기카이 칼데라 그 자체일 가능성이 커졌다. 이것을 확인하기 위해 마치다는 또다시 도선을 타고 이오지마 옆의 또 하나의 외륜산인 다케시마로 향했다.

다케시마는 동서로 길게 뻗은 섬으로 전체가 대나무로 뒤덮여 있었다. 그런데 마치다가 배에서 내려 섬에 발을 내딛자마자 해안의 절벽에 노출된 테프라의 규모에 압도당했다. 다케시마 항의 절벽에는 어디보다 두꺼운 강하 부석과 어디보다 훌륭한 화쇄류 퇴적물로 뒤덮여 있었다. 퇴적물 속에 포함된 암괴들의 크기는 화구가 가까이 있음을 이야기하는 것이었다.

가장 아래에 고야 강하 부석(Koya-pfa)이 있고 그 위에 용결한 화쇄류 퇴적물(후나쿠라 화쇄류, Funakura-pfl), 그리고 그 위에는 10m 이상의 비용결의 고야 화쇄류(Koya-pfl)가 놓여 있었다(사진 7-5). 우이가 지적했던 바와 같이, 고야 화쇄류 속에는 기포가 매우 많은 비누 거품과 같은 붉은색 부석도 포함되어 있었다. 또한 상하 지층의 관계도 육지의 아카호야나 고야 화쇄류와 같았다. 화쇄류 퇴적물 속에는 커다란 둥근 자갈이 포함되어 있었다. 둥근 자갈은 얕은 바다에서 유래했다는 것을 의미했다. 이것은 화쇄류가 바다 밑에서 자갈과 모래 등 해저의 퇴적물을 쓸어 올리면서 그곳까지 도달했다는 이야기가 된다. 이러한 퇴적 상태로 보아 이 화쇄류를 초래한 화산의 분화가 해저에서 발생했다는 것은 틀림이 없었다.

마치다가 고개를 돌려 서쪽을 보니 이오지마가 길게 연기를 뿜어내고 있었다. 화구는 바로 이곳이다! 이오지마와 함께 바로 이곳이 기카이 칼데라 북단 칼데라 벽이며, 이 엄청난 테프라를 분출한 분화구가 바로 절벽 아래 수심 500m의 푸른 바다 속에 잠자고 있었던 것이다.

이렇게 해 아카호야를 퇴적시킨 분화구가 규슈 남쪽의 기카이라 불리는 해저 칼데라라는 것이 밝혀졌다(町田, 1977; 町田·新井, 1978). 아카호야는 새

|사진 7-5| 기카이 칼데라 외륜산 다케시마의 노두
아래에서 위로 3개의 층이 나타나는데, 가장 아래쪽에 고야 강하 부석(Koya-pfa), 그다음이 후나쿠라 화쇄류(Funakura-pfl)의 용결 응회암, 가장 상부에 비용결의 고야 화쇄류(Koya-pfl) 퇴적물이 차례로 퇴적되어 있다. 후나쿠라 화쇄류는 칼데라 근처의 도서에서 발견되지만 규슈까지 연결되지는 않았다(사진: 町田洋 제공).

로이 "기카이-아카호야 화산재"라는 이름이 붙여졌고, 약칭으로 K-Ah 라고 부르게 되었다(그림 7-4). 기카이 칼데라로부터 분출된 테프라의 양은 고야 강하 부석이 20km³, 고야 화쇄류 50km³, 그리고 K-Ah가 100km³ 로, 이 역시 AT와 마찬가지로 VEI 7급에 해당하는 거대 화산 분화였다 (町田·新井, 1992). 이것은 과거 1만 년 동안에 일본에서 일어났던 화산 분화 중 최대의 규모였다.

한편 야쿠시마, 다네가시마 등의 섬들과, 규슈의 오스미·사쓰마 반도 의 노두에 나타나는 고야 화쇄류 퇴적물은 분명히 바다 위를 질주해 육지 에 상륙한 퇴적물들이었다(町田, 1977; 町田·新井, 1978). 그런데 그것은 육지를 흘러간 것과 전혀 다르지 않았다. 이것은 화산학자들에게 완전히 새로운 자연 현상을 인식할 수 있게 해 주었다. 화쇄류는 바다 위를 흐른다는 사 실이다.

기카이 칼데라가 분화를 일으켰을 때 주변의 바다는 온통 팝콘과 같은 부석으로 뒤덮여 있었을 것이다. 부석은 그 명칭이 의미하는 바와 같이 물 에 가라앉지 않는다. 아마 부석으로 뒤덮인 해수면 위를 밀도가 가벼운 고 온의 난류가 부력을 유지한 채 질주해 육지에 상륙했을 것으로 생각되었 다. 화쇄류가 장애물이 없는 바다를 건너 50km 떨어진 육지에 도달하는 데는 20분도 채 걸리지 않았을 것이다.

지금까지 아카호야 다기원설을 주장하던 학자들의 논리적 근거는 규 슈에는 거대 화산들이 밀집해 있고, 이 화산들의 풍하 측에 아카호야가 두껍게 퇴적되어 있다는 야외의 관측 사실이었다. 그러나 실은 화산의 동 편(풍하 측)에는 그 화산에서 분출된 테프라에 의해 멀리서 날아온 테프라 가 피복되어 보존되기 쉬우며, 따라서 각 화산의 동편에 아카호야가 두껍 게 퇴적된 것처럼 보일 뿐이었다. 이러한 사실을 지질학자들이 이해하게

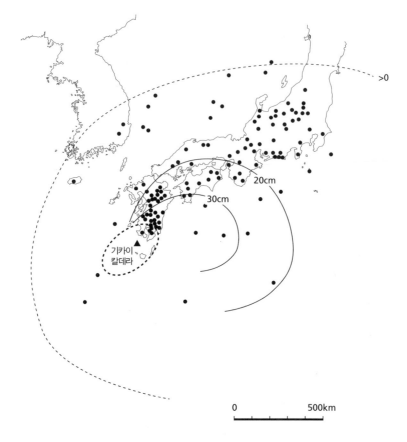

**|그림 7-4|** 기카이-아카호야 화산재(K-Ah)의 분포도(町田·新井, 1992)

K-Ah는 지금으로부터 약 6,300년 전 규슈 남부 해저 화산인 기카이 칼데라의 폭발로 생성된 광역 테프라이다. 그 규모는 AT, B-Tm와 함께 VEI 7급이다(기카이 칼데라를 둘러싼 굵은 점선은 화쇄류의 분포 범위).

된 것은 마치다에 의해 K-Ah의 분화원이 밝혀지고, 그 분포 상황이 상세히 알려진 이후의 일이었다. K-Ah의 추적 여행은 규슈 남부 조그만 섬을 기점으로 또다시 유턴해 일본 전국으로 넓혀져 갔다.

1980년대 초 마치다는 동료들과 함께 제주도 서귀포 부근의 '하논'[76] 분화구 한가운데에서 보링 작업을 하고 있었다. 그들은 그곳 4m의 코어에서 각각 AT와 K-Ah를 검출했다. 제주도의 분화구 안에 AT가 퇴적되어 있다는 것은 그 분화구가 적어도 2만 2000년 이전에 형성되었다는 것을 의미하는 것이기도 했다. 이렇게 해 마침내 우리나라의 제주도에도 이런 광역 테프라들이 퇴적되었다는 것이 처음으로 알려졌다(町田 등, 1983).

한편 마치다와 아라이가 K-Ah를 쫓던 비슷한 시기에, 광물의 화학 분석을 전문으로 하는 일련의 토양학자들이 규슈 각지의 '아카호야'가 별도의 유사한 층이 없는 단일 테프라 층이라는 결과를 발표했다(庄子 등, 1974; 長友·庄子, 1977). 앞서거니 뒤서거니, 이들이 얻어 낸 결론은 마치다와 아라이가 내린 결론과 동일했으며, 이렇게 해 아카호야의 기원을 둘러싼 논쟁은 마침내 종지부를 찍게 된 것이었다.


## 화산 분화로 사라진 규슈 남부의 조몬 문화

아카호야 화산재가 규슈 남부 해저 기카이 칼데라의 단 한 차례의 분출물임을 밝힌 마치다의 1978년 논문 말미에는 다음과 같이 서술되어 있다(町田·新井, 1978)


이 화산재의 퇴적은 적어도 규슈 남부의 조몬 문화에 커다란 영향을 주었을 것으로 생각된다. 그것이 어떻게 밝혀질 것인가가 흥미로운 문제 중 하나이다.

---

76) 제주도 하논 분화구는 직경 1.1km의 한반도 최대의 마르이며 화구 안에 논이 있어 제주에서 유일하게 논농사를 짓는 곳이다. 하논이라는 지명은 '큰(한)+논(水田)'이라는 의미이다.

마치다가 예상한 지 10년도 지나지 않아 1986년 규슈 남부 우에노하라(上野原)의 K-Ah 바로 밑 지층에서 약 9,500~6,300년 전의 대규모 집단 거주지가 발굴되었다. 바로 일본 최고(最古)이자 최대급인 선주민의 집단 거주지 '우에노하라 유적'이다. 그곳에서 출토되는 유물과 유구는 당시 일본 고고학의 조몬 시대[77]라는 개념을 뒤흔드는 것이었다.

다양한 용도의 석기, 패각 문양의 토기, 돌가마와 훈제 시설, 귀걸이 장신구와 항아리형 토기 등등, 석기 시대의 것이라고는 생각하기 어려운 유물 유구가 차례로 출토된 것이다. 이렇게 해 K-Ah 이전인 약 1만 년 전부터 규슈 남부 지방에 이미 상당히 앞선 고대 문명이 존재했다는 것이 밝혀졌다.

규슈 남쪽 바다에서 일어나 규슈 일대에 파국을 초래한 화산 분화는 처음에 플리니식 부석(고야 강하 부석, Koya-pfa) 분출로 시작되었다. 잿빛 분연주가 규슈 남쪽 화산섬의 분화구에서 기세 좋게 솟아올랐다. 아마 멀리 규슈 남부의 인간들은 앞으로 무슨 일이 일어날지도 모른 채 이 분연주를 쳐다보고 있었을지도 모른다. 다음으로 국지적인 화쇄류(후나쿠라 화쇄류, Funakura-pfl)가 발생해 야쿠시마와 이오지마, 다케시마, 그리고 당시 해상에 존재했을 화산의 산록을 뒤덮었다.

그다음으로 마치 세상의 종말이 온 것과 같은 대폭발이 일어났다. 끓어오르는 대량의 마그마가 한꺼번에 거품을 내며 높이 30km의 분연주가 화구 위로 치솟아 올랐다. 지하에 공동이 생기면서 산체가 함몰하고 그와 동시에 분연주가 붕락하기 시작했다. 그리고 거대 화쇄류(고야 화쇄류, Koya-pfl)

---

77) 일본은 독특한 시대 구분을 하는데, 지금으로부터 약 1만 6000년 전부터 기원전 3세기까지의 시대를 조몬 시대라고 한다. 이 시대에 처음으로 흙으로 빚은 토기가 사용되었으며, 이 토기는 새끼줄로 만든 특유의 문양이 있어 조몬 토기라고 부른다.

가 사방으로 확산했다. 화쇄류가 바다를 건너 규슈 남부 오스미 반도와 사쓰마 반도에 상륙하자 그때까지 따뜻한 기후에서 번성했던 남부 규슈의 짙은 삼림을 차례로 매몰시키고 순식간에 넓은 지역을 잿더미로 바꿔 버렸다. 그러나 재앙은 그것으로 끝난 것이 아니었다. 온 세상이 암흑에 휩싸인 채 넓은 지역에 화산재가 비 오듯 쏟아지기 시작했다. 이 붉은 빛 화산재는 규슈 우에노하라에서 꽃피웠던 인류의 흔적을 완전히 지워 버렸다.

규슈 우에노하라 유적 발굴에 의해 일본 열도의 남쪽에서 한때 번성한 문명이 존재했고 또한 그 문명이 극적으로 사라져 버렸다는 것이 밝혀질 때까지 그 사실은 오랫동안 알려지지 않았다. 그 원인이 바로 K-Ah의 화산 폭발이었다. 이 자연의 일대 변혁으로 인해 규슈 남부 지방의 고대 문명은 완전히 사라지고 만 것이다(新東, 1994; 成尾, 2003). 규슈 남부 지방에서 K-Ah층을 기준으로 상하에서 출토되는 토기는 전혀 계통이 다른 것이었다. 즉 K-Ah를 경계로 문화는 단절되고 말았다. 이 K-Ah의 화산 분화가 이 지역의 선주민들에게 회복할 수 없는 타격을 준 것이다.

규슈 남부 지방 지질 조사에서 약 6,300년 전에 기카이 칼데라의 분화와 함께 적어도 두 차례에 걸쳐 대지진이 발생했다는 것이 밝혀졌다. 화구의 함몰로 인한 충격으로 발생한 지진이다(成尾·小林, 2002). 지진이 발생하면 지각의 진동에 의해 모래나 자갈이 지표로 분사되는 '액상화 현상(liquefaction)'이 일어나고, 지층 속에서 모래나 자갈의 암맥이 그 흔적으로 남는다. 규슈 지방의 광범위한 지역의 지층 속에 모래나 자갈이 암맥으로 발견되었다. 커다란 자갈이 포함된 암맥이 K-Ah층까지 달하고 있다는 것은 K-Ah의 분화와 동시에 일어난 지진의 규모가 엄청난 것이었다는 것을 말해 주는 것이다.

K-Ah의 분화 전에는 동서 15km, 남북 10km, 높이 800m의 화산체가

존재했을 것으로 추정하고 당시의 화산 분화를 시뮬레이션한 연구도 수행되었다(前野, 2006). 그리고 분화 후에는 산체가 함몰해 수심 500m에 칼데라가 생성되었다. 그것이 기카이 칼데라이다. 오늘날 다케시마와 이오지마 등 칼데라 외벽만이 해수면 위에 남게 되었다. 시뮬레이션에 의하면 칼데라가 함몰하면서 그 충격으로 거대한 쓰나미가 발생해, 다네가시마 등의 주변 도서 지역과 규슈 남부 해안에 도달할 때는 쓰나미의 파고가 30m 이상에 달한 것으로 계산되었다.

그러나 가장 큰 피해를 주었던 것은 역시 화쇄류였다. 화쇄류는 쓰나미보다 먼저 육지에 도달했다. 이 화쇄류가 도달한 규슈 남부의 넓은 지역에서는 K-Ah 분화 이후 적어도 1,000년 이상에 걸쳐서 유적이 전혀 발견되지 않았다. 지금까지의 유적 발굴 결과에 의하면, 화쇄류가 도달하지 않았던 규슈 중부와 북부 지방에서는 K-Ah 분화 후에도 문화가 일시 정체되기는 했지만 계속되었다. 규슈 중부와 북부의 사람들은 화쇄류에 뒤덮인 규슈 남부의 자연이 회복된 이후 이 지역으로 남하해 갔을 것으로 생각되었다. 화쇄류에 덮인 지역 전체에 사람들이 다시 돌아오기까지는 무려 1,000년이라는 세월을 요했던 것이다.

만약 거대 분화가 없었다면 일본의 고대 역사는 크게 바뀌었을지도 모른다. 그러나 이 남국의 고대 문명이 발달하고 확대되는 시기에 K-Ah의 폭발이 일어나 이 규슈 남부의 문명은 완전히 소멸해 버렸다. K-Ah의 발견으로, 그리고 K-Ah에 매몰되고 소멸된 인간의 흔적이 발견됨으로써, 이와 같은 거대 분화는 지구 역사상 잘 일어나지 않았지만, 한번 일어나면 가차 없이 인간의 문명을 파괴시키고 소멸시킬 수 있다는 사실을 재삼 인식시켜 주었다. 고고학자들은 유적에 덮인 두꺼운 화산재를 걷어 내면서 지금은 바다 밑에 잠들어 있는 화산의 잠재된 위력과 흉악한 얼굴을 떠올리고 있었다.

지금까지 일본 열도에서 인류의 거주가 확인된 약 3만 년 전 이후에 일어난 두 차례의 화산 분화에 대해 살펴보았다. 이 두 차례의 거대 분화는 각각 한랭한 시기(AT)와 온난한 시기(K-Ah)에 발생하면서, 생태계의 평형을 깨뜨리고, 그 한편으로 자연의 변동을 촉진했다. 규슈의 기카이, 아타(阿多),[78] 아이라, 가쿠토(加久藤),[79] 그리고 아소[80] 등 거대 칼데라가 남에서 북으로 열 지어 서일본 화산대(West Japan volcanic front)를 형성하고 있다. 이들은 모두 거대 화쇄류와 관련된 화산 분화에 의해 생성된 칼데라이며, 분화 때마다 그 크기에 상응하는 테프라 물질을 토해 냈다. 이와 같은 거대 화쇄류를 동반하는 칼데라의 파국적 분화는 수백만 명이 밀집해 도시를 형성한 현대의 인간에게도 지극히 현실적인 위협이 될 수 있다.

화산학자가 이러한 논의를 전개한 것은 비교적 최근의 일이었다. AT와 K-Ah, 그리고 B-Tm을 발견한 마치다는 화산재에 묻힌 과거의 봉인을 뜯어내고, 누구보다도 먼저 과거의 화산 분화가 당시 문명에 미쳤을 심대한 영향을 인식한 사람 중 하나였다.

---

[78] 아이라 칼데라의 남쪽, 사쓰마 반도와 오스미 반도 사이의 직경 약 20km의 해저 칼데라. 약 11만 년 전의 분화에서 $300km^3$ 이상의 테프라를 분출했다.

[79] 가고시마 현과 미야자키 현의 경계에 위치한 칼데라. 30만 년 전에 $50km^3$ 이상의 테프라를 분출했다.

[80] 동서 약 18km, 남북 25km의 일본 최대 칼데라 중 하나. 아소 칼데라는 과거 수십만 년 동안 여러 차례의 화산 폭발을 했고, 그중에서 최대이자 최후로 알려진 'Aso-4'라고 불리는 광역 테프라는 9만 년 전의 것으로, 총분출량 $600km^3$에 달한다.

## 3. 동해를 건너간 또 하나의 화산재

울릉도는 일찍이 "동해에 섬이 하나 있다(東海中有島)."라는 『위지동이전 (魏志東夷傳)』의 기록에 나타난다. 예로부터 우산국(于山國), 우릉도(羽陵島), 무릉도(武陵島) 그리고 울릉도(鬱陵島) 등으로 불리어 왔지만 신라의 이사부가 우산국을 평정해 신라에 귀속된 이후 400여 년 간은 역사에서도 그 기록을 잘 찾아볼 수 없다.

울릉도는 계절에 따라 모여드는 어종이 달라진다. 따라서 계절에 따라 관광객이 맛볼 수 있는 먹을거리도 달라진다. 한반도와 일본 열도에 둘러 싸인 동해는 우리나라와 일본인들의 식문화를 지탱해 온 커다란 수조와 같다. 동해와 독도를 둘러싼 두 나라의 다툼도 그런 맥락이다.

울릉도 선창에서 늘 느꼈던 것이지만, 울릉도는 바다 냄새가 나지 않는다. 필자처럼 바닷가에서 자란 사람은 바다 특유의 냄새를 잘 알고 있는데, 어쩐 일인지 울릉도에는 그러한 바다 냄새가 없다. 그만큼 동해는 깨끗하다는 것을 의미하는 것일 것이다.

우리는 동해(East Sea)라고 부르지만 일본에서는 일본해(Sea of Japan)라고 부른다. 국제적인 학술 논문에서도 이렇게 제각각으로 표기하므로 외국 연구자들이 간혹 착오를 일으키기도 한다. 우리나라 애국가에 "동해물"과 "백두산"이 등장할 만큼 동해는 우리 민족에게 애착과 자부심을 표상하는 명칭이지만, 워낙 양국이 첨예하게 대립해 해결이 쉽지 않다.

동해의 형성에 대해서 아직 밝혀지지 않은 점이 많다. 태곳적에는 어떤 형태로든 일본 열도와 한반도가 연결되어 있었다고 생각된다. 공룡이나 매머드 등 대형 동물 화석이 일본에서 발견되기 때문이다. 이러한 대형 동물들이 헤엄을 치고 바다를 건넜을 리는 없다. 그러나 대체 언제 어떻게 동해가 만들어졌는가? 그 문제에 대해 답을 해 줄 한 장의 화산재가 일본에서 발견되었다.


## 울릉-오키 화산재

1979년 일본 후쿠이 현 도리하마(鳥浜) 유적에서 한 층의 알칼리질 회백색 화산재가 발견되었다. 이 유적은 구석기 시대(조몬 시대 초기)의 패총이었는데, 토기가 포함된 지층 속에서 그 특성이 매우 독특한 화산재가 출토되었다(町田 등, 1981). 그 후 이 화산재는 오사카 항구 건설 공사 현장에서도 발견되었고, 교토 비와(琵琶) 호의 피스톤 코어나 긴키(近畿) 지방[81]의 산악 지대에서도 발견되었다(町田 등, 1991; 東野 등, 2005). 각 지점에서 출토된 시료에 포함된 유기물을 이용해 방사성 탄소($^{14}C$)에 의한 연대를 측정해 보니 모두 약 9,300년 전이라는 연대에 집중되었다.

이 테프라는 B-Tm이나 AT, K-Ah와는 달리, 0.3mm 정도의 스폰지 모양으로 구멍이 난 소위 퍼미스형 화산 유리로 구성된 매우 독특한 것이었다. 그리고 반정 광물로는 일본에 매우 드문 알칼리 장석과 흑운모를 포함하고 있었다. 이 화산재의 화학 조성은 $SiO_2$가 약 60%, 알칼리($Na_2O+K_2O$) 성분은 13~14%로 매우 높고, 조면암과 포놀라이트(phonolite)의 경계에 해당하는 테프라라는 것을 알 수 있었다. 이 화산재는 B-Tm과 같은 알칼리 계열이며 발견되는 지역에서는 어디서나 두께와 입자의 크기가 거의 균일하기 때문에 동해나 한반도의 알칼리 계열의 화산에서 분출되

---

81) 일본 열도 혼슈 중서부에 위치한 지역의 하나. 오사카, 교토, 고베 등 대도시와 그 주변의 현으로 이루어져 있다.

었다고 추정되었다.

　예상했던 바와 같이 동해 해저의 피스톤 코어의 깊이 1m 이내의 층에서 이와 동일한 테프라가 확인되었다. 이렇게 하여 심해저의 기나긴 잠에서 테프라를 깨운 것이다. 이들은 동해에 우뚝 솟은 한 화산섬에 가까울수록 입자의 크기가 커지고, 화산섬에서 약 90km 떨어진 코어로부터는 입자의 크기가 갑자기 1.5mm로 커졌다. 그 화산섬은 화쇄류에 의한 용결 응회암이 파도의 침식에 의해 절벽을 이루고 있는 거대 성층 화산 울릉도

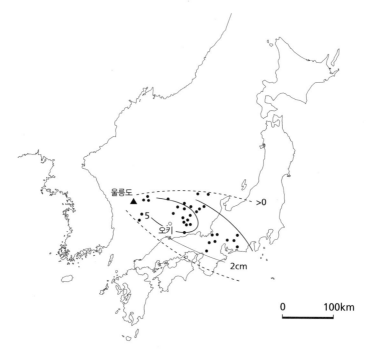

|**그림 7-5**| 울릉-오키 화산재(U-Oki)의 분포(町田·新井, 1992)
울릉-오키 화산재(U-Oki)는 동해를 건너 일본 긴키 지방에 널리 퇴적되었다. U-Oki는 지금으로부터 9,300년 전 울릉도의 플리니식 분화의 산물이다. 이 테프라는 동해의 형성과 관련한 많은 정보를 간직하고 있다.

였다(그림 7-5).

이렇게 해서 이 회백색 화산재는 '울릉-오키 화산재'라고 명명되고, 약칭으로 U-Oki로 불리게 되었다. 오키라는 명칭은 이 화산재 분포의 중심에 있는 일본의 오키(隱岐) 섬에서 유래했다. U-Oki는 약 9,300년 전 우리나라 울릉도 화산의 플리니식 분화에 의한 강하 부석을 주체로 하는 테프라이다.

이 테프라의 암석 기재적 성질이 워낙 독특했기 때문에 근원 화산을 찾는 데 그다지 시간이 걸리지 않았지만, 홀로세 초기의 표준 테프라로서 역할이 매우 크다. 또한 U-Oki는 육상의 층서 대비뿐 아니라 동해의 해양 환경 변화를 규명하는 데 중요한 테프라이다. 도리하마 유적에서 최초 발견되었을 때 U-Oki의 퇴적 두께는 약 3cm였다. 이 두께는 테프라 발견 지점이 분화원에서 550km나 떨어져 있다는 것을 생각하면 엄청난 화산 분화였음을 이야기해 주는 것이었다.

군마 대학 화산학자 하야카와에 의하면, 9,300년 전 울릉도 화산의 화산 폭발 규모(Magnitude)는 M=6.7이었다(Hayakawa, 1999). 이것은 일본 역사상 최대였던 도와다 칼데라 915년 화산 분화 M=5.7의 정확히 10배 규모의 마그마를 분출했다는 이야기가 된다. 아마 당시 화산 분화에 의한 피해뿐 아니라 울릉도를 중심으로 쓰나미가 발생해 한반도와 일본 열도의 연안에 엄청난 타격을 주었을 것으로 예상되었다.

울릉도 화산은 백두산과 마찬가지로 화학 조성에서 쌍모식[82] 패턴이 나타나며(송영선 등, 1999), 판의 움직임과는 관계없는 열점 화산이다(Nakamura

---

82) 화산암의 화학 조성이 현무암→안산암→유문암의 선형적 계열을 보이지 않고 중간의 안산암질 암석이 결여된 화산체를 쌍모식 화산체라고 한다. 백두산 역시 쌍모식 화산체이다(제5장 「하얀머리의 산」 참조).

|사진 7-6| 울릉도

울릉도는 동해에 위치한 열점 화산이다. 가장 높은 성인봉은 해발 고도 983m이고, 나리 칼데라를 둘러싼 외륜산의 하나이다. 울릉도 화산은 해수면 밑의 산체까지 감안할 때 높이 3,000m에 달하는 대형 화산이다.

et al., 1990). 울릉도는 해수면 위에 나타난 부분만을 평가한다면 하찮아 보일지 모르지만, 직경 30km, 높이 3,000m에 달하는 거대 화산으로, 정상 화구의 일부분만이 해수면 위에 노출된 화산섬이다(사진 7-6). 해안은 격렬한 동해 파도의 침식에 의한 해식 지형이 발달해 있어서 어딜 가나 절벽을 만난다. 따라서 좋은 항구가 들어설 곳이 없다. 나리 분지를 제외하고 평지가 거의 없으며, 아직도 섬 일주 도로의 개통을 보지 못하고 있다. 군데군데 가로막고 있는 용암류를 뚫지 못하는 것이다.

육지에서 울릉도로 가기 위해서는 묵호, 후포, 포항 중 한 곳에서 배를 타고 가는 방법밖에 없다. 그러나 바다 날씨의 변덕 때문에 언제나 20%

정도는 결항이다. 그래서 예정된 날짜에 맞추어 울릉도에 갔다가 예정대로 육지로 돌아왔다면 꽤 운이 좋았던 것이다. 따라서 오래전부터 울릉도에 공항을 건설해야 한다는 이야기가 있었다. 그러나 아무리 경비행기라 할지라도 활주로가 필요한데 울릉도에는 활주로를 닦을 만한 땅이 없다. 유일한 평지인 나리 분지에 활주로를 건설한다는 이야기를 들은 적이 있는데, 만약 그것이 실현된다면 세계 최초의 칼데라 속의 활주로가 된다.

울릉도는 택시가 사륜 구동의 지프라는 점이 외지인에게는 이국적인 인상을 준다. 그러나 그 이유를 아는 데 그리 많은 시간이 필요하지 않는다. 깊은 계곡은 유수의 침식이 격렬한 젊은 화산임을 의미하며, 산의 경사가 매우 급하기 때문에 눈이라도 오면 보통의 승용차로 돌아다니는 것은 불가능하다.

도동 또는 저동에서 고도가 가장 높은 성인봉(해발 983m)을 오르는 등산로가 있는데, 성인봉은 바로 울릉도 화산체의 칼데라를 둘러싼 외륜산의 하나이다. 칼데라는 직경 3.5km의 나리 분지이며 그 중앙의 알봉이라는 봉우리가 최후의 화산 분화에서 만들어진 중앙 화구구(cinder cone)이다. 나리 분지는 칼데라 내의 화구에서 분출한 화쇄류 퇴적물로 뒤덮여 있으며, 현재 그곳에 사는 주민들은 그 나리 분지에서 평화롭게 고산 작물과 약초를 재배하고 있다.

울릉도 화산 활동에 대해서는 화산체의 대부분이 해수면 밑에 있기 때문인지 잘 알려지지 않았다. 그러나 신생대 제4기 화산 활동은 대체로 5단계로 나누어진다(Harumoto, 1970; 김윤규·이대성, 1983; 원종관·이문원, 1984). 즉, 1단계에서 3단계까지는 점성이 작은 현무암질 마그마가 끊임없이 흘러내려 화산섬을 지금의 크기로 성장시켰다.

이 조용한 마그마 분출의 역사에서 간간히 점성이 큰 조면암질 마그마

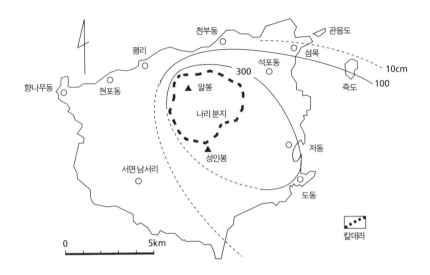

|그림7-6| 나리 칼데라와 U-Oki의 분포(町田 등, 1984)

울릉도 분화의 역사에서 마지막 5단계에 폭발적인 분화가 일어났다. 이때 분출한 테프라는 대략 남동 방향으로 두껍게 분포한다. 이 중 일부가 오사카와 교토 등 일본의 긴키 지방에서 발견되는데, 이를 울릉-오키 화산재(U-Oki)라고 한다.

가 폭발적 활동을 했고 그 결과 현재와 같은 험악한 산세가 만들어졌다. 그 뒤 4단계에서 칼데라가 형성되고, 마지막 5단계에 폭발적 활동이 일어나 다량의 강하 부석이 섬을 뒤덮었다고 한다. U-Oki는 마지막 5단계 화산 활동의 산물이다. 울릉도 화산 활동에서 1단계부터 3단계까지 현무암과 조면암이 교대로 분출한 것은 백두산이 현무암질 용암에서 중간 단계의 안산암질 용암의 단계를 거치지 않고 바로 조면암질 용암의 폭발적 분화로 이어진 것과 같다.

그림 7-6은 울릉도의 지형과 U-Oki의 분포를 개략적으로 그린 것이다. 중앙 화구구인 알봉은 나리 분지에 비해 상대적으로 높아 봉우리라고 부르지만 실제로는 약간 높은 언덕(고도 538m)의 형태이다. 알봉에서 흘러내

**|사진 7-7|** 죽도

울릉도에서 동쪽으로 3km 정도 떨어진 외딴 섬으로, 도동이나 저동에서 도선을 타고 건너갈 수 있다. 여기서도 울릉-오키 화산재(U-Oki)로 연장된 회백색 부석층을 관찰할 수 있다.

린 용암류는 칼데라 남부를 매몰시켰다. 이 때문에 나리 칼데라는 두 개의 분지로 분단되어 있다. 한때는 이 칼데라 안에 2개의 화구가 있다고 생각했지만, 곧 이 생각을 정정하게 되었다. 알봉에서 분출한 용암은 북쪽으로도 흘러서 도중의 절벽에서 멈추고 있다.

울릉도 화산의 활동은 모두 나리 칼데라 안에서 발생한 중심 분출이었다. 울릉도 화산의 5단계 활동 중 마지막 단계의 폭발적 분화의 산물인 표준 테프라 층을 북동부의 석포동에서 볼 수 있다(그림 7-6). 도동에서 섬의 북동부의 섬목까지는 도선을 타고, 섬목에서 내린 다음 산길을 따라 한참을 올라가면 석포 초등학교가 나온다. 정확하게 말하자면 천부 초등학교 석포 분교이다. 지금은 소규모 학교가 통폐합되었기 때문에 폐교가 되었

**|사진 7-8|** 죽도의 강하 부석층

죽도의 흑토층 아래 백색의 부석층이 나타난다. 이것은 석포동이나 일본 도리하마 유적의 테프라와 대비된다(사진 중앙 좌측이 담뱃갑이며, 부석 크기를 비교할 수 있다).

다. 학교 운동장 절개 면에서 마지막 5단계의 강하 부석층을 차례로 볼 수 있다.

U-Oki는 울릉도 본 섬에서 동쪽으로 3km 떨어진 죽도에서도 볼 수 있다(사진 7-7). 죽도까지는 도동이나 저동에서 도선을 타고 건너갈 수 있다. 그곳 사람들은 죽도를 "댓섬"이라고 부르는데, 섬 전체가 대나무로 덮여 있기 때문에 붙여진 이름이다. 한 가구가 살고 있으므로 엄밀하게 말하자면 무인도는 아니다. 그들은 우물이 없어 빗물을 받아 두었다가 식수로 사용한다고 한다. 섬 전체가 대나무로 뒤덮여 있고 그 기반이 되는 토양은 새까만 흑토인데 그 흑토 바로 밑에는 어디서나 회백색의 부석층을 볼 수 있

다. 이것이 바로 석포동이나 일본 도리하마 유적의 바로 그 테프라이다. 이 부석은 매우 가벼워서 물에도 뜬다(사진 7-8).

## 동해 형성의 비밀

백두산, 울릉도, 제주도 등 우리나라의 제4기 테프라 연구에서는 육상의 노두보다 바다 밑 퇴적물이 오히려 더 효율적인 자료를 제공해 준다. 바다 밑은 퇴적 속도가 매우 빨라서 테프라가 잘 보존될 수 있는 환경 조건을 갖추고 있다. 특히 동해 해저는 신생대 제4기의 데이터뱅크라고 할 수 있다. 근래에 들어 DSDP(Deep Sea Drilling Project)나 ODP(Ocean Drilling Project)에 의해 동해의 해저 퇴적물 속에서 다수의 테프라 층이 보고되기 시작하면서, 테프라 연구가 획기적으로 도약하는 계기가 되었다. 일본 북부의 B-Tm이나 일본 긴키 지방에서 발견된 U-Oki는 이와 같은 해저 퇴적물의 자료가 없었다면 아직 그 근원이 밝혀지지 않았을지도 모른다.

동해 여러 곳의 피스톤 코어에 의하면, U-Oki는 K-Ah(6,300년 전)와 AT(2만 2000년 전) 사이에 퇴적되었으며, 그중에서도 K-Ah에 가까이 위치하고 있다. 이러한 사실은 일본 도리하마 유적이나 오사카의 남항(南港)에서 얻은 $^{14}$C 연대치(9,300년 전)의 타당성을 뒷받침해 준다. U-Oki는 동해의 역사를 재구성할 때 K-Ah와 함께 중요한 역할을 한다. U-Oki(9,300년 전)와 K-Ah(6,300년 전)의 중간 시점인 약 8,000년 전에 동해의 표면 온도가 갑자기 10℃에서 17~18℃로 상승했고, 그때까지의 차가운(환원적) 해양 환경이 따뜻한(산화적) 해양 환경으로 급변한 사실이 알려졌다(新井 등, 1981; 町田 등, 1981).

즉 동해의 시추 시료 속의 유공충을 포함한 미화석의 군집 종류를 조사해 본 결과 U-Oki를 전후해서 동해 바다 속의 생태계가 갑작스럽게 달라진 것이다. 이것은 유공충 화석의 껍질 분석을 통해 밝혀졌다. 유공충의 껍질은 탄산칼슘($CaCO_3$)으로 구성되어 있는데, 이 탄산칼슘에 포함된 산소 동위 원소($^{18}O$)의 변화가 수온이나 염분에 좌우된다는 사실로부터 최종 빙하기에서 현재에 걸친 해수의 온도 변화와 염분의 변화를 알게 되었다. 이 결과 따뜻한 난류가 동해에 언제부터 유입되기 시작했는가를 밝히게 된 것이다. 즉 AT가 퇴적된 2만 2000년 전부터 1만 3000년 전까지 염분 농도가 점차 적어져서 동해의 담수화가 진행되었다. 이것은 AT가 퇴적될 당시는 빙하기여서 해수면이 낮아지고 대한 해협이 막혀 해수의 유입이 적었다는 것을 의미한다.

그러나 U-Oki가 퇴적된 9,300년 전 이후부터 동해의 유공충이 한류에 서식하는 종류에서 난류에 서식하는 종류로 바뀌게 되었다. 이것은 이 시기에 동해에 쿠로시오(黑潮) 난류가 본격적으로 유입되었다는 사실을 말해 준다. 이때 세계의 빙하가 녹으면서 급속하게 해수면이 상승했고, 이로 인해 대한 해협이 확대되고 수심이 깊어졌기 때문에 쿠로시오 난류가 더 쉽게 동해로 유입할 수 있었던 것으로 생각된다. 동해에 난류가 유입함으로써 동해 연안 지역의 기후나 식물 생태계에 막대한 영향을 주었다. 난류의 유입에 의해 동해는 따뜻해지고 증발량은 증가했다. 겨울철 계절풍이 따뜻한 동해를 건너면서 수분을 흡수하고 일본 열도에 강설량을 증가시켰다.

일본 열도의 동해 연안에 위치한 니가타(新潟) 지방은 노벨 문학상 수상 작가 가와바타 야스나리(川端家康)의 『설국(雪國)』이라는 소설로 유명한데, 그곳이 세계에서도 유수의 폭설 지대가 된 것도 바로 이 난류 때문이다. 이렇듯 대한 해협의 개폐를 둘러싼 동해의 변천사와 기후 변천의 인과 관계를 풀기 위해서도 U-Oki는 중요한 열쇠를 쥐고 있다. 물론 동해를 사이에 둔 한국과 일본 사이의 고고학적 문제와 환경 변천사를 엮어 나가는 데 있어서 동일한 시간 면을 공유하는 표준 테프라로서 중요성은 두말할 필요도 없다.

그렇다면 울릉도가 폭발하기 전에 동해의 해수면은 얼마나 낮았을까? 해수면의 변화는 해안선을 변화시키고, 인류를 포함한 생물의 분포와도 깊은 관계가 있다. 오늘날 일본 민족을 구성하는데 한반도 고대인들의 역할을 무시할 수 없다. 그것은 대륙간·인종간 유전자 연구에서 이미 밝혀졌는데, 일본인의 유전자 배열과 가장 유사한 것이 다름 아닌 한반도의 인간이었다. 두 민족은 유전자적으로는 사촌간인 것이다. 그렇다면 한반도 고대인이 대거 일본 열도에 이주하게 된 것은 언제일까?

지금으로부터 2만 2000년 전의 옛날, 즉 규슈의 AT의 대폭발이 일어났을 때는 마지막 빙하기의 최성기였다. 이때가 해수면이 가장 낮았던 시기였고, 현재보다 해수면이 100m 이상 낮았기 때문에 해협을 건널 최적기였을 것이다. 그러나 한반도의 인간이 대규모로 일본 열도에 이주한 것은 인구의 증가를 고려했을 때, 바로 그 마지막 빙하기가 끝날 무렵인 1만년 전쯤이 아니었을까? 그것은 바로 울릉도 화산이 폭발할 무렵이었다. 현재 대한 해협이나 쓰가루(津輕) 해협[83]의 깊이는 140m에 달하지만, 당시는 그보다 훨씬 얕았다고 생각되기 때문이다. 따라서 부산과 쓰시마(對馬島) 사이의 거리, 그리고 쓰시마와 후쿠오카(福岡) 사이의 거리가 현재보다 짧고, 지금은 바다 밑에 숨어 있는 섬들이 이어져 있어서 언제나 신천지를 찾는

---

83) 일본 혼슈와 홋카이도 사이의 해협. 지금은 쓰가루 해협의 해저를 뚫어 아오모리와 하코다테를 잇는 세이칸(靑函) 터널로 열차가 달린다.

뱃사람들을 고무했을 것이다. 인간은 눈에 보이는 곳이라면 무슨 수를 써서라도 건너려고 한다. 예나 지금이나 위기는 기회이다. 울릉도 화산의 폭발이 인간들의 도전 정신을 자극했을지도 모른다. 일본에서 조몬 시대가 꽃피우기 시작한 것도 그쯤이었다.

여기서는 AT보다 위에 나오는 울릉도 화산의 테프라에 대해서만 언급했다. 그러나 동해 해저의 피스톤 코어에는 그보다 더 오래된 울릉-야마토 화산재(U-Ym)와 같은 조면암질 테프라가 다수 포함되어 있다(박명호 등, 2005). 이들은 모두 알칼리 장석을 포함하고 있으므로 울릉도 화산 또는 독도 기원이라고 생각되는 테프라들이다. 이러한 자료들은 울릉도 화산의 폭발적 분화는 훨씬 오래전부터 계속되었다는 것을 이야기해 준다. 오랜 시대의 퇴적물까지 도달한 피스톤 코어는 아직도 동해 형성과 환경 변천에 관한 많은 비밀을 간직하고 있다.

그리고 그와 동시에 이러한 테프라들은 과거에 동해를 둘러싸고 화산 재해뿐 아니라 쓰나미로 인한 엄청난 자연 파괴가 일어났다는 것을 이야기해 준다. 한일 양국 국민들은 동해의 명칭으로 신경전을 벌이고 있지만, 실은 그 바다 속에 언젠가는 다시 터질 시한 폭탄을 사이좋게 공유하고 있다는 사실은 모르고 있다. 울릉도를 중심으로 높이 30m의 쓰나미가 한반도와 일본 열도의 해안을 타격하는 일이 우리 세대에 일어날 확률은 거의 없다고 하더라도 그 원인이 되는 폭탄의 뇌관을 제거하는 방법은 영원히 없다.


**제주도의 송이**

오래전에 제주도로 가는 배 안에서 들은 이야기다. 제주도에는 호랑이가 살지 않는데 그 이유가 있다고 한다. 호랑이는 계곡이 100개가 넘어야 자신의 영역을 가지는데, 제주도는 계곡이 99개밖에 없다는 이야기였다. 실제로 제주시에서 남북 횡단 도로를 타고 남쪽으로 달리다 보면 산록 부근에 '아흔아홉 골'이라는 지명이 나온다. 육지에서 헤엄쳐 간 호랑이가 제주의 골짜기를 헤아려 보고 그 숫자가 하나 모자라자 온 길을 다시 되돌아갔다는 것이다.

제주 방언을 들어 보면 이북 사투리와 유사한 점이 많다. 남쪽 사람은 북쪽으로 유배를 보내고, 반대로 북쪽 사람은 제주로 유배를 보낸 때문인지도 모른다. 아무튼 화산재는 바람을 타고 동쪽으로 갔고, 사람은 정치의 소용돌이 속에서 자신의 터를 버리고 회한을 안고 악지로 흘러갔다. 따라서 제주인만큼 생활력이 강한 사람들도 없다.

중심 화구인 해발 고도 1,950m의 백록담의 위용이나 화산섬 자체의 규모 면에서는 세계 어디를 내어놓아도 전혀 손색이 없다. 제주도는 신생대 제3기 말에 화산 활동에 의해 분출한 현무암이 원래의 기반 암석을 덮고, 그 후 다시 제4기에 현무암과 조면암이 교대로 분출해 만들어진, 방패를 엎어 놓은 것과 같은 형상의 순상 화산이다. 제주도의 화산 활동은 5회의 분출 윤회로 구분되며, 적어도 79회 이상의 용암 분출이 관찰된다고 한다(원종관, 1976).

제주 토양은 다공질 테프라로 구성된 토질로서 투수성이 좋아 물이 모두 땅 속에 스며들어 버린다. 따라서 강이 적고 물이 귀하기 때문에 대체로 논농사가 안 된다. 땅 속에 복류했던 물이 해안가에서 솟아오르므로 예로부터 해안선을 따라 촌락이 발달했다. 이를 용천대라고 한다. 이처럼 강이 적으므로 제주의 지형은 유수에 의한 침식이 적다. 따라서 '오름(제주도의 단성 화산체)'의 지형들이 매우 젊게 보여 홀로세(1만 년 이내)의 것이 아닌가 생각되는 것들도 있지만 대부분 5만~20만 년의 제법 오래된 것들이다.

제주 사람들은 테프라와 더불어 살아간다고 해도 과언이 아니다. 여름에 집중 호우가 내리면 강에 물이 불어나서 한라산 산록의 테프라가 불어난 강물과 함께 해안가로 밀려 내려온다. 이럴 때는 가벼운 스코리아 조각이 바닷물에 이리저리 떠다닌다. 옛날에는 사람들이 스코리아 조각을 주어서 절구로 가루를 내고 그 가루로 조상들의 제사를 지낼 놋그릇을 정성스레 닦았다고 한다.

제주는 지표 흙의 두께가 엷어 쟁기질을 하면 곧 현무암 암반에 부딪힌다. 이는 그만큼 토지의 생산력이 적다는 것을 의미한다. 그래도 그곳 사람들은 이 얼마 안 되는 경작지를 '진왓(진흙밭)'과 '몰왓(모래밭)'으로 구분해 토질에 맞는 작물을 재배한다(사진 7-9). 진왓은 진흙으로 된 밭이고, 몰왓은 화산재가 섞인 밭을 의미한다. 몰왓은 물의 배수가 잘되고 통기성이 좋은

|**사진 7-9**| 제주도의 '몰왓'
제주도의 토양은 스코리아가 혼합되어 식물이 뿌리내리기가 어렵고 경작지는 투수성이 큰 테프라가 풍화된 토양이기 때문에 논농사가 되지 않는다.

|**사진 7-10**| 제주도의 테프라

제주도에서는 신생대 제4기 화산 분출물, 즉 테프라를 '송이'라는 명칭으로 부른다. 주로 붉은색을 띠지만, 지역에 따라 갈색이나 검은색 등 다양한 색깔의 송이가 있다. 대부분의 단성 화산체(오름)를 구성하는 것이 바로 이 송이로서, 학술적으로는 철과 마그네슘 함량이 많은 스코리아이다.

반면 뿌리의 성장에 나쁘므로, 몰왓에 심을 수 있는 것은 깨, 콩 등 몇몇 작물로 제한된다.

제주 사람들은 화산재, 엄밀히 말하자면 화산력을 '송이'라고 부른다 (사진 7-10). 제주도에는 어디를 가도 '송이'가 있다. 송이는 화산재 토지와 싸워 온 농부들의 흙에 대한 애증이 담긴 명칭이다. 꽃을 좋아하고 분재를 즐기는 사람은 화분에서 붉은색의 송이를 본 적이 있을 것이다. 그게 바로 제주도의 테프라이다. 요즘은 이 테프라의 채취를 법으로 금지한다고 하지만, 가볍고 물을 흡수하므로 습도를 조절해 준다.

화산학적으로 말하자면 송이는 스코리아이다. 부석은 밝은 색(흰색~회색) 계통이지만 스코리아는 어두운 색(붉은색, 갈색 또는 검은색)을 띤다. 부석이나 스코리아는 다 같이 화산의 폭발적 분화에 의해 만들어지는 화산 쇄설물이다. 부석이나 스코리아는 스폰지처럼 구멍이 많고 물에 뜰 정도로 가볍다는 점에서 다르지 않다. 이 둘은 오직 색깔로 구분을 하는데, 색깔이 다른 것은 화학 성분이 다르기 때문이다. 부석은 $SiO_2$ 함량이 높고 철(Fe)과 마그네슘(Mg)의 함량이 낮은 반면, 스코리아는 Fe, Mg 함량이 높다. 제주도 송이의 색이 붉은 이유는 그 속에 포함된 철이 산화되었기 때문이다.

그렇다면 왜 하나는 '부석'이라 하고, 또 하나는 '스코리아'라는 외래어로 부르는가? 옹색하지만 조금 설명을 덧붙여 보자. 본래 부석은 퍼미스라는 학술 용어가 있고, 스코리아도 암재라는 우리말이 있지만, 이 역시 마그마나 테프라와 마찬가지로 관례적으로 그렇게 사용하고 있을 뿐이다. 정통파 국어학자의 입장에서는 그런 어수룩한 용어 사용은 절대 용서할 수 없겠지만, 그들이 따져 묻는다 해도 "잘못인 줄 알지만 그것이 관례였다."라고 시치미를 뗄 수밖에 없다. 화산재'쟁이'들에게는 아무 불편 없이 그렇게 통용되고 있다. 한 가지 덧붙인다면, 우리나라에서는 부석이라고 부르지만, 일본에서는 '輕石'이라 쓰고 '가루이시'라고 읽는다.

지금은 육지에서 제주로 건너간 사람들이 많아져 많이 달라졌겠지만, 예전에는 제주도 동쪽과 서쪽의 토질이 다르고, 따라서 그곳의 생활 양식이 다르고, 사람들의 기질도 달랐다고 한다. 편서풍의 풍하에 위치한 동쪽은 계속해서 화산재에 피복되는 불리한 자연 조건에 의해 더 악착같은 기질을 만들어 냈다. 테프라는 지형의 형태를 결정하고, 인간 삶의 기반인 토지를 만들고 사람들의 기질까지 결정한다. 이와 같이 테프라의 땅이라는 자연 환경을 이야기하지 않고 제주도의 풍토를 말할 수 없다.

제주도는 흔히 '동양의 하와이'로 불린다. 실제로 제주도의 자연 환경은 하와이와 유사한 점이 많다. 특히 현무암에 의해 거대한 순상 화산체가 만들어진 내력은 아주 비슷하다. 제주도의 현무암은 대부분 하와이 현무암인 하와이아이트(Hawaiite)이다.

옛날부터 하와이 원주민들은 현무암 용암의 종류를 '아아 용암(Aa lava)'과 '파호이호이 용암(Pahoehoe lava)'이라는 것으로 구분했다. 아아 용암이란 용암류 표면에 클린커(clinker)라 불리는 수많은 용암 암편으로 뒤덮인 현무암질 용암을 말한다. '아아'라는 용어는 그 위를 맨발로 걸었을 때 입에서 나오는 소리를 그대로 표현한 것이라고 한다. 반면에 파호이호이 용암은 점성이 작고 유동성이 큰 용암으로 물 흐르듯이 흘러서 표면이 평탄하고 군데군데 특징적인 새끼줄 모양의 줄무늬(ropy structure)가 나타난다. 아아나 파호이호이는 하와이 원주민들의 언어지만 그대로 오늘날 학술적 용어로 사용되고 있다. 그런데 제주도에도 '아아'나 '파호이호이'에 대비되는 용어가 있다. 제주 대학교 지리학자 김태호에 의하면, 제주도 방언으로 '곶자왈'은 걷기 힘든 아아 용암을 나타내고, '빌레'는 바로 평탄한 파호이호이 용암을 의미한다고 한다.

태평양의 화산섬 하와이에 화산 관측소를 건설했던 것은 토마스 재거(Thomas A. Jaggar, 1871~1953년)였다. 그는 화산학 연구에도 실험실이 필요하다는 것을 인식한 최초의 화산학자였다. 그것이 오늘날의 하와이 화산 관측소(Hawaiian Volcano Observatory)이다. 아마 이 화산학의 선구자가 하와이가 아닌 제주도에 이러한 관측소를 만들었더라면 오늘날 제주도의 '곶자왈'이나 '빌레'가 용암을 나타내는 학술적 용어로 되었을지도 모른다. 제주도의 선조들이 하와이 원주민과 마찬가지로 현무암 용암을 두 종류로 세분했다는 것은 매우 흥미롭다. 그들은 섬세한 자연의 관찰자들이었고, 동시에 화산 지대에 살아가야 했던 쓰라린 경험과 애환을 함께했던 것이다.

화산은 언제나 중앙 분출하는 것이 아니라 지하 마그마가 산의 옆구리로 이동해 산록에 혹과 같은 조그만 화산체를 만드는 경우가 있다. 이런 경우는 단 한 번의 화산 활동으로 종식되기 때문에 단성 화산체(monogenetic volcano)라고 한다. 아마 세계 어디를 가나 제주도만큼 단성 화산체가 많고 테프라의 종류가 많은 곳은 찾아보기 힘들 것이다. 학자에 따라서는 단성 화산체를 '기생 화산(parasitic cone)'이라고 부르기도 했었다. 그러나 마그마에 의한 분화를 표현하는 용어에 숙주에 기생해 영양분을 빨아먹는 기생이라는 개념은 맞지 않다. 요즘은 측화산(側火山, adventive cone)이라는 용어가 등장하는 등 지질학자들은 계속해서 얄궂은 명칭을 만들어 내지만 제주인들은 이를 '오름'이라고 불러 왔다. 제주도에는 360여 개의 오름이 있다. 만약 누군가가 제주도의 지사에 대해서 이야기하려고 한다면 360개 오름의 역사를 함께 이야기해야 할 것이다. 360개의 오름이 차례대로 조용히 분화를 했는지 또는 동시다발적으로 활동을 했는지에 대해서는 잘 모른다. 오름들은 대체로 중앙에 화도에 해당하는 암석 기둥(암경, volcanic neck)이 있고 그 양옆으로 두꺼운 테프라층, 송이가 덮여 있다.

제주도에는 그 이름에 봉이나 산이 붙은 것으로 일출봉, 수월봉, 한라산, 송악산, 그리고 산방산이 있다. 한라산을 제외하고 모두 격렬한 수중 폭발과 관계된 화산들이지만, 그중에서도 산방산만은 예외이다. 버터와 같은 조면암질 용암이 서서히 융기해 종 모양으로 솟은 매우 독특한 형태의 산체이다. 그런데 이 산방산에서 지질학의 대발견이 이루어졌다는 사실이 의외로 잘 알려지지 않았다.

화산에서 분출되는 용암은 자기를 띠지 않는다. 그런데 용암이 식으면서 퀴리 온도(Curie temperature)를 통과하면 암석에 당시 그 장소의 지자기 방향이 기록된다. 일단 기록된 지자기는 암석 속에 봉인되고 그 뒤로 변하는 일은 없다. 1929년 일본의 마쓰야마 모토노리(松山基範, 1884~1958년)[84]라는 지구 물리학자가 제주도 산방산에서 암석을 채취해 잔류 자기를 측정해 보니 그 방향이 현재와는 정반대라는 사실을 발견했다. 그것은 세계 최초의 일이었다. 이것이 그 유명한 마쓰야마 자기 역전(Matsuyama reversal)이라 불리는 것이다. 이 발견으로 고지자기학(paleomagnetism)이라는 새로운 학문의 태동이 촉발되었다.

그 뒤로 고지자기학은 계속 발전해, 오랜 지질 시대를 통해 수시로 지구 자극이 역전되었다는 것이 밝혀졌다. 그리고 태평양 해저 지각에서 얼룩말의 줄무늬와 같은 반복적인 고지자기 역전이 확인되었는데, 그 연대를 조사해 보니 중앙 해령 부근에서는 젊고 그곳에서 멀어질수록 오래된 것이었다. 그것은 중앙 해령에서 지각이 만들어지고 그곳을 중심으로 해저가 확장되었다는 것을 의미하고 있었다. 이 발견은 20세기 지질학의 눈부신 발전의 역사 중에서도 가장 극적인 것이었다. 고지자기학에 의하면 제주도 산방산은 지질 시대 최후의 자기 역전기(249만~72만 년 전)에 만들어졌다는 것을 이야기해 주는 것이다(실제로 산방산은 약 100만 년 전에 형성되었다고 한다).

제주도는 백두산이나 울릉도와 마찬가지로 판 내부의 열점 화산으로 알려져 있지만, 제주도 신생대 알칼리 화산암의 특성을 조사해 보면 제주도 화산의 생성은 동아시아에 작용되는 광역적인 구조적 환경과 관련되어 있다는 견해도 있다(장미나, 2003).

많은 오름의 존재는 제주도의 현재 지형을 형성하는 데 결정적인 역할을 했다. 만약 제주도에 백두산 천지와 같이 분화구가 1개밖에 없었다면

---

84) 일본의 지구 물리학자, 고지자기학자. 1929년 제주도 산방산의 고지자기를 측정해 최초로 지구 자극이 역전되었음을 발견했다. 처음에 그의 주장이 무시되었으나, 그 뒤 영국을 중심으로 고지자기학이 발달함에 따라 세계 도처에서 지자기 역전이 확인되어 결국 마쓰야마의 주장이 정당하다는 것이 밝혀졌다.

**|사진 7-11|** 한라산

서귀포 부근에서 바라본 한라산. 한라산에는 백록담이라는 산정(山頂) 분화구가 있다. 만약 제주도에 단성 화산체(오름)가 없고 마그마의 성분이 유문암질이었다면, 그리고 마그마의 압력이 백록담한곳에 집중되었다면, 커다란 칼데라가 존재했거나 오늘날의 제주도는 공중에서 산산조각이 나서존재하지 않았을지도 모른다.

어떤 일이 일어났을까? 만약 그랬다면 마그마의 압력은 오직 유일한 그 화구에 집중될 것이다. 점성이 큰 산성 마그마의 경우는 파국적인 폭발적 분화를 초래한다. 이런 경우 현재 한라산(사진 7-11) 백록담보다 직경이 수십배나 되는 거대한 칼데라가 만들어졌거나, 또는 제주도는 공중에서 산산조각으로 분쇄되어, 일본 규슈 남부 해저 기카이 칼데라와 같이 바다 속에 숨어 버렸을지도 모른다. 그러나 제주도 지하 마그마방의 압력과 에너지는 수백 개의 오름이라는 배출구를 통해 수시로 방출될 수 있었다.

『고려사절요』 목종 10년(1007년)에 "탐라의 서산이 바다 속에서 솟아났다(耽羅瑞山湧出海中),"라고 기록되어 있는데, 11세기 초에 제주도에 해저 화산 활동이 있었다는 것을 말해 준다(早川 등, 2002). 현재 바다에서 솟았다는 "서산"에 대해 제주도 서쪽의 비양도 또는 남서쪽의 가파도라는 설이 있지만 확실한 것은 알 수 없다.

오래전 필자는 제주의 기념품점에서 흰 부석으로 만든 '돌하르방'을 본 적이 있었다. 제주도에 부석이 있을 리가 없다고 생각하고 주인에게 부석의 출처를 물어보니 서귀포 중문 해수욕장 백사장에서 주워 왔다는 이야기였다. 그 주인의 이야기를 믿는다고 해도 돌하르방을 만든 부석의 원산지가 제주도인지는 명확하지 않다. 동남아 어딘가의 화산에서 유래한 것인지도 모른다. 부석 조각은 해류를 타면 어디까지라도 흘러갈 수 있기 때문이다.

기나긴 지질 시대 동안에 흰 부석을 날려 보낼 만큼의 유문암질 마그마의 폭발적 분화가 제주도에 있었을까? 제주도에는 현무암질 용암의 분출이 있었고 마치 팥죽을 끓이듯 오름을 만들 정도의 스코리아 분화는 있었지만, 백두산이나 울릉도와 같은 부석의 분출은 없었던 것으로 알려져 있다. 그러나 예의 기념품점에서 보았던 흰 부석으로 만든 '돌하르방'이 뇌리를 떠나지 않는다. 언젠가는 편서풍의 풍하 쪽에 위치한 일본 규슈 어디에선가 제주도의 '하얀' 송이를 보게 될 날이 올지도 모르겠다는 생각을 해 보았다.


## 4. 화산 분화가 인간 사회에 끼친 영향

일본의 홋카이도가 제주도 정도 크기의 섬이라고 생각하는 사람들이

많은 것 같다. 그러나 실제로는 홋카이도는 우리나라 남한 면적에서 정확히 제주도를 제외한 면적과 같다. 이 거대한 섬에는 화산도 많아서 고마가다케(駒ヶ岳), 우수 산, 다루마에 산(樽前山) 등의 활동적인 화산이 밀집되어 있다. 이 화산들은 17세기에 동시에 화산 활동을 시작하기까지 수천 년 동안 침묵을 지켜 왔다. 그런데 1640년에 고마가다케가 먼저 폭발을 하고, 그 23년 후인 1663년에는 우수 산이 폭발을 일으켰고, 또 그 4년 뒤인 1667년에 다루마에 산의 폭발로 이어졌다. 거의 비슷한 시기에 집중한 이 화산 분화는 모두 VEI 5급으로, 각각 폼페이를 매몰한 79년 베수비오 분화와 같은 규모였다.

인류의 역사 시대에 일어난 이 화산 분화는 인류의 역사와는 별개의 것이었을까? 홋카이도에는 당시 아이누 족들이 살고 있었고 그들은 역사를 기록하지 않았다. 그러나 이런 연속적인 화산 분화는 그들에게 견디기 힘든 고통을 주었음에 틀림없다.

역사가 움직였다면 그 원인이 있다. 그런데 실제의 역사에는 겉으로 보이는 원인이 아니라 그 배후에 숨겨진 또 다른 요인에 의해 움직이는 경우가 있다. 사서에 한 나라가 침공해 다른 나라가 멸망했다고 기록되어 있다면, 대개 두 나라의 관계에 대해 초점이 맞추어져 역사가 해석된다. 그렇지만 때로는 그 배후에 진실이 감춰져 있는 경우가 있다. 만약 평화롭게 살던 인간들끼리 어느 날 갑자기 전쟁을 시작했다면, 후세의 역사가들은 인간들의 관계에서 그 원인을 찾으려고 할 것이다. 그러나 만약 전쟁이 일어나기 전에 주변에 지진, 화산, 쓰나미와 같은 자연의 대재앙이 일어나고 그것이 계기가 되어 전쟁이 일어났다면, 전쟁의 원인은 인간사가 아닌 다른 곳에서 찾아야 한다. 자연의 재앙이 전쟁의 원인이 되는 것이다.

역사 이면에서 이러한 자연의 재앙이나 피해가 실제로 인간의 행동에 어떤 영향을 미쳤는가를 연구한 사례가 있다(德井, 1989; 德井, 2001). 일본의 홋카이도에서 일어난 화산 분화와 아이누 족이 일으킨 전쟁과의 관계를 분석한 이 연구는 10세기에 일어난 백두산의 대폭발이 당시 동아시아에 살았던 인류에게 미친 영향을 생각할 때 시사하는 바가 크다.


## 17세기 홋카이도 화산 분화와 아이누 족

일본 혼슈 북부와 홋카이도는 선주민인 아이누 족들의 땅이었다. 그러나 1604년 일본 막부의 최고 실권자 도쿠가와 이에야스(德川家康)는 홋카이도의 아이누 족에 대한 통치권을 선포하고 홋카이도 남부 마쓰마에(松前)에 번(藩)[85]을 두었다. 마쓰마에 번을 거점으로 홋카이도에 진출한 일본인들은 사금 채취나 은 채굴을 시작으로 아이누 족과 물물 교환을 통한 교역을 시작하였다. 아이누 족은 연어나 고래 고기, 곰과 사슴 가죽 등으로 일본인들이 가져온 쌀, 술, 소금, 담배 등과 교환했다. 아이누 족은 교역을 통해 점차 생활이 변해 갔다.

그러다 앞서 이야기한 1640년, 1663년, 1667년의 화산 분화가 이어졌다. 화산 부근에서는 화쇄류와 화산 이류가 발생해 많은 아이누 족의 인명이 희생되고, 화산재는 풍하 측에 퇴적되어 대지를 순식간에 사막으로 만들어 버렸다. 화산에서 멀리 떨어진 곳에서도 거대 지진과 쓰나미가 아이누의 부락을 휩쓸었다. 화산으로부터 수십 km 떨어진 곳에서는 갑자기 하늘이 어두워지고 부석과 화산재가 마치 우박처럼 쏟아져 대혼란이 일어났다. 사람들은 공포심에 휩싸인 채 다른 곳으로 이동해 갔다.

---

85) 에도 시대(1603~1867년) 다이묘(大名)라고 불리는 각 지역 영주들의 지배 영역 또는 그 지배 기구.

화산재는 풍향에 지배되어 풍하 측에 좁은 띠 모양의 범위에만 화산재가 퇴적되었다. 같은 부족의 영역 내에서도 지역에 따라 화산재가 퇴적된 지역과 화산재가 퇴적되지 않은 지역의 경계가 분명했다. 그중에서도 화산의 풍하 측에 해당하는 히다카(日高) 지방(그림 7-7 참조)의 피해가 가장 컸다. 히다카 지방의 아이누 부락은 강 하류에서 상류까지 연어잡이 등의 어로 생활을 기반으로 하는 부락과 산간의 수렵과 채집에 의존하는 부락이 산재해 있었다. 또한 초보적인 농경 생활을 하는 부락들도 있었다.

화산 분화가 끝난 뒤 봄이 되어 눈이 녹기 시작하면서 경사지의 화산재 토양이 유실되고 늘어난 강물은 대량의 토사를 운반해 강바닥이 높아지고 하천이 범람했다. 연어의 포획량이 격감하고 부석이 퇴적된 산간부에서는 사슴 등 산짐승이 모습을 감추고 말았다. 사람들의 생활은 점점 고통스러워져 갔다.

1667년 다루마에 산이 폭발한 2년 후인 1669년 봄 히다카의 추장 '샤쿠샤인'이 마쓰마에 번에 대항해 전쟁을 일으켰다. 이것이 일본 역사에서 '샤쿠샤인의 난'으로 기록된, 아이누 족이 일본을 상대로 일으킨 최대이자 최후의 전쟁이다. 이 전쟁은 처음에는 아이누 족끼리의 세력권 다툼에서 시작했다. 그리고 급기야 아이누 족과 일본인의 전쟁으로 비화되었다. 1668년 여름에 히다카 지방의 인접한 아이누 부족끼리 영역 분쟁이 일어나 두 부족의 추장인 '우토마사'와 '샤쿠샤인'이 대립하게 되었다.

1668년 12월에 우토마사는 샤쿠샤인과 전쟁을 치르기 위해 마쓰마에 번에 무기와 식량 원조를 청하러 가지만 거부당하고 돌아오는 길에 사망하게 된다. 우토마사의 사망으로 히다카 지방의 아이누 족끼리의 분쟁은 일단 종식했으나, 곧이어 샤쿠샤인이 아이누 족 전체에 다음과 같은 전갈을 보냈다(德井, 1989).

우토마사는 일본인에 의해 독살되었고 마쓰마에 번은 아이누 족을 멸족시키려고 한다. 교역선에서 운반되는 모든 물건에 독이 들어 있다. 지금이야말로 일본인을 죽이고 식량을 빼앗아 병량으로 삼아 마쓰마에를 함락시키자.

1669년 6월에는 각지에서 아이누 족이 일본의 상선을 습격해 식량 등의 물자를 빼앗았다. 이 와중에 많은 일본인 선원과 광부 수백 명이 피살되었다. 전쟁은 순식간에 홋카이도 전역으로 확대되었다. 10월에 마쓰마에 번은 샤쿠샤인에게 사신을 보내 화해를 도모했다. 10월 23일 밤 샤쿠샤인을 마쓰마에 번 영내에 맞아들여 주연을 베풀었는데, 샤쿠샤인이 취한 틈을 타 그를 암살했다. 곧이어 마쓰마에 번의 군대가 히다카 지방 시즈나이(靜內)의 샤쿠샤인의 요새를 함락시켰다.

샤쿠샤인이 암살되고 요새가 함락되자 아이누 족들은 전투 의욕을 잃고 사실상 전쟁은 종식되었다. 이어서 각처의 아이누 족 추장들이 계속해서 항복했다. 결국 아이누 족은 마쓰마에 번이 제시한 서약을 받아들여 합법적으로 일본의 통치하에 들어가게 되었다. 이렇게 해 아이누의 시대는 막을 내리게 된 것이다.

### 아이누 전쟁의 원인이 된 화산 분화

도쿠이 유미(德井由美)는 장래가 촉망되는 여성 지리학자였다. 그녀는 1663년에 분화한 우수 산의 테프라(우수b 강하 부석, Us-b)와 1667년에 분화한 다루마에 산의 테프라(다루마에 b 강하 부석, Ta-b)의 분포를 조사해 1989년 논문으로 발표했다(德井, 1989). 그녀는 우선 당시 화산 분화에 의해 재해를 입은 지역을 Area I~IV로 나누어 지질도에 표시했다.

Area I은 주로 화산 부근으로, 화쇄류에 의해 사람들이 매몰되거나 만약 살아남았다고 하더라도 생활의 터전을 포기하고 이동할 수밖에 없는 지역이다. Area II는 화산재가 50cm 이상 퇴적한 지역으로, 화산재의 무게로 가옥은 붕괴되고 일단 퇴적된 화산재를 인력으로 제거하기에는 한계가 있으며, Area I과 마찬가지로 결국 사람들이 이동하게 되는 지역이다. Area III은 강하 화산재의 두께가 10~50cm로, 가옥의 지붕과 집 주변에 퇴적된 부석이나 화산재를 제거하면 지금까지의 땅에서 생활하는 것은 가능하다. 또한 당장은 비축된 식량으로 생활할 수 있으나 산나물이나 나무 열매, 과실의 수확량이 감소하고, 사슴 등의 산짐승이 모습을 감추기 때문에 장기적으로 영향이 나타난다. 따라서 사람들은 지금까지의 생활권을 확대하거나 생활 양식을 변화시킴으로써 극복해야 한다. Area IV는 화산재가 10cm 미만 퇴적한 영역으로, 식물 생태의 변화가 적으며 따라서 사람들의 생활에 미치는 장기적인 영향은 적다. 도쿠이는 화산 분화의 직접적인 피해를 입는 Area I~IV 중에서, 특히 사람들이 이동하지 않지만 피해가 장기적으로 계속되는 Area III을 주목했다.

1663년에 우수 산은 2,000년간의 휴식기를 거쳐 폭발했다. 이 화산 분화로 인해 화쇄류와 화산 이류가 발생했으며, 화쇄류는 화산 부근의 우수(有珠), 아부타(虻田)의 부락을 전멸시켰다. 또한 화쇄류가 해안에 도달하면서 쓰나미가 발생했다. 이 쓰나미는 멀리 히다카 지방의 해안에 도달해 해안의 부락들을 덮쳤다. 또한 화산에서 분출한 화산재(Us-b)는 거의 동쪽으로 분포 축을 가지고 확산되어, 우수 산 화구에서 30km 떨어진 도마코마이 지방에 90cm, 화구에서 150km 정도 떨어진 히다카 지방에도 20~30cm의 화산재를 퇴적시켰다(그림 7-7, 사진 7-12).

우수 산 분화 4년 뒤인 1667년에는 다루마에 산이 폭발했다. 이때 분출한 강하 화산재(Ta-b)는 거의 진동 방향으로 분포 축을 가지고, 화구에서 20km 떨어진 도마코마이 지방에 150cm, 화구에서 100km 떨어진 히다카 지방의 산간 지역에 20~30cm의 화산재를 퇴적시켰다. Ta-b는 Us-b와 거의 같은 방향의 분포 축을 가졌지만, 다루마에 산이 우수 산보다 북쪽에 위치해 있기 때문에 화산재의 분포는 북쪽으로 옮겨졌다.

아이누 족끼리의 분쟁으로 시작해 샤쿠샤인의 전쟁으로 비화되는 역사를 겪은 히다카 지방은 1663년의 Us-b와 1667년의 Ta-b가 20~30cm 퇴적된 바로 Area Ⅲ에 해당했다. 당시 히다카 지방은 연어의 남획으로 해마다 연어의 포획량이 감소하고 식량을 확보하기 위해 농경이 점하는 비

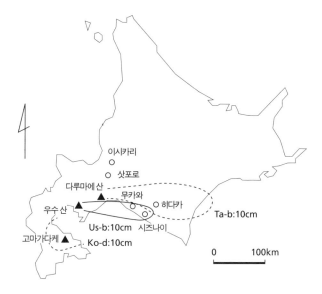

|**그림 7-7**| 17세기 중반 홋카이도 화산의 분화와 테프라의 분포(德井, 1989)
17세기 중반은 홋카이도 사람들에게 화산이 차례로 분화하는 고통과 고난의 시대였다. 이때 아이누 족끼리의 분쟁과 아이누 족과 일본인의 전쟁이 일어난다. 이 분쟁은 특히 화산재에 의한 피해가 컸던 히다카 지방이 가장 치열했다(Ko-d: 고마가다케 d, 1640년, Us-b: 우수 b, 1663년, Ta-b: 다루마에 b, 1667년).

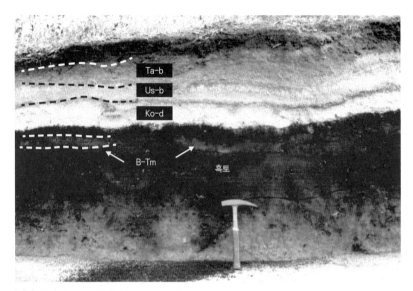

| **사진 7-12** | 홋카이도 무카와 유적의 화산재

도마코마이에서 동쪽으로 10km 떨어진 곳의 무카와 유적에는 아이누 족이 빈번한 강회의 피해를 입었던 사실을 엿볼 수 있다. 아래 흑토층에 B-Tm(10세기)이 끼어서 퇴적되어 있고, 흑토 위에 Ko-d(1640년), Us-b(1663년), Ta-b(1667년)가 차례로 퇴적되어 있다.

율이 점차 높아지던 시기였다. 1663년의 Us-b가 마침 작물이 생육하는 여름철에 피복했으므로 가을의 수확량이 크게 감소했다. 아이누 족은 장래에 대한 불안감으로 더 한층 연어를 남획하게 되었다.

1667년의 Ta-b는 1663년 Us-b와 마찬가지로 히다카 지방에 피해를 초래했지만, 화산재의 분포 영역은 거의 중복되지 않고 Us-b의 북쪽에 퇴적되었기 때문에, 앞의 Us-b의 피해를 입지 않았던 산간 지역이 이번에는 Ta-b에 의해 피해를 입게 되었다. 히다카의 산간 지역은 주로 농경 생활을 하던 아이누 족이 산재해 있었으며 또다시 여름철인 8월에 화산재가 피복됨으로써 더 한층 피해가 컸다. 산간 지역의 화산재 피복은 수렵에도 많은 영향이 있었다.

이때는 일본인들의 사금 채취로 인해 강 상류의 연어의 산란 장소가 점차 파괴되던 시기였고, Us-b가 퇴적한 이후 식량 부족을 메우기 위해 연어의 남획이 계속되었으나, Ta-b가 퇴적한 1667년에는 1663년 이후에 부화한 연어가 강으로 되돌아오는 시점이어서 남획의 영향이 직접 나타날 때쯤이었다. 따라서 당시 사람들의 식량난은 매우 심각했다. 그리고 Us-b의 피해를 입은 사람들이 산간 지역으로 이동했지만, 이어서 산간 지역에까지 Ta-b가 퇴적됨으로써 사람들에게 준 정신적 타격은 매우 컸을 것으로 생각된다.

본래 아이누 족은 온화한 성격을 가지고 있었다. 그러나 샤쿠샤인 전쟁의 경우는 적대 관계에 있었던 아이누 족들조차 함께 무기를 들고 봉기했고 샤쿠샤인에 합세해 전쟁에 가담했다. 아이누 족이 일본인을 상대로 샤쿠샤인(사진 7-13)이라는 추장 밑에 결속한 이유는 아이누 족들의 식량 문제와 생활 불안으로 인해 그 시점에서 인접한 다른 부족의 영토를 침략한다고 해도 문제가 해결될 수 없는 상황이었기 때문이다.

아이누 족의 방어 진지 또는 요새를 '챠시'라고 하는데, 강하 화산재가 50cm 이상 퇴적해 사람들이 이동할 수밖에 없었던 Area Ⅱ 지역에는 챠시가 전혀 구축되지 않았다. 반면에 챠시가 건설된 곳은 강하 화산재의 퇴적 두께가 20cm 전후로서 사람들이 이동하지는 않았지만 장기적으로 생활에 영향이 나타나는 Area Ⅲ 지역이었다. 이와 같이 전쟁에 의해 건설된 고고학적 유물의 분포가 정확히 화산재 피복의 정도에 의해 구획된다는 것은 단지 우연의 일치만은 아니었을 것이다.

이 챠시를 중심으로 이전부터 거주했던 사람들과 피난해 이주해 온 사람들이 혼재해, 아이누 족 고유의 영토 제도가 무너지고 식량 사정이 더욱 악화되었다. 또한 샤쿠샤인이 아이누 족을 봉기시키기 위해 "일본 교역선

화물에 모두 독이 들어 있다."와 같은 유언비어를 흘렸는데, 아이누 족들이 이와 같은 말을 쉽게 믿은 배경에는 공포감과 불안감이 횡행하는 당시 혼란하고 불안정한 사회 상황이 있었기 때문이다.

일본 역사학에서는 역사상 아이누 족 최대·최후의 이 전쟁은 아이누 족과 일본 간 힘의 불균형에 그 원인이 있다고 결론을 내리고 있다. 그러나 전쟁이 1669년에 일어난 것은 지금까지 서술한 바와 같이 1663년 우수 산과 1667년 다루마에 산 분화 직후이다. 그리고 이 전쟁은 화산재 피복의 피해가 가장 컸던 히다카 지방의 아이누 족끼리의 분쟁에서 시작되었다.

|**사진 7-13**| 아이누의 추장 샤쿠샤인
1669년 아이누의 전설적인 추장 샤쿠샤인은 일본을 상대로 최대이자 최후의 전쟁을 일으켰다. 아이누의 옛 땅이었던 홋카이도 시즈나이(靜內) 시에는 아이누 기념 박물관이 있고 그 뜰에 샤쿠샤인의 동상이 있다.

이러한 정황들은 화산 분화가 인간의 분쟁에 직간접적인 원인으로 작용했다는 것을 이야기해 준다.

이렇게 해 자칫 숨겨질 뻔했던 일본 홋카이도 17세기의 역사가 젊은 지리학자 도쿠이에 의해 재조명되고 재평가되었다. 그녀는 홋카이도 삿포로에서 유년 시절을 보냈으므로 홋카이도의 아이누 문화에 남다른 애착이 있었다. 그녀는 오차노미즈(お茶ノ水) 대학 대학원 졸업 논문 준비를 위해 경자동차 하나로 홋카이도를 누비고 다니며 넓은 지역의 1663년 Us-b와 1667년 Ta-b의 분포를 조사했다.

그러나 지리학과 지질학, 역사학과 고고학의 경계를 자유롭게 넘나들면서 '화산 유리'를 끝없이 사랑하며 열정적으로 연구하던 도쿠이는 아쉽게도 1993년 29세의 젊은 나이로 타계하고 말았다. 2001년의 논문(德井, 2001)은 본래 도쿠이가 작성하기로 한 것이었으나, 그녀가 갑작스럽게 사망한 후 도쿄 도립 대학의 마치다가 재집필해 그녀의 이름으로 발표한 것이다. 도쿠이의 연구가 주는 시사점은 화산 분화 등의 자연 재해가 인간의 분쟁이나 사회 변동의 원인으로 작용했을 가능성을 파헤치는 것은 굳게 닫힌 학문 간의 장벽을 넘어야 하는 어려움 이외에도 확실한 문제의식을 가지고 거기에 접근하지 않으면 안 된다는 것을 보여 주고 있다.

그녀는 17세기 홋카이도의 화산 폭발과 아이누의 전쟁을 추적하는 데에 일본 국내의 역사 자료가 매우 부족하다는 것을 느끼고 있었다. 그래서 유럽으로 떠나는 지질학자인 지인에게 보내는 편지의 말미에 다음과 같이 추서하고 있다.

P. S. 미처 잊고 있어서 그만 붓을 놓고 말았습니다만, 저는 이전 아이누 시대의 고기록을 이것저것 찾고 있을 때 자연 지리적인 정보(화산 분화나 기후, 지형 등)

를 얻기 위해서는 일본 국내의 문헌보다 런던이나 암스테르담에 보존되어 있는 동인도 회사 등 상선의 항해 기록이나 야소회(耶蘇會) 선교사의 수기를 입수해서 읽어야 한다고 느꼈습니다. 동봉하는 복사본은 1643년 유럽 선단의 기록을 근거로 쓰인 책을 발췌한 것으로, 거기에 담겨진 내용이 얼마나 사실적으로 표현된 것인지 이해하시리라 믿습니다.

부디 유럽에 가시거든 금과 은을 찾아서 일본에 온 선박의 연대별 목록과 경로별 목록을 입수해 주시면 감사하겠습니다.

이 글을 통해 그녀는 유럽 상인이나 선교사에 의해 홋카이도의 화산 폭발에 대한 풍문이나 기록이 어떤 형태로든 남아 있을 가능성에 한 가닥 희망을 걸고, 그 실마리를 찾고 있었다는 것을 알 수 있다.

역사적 사건이나 자연 재해가 모두 기록으로 남겨지는 것은 아니다. 10세기 백두산 분화가 사서에 기록되지 않았다고 해서 그 사건이 일어나지 않았던 것은 아니다. 백두산 폭발의 사건을 역사에 누락시킨 것은 발해를 멸망시킨 거란에게 그 책임이 있었을지도 모른다. 거란은 발해를 멸망시킨 뒤 그 땅을 지배하는 대신 통치를 포기(廢縣)하고 그곳을 버렸다. 그 넓은 지역을 폐현한 이유에 대해서도 밝히지 않았다. 무언가를 숨기고 은폐했다.

고려 태조 왕건(877~943년)의 유훈인 훈요십조(訓要十條) 중 제4조에 거란에 대한 대목이 나온다. 즉 거란은 금수의 나라이고 풍속과 말이 다르니 의관 제도를 본받지 말라는 내용이다.[86] 왕건이 거란을 "금수(짐승)의 나라"라고 지칭한 것은 주지하는 바와 같이 거란이 한때 교빙했던 사이임에도 불구하고 의를 저버리고 발해를 멸망시켰기 때문이다. 고려와 발해는 함께

---

86) 『고려사』의 원문은 다음과 같다. "契丹是禽獸之國風俗不同言語亦異衣冠制度慎勿效焉"

고구려를 계승한 형제와 같은 나라였다. 고려는 발해 멸망을 전후해 10만 명 이상의 발해 난민들을 받아들였다.

그런데 단순히 거란이 발해를 멸망시킨 사실만으로 왕건이 그런 극도의 표현을 유훈으로 남겼을까? 여기에는 거란이 발해를 멸망시킨 사실보다 그 과정이 정당하지 않았다는 것을 암시하고 있다는 생각을 지울 수 없다. 발해가 알 수 없는 자연 재해에 의해 온 나라가 처참하고 어려운 지경에 있었을 때, 거란이 발해를 도와주기는커녕 그 틈을 타서 힘들이지 않고 발해의 영토를 수중에 넣었다면, 그것은 정치적으로나 인도적으로 용서받을 수 없는 행위이다.

또한 만약, 거란이 땅이 갈라지고 넓은 대지를 화산재로 덮어 버린 그 엄청난 사건을 은폐한 채, 발해 강역의 폐현과 발해인들의 강제 이주를 미화하고 정당화하는 역사서를 서술했다면, 거란이 금수라는 말을 들어도 당연하다고 생각된다.

# 제8장

# 백두산의 미래

    백두산이 다시 폭발한다면 그것은 언제인가? 백두산은 맨틀까지 도달하는 여러 심부 단열대 교점의 중심에 위치해 압력이 낮고 마그마가 모여들기 쉽지만, 백두산 지하 마그마방의 용적이 크기 때문에 그것을 채우려면 다소 시간이 걸린다. 하지만 마그마방에 마그마가 충분히 채워지면 백두산은 언제든지 다시 폭발하려고 할 것이다.

    일반적으로 화산은 세 종류로 분류되어 왔다. 현재 활동하고 있으면 활화산, 역사 기록에 분화 기록은 있으나 현재 활동하고 있지 않으면 휴화산, 기록도 없고 현재 활동도 없으면 사화산이라는 것이다. 그런데 이러한 분류 체계는 문제가 있다. 화산의 심장이 정지했는지 어떤지를 알 방법이 없기 때문이다. 사화산이라고 분류했던 화산이 어느 날 갑자기 기지개를 켜고 거친 숨을 들이쉰다. 그리고 며칠 지나지 않아 화쇄류를 발생시킨 예가 수없이 많다. 수백만 년에서 수천만 년의 수명을 가지는 화산의 생사를 인간이 쉽게 판정할 수는 없다.

2002년에 일본에서 『죽음의 도시 일본(死都日本)』이라는 소설이 출판되었다(石黑, 2002). 규슈 미야자키(宮崎) 현 기리시마(霧島) 화산이 34만 년 만에 활동을 재개해 직경 16km의 칼데라가 만들어지고, 이때 발생한 거대 화쇄류와 그로부터 상승한 화산재 구름은 상공의 바람을 타고 동쪽으로 이동해 화산재가 일본 열도를 뒤덮는다는 내용이다. 소설에서 일본은 괴멸적인 타격을 입어 죽음의 도시가 되고, 전 세계가 이상 기상을 겪게 된다.

2005년에는 영국의 BBC가 제작한 「슈퍼볼케이노(Supervolcano)」가 각국에서 방영되었다. 이 역시 미국 와이오밍 주의 옐로스톤 국립 공원에서 칼데라와 관련된 파국적 분화가 63만 년 만에 다시 일어난다는 내용이다. 옐로스톤은 지금으로부터 63만 년 전에 총 분출량 1,000km$^3$급의 화산 분화를 일으켰고, 북미 전 지역에 '라바 크리크(Lava Creek)'라고 명명된 엄청난 용량의 테프라를 퇴적시킨 바 있다. 이런 소설이나 텔레비전 프로그램에서 이야기하고자 하는 공통의 주제는 과거에 분화한 이력이 있는 화산은 또다시 폭발한다는 것이다.

지질학자들은 화산의 위력에 의해 한때 완전히 폐허가 되었던 산과 들을 걸어 다니며 화쇄류와 화산 이류가 기어간 경로와 강하 부석에 매몰된 지역을 지질도에 표시한다. 이를 통상 해저드 맵(hazard map)이라고 한다. 이러한 테프라의 분포 범위는 과거의 화산 분화의 규모를 나타냄과 동시에 장래에 또다시 일어날 화산 활동의 영역을 나타내는 것이다.

## 1. 문명을 바꾸고 문화를 소멸시킨 화산 분화

그리스의 크레타 섬에는 기원전 25세기~기원전 14세기에 걸쳐 청동기 문명이 꽃피우고 있었는데, 전설의 미노스(Minos) 왕의 이름을 따서 미노아(Minoa) 문명이라 한다. 그런데 기원전 14세기경에 미노아 문명은 그리스 본토의 미케네(Mycene) 인들의 침략을 받았다. 미케네는 미노아를 철저히 약탈하고 결국 멸망시키고 말았다. 따라서 미노아 문명의 멸망 원인은 미케네 인의 침략이다.

하지만 우리가 알고 있는 역사는 실제의 역사와 조금 다를 수가 있다. 17세기 일본 홋카이도 샤쿠샤인의 전쟁에서도 볼 수 있는 바와 같이, 역사적 사건의 배후에는 그 사건을 움직인 다른 원인이 숨어 있을 수 있다.

미노아 문명의 크레타 섬을 조사한 그리스 고고학자들은 크레타 섬의 미노아 인들은 그리스 본토의 미케네 인들에게 침략당했던 그쯤에 거대 지진과 쓰나미의 타격을 받았다는 것을 알게 되었다. 크레타 섬 궁전의 성벽을 이루고 있던 엄청난 무게의 돌과 기둥이 제자리에서 멀리 옮겨져서 모두 한쪽 방향으로 정렬하듯 쓰러져 있었다. 이것은 지진과 동시에 그곳에 도달한 쓰나미가 성벽의 돌들과 함께 궁전의 기둥을 쓰러뜨리고 본래 있었던 장소에서 멀리 옮겼다는 것을 의미했다. 또한 크레타 섬의 북동부에는 화산재가 두껍게 퇴적되어 있었다. 지진, 쓰나미, 그리고 화산재의 공통점은 오직 한 가지, '화산 폭발'을 강하게 암시하는 것이었다. 그러나 그 화산이 어디인지는 알 수 없었다.

## 산토리니 화산의 분화와 미노아 문명의 쇠망

지중해 일대에는 이전부터 화산학자들 사이에 '미노안(Minoan)'이라는 이름의 광역 테프라가 알려져 있었다. 이 테프라는 터키, 크레타 섬, 이집트, 그리고 흑해에 이르는 지중해의 넓은 지역에 분포하고 있었다. 바로 지금으로부터 약 3,500년 전 그리스 산토리니(Santorini) 화산이 대폭발을 일으켰을 때의 화산 분출물로, $SiO_2$ 성분이 71~72%에 달하는 유문암질-데사이트(rhyolitic-dacite) 화산재이다. 이 화산재는 산토리니를 중심으로 해저에 최대 30m 두께로 원형의 분포를 나타내고 있었고, 화구에서 동쪽으로 600km 떨어진 곳에서도 이 테프라가 발견되는 총 분출량 40km³, VEI 6급의 거대 분화였다(Sigurdsson et al., 1990). 따라서 고고학자들은 크레타 섬에서 북쪽 100km에 위치한 활동적인 화산 산토리니를 주목하게 되었다(그림 8-1).

산토리니 섬 안쪽 절벽에는 30~40m에 달하는 화산재와 부석이 미노아의 유적을 덮고 있었고, 화구가 함몰해 직경 약 10km, 절벽 높이 수백 m에 달하는 칼데라가 있었다. 외륜산의 절벽만이 해수면 위로 초생달 모양으로 둘러싼 해저 칼데라였다. 화구가 일시에 함몰하고 화쇄류가 바다에 돌진할 때 그 충격으로 바다에 거대한 쓰나미가 발생했다. 이 쓰나미는 칼데라의 직경과 높이로 미루어 주기가 수십 분에 달하며 크레타 섬에 상륙할 때는 높이가 무려 30m에 달했을 것으로 추정되었다. 이 쓰나미가 크레타의 북쪽 해안에 들이닥치며 미노아 인들에게 치명적인 타격을 주었다.

해수면에서 30m 이상의 고지대 내륙 깊숙한 곳에서 해안의 자갈, 해양 미생물의 각 등이 미노아 건축물의 파편, 항아리와 그릇 조각, 곡물, 가축의 뼈 등과 함께 발견되었다. 이것은 해안에 들이닥친 쓰나미가 내륙까지 모든 것을 쓸어가면서 전진했다는 것을 말해 주는 것이었다. 또한 탄화목

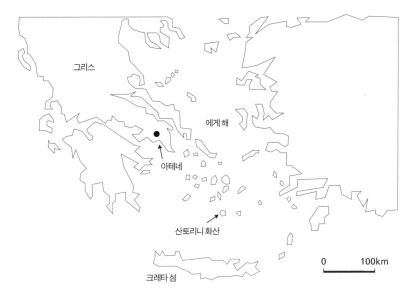

**|그림 8-1|** 크레타 섬과 산토리니 화산

산토리니는 크레타 섬에서 북쪽으로 100km, 아테네에서 남동 200km 지점에 위치한 화산섬이다. 산토리니의 칼데라가 함몰하면서 거대 쓰나미가 발생했지만, 에게 해의 작은 섬들이 완충 역할을 해 그리스 본토에는 그다지 큰 피해를 주지 않았다.

의 방사성 탄소 연대가 기원전 14세기에 해당한다는 사실을 알게 되었다. 이것은 동일한 방법으로 연대가 알려진 크레타의 미노아 문명의 멸망 연대와 일치했다.

이렇게 미노아 문명을 붕괴시킨 거대 화산 폭발의 전모가 밝혀지게 되었다. 그리스 본토의 미케네 인들이 침입한 것은 이미 이러한 자연 재해가 일어나고, 크레타의 고대 미노아 문명이 급속히 쇠퇴된 이후였다. 이러한 사실은 미노아 문명의 멸망이 미케네 인의 침략이라는 직접적인 원인 이전에, 그 배후에 자연의 재앙이라는 또 다른 원인이 있었다는 것을 인식하는 계기가 되었다. 이집트와 페니키아의 예술을 받아들이고 각종 공예품을 생산해 지중해의 해상 무역을 지배했던 미노아 인들이었지만 화산 재해로 국력이 이미 쇠진해 있어서 미케네 인들에 저항조차 할 수 없었던 것이다.

산토리니의 화산 활동이 크레타와 거의 같은 거리에 있는 그리스 본토에는 그다지 피해를 주지 않았다. 그것은 그리스 본토가 산토리니 화산의 서쪽에 위치해 화산재의 피복을 피할 수 있었고, 산토리니와 그리스 본토 사이의 에게 해에는 작은 섬이 많아서 이 섬들이 쓰나미의 충격을 흡수하는 완충 작용을 해 주었기 때문이다. 이 때문에 그리스 본토의 미케네 인들은 피해에서 벗어날 수 있었다. 미케네 인은 미노아 문명을 멸망시키고 역사에 승자로 기록되었지만 실은 배후에 그러한 사실들이 숨어 있었던 것이다.

물론 산토리니 화산의 분화는 사서에 기록되지 않았다. 단지 그 사건은 화산 분화에서 살아남은 자들에 의해 전설로서 전해졌다. 그러나 살아남은 자들조차 정확히 무엇이 일어났는지 알 수 없었다. 수년에 걸쳐 산토리니와 지중해의 테프라를 조사한 로드아일랜드 대학의 지질학자 하랄두르 시구르드슨(Haraldur Sigurdsson)은 다음과 같이 말했다(Lovett, 2006).

당시 이 사건이 화산 분화라는 것을 인지한 인간들은 모두 살아남지 못했을 것이다. 살아남은 자들은 초자연적 현상으로 이를 묘사했다. 그 예 중의 하나가 바로 플라톤이 바다 속에 사라졌다고 이야기한 아틀란티스의 전설이다.

플라톤(기원전 427?~347?년)에 의하면, 아틀란티스는 대륙 크기의 섬에 번영한 고대 왕국을 말하며, 강력한 군사력으로 세계를 지배하려고 했지만 제우스의 노여움을 사서 바다 속에 가라앉혀졌다고 한다. 실제로 고고학자들 중에는 플라톤의 아틀란티스 전설을 산토리니 화산의 함몰과 연관 지어 생각하는 사람들이 많다.

화산 폭발이 자연 환경에 미치는 영향은 비교적 단순 명료하지만, 이야 기가 인간의 역사에 미치는 영향이 되면 상황은 복잡해진다. 1차 방정식 이 아닌 고차 방정식이 된다. 특히 산토리니 화산이나 백두산과 같이 역사 기록이 없는 경우에는 고려해야 할 미지수의 항이 수없이 늘어난다.

지금까지 지질학자들은 10세기 백두산 폭발의 시기가 발해 멸망과 시 간적으로 어떤 관계가 있는지에 대해 관심을 갖고 연구를 수행해 왔다. 그 순수한 호기심이 연구를 진행해 온 원동력이었다. 그러나 지금까지 각 전 문 분야에서 여러 연대가 제시되었지만 백두산의 분화 연대가 결정된 바는 없다. 따라서 아직 백두산 화산 활동과 발해 멸망, 그리고 발해 멸망 이후 그 곳에 미친 영향 등에 대해 자신 있게 말할 수 없다. 우리가 현재 알고 있는 것 은 일본 북부 지방에 지층으로 남겨질 정도로 이 화산 폭발의 규모가 컸다 는 것뿐이다.

그런데 연대 측정 전문가들이 비교할 연대는 『요사』에 기록된 발해 멸 망 연대인 926년이다. 그리고 그들이 얻은 백두산 분화 연대가 926년 이후 로 나오면, 별일이 아니었다는듯 백두산 분화는 발해 멸망과는 무관한 사 건이었다고 간단히 결론을 내린다. 같은 논리라면, 발해 멸망 이전에 백두 산이 폭발했다고 밝혀지더라도 거란이 침략하기 전까지 국가가 온전했으 므로 역시 화산 폭발은 아무런 영향을 미치지 않았다고 말할 수 있을 것 이다.

요컨대 거란이 발해를 멸망시켰다는 사실은 『요사』의 기록이 보증해 주고 있고, 역사에 기록되지 않을 정도의 화산 폭발이라면 논할 가치도 없 다고 이야기할 수 있다. 그래서 인간의 역사와 화산 폭발은 별개의 문제라고 말할 수도 있을 것이다. 인간은 머리까지 화산재가 매몰되어야 숨이 끊어진다고 생각하는 사람도 있을 것이고, 왕궁 꼭대기까지 화산재가 매몰되어야 왕국이 멸망한다고 믿고 있는 사람도 있을 것이다.

그러나 분명한 것은, 10세기에 일어난 백두산 분화는 그 국가가 무엇이었든 간에, 그리고 그 민족이 어떤 혈통을 이은 종족이었든 간에, 당시의 헤아릴 수 없는 많은 인간들을 사망케 했고, 살아남은 자들에게는 오랜 시간에 걸쳐서 죽음에 이르게 하는 고통을 주었고, 결국 죽음에 이르게 했다는 사실이다. 문제는 역사상 최대의 재해를 초래한 이 화산 분화에 대한 평가와 인식이다. 또한 역사 편성에 있어서 그 전개 과정과 해석에 대해 여러 이론들이 자유롭게 개진되고 온갖 추리와 주장이 허용되지만, 거기에 화산 따위가 개입할 여지가 없다는 배타적 영역 의식에 관한 문제이다.

당시는 정치 군사적 격변기여서 역사 기록이 매우 적었던 시기였다는 것을 앞에서 살펴보았다. 따라서 『요사』는 당시의 정세를 파악하는 데 없어서는 안 될 매우 중요한 사서임에 틀림이 없다. 그러나 그러한 『요사』에 발해 멸망 앞에도 뒤에도 백두산 분화에 대한 기록이 없다는 것은, 역설적이지만 그 기록의 신뢰성에 문제가 있음을 이야기해 주는 것이다. 그럼에도 불구하고 『요사』의 기록에 대한 맹목적 신앙이 그에 대한 논의를 차단하고 사람들의 상상력을 마비시키고 있다.


## 동아시아에 존재했던 문명과 문화의 소멸

산토리니 화산 분화에 의해 미노아 문명이 미케네 문명으로 대체되었지만, 10세기 백두산 분화의 규모는 3,500년 전 산토리니 화산 분화의 규모를 상회한다. 국가가 멸망해 그 지배층이 바뀌는 일은 있다. 그러나 민족이 존재하는 한 서민들의 문화가 쉽게 없어지는 것은 아니다. 그런데 발해가 멸망한 이후, 발해로 대표되는 동아시아의 문화는 어디로 갔는가?

10세기의 동아시아에서는 넓은 지역에 걸쳐 그 땅의 사람들과 함께 그들의 고유한 문화가 소멸하기 시작한 시점이 있다. 그 시점이 바로 백두산 분화의 연대일 가능성이 크다. 즉 발해인들이 사라져 버리고 그 문화가 사라져 버린 것은 백두산의 거대 분화와 관련이 있다. 이 전대미문의 화산 분화를 전후해 발해로 대표되는 인간의 문화는 종말을 고하고, 여진의 후예들에 의해 금이 건국될 때까지 문화적 암흑시대가 계속된 것이다.

사서에 여진이라는 민족이 등장하는 것은 10세기부터이다. 아마 그 이전에 그곳에 살았던 숙신, 읍루, 물길, 말갈 등으로 불린 민족들의 후예로 생각되며, 오늘날 만주족으로 통칭되는 민족의 직계 선조에 해당된다. 여진족은 중국 동북부와 러시아 극동 지역, 그리고 한반도 북부에 걸친 넓은 지역에 퍼져 있었다. 그런데 그들은 백두산을 민족 발상의 성지로 숭배했다.

여진족의 이러한 백두산 숭배의 전통은 거란의 지배를 받던 10세기부터 시작되어 금의 시대를 거쳐 청의 시대인 20세기 초반까지 이어졌다. 금은 여진족 아골타(阿骨打, 1068~1123년)가 세운 나라이며, 청 역시 여진족 누르하치(乙可赤, 1559~1626년)가 세운 나라였다(청은 처음에 금의 후예라는 의미에서 국호를 후금이라고 했다.). 금은 백두산에 대해 "흥국영응왕(興國靈應王)" 또는 "개천굉성제(開天宏聖帝)"와 같이 왕이나 황제 칭호를 부여했고, 청 역시 백두산을 시조 탄생의 땅으로 선포하고 그 주변의 출입 자체를 금지시켰다. 이 여진족은 어디에서 나타난 것일까? 그들에게 과연 백두산은 어떤 존재였는가? 그들은 백두산의 무엇이 두려웠던 것일까?

여진족은 10세기 초의 사서에 간간히 기술되기 시작했지만 그들이 본격적으로 역사의 전면에 등장하게 된 시기는 10세기의 백두산 분화가 일어난 시기와 거의 일치한다. 따라서 이 여진족이야말로 고구려인, 말갈인의 구별에 관계없이 이 화산 재해를 극복하고 살아남은 발해인들을 지칭하는 것인지도 모른다. 그것은 1115년 금을 건국한 아골타가 여진족의 선조는 발해왕의 대씨(大氏)이며, "여진과 발해는 본래 한 집안(女眞渤海本同一家)"[87]이라고 했던 사실에서도 힌트를 얻을 수 있다.

10세기에 일어난 백두산의 분화가 동아시아의 국가를 해체하고 하나의 새로운 민족으로 재편한 동력으로 작용했을 가능성이 있다. 당시 한반도 북부와 중국 동북부에 혼재해 있던 발해인을 비롯한 여러 민족들이 여진이라는 민족으로 재편되고 역사의 전면에 재등장했던 것이다.[88] 그들은 일단 화산재 피복 지역에서 몸을 피했겠지만, 곧 화산재의 척박한 땅을 일구며 힘을 기르고 때를 기다렸다. 이 백두산을 숭배했던 민족은 결국 금을 건국하고 발해를 멸망시켰던 거대 제국 거란을 멸망시키고야 만다.

그들은 당시 가혹한 자연 재해의 소용돌이 속에서도 용감하게 살아갔다. 10세기 백두산의 거대 화쇄류는 드넓은 발해 옛 땅을 초토화시켰다. 운 좋게 화쇄류의 사정권을 벗어난 지역도 붉게 달구어진 백색 부석에 의해 넓은 지역의 산림과 인간의 가옥이 소실되고, 비를 흡수한 화산재는 그 무게로 가옥을 파괴시켰다(사진 8-1). 화산재의 퇴적은 더 넓은 지역의 농민들을 괴롭히고 그 영향은 장기간에 걸쳐 계속되었다. 경작지는 두꺼운

---

87) 출전 『금사』 본기 권1.

88) 지금까지 역사학계에서 여진을 발해 유민과 연결하는 경우가 많지 않았다. 그러나 다수의 여진이 발해 유민이었다는 사실은 금이 건국되기 직전 "여진발해본동일가(女眞渤海本同一家)"라고 했던 사실이나, 금 건국의 중심 세력이었던 완안(完顔) 여진의 시조인 함보(函普)가 고구려인이었다는 사실 등에서 엿볼 수 있다(한규철, 1994b).

|**사진 8-1**| 화산재에 의한 가옥 붕괴

화산재는 그 부피와 동일한 양의 물을 흡수한다. 따라서 화산재가 피복하면 가옥은 간단히 붕괴해 버린다(사진은 2000년 일본 홋카이도 우수 산 분화 시 가옥 붕괴).

화산재에 매몰되고 산림은 불타 버렸으며 일대는 파괴되어, 벌레 소리나 새소리는 물론이고, 바람에 나뭇잎 스치는 소리조차 들을 수 없는 하얀 화산재 사막의 정적만을 남겼다. 당시 백두산 화산재가 두껍게 퇴적된 기슭에는 지금도 성장이 매우 나쁜 잡목림이 덮고 있을 뿐이다. 백두산 분화 후 수십 년이 지나도 농경지는 전혀 복구되지 않고 황무지로 방치되었을 것이다.

화산재가 현저히 피복된 특히 북쪽으로 러시아의 연해주에서 남쪽으로 북한의 동해안에 걸친 산간 지역과 해안 지역의 많은 주민들이 사망했고, 살아남은 자들은 땅을 버리고 떠나 인구가 격감했다. 이것이 역사가들이 발해 유민, 강제 이주, 내투 등으로 설명하는 발해의 인구 대이동일지도 모른다. 거동이 가능한 사람은 이렇게 땅을 버리고 이동해 갔겠지만, 이 화산 폭발에 의한 최대의 사망자는 아사자일 것이다. 모두 굶어 죽었다는 이야기다. 대량의 화산재를 제거하기 위해서는 많은 노동력과 세월이 필요하지만, 사람도 산짐승도 떠난 화산재 피복 지역의 주민은 곤궁의 바닥에 떨어지고, 이후 수년간 굶어 죽는 사람이 뒤를 이었을 것이다.

화산재가 피복한 지역의 작은 강은 화산재에 매몰되어 물이 막혀서 호수가 되기도 하고, 물이 땅속으로 복류하기도 해 일대의 강은 자취를 감추었을 것이다. 또한 화산재의 피복 범위에서 멀리 떨어진 곳의 완만하게 흐르던 큰 강도 주위로부터 화산재가 유입되어 강바닥이 높아지고 토사가 많은 거칠고 험한 급류로 변하고 말았을 것이다. 이런 강은 큰 비가 올 때마다 홍수가 범람해 하류의 평야를 휩쓸고, 이런 일이 수십 년 이상 반복되어 농민의 정착을 거부했을 것이다.

10세기 백두산 분화에서는 천지 칼데라에서 북쪽으로 70km 떨어진 리안장 부근에서도 10m 정도의 화산 이류(Lianjiang mudflow, D-mfl) 퇴적물이 관찰되며(Machida et al., 1990), 백두산에서 무려 450km 떨어진 지린(吉林)시 북쪽에서도 10세기 백두산 분화의 화산 이류 퇴적물이 발견된다(魏 등, 1998). 이것은 화산 분화 시는 물론이고 분화 후에도 수십 년에 걸쳐 사태가 발생하고 화산 이류와 홍수가 빈발해 강의 중하류에 산재한 촌락을 덮쳤음을 말해 주고 있다.

발해가 멸망한 이후에도 50여 년간에 걸쳐 수천 명에서 수만 명의 발해 유민들이 계속해서 고려로 들어왔다는 『고려사』의 기록과, 거란이 발해의 넓은 강역을 폐현했다는 『요사』 기록의 배후에 이러한 무자비한 화산 재해가 숨겨져 있었다는 것을 암시하고 있다. 인간이 지구상에 모습을 나타낸 이후 그동안에 몇 번이고 절멸의 운명을 맞이한 적이 있었다. 자연은 인간에게 은혜를 베풀었지만 동시에 언제나 파멸을 초래할 위력을 잠재하고 있다. 그 자연의 위력을 과소평가해서는 안 된다.

인간의 역사는 인간이 쓴다. 그리고 과거 역사 기록이 불완전하더라도 거기에 뼈대와 살을 붙이고 스토리를 만들어 내는 것 역시 인간의 몫이다. 그러나 자연의 맹렬한 위력 등 환경의 급격한 변화가 역사를 움직이는 배경에 존재할 수 있다는 사실을 환기하지 않으면 안 된다. 이는 먼 과거의 예를 들지 않더라도, 태풍이나 지진, 화산 등 자연의 엄청난 힘 앞에서 인간은 속수무책으로 오직 그 힘을 받아들여야만 했던 사례를 많이 보고 겪어 왔다. 첨단 과학 기술의 혜택을 받고 있는 오늘날의 우리가 그러한 자연의 재앙을 경험한 적이 없지 않느냐고 반문한다면, 그것은 단지 운이 좋은 시기에 살고 있기 때문일 뿐이다.

백두산 화산재의 연구는 10세기에 일어난 백두산의 대폭발이 이제까지 누구도 경험한 바 없는 가장 위험한 사건이며, 지적이고 책임감을 가진 사람이라면 누구든지 이 문제에 대해 진지하게 대처해야 한다는 것을 경고하고 있다. 역사는 되풀이되며 인간은 과거의 경험에서 그 교훈을 배워야 하는 것이다.


## 2. 화산 재해와 화산 폭발의 예측

지구상에서 10세기 백두산의 대폭발과 같은 화산 분화는 자주 일어나는 것이 아니다. 일본에서 일어난 1,000개를 넘는 화산 분화의 사례를 정량적으로 분석해 보니, VEI 4급(마그마 0.1km³ 이상)의 화산 분화는 100년에 한 번, VEI 5급(마그마 1km³ 이상)은 1,000년에 한 번, VEI 6급(마그마 10km³ 이상)은 1만 년에 한 번꼴로 발생했다고 한다(무川, 2000). 이것은 어디까지나 일본에 국한된 사례다. 그러나 이와 같은 빈도 분석에 의하면 VEI 7급(마그마 100km³ 이상)으로 추정되는 10세기 백두산 폭발은 지구 전체 규모에서도 수천 년에 한 번꼴로 일어나는 매운 드문 현상임을 알 수 있다.

사서에는 10세기 이후 여러 번에 걸친 백두산의 폭발이 기록되어 있다. 아마 100년에 한 번 정도의 빈도로 발생하는 VEI 4급 규모의 화산 분화였을 것이다. 중국 창춘 지진국의 연구자들이 이 중에서 가장 최근인 1903년의 분출물을 찾아 암석 화학적 특성을 보고하고 있다(Yang et al., 2004). 이 역시 VEI 4급 정도의 화산 분화였다고 한다. 백두산의 이 분출물은 천지의 북동쪽에 퇴적되었다. 폭발적 분화의 산물이자 마그마의 본질물인 화산 유리는 전혀 풍화되지 않았으며, 부석의 화학 분석에 의하면 조면암질 마그마에서 유래한다고 했다. 10세기의 마그마 성분과 그다지 달라지지 않았음을 알 수 있다.

이와 같이 백두산은 수십 년에서 수백 년 간격으로 화산재를 뿜어냈다. 백두산은 이렇게 구경 4.5km짜리 대포의 포신이 막히지 않도록 수시로 청소하며 다음 화산 폭발을 준비하고 있다. 백두산의 화력은 아직도 건재하다. 운이 좋다면, 우리 생애에 VEI 4급 정도의 지질학 쇼를 백두산에서 보게 될 날이 올지도 모른다.


### 화산 분화의 심리학

이 책에서 'pyroclastic flow'라는 현상을 '화쇄류'라는 용어로 사용했는데, 일본에서 처음으로 화쇄류(火碎流)로 번역해 사용한 것은 도쿄 대학 명예 교수 아라마키 시게오(荒牧重雄)였다(荒牧, 1963). 그것은 호주의 화산학자 조지 테일러(George A. M. Taylor, 1917~1972년)가 1951년 파푸아뉴기니의 래밍턴 화산에서 발생한 화산의 산록을 방사상으로 확산하는 '고온의 화산 쇄설물의 흐름'에 관한 논문이 나온 직후였다(Taylor, 1958). 그러나 일본에서도 그 개념에 대해 명확하게 인식하고 있는 것은 당시 몇몇 화산 전문가 그룹밖에 없었다.

일본에서 '화쇄류'라는 용어가 일반 대중들을 향해 처음 사용된 것은 20년이 채 되지 않는다. 그것은 1991년 5월 25일 운젠 화산 관측소가 발표한 '임시 화산 정보 제34호'였다(廣井, 1997). 이것은 운젠 화산에서 용암돔이 붕괴되어 발생한 메라피형 화쇄류에 의해 43명이 희생된 6월 3일의 불과 9일 전의 일이었다.

운젠 화산의 지진, 미동이 빈발하는 상태가 계속되고 있으며, 24일에 화산성 지진 137회, 화산성 미동 19회 (중략) 이와 같이 화산 활동은 활발한 상태가 계속되고 있으며, 또한 강우 등에 의해 화산 이류가 발생할 우려가 있으므로 엄중한 경계를 요한다. 또한 규슈 대학 지진 화산 관측소의 조사에 의하면, 24일 08시 08분에 발생한 붕락 현상은 소규모 '화쇄류'였던 것으로 밝혀졌다.

그때까지 이 화산 선진국의 국민들도 '화쇄류'라는 용어를 듣도 보도 못했고 당연히 화쇄류의 무서움도 알 수 없었다. 그 이후로 규슈 대학 지진 화산 관측소에서는 만약 민가에 도달할 정도의 화쇄류가 발생하면 이미 피난하거나 도망갈 수 없다는 점을 경고하고 우려를 표했다. 결국 주민들은 모두 대피했다. 그러나 대부분의 신문 방송국 기자들과 카메라맨, 그들을 태운 택시 운전사, 소방대원, 그리고 몇몇 화산학자들은 위험 지역에서 나오려고 하지 않았다.

1991년 6월 3일 오후, 운젠의 용암 돔이 일제히 붕괴되면서 예상을 훨씬 웃도는 화쇄류가 발생했다. 쏜살같이 산사면을 내려오는 화쇄류를 뒤로하고 전력 질주로 도망가는 소방대원들의 모습이 우리나라의 텔레비전 뉴스에도 방영되었다. 그들은 그 조그만 소방차 한 대로 이 불을 끌 수 있다고 생각했을까? 이 화쇄류가 무서운 것은 700~800℃의 고온이며, 또한 화살과 같은 속도로 산 사면을 돌진하기 때문이다.

《요미우리 신문》 오사카 본사 사진부의 다이 나카지이치(田井中次一, 당시 53세)는 운젠 화산에서 취재 중이던 그날 화쇄류의 열풍에 휩쓸려 사망했다. 그는 목숨이 끊어지는 순간까지 임박해 오는 화쇄류를 연속으로 찍은 7매의 사진으로 유명하다. 이 열풍을 들이마시면 기도에 뜨거운 화산재가 충진되고 폐를 태우게 된다. 그러나 열풍은 순식간에 통과했고 신통하게도 카메라의 필름은 손상을 입지 않았다.

운젠의 분화에서 화쇄류와 함께 화쇄 서지가 발생했다. 화쇄 서지는 화쇄류 본체에 앞서 확산되는 비교적 밀도가 적은 난류의 열풍이다. 화쇄류 본체가 계곡을 따라 흘러 내려가는 데 비해 화쇄 서지는 능선 등 지형적으로 높은 곳도 타고 넘는다. 화쇄 서지는 매우 얇은 지층을 남길 뿐이지만, 통과 지역에는 나무가 한 방향으로 쓰러질 정도로 그 자체가 태풍과 같은 강풍이다. 1991년에 운젠 화산에서 많은 사망자와 행방불명자를 낸 것은 바로 이 화쇄 서지 때문이었다. 화쇄류 퇴적물 속에는 종종 얇은 화쇄 서지 퇴적물이 확인되는데, 언뜻 보기에는 하늘에서 퇴적된 강하 화산재로 오인할 수도 있지만 자세히 보면 사교 층리를 관찰할 수 있다. 이것은 바람에 의해 사구가 형성되듯 측방에서 퇴적되었다는 것을 의미한다.

43명의 사망자 리스트 속에는 세계적으로 유명한 화산학자 3명이 포함되어 있었다. 프랑스의 크라프트(Krafft) 부부와 미국의 해리 글리켄(Harry

Glicken, 1958~1991년)이다. 그들은 활동적인 화산에서 작업을 하며 화산의 위력과 무서움을 누구보다 잘 알고 있는 화산학자들이었다.

운젠의 용암 돔이 성장해 화쇄류의 발생이 임박했을 때, 이 화산학자들은 보도진들에게 마련된 취재 정위치[定点]보다 상류에서 이 지질학 쇼를 촬영하기 위해 대기하고 있었다. 그들이 관측 지점으로 정한 곳은 계곡을 사이에 두고 용암 돔을 내려다볼 수 있는 지점이었다. 일반적으로 화쇄류는 계곡을 따라 이동하는 것이 보통이므로 관측 지점인 능선 정상부는 화쇄류의 위협으로부터 안전하다고 생각되었다. 그러나 그날은 성장했던 용암 돔이 한꺼번에 붕괴되면서 예상을 뛰어넘는 화쇄류가 발생했다. 온도 800℃의 화쇄류 본체가 시속 140km의 속도로 계곡으로 흘러갈 때 뜨거운 화쇄 서지가 계곡의 절벽을 단숨에 넘어 3명의 화산학자 일행을 삼켜 버리고 말았다. 이 열풍은 매우 밀도가 적은 모래 폭풍과 같은 것이었지만 나무를 뿌리째 쓰러뜨릴 만큼의 힘을 가지고 있었고 사람을 단숨에 숯 덩어리로 만들수 있을 정도의 열을 가지고 있었다.

이 화쇄 서지의 열풍으로 사망한 프랑스의 모리스 크라프트(Maurice Krafft, 1946~1991년)와 그의 처인 카티아 크라프트(Katia Krafft, 1947~1991년)는 영화 제작자이자 사진작가, 그리고 화산 분화 현장에서 활동하는 뛰어난 화산학자였다. 붉은 용암이 분수처럼 작열하는 바로 옆에서 내열복(耐熱服)을 입고 샘플을 채취하는 위험한 영상을 최초로 찍은 것이 이 프랑스 화산학자 부부였고, 그 영상의 주인공도 바로 이 부부였다. 크라프트 부부가 찍은 화쇄류와 화산 이류 등의 귀중한 영상은 활동적인 화산의 산록에 사는 많은 인명을 구하는 데 이용되었고, 학술적으로도 높이 평가되었다.

화산이 폭발하면 부부는 어느 화산학자보다 먼저 현장에 도착했다. 세계를 여행하면서 불을 내뿜고 있는 화산을 촬영하고, 귀국해서는 비디오를 제작하고, 강연을 하고, 그리고 다음 모험의 여비를 마련했다. 그들은 위험을 무릅쓰고 일찍이 볼 수 없었던 화산이라는 괴물의 생생한 모습을 필름에 담았다. 이 화산학자 부부는 운젠을 찍은 뒤 곧장 필리핀의 피나투보로 날아갈 예정이었다. 그러나 바로 열흘 뒤에 폭발한 20세기 최대이자 최후였던 피나투보 화산의 19km까지 치솟은 분연주를 보지 못하고 결국 조그만 운젠 화산의 화쇄 서지 열풍에 희생되고 말았다.

운젠 화산의 분화 때 희생된 또 하나의 화산학자, 해리 글리켄은 본래 미국 지질 조사소의 연구원이었다. 그는 1980년 미국의 세인트헬렌스 화산이 분화 조짐을 보이기 시작했을 때, 미국 지질 조사소의 데이비드 존스턴(David A. Johnston, 1949~1980년)[89]의 조수로 채용되었다. 글리켄은 세인트헬렌스 화산에서 10km 떨어진 관측소에 기거하며 거칠게 숨을 고루며 마그마의 압력으로 부풀대로 부푼 화산을 관측하고 있었다.

글리켄은 스탠퍼드 대학교 졸업 후 당시 캘리포니아 주립 대학교 샌타바바라 분교의 저명한 화산학자 리처드 피셔(Richard V. Fisher)의 지도를 받는 대학원생이었으므로, 정기적으로 캘리포니아의 대학으로 돌아가지 않으면 안 되었다. 그래서 세인트헬렌스가 폭발한 1980년 5월 18일에는 글리켄 대신 존스턴이 관측소를 지키고 있었다. 30세의 장래가 촉망되던 화산학자 데이비드 존스턴은 화산의 첫 번째 분화에서 측방 폭발(lateral blast)에 의한 수십 m에 달하는 두꺼운 암설류에 매몰되었고 결국 그의 시체조

---

89) 미국 지질 조사소의 화산학자. 1980년 5월 18일 세인트헬렌스가 폭발했을 때 "밴쿠버! 밴쿠버! 화산이 폭발했다!(Vancouver! Vancouver! This is it!)"라는 무전을 최후로 암설류에 휩쓸려 사망했다. 미국 지질 조사소의 지역 본부가 밴쿠버(캐나다 밴쿠버가 아닌 미국 워싱턴 주의 밴쿠버)에 있었고, 이 무전은 한 아마추어 무선가가 포착하고 있었다. 그 뒤 세인트헬렌스의 관측소는 그를 기념해 존스턴 화산 관측소(Johnston Ridge Observatory)로 이름이 지어졌다.

차 찾지 못했다. 존스턴이 사망하자 글리켄은 혼자 살아남았다는 죄책감 때문이었는지 분화가 끝난 뒤의 세인트헬렌스를 초인적으로 조사해 화산 학사에 남을 걸출한 연구를 남겼다(Glicken, 1996).[90]

그의 연구의 핵심은 간단했다. 키가 큰 성층 화산은 결국 붕괴된다는 것이다. 수만 년이라는 짧은 시간 동안에 만들어지는 아름다운 성층 화산은 중력적으로 매우 불안정하다. 이러한 산체는 외력이 주어지면 간단히 붕괴된다. 세인트헬렌스 화산이 폭발하면서 산체의 4분의 1이 붕괴되고 말았다. 붕괴된 산체가 암설류의 사태가 되어 이동하면서 화산 주변에는 흐름산이라고 불리는 무수히 많은 작은 산과 언덕을 남겼다.

그 뒤 이러한 '흐름산 구조(hummocky structure)'가 세계 각처의 화산 지대에서 확인되었고 연구자들의 후속 논문이 유수한 지질 학회에 앞 다투어 제출되었다. 글리켄은 일약 화산 암설류 분야의 세계적인 권위자가 되었다. 그러나 그는 끝내 미국 지질 조사소의 일원이 될 수 없었다. 그는 화산 암설류 전문가로서 세계를 방랑했는데 그를 받아들인 사람이 일본의 마치다였다. 그리고 운젠 화산의 화쇄 서지 열풍에 의해 숨을 거둘 때까지 마치다가 있었던 도쿄 도립 대학의 객원 연구원으로 머물고 있었다. 글리켄은 향년 33세였고 존스턴이 세인트헬렌스에서 죽은 지 11년 후의 일이었다.

도쿄 대학의 사회 심리학자 히로이 오사무(廣井脩, 1946년~2006년)에 의하면 화산 분화, 지진, 쓰나미, 태풍 등의 자연 재해에 대한 인간의 심리에는 전혀 상반되는 두 가지 측면이 있다(廣井, 1997). 하나는 자연의 위력을 경시

---

90) 글리켄의 1980년 세인트헬렌스 화산 산체 붕괴(debris avalanche)에 대한 연구는 전 세계 화산학자들에게 측방 폭발과 산체 붕괴에 관한 새로운 시야를 제공한 걸출한 연구였다. 그러나 글리켄은 생전에 산체 붕괴의 전체 연구에 대해 발표한 적이 없었다. 따라서 미국 지질 조사소는 글리켄 사후인 1996년에 그의 연구 업적을 기념해 한 편의 논문으로 출판했다.

해 재해에 대해 무방비가 되는 경우와, 또 하나는 재해에 대한 과도한 공포심으로 인해 극도로 혼란한 심리 상태가 되는 것이다.

대체로 어느 누구나 이러한 상반된 심리 상태를 마음속에 함께 가지고 있다고 한다. 즉, 재해가 일어나기 전에는 설마 재해가 일어날 리는 없으며, 설사 일어난다고 하더라도 자신이 피해를 입을 리는 없다고 생각한다. 그런데 막상 재해가 발생한 뒤에는 다시 재해가 일어날 것을 우려해 과도한 공포심을 느끼게 된다. 아무리 화쇄류가 무서운 것이라고 해도, 설마 그 화쇄류의 폭풍이 자신을 덮치지는 않을 것이고, 만약 그런 일이 일어난다 하더라도 자신이 피해를 입을 리가 없다고 생각하고 그 위험을 과소평가하는 심리를 히로이는 '정상화의 편견(normalcy bias)'이라고 했다. 이러한 심리 상태는 일반 주민만이 아니라 화산학자들도 예외는 아니었다.

운젠의 사례에서는 화쇄류의 발생이 임박했지만 위험을 과소평가한 저명한 화산학자들이 산 능선에 머물러 있었기 때문에 신문 기자 등 일반인들도 산에서 내려오지 않아 희생이 커진 측면이 있다. 그리고 대재해가 실제로 발생한 후는 이러한 심리가 180도로 바뀌어 이번에는 과도할 정도로 민감하게 반응한다. 유언비어나 확인되지 않는 사실이 유포되고, 평소 같으면 아무런 문제가 되지 않을 사소한 사건이 원인이 되어 사회적 대혼란이 일어나기도 한다.

일본 운젠 화산의 화쇄류를 화면을 통해 처음 본 사람들은 놀라고 마음의 동요를 일으켰다. 자신의 집에 화쇄류가 덮치는 장면을 본 주민들은 장기간 '심적 외상 후 스트레스 장애(PTSD, Post Traumatic Stress Disorder)'[91]라는

---

91) 사람의 대처 능력을 압도적으로 초월하는 체험을 함으로써 마음에 강한 충격을 가해 영속적이고 불가역적인 상처를 남기는 정신 장애. PTSD를 일으키는 원인으로 화산이나 지진 등 자연재해, 전투 체험, 범죄 피해 등 강한 공포심을 수반하는 체험이 포함된다.

정신 질환을 겪기도 했다. 그런데 옛날 사람들이 화산에 대해 가지는 감정은 현대인들이 가지는 것과는 다르다. 그런 자연 재해를 겪어 본 적도 없고 영화나 텔레비전을 통해 그런 자연 현상을 전혀 보지 못했던 옛날 사람들이 실제로 그러한 재해에 직면했을 때 받는 충격은 엄청나다. 옛날 사람들은 화산 분화와 같은 자연 재해는 인간의 힘으로 어쩔 수 없는 신의 영역이라고 생각했을 것이다. 신의 영역을 기록한다는 것은 불경한 일이고 신의 비위를 건드릴지도 모르는 일이다. 대신에 그것은 전설이나 신화로 구전되었다.

세계에서 화산과 관련한 전설이나 신화가 많다. 하와이 제도 중에서 가장 높은(4,205m) 산은 마우나케아(Mauna Kea)이고 그 뜻은 하와이 어로 '흰산'이다. 현재 화산 활동이 없어 산정에는 세계 각국의 천문대가 입주해 있지만, 예로부터 신성시되어 온 거대한 순상 화산이다. 하와이에는 그 산에 산다고 하는 펠레(Pele)라는 여신이 화를 내면 화산이 폭발한다는 전설이 구전되어 내려온다. 유동성이 큰 현무암질 용암이 분출될 때는 머리카락처럼 가늘고 긴 검은색의 화산모(毛)가 만들어지는데 이를 펠레의 머리카락(Pele's hair)이라 하고, 빗방울 모양의 경우는 펠레의 눈물(Pele's tears)이라고 한다.

구약 성서에 엘 샤다이(El Shaddai)라는 전지전능한 신이 등장한다. 바빌로니아 어로 '엘'은 신, '샤다이'는 유방을 의미한다. 따라서 엘 샤다이는 유방의 신이다. 모든 것을 공급하는 충만한 젖을 가진 이 신은 낮에는 연기를 뿜어내고 밤에는 불을 뿜는다. 이것은 화산을 묘사하고 있다. 유대교 최초의 전지전능한 신은 바로 화산이었던 것이다.

오늘날 화산을 뜻하는 volcano라는 용어의 어원은 vulcan(불칸)이다. 불칸은 그리스 로마 신화에 등장하는 불의 신이다. 그런데 칭기즈 칸의 몽고족이 숭배하는 민족 창조신의 이름 역시 불칸이다. 몽고족의 전설에 의하면 불칸은 태초의 혼돈 속에서 검은 흙과 붉은 흙을 빚어 대지를 창조했다고 한다. 검은 흙과 붉은 흙은 바로 스코리아, 즉 테프라를 의미하고 있다. 몽고족의 창조신 불칸 역시 화산을 형상화한 것이었다. 중국에서 이전에 백두산을 불함산이라고 불렀다. 이 '불함(不咸)'이라는 이름과 몽고 창조신 '불칸', 그리고 화산을 의미하는 '불칸'은 모두 공통의 음가를 가지고 있다. 예로부터 백두산은 공경과 두려움의 대상, 바로 불칸으로 인식되었는지도 모른다.

이와 같이 세계의 신화나 전설에 화산과 관련한 스토리가 오늘날까지 이어져 내려온 것은 그들이 겪은 경험을 후손들에게 경고의 의미로 남기려고 한 것이다. 신화나 전설이 작위적으로 왜곡될 수 있는 역사 기록보다 더 진실을 함축하고 있는 경우가 있다. 옛 사람들이 신화나 전설로 전하고자 했던 메시지는 자연에 대한 무한한 외경이었다. 그런데 현대인들은 이 자연에 대한 외경을 잊고 있다.

우주의 잠재된 힘을 수식으로 표현할 정도로 경이로운 두뇌를 가졌던 영국의 아이작 뉴턴(Isaac Newton, 1643~1727년)은 자신을 해변가에서 조개껍데기를 가지고 놀고 있는 천진한 어린아이에 비유했었다. 대물리학자 뉴턴에게도 그의 능력으로는 어쩔 수 없는 거대한 대우주가 해독되지 않은 채 펼쳐져 있다는 것을 이야기하고자 했던 것이다. 근대 과학 기술의 발달에 의해 인류는 많은 자연의 원리나 비밀을 알게 되었다. 그리고 급기야 과거 신의 영역까지도 인간이 제어할 수 있다고 생각하게 되었다. 그러나 실제로 무엇을 제어할 수 있을까?

수년 전 인도네시아 수마트라 섬 북서쪽 인도양에서 발생한 쓰나미에 의해 대참사를 초래했던 것이 기억에도 새롭다. 이 쓰나미는 2004년 12월

26일 일어난 M=9.3이라는 전무후무한 규모의 대지진에 의해 유발되었다. 이 지진은 1995년 일본 고베(神戸) 지진 때의 4,000배의 에너지를 해저에 발산했고 이 어마어마한 에너지가 대쓰나미를 일으켰던 것이다. 워낙 광범하게 파괴되어 정확한 숫자는 알 수 없지만, 이 쓰나미로 인해 약 22만 명이 사망하고 약 13만 명이 부상했다고 한다. 이 쓰나미는 최대 34m의 높이로 동아프리카 해안을 타격해 소말리아에서는 어선 100여 척이 행방불명되었다. 크리스마스 휴가철을 남국에서 보내던 한국인들도 행방불명 8명을 포함해 20명이 희생되었다.

이것은 먼 과거에 일어난 일이 아니다. 세계의 시청자들이 보는 텔레비전 화면 앞에서 일어난 일이었다. 이러한 현대판 '포세이돈 어드벤처'는 통상 아무 예고 없이 찾아온다. 지구 반대편에서 일어나는 재앙을 안방에서 시청할 수 있다는 것은 분명 과학 기술의 진보를 뜻하지만, 이러한 자연의 재앙을 예측하거나, 또는 이러한 일이 실제로 일어났을 때 대처할 방법은 별로 없다.

## 반복되는 비극

연기를 내지 않는 화산은 무섭게 보이지 않는다. 정상의 눈부시도록 아름다운 호수는 그토록 무시무시한 폭발을 일으켰던 과거를 믿을 수 없는 것으로 만들기 때문이다. 매년 여름이 되면 관광객들이 백두산 천지에 올라가 환호성을 지르지만, 그것은 자고 있는 사자의 콧등에 올라탄 것과 같다. 발을 딛고 서 있는 곳은 바로 칼데라의 테두리이며 그 테두리 안쪽에서 역사상 최대의 불기둥이 솟아올랐었다.

과거에 화산 재해의 고통을 당한 사람들은 두 번 다시 똑같은 비극을 경험하지 않으려고 하지만, 시간이 지남에 따라 기억을 잊고 아무 일도 없었던 것처럼 평상으로 돌아간다. 그리고 과거에 화쇄류가 지나간 바로 그 잿더미 위에 농경지를 개간해 촌락을 형성하고, 어느 날 정신을 차려 보면 바로 화구 턱밑까지 마을이 진출하고 있다는 것을 알게 된다. 화산재가 풍화해 토양이 되듯이 재해에 대한 경험이 기억에서 풍화되고, 그것을 기억하는 세대들이 죽고 없을 무렵 얄궂게도 화산은 잠에서 깨어나는 것이다.

많은 화산학자들은 화산 폭발의 주기나 규칙을 알아내려고 애쓰지만 화산은 결코 그런 것에 얽매이지 않으며 자신에 대해 무엇을 하든 개의치 않는다. 화산은 모두 개성을 가지고 있어서 자신만의 방식으로 폭발할 뿐이다. 1985년 네바도델루이스 화산이 폭발했을 때 화산 이류에 휩쓸려 순식간에 2만 3,080명의 주민이 희생되었다. 그런데 이 화산 산록의 도시들은 1845년에도 약 1,000명이 사망하는 똑같은 화산 이류의 대참사를 겪었다. 1985년의 희생자들은 1845년에 화산 이류로 매몰된 땅을 개간하고 집을 짓고 도시를 형성한 사람들이었다. 100년이 지나자 화산 이류로 황폐되었던 지역에 사람들이 다시 모여들었고 도시는 번영했다.

화산학자들이 빙하로 덮인 남미의 이 위험한 화산을 계속해서 관측하고 있었다. 또한 화산 이류가 통과할 것으로 예상된 지역이 상세히 조사되어 해저드 맵도 작성되었다. 그러나 주민들은 이를 심각하게 받아들이지 않았다. 이렇게 해 비극은 반복되었던 것이다. 이 사건은 화산학자들뿐만 아니라 행정 당국의 인식을 변화시키게 되었다. 네바도델루이스의 비극 이후로 화산이 밀집한 국가나 지역에서는 상시 화산 관측소를 설치하고 경계 태세를 갖추게 된 것이다. 이러한 노력으로 1985년 이후에 일어난 화산 분화에서 인명 피해가 현저하게 감소되었다(표 8-1).

1991년 6월 3일 일본 운젠 화산에서 화쇄류가 발생하기 직전에 약 1만 명의 주민들이 피난을 해서 화산의 재해에서 벗어났고, 같은 해 6월 12일 필리핀의 피나투보 화산이 폭발했을 때는 6만 명이 피난해 희생자는 722명에 불과했다. 20세기 최대의 화산 폭발이었던 피나투보의 총 분출량이 5km³였다는 것을 감안했을 때 이것은 거의 기적과 같은 일이었다. 피나투보가 폭발했을 때 주민을 적절히 피난시키지 않았다면 최소 2만 명의 사망자를 냈을 것으로 추정되었다(Simkin & Siebert, 1994).

표 8-1는 역사 시대의 대규모 화산 분화와 사망자 수를 정리한 것이다 (Tilling, 1989). 주로 직접 화쇄류에 소사(燒死)한 경우와 화산 이류에 매몰되는 경우가 많았다. 여기에는 기근이나 전염병에 의한 사망자 수는 포함되지 않았다. 미국 지질 조사소의 로버트 틸링(Robert Tilling)이 조사한 바에 의하면, 20세기 이전에는 화산 자체에 의한 피해보다 기근과 전염병, 쓰나미에 의한 사망자가 많았으나, 20세기에 들어와서 그 비율이 현저하게 감소했다.

예를 들어, 1815년 인도네시아 탐보라 화산의 폭발은 10세기 백두산 분화와 함께 역사 시대 최대의 화산 폭발이었다. 이때 발생한 화쇄류가 바다를 향해 돌진해 2차 폭발과 함께 쓰나미를 일으켰고, 이 쓰나미는 자바와 보루네오의 도서에 도달해 이 평온한 남국의 농경지를 휩쓸고 지나갔다. 탐보라의 화쇄류에 의한 사망자는 1만 2000명이었지만 기근으로 인한 사망자가 8만 명이 넘었다. 화산 그 자체에 의한 것보다 굶어 죽은 사람들이 많았다는 이야기다. 그런데 이 화산 분화의 영향은 그것으로 끝난 게 아니었다.

1815년 탐보라 화산 분화는 전 지구의 기온 하강을 초래했다. 그 다음 해인 1816년부터 수년간은 유럽에 '여름이 없는 해'가 계속되었다. 암울한 날씨가 계속되었던 이해에 영국에서는 메리 셸리(Mary Shelley, 1797~1851년)가 『프랑켄슈타인』을 집필했고, 존 윌리엄 폴리도리(John William Polidori, 1795~1821년)는 『흡혈귀(The Vampyre)』 같은 음울한 이야기들을 쓰기 시작했다.

**|표 8-1|** 역사 시대 화산 분화의 기록(Tilling, 1989를 일부 가필)

| 년도 | 국가 | 화산 | 특기 사항(인적 피해) |
|---|---|---|---|
| 79 | 이탈리아 | 베수비오 | 폼페이 매몰, 3,360명 사망 |
| 1586 | 인도네시아 | 켈루트 | 화산 이류 10,000명 사망 |
| 1631 | 이탈리아 | 베수비오 | 용암류 18,000명 사망 |
| 1669 | 이탈리아 | 에트나(Etna) | 용암류 10,000명 사망 |
| 1672 | 인도네시아 | 메라피 | 화쇄류, 화산 이류 3,000명 사망 |
| 1711 | 인도네시아 | 아우(Awu) | 화쇄류 3,200명 사망 |
| 1741 | 일본 | 오시마오시마(渡島大島) | 쓰나미 1,475명 사망 |
| 1760 | 인도네시아 | 마키안(Makian) | 화산 이류 2,000명 사망 |
| 1782 | 일본 | 운젠 | 암설류, 쓰나미 14,500명 사망 |
| 1783 | 아이슬란드 | 라키 | 용암류 9,350명 사망, 총 용적 $12km^3$ |
| 1783 | 일본 | 아사마 | 화쇄류 500명, 화산 이류 1,400명 사망 |
| 1815 | 인도네시아 | 탐보라 | 화쇄류 12,000명 사망 |
| 1822 | 인도네시아 | 갈룽궁 | 화쇄류, 화산 이류 4,011명 사망 |
| 1856 | 인도네시아 | 아우 | 화쇄류, 화산 이류 2,806명 사망 |
| 1883 | 인도네시아 | 크라카토아 | 쓰나미 36,417명 사망 |
| 1892 | 인도네시아 | 아우 | 화쇄류 1,532명 사망 |
| 1902 | 마르티니크 | 플레 | 화쇄류 29,000명 사망, 생피에르 시 매몰 |
| 1902 | 과테말라 | 산타마리아(Santa Maria) | 화쇄류 6,000명 사망 |
| 1912 | 미국, 알래스카 | 노바룹타(Navarupta) | 20세기 최대의 분화 총 용적 $33km^3$ |
| 1919 | 인도네시아 | 켈루트 | 화산 이류 5,110명 사망. 104개 촌락 매몰 |
| 1951 | 인도네시아 | 메라피 | 화쇄류 1,369명 사망 |
| 1951 | 파프아뉴기니 | 래밍턴 | 화쇄류 2,942명 사망 |
| 1963 | 인도네시아 | 아궁(Agung) | 화쇄류 1,900명 사망 |
| 1980 | 미국, 워싱턴 | 세인트헬렌스 | 산체 붕괴, 암설류 63명 사망 |
| 1982 | 멕시코 | 엘 치천(El Chichon) | 화쇄류 1,877명 사망 |
| 1985 | 콜롬비아 | 네바도델루이스 | 화산 이류 23,080명 사망 |
| 1986 | 카메룬 | 오쿠(Oku) | $CO_2$ 구름 1,746명 사망 |
| 1991 | 일본 | 운젠 | 화쇄류 43명 사망 |
| 1991 | 필리핀 | 피나투보 | 화쇄류, 화산 이류 722명 사망 |
| 1993 | 필리핀 | 메욘(Mayon) | 화산 이류 70명 사망 |

한편 작물의 생산은 크게 저하해, 각국은 자국민의 식량을 충당하기 위해서 마구잡이로 식민지의 식량을 수탈하기 시작했다. 식민지에서는 기근 때문에 주민들의 무참한 생활은 극에 달하고 전염병이 만연하게 되었다.

그때 인도에서 영국으로 콜레라가 들어와 유럽 일대에 콜레라가 대유행해 수백만 명이 사망했다. 우리나라에서도 1821년(순조 21년)에 평안도 지방에 콜레라(괴질)가 크게 유행해 평안도 지방에 수만 명, 서울에 수만 명, 전국적으로도 수십만 명의 사망자가 발생했다. 유럽에서 시작된 이 콜레라는 아마 중국이나 일본을 거쳐 조선으로 들어온 것으로 추정된다.

10세기에 백두산에서 일어난 화산 폭발은 46억 년 지구의 역사에서 볼 때는 그리 드문 현상도 아니었다. 인간의 시간 척도로 이야기하자면 1,000년 전의 사건이란 까마득한 옛일로 여겨지지만, 지질학의 시간 척도에 의하면 바로 어제 일어난 현상이라 할 수 있다. 지질학은 시간과 압력에 관한 학문이다. 그런데 지질학에서 취급하는 시간 간격은 인간의 생활 감각으로는 너무 길어서 일반 사람들에게는 쉽게 실감이 가지 않는다. 그러나 지구의 기나긴 세월 속에서 1,000년은 짧은 찰나에 불과하다. 예를 들어 지구의 역사 약 40억 년을 러닝타임 2시간의 영화로 비유하면, 신생대 제4기 200만 년은 마지막 4초에 불과하다. 따라서 1,000년이란 세월은 마지막 장면의 1,000분의 2초에 해당한다. 눈 깜짝하는 데도 그 이상의 시간이 걸린다.

이것이 비단 화산 활동에 관련된 이야기에만 해당하는 것이 아니다. 세대를 달리하며 사람들 사이에 구전되어 내려올 정도의 거대한 지진이나 산체 붕괴, 태풍, 홍수 따위도 특정 지역에서는 수십 년에서 수백 년에 한 번 정도로 일어나는 매우 드문 사건이라고 생각할 수 있겠지만, 지구의 역사를 통틀어 보면 거의 일상적인 사건이다.

까마득한 옛날에 남미와 아프리카 대륙이 분리되어 떨어져 나갔다든지, 인도 대륙이 아시아 대륙과 충돌해 히말라야 산맥이 만들어졌다든지, 바다에 육지가 솟아올라 융기했다거나 침강했다는 표현을 지구 과학에서는 일상적으로 사용한다. 이러한 표현은 오해를 불러일으킬 소지가 있어서 허풍이거나 과장하고 있는 듯이 들릴 수도 있다. 그것은 지금까지 그 속도감을 실감나게 설명하지 않았기 때문이다. 과거 지질 시대의 시간과 인간들의 시간은 그 척도가 다르기때문에 시간 개념에 무감각해지기 쉽다.

험프리 보가트(Humphrey Bogart, 1899~1957년)와 잉그리드 버그먼(Ingrid Bergman, 1915~1982년)이 출연했던 「카사블랑카」라는 격조 높은 영화의 고전을 기억하는 사람이 적지 않을 것이다. 보가트가 옛 연인이었던 버그먼을 비행기에 태워 보내고 트렌치코트의 깃을 세운 채 안개 젖은 공항을 걸어가는 라스트 신이 오래도록 여운을 남기는 영화이다. 그 영화의 도입 부분에 이런 대목이 있다. 술집 스탠드에서 보가트에게 바람맞은 한 여인이 그에게 따져 묻는다.

"어젯밤에 어디에 갔어요?"
그러자 보가트가 대답한다.
"그런 과거의 일은 기억하지 못한다."
또 여인이 묻는다.
"그럼 오늘 밤은 뭘 할 거죠?"
보가트는 대답한다.
"그런 미래의 일은 알지 못한다."

험프리 보가트가 내뱉은 대사는 지질학적인 관점에서 인간의 역사에 대입해 볼 때 지극히 타당한 이야기다. 인간은 코앞에 닥쳐올 미래조차 알지 못한다. 과거의 사실에 대해서도 금방 잊어버리고 만다. 인간이 역사를 기록하기 시작한 기간을 5,000년으로 본다면, 그것은 유구한 지구의 역사에서 볼 때 아무리 후하게 쳐 준다고 해도 인간 수명의 하루에도 미치지 못하기 때문이다.


### 화산 분화의 예측

이제 막 소란을 피우려는 화산은 단조로운 파동으로 지진계에 자신의 필적을 갈겨댄다. 그러나 이러한 불안정한 화산에 관한 논문은 거의가 결론이 같다. 그것은 화산 폭발의 예측이 "현대의 과학으로는 불가능하다."는 것이다. 화산 폭발의 시기를 예측한다는 것은 화산을 완전히 이해했다는 이야기가 되지만, 인간은 화산과 지하의 상황에 대해 아직 많은 부분을 알지 못하고 있다.

언제 화산이 폭발할 것이냐를 예측하는 것도 중요하지만, 그와 동시에 화산이 폭발하지 않을 것을 예상하는 것도 중요하다. 만약 화산 폭발을 장담하고 주민을 대피시킨 뒤 불행(?)하게도 화산이 폭발하지 않았다면, 진작 화산이 폭발할 때 주민들은 화산학자들의 말을 들으려고 하지 않을 것이다. 따라서 주민들의 대피 결정을 내린 뒤에는 화산학자들은 화산이 폭발해 주기만을 기도하는 마음으로 기다린다.

그런데 화산처럼 변덕스러운 것도 없다. 화산은 화산성 지진이 지진계의 용지에 기록되기 시작한 불과 수 시간 뒤에 갑자기 분화하는 경우도 있고, 수년간 화산성 지진과 미동이 계속되고 터질 듯 터질 듯하다가 슬그머니 활동을 멈추는 경우도 있다. 또는 화산이 연기를 뿜어낼 뿐 아무 일도 일어나지 않는 경우도 있다.

최근 2세기에 일어난 화산 분화를 조사해 보면 VEI 5급 이상의 화산 분화의 8할은 역사 이래 첫 분화였다(McClelland et al., 1989). 이것은 인간의 역사가 화산 폭발의 주기에 비해 너무 짧다는 것을 의미한다. 그중에는 주민들이 화산이라고 인식하지도 않은 산이 갑자기 폭발한 경우도 있었다. 1991년 필리핀의 피나투보 화산이 그 대표적인 예였다. 주민들에게는 산나물을 캐고 멧돼지를 쫓던 친근한 뒷산이 갑자기 부풀어 올라 산체가 무너지고 불기둥이 솟아오른다는 것은 상상도 할 수 없었을 것이다.

매우 드물지만 화산학자가 영웅이 되는 경우가 있다. 화산의 분화 시기를 정확히 맞추기만 하면 하루아침에 영웅이 된다. 2000년 일본 홋카이도 우수 산의 분화 시기를 정확히 예측해 1만 545명의 주민을 적절히 대피시켰던 홋카이도 대학의 오카다 히로무(岡田弘)는 일본의 웬만한 아이돌 그룹의 리더보다 대중적 인기가 많다. 그렇게 된 이유는 간단하다. 우수 산 주변의 주민들에게 피난 명령을 내리고 그들이 피난 생활에 진저리를 낼 즈음에 절묘한 타이밍으로 화산이 폭발해 주었기 때문이다.

아무튼 화산 폭발은 우주 왕복선의 카운트다운과는 다르다. 현재 화산 폭발은 산체 변형, 화산성 지진, 그리고 화산 가스의 분출량 등의 자료를 종합해 분화 시기를 예측한다. 첫째, 지하 마그마의 상승에 의해 화산의 산체가 변형되는데, 이를 고도계나 인공 위성의 측지 시스템 또는 경사계(tiltmeter)[92]에 의해 직접 측정한다.

---

92) 지표의 경사를 측정하는 장비. 화산학자들은 화산 사면의 경사를 측정해 마그마의 이동에 의한 산체 변형과 팽창의 정도를 측정한다. 1980년 미국 세인트헬렌스 화산에서 화산 분화 시점의 예측을 위해 처음 도입되어 그 유효성이 입증되었다. 최근에는 경사계와 함께 GPS(Global positioning system)가 도입되어 산체 변형 측정이 한층 더 정밀해졌다.

화산도 호흡을 한다. 화산은 마치 허파로 숨을 쉬듯이 마그마방에 마그마가 채워지고 비워짐을 반복하면서 크게 호흡을 한다. 백두산은 허파를 두 개 가지고 있다. 마그마방이 두 개라는 이야기다. 화산의 산체 변형 전문가들은 경사계의 시준(bull's eye)의 중심점에 있는 기포의 움직임을 통해서 활동적인 화산이 숨 쉬는 것을 본다. 사람이 가슴으로 숨을 쉬듯 무엇인가의 힘에 의해 일순 산체가 크게 들어올려지고 또다시 본래로 되돌아가는 것이다.

경사계는 시준 중심에 있는 기포가 움직일 때 전극간에 전위차가 생기는데, 이를 센서에 의해 감지하고 계산함으로서 경사의 정도를 측정하게된다. 이 경사계는 마그마의 상승에 의한 수 마이크로라디안(microradian)의 미세한 변형까지도 측정할 수 있다(Dzurisin, 1992). 1마이크로라디안의 크기가 어느 정도인가 하면, 1km의 긴 막대기의 끝부분이 상하로 1mm 움직이는 변위의 차를 의미한다. 본래 경사계는 미국 국방부가 전략 미사일의 정밀한 궤도를 측정하기 위해 개발되었던 기기다. 경사계의 존재와 그 정밀성을 화산학자들이 알게 되면서 지구상의 많은 활동적인 화산의 산록에 이 기기가 설치되어 산체의 변형 정도를 관측하게 되었다.

현재 지구상에서 경사계에 의해 숨을 쉬고 있다는 것이 확인된 화산이 수십 개가 넘는다. 알래스카의 아우구스틴(Augustine) 화산, 하와이의 킬라웨아(Kilauea) 화산, 세인트헬렌스 화산, 알류산 열도의 타네가(Tanaga) 화산 등의 지하에 마그마가 모여들고 있고, 일본도 아사마 화산이 활동을 시작했다. 최근에는 인도네시아 메라피 화산이 활동을 개시해 용암 돔이 성장하고 있다는 기사에 접한다.

둘째, 지진계에 의해 지하 마그마의 이동을 추적하면서 화산 분화를 예측할 수 있다. 마그마가 지하 통로를 따라 이동하면 지진계에 화산성 지진의 파형을 남긴다. 화산성 지진은 바로 마그마가 이동하고 있다는 신호이다. 지진학자들은 지진계에 화산성 지진 특유의 파형이 나타나면 "화산이 운다."라고도 하며, "화산이 노래한다."라고도 한다. 지진학자들은 이 파형을 감지해 화산이 보내는 선전 포고의 시그널을 판독해 낸다.

지진계에는 온갖 종류의 노이즈가 기록된다. 그 노이즈 속에는 자동차의 진동, 건설 공사의 진동, 강풍이 불 때의 진동이나 원격지에서 발생한 지진의 파형까지 함께 기록되므로, 지진학자들은 그 노이즈를 하나하나 소거하면서 화산성 지진의 파형이라고 생각되는 데이터를 찾지 않으면 안 된다. 화산성 지진은 일반적으로 발생하는 구조성 지진과 구별된다. 화산성 지진은 유체의 이동에 의해 생성되므로 지진계 파형의 진폭 변화가 거의 없다는 특징이 있다.

중국 지진국은 백두산에 여러 개의 지진계를 설치해 지금도 하루 24시간 백두산 지하 마그마의 움직임을 감시하고 있다. 1994년 11월 3일 중국 신화 통신은 중국 지진국 지질 조사소 소장 리우료신(劉若新)의 말을 인용해, 백두산에 화산성 지진이 2년간 계속되고 있으며, 천지 부근에서 화산 가스의 방출이 포착되는 등 화산 폭발이 임박했다고 보도를 했다. 금방 천지에서 수증기 마그마 폭발이라도 일어날 것 같은 분위기였다. 그런데 화산의 심술이었는지 백두산에서는 아무 일도 일어나지 않았다. 최근에도 또다시 백두산의 움직임이 심상찮다는 소식이 외신을 통해 간간히 들려온다.

셋째, 이산화황($SO_2$) 등 화산 가스 분출량의 추이를 조사해 분화 시기를 예측할 수 있다. 이 $SO_2$의 양은 바로 작열한 마그마의 붉은 혓바닥이 지표에 근접해 있다는 것을 나타내 주는 지표가 된다. 지하 마그마가 지표를 향해 상승하면 마그마에서 유리된 다량의 화산 가스가 방출된다. 이 화산 가스 중에서 SO$_2$를 헬기나 글라이더에 장착된 코스펙(COSPEC)이라 불리는 상관 분광계(correlation spectrometer)를 이용해 측정한다.

1993년 6월에 미국의 찰스 던랩(Charles E. Dunlap)과 독일의 주잔네 호른, 한스 슈민케가 함께 백두산을 조사했지만, 그들이 조사한 바에 의하면 백두산에 현저한 가스 방출은 없었다(Dunlap, 1996). 던랩 일행은 북쪽 산록의 엘다오바이허 부근과 장백 폭포 근처에서 뜨거운 용천수로 삶은 달걀을 관광객에게 팔고 있는 현장을 둘러보고 있었다. 부근에서 유황 냄새가 나지만 이것이 즉각 화산 폭발과 관련지을 두드러진 현상은 아니라고 했다. 1991년 피나투보 화산이 폭발하기 직전에는 하루에 무려 500톤의 이산화황(SO$_2$)이 대기 중에 방출되고 있다는 것이 코스펙으로 측정되었다.

한편 마그마에서 반정 광물이 정출될 때 화산 분화 당시 대기의 기체를 포함한 채로 결정이 되는 경우가 있다. 독일의 주잔네 호른은 백두산 테프라의 반정 광물 속에 갇혀 있던 이 기체의 잔류 농도를 분석해, 10세기 백두산 분화에서 이산화황(SO$_2$) 200만 톤이 대기 중에 방출된 것으로 계산했다. 그리고 수증기가 18억 톤, 염소 기체가 4000만 톤, 그리고 불소 기체 4000만 톤이 대기 중에 방출되었다(Horn and Schmincke, 2000). 그녀는 이 화산 가스들이 오랫동안 대기 중에 머물며 지구의 기후에 영향을 미쳤을 것이라고 했다.

지금까지 살펴본 세 가지 방법 이외에 적외선 카메라로 화산 부근의 지열을 측정해 화산 분화의 가능성을 예측하기도 한다. 지하에 마그마가 근접한 지역은 다른 지역보다 지열이 높다. 특이하게 열이 높은 지점은 주의 깊게 관측을 계속할 필요가 있다. 장래 그곳이 마그마의 배출구가 될 수도 있기 때문이다. 지금도 북한 쪽 영역인 천지의 남쪽 국경 부근에서 온천이 분출하고 있는데, 주변의 지열을 측정해 보면 700℃ 이상의 온도가 측정

된다고 한다. 이 온도 역시 마그마가 지표 가까이에 존재한다는 것을 지시
해 준다.

　미국 마이애미 대학의 김상완은 백두산 산체에 대한 위성 관측 데이터
를 이용해 백두산 지역의 음영 기복도를 제작하고 그 자료를 분석했다(사
진 8-2). 그 결과에 의하면, 비록 추정치의 오차가 커 신뢰성이 높지 않지만,
1992년과 1998년 사이에 백두산은 1년에 3mm의 속도로 상승했다고 했
다(김상완, 2004). 경사계로도 감지할 수 없을 정도의 미세한 변위임을 감안

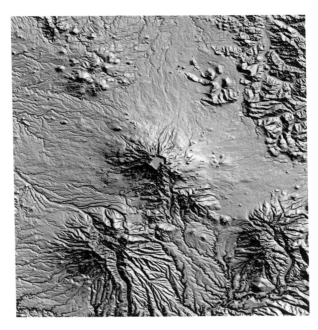

|**사진 8-2**| 백두산 지역의 음영 기복도
마이애미 대학 김상완(2004)은 DEM(Digital Elevation Model)을 이용해 백두산 지역의 음영
기복도를 제작해 백두산의 지표 변위를 관측 · 측정했다. 이 영상 제작에 사용된 DEM은 우주 왕복
선 엔더버 호에서 촬영된 SRTM(Shuttle Radar Topography Mission) 자료이다(사진: 연세
대학교 지구 시스템 과학과 원격 탐사 연구실 제공).

할 때, 현재 백두산 지하에 금방 화산 분화를 일으킬 정도의 마그마가 모여들고 있다고 생각하기는 힘들다. 백두산은 지금 매우 평온한 상태를 유지하고 있다. 그렇지만 어차피 인간의 청진기로는 화산의 뱃속을 잘 알 수가 없다.

2000년에 일본의 유수한 온천 관광지인 홋카이도 우수 산이 폭발했을 때, 지역 경제에 엄청난 타격을 입히고 여러 관광 회사를 파산으로 몰고 가게 했다. 만약 백두산 천지에서 조그만 수증기 마그마 폭발이 일어나 화산탄이 지프의 천장을 박살내는 화면이 전 세계로 전송된다면, 관광객들은 혼비백산해 멀리 도망가고, 여행을 준비하던 관광객들의 예약 취소와 여행사들의 파산으로 이어질 것이다.

그러나 이때 관광객들이 도망가는 정반대 방향으로, 배낭을 메고 헬멧과 보안경을 쓰고 백두산을 향해 달려가는 사람들도 있을 것이다. 그 배낭 속 내용물을 보면 그들이 어떤 인종인지를 알 수 있다. 그 속에 침낭과 해머, 카메라, 루페, 면장갑 그리고 비상 식량이 들어 있다면, 그들은 좀처럼 가동되지 않는 화산이라는 실험실을 찾아다니는 화산학자들임에 틀림이 없다.


### 화산재와 함께 살아가는 방법

만약 오늘날 또다시 백두산이 활동하기 시작해, 10세기에 일어난 것과 같은 거대 화쇄류를 동반한 화산 분화가 일어난다면 어떻게 될까? 그 피해는 우리가 상상할 수조차 없을 것이다. 화쇄류 등의 직접적 피해는 지형의 모습 자체를 변화시키는 데 그치지 않는다. 화산재가 피복된 지역의 도시 기능을 마비시켜 버린다.

북한에서는 1954년에 양강도가 신설되었다. 양강도는 백두산을 중심으로 압록강과 두만강 상류 지역을 동서로 끼고 있는 지방이란 뜻이다. 백두산은 행정 구역상 양강도에 속하며 혜산시가 도청 소재지이다. 혜산은 예로부터 백두산으로 가는 관문이었다고 한다. 백두산에서 불과 60km밖에 떨어져 있지 않는 압록강 중류의 주요 도시인 혜산은 백두산의 대규모 화산 이류와 홍수의 잠재적 위험성을 안고 있는 도시이다. 화산 이류가 혜산까지 도달해 시가지에 아파트 10층 높이까지 토사가 퇴적되는 최악의 상황도 있을 수 있다. 압록강이 시작되는 백두산 서쪽의 금강 대협곡에는 화산 이류가 빈번히 통과했던 흔적을 볼 수 있다(사진 8-3).

최근에 백두산에서 발생할 가능성이 있는 용암류, 화쇄류, 화산 이류 등 유체 분출물의 움직임을 운동 방정식에 의해 시뮬레이션해 피해 지역의 범위와 피해 정도를 예측하는 연구가 수행되었다. 중국 지진국의 연구자들이 미국 국방부가 개발한 유체 이동에 관한 프로그램을 이용해 백두산에서 산체 붕괴가 일어날 경우 있을 화산 이류의 발생과 이동에 대해 시뮬레이션을 했다(Yu et al., 2004).

화산의 화구는 언제든지 붕괴될 가능성이 있다. 특히 칼데라 속에 물이 들어 있는 백두산과 같은 경우에는 산체가 붕괴될 때 매우 치명적인 재앙을 초래할 수 있다. 백두산은 지름 약 4.5km의 칼데라 속에 평균 수심 200m의 호수를 가지고 있다. 대략 계산을 해 보면 천지 속에 100억 톤의 물이 저장되어 있는 셈이다.

천지의 호수는 높이 300~400m의 가파른 외륜산의 절벽으로 둘러싸여 있는데, 이 깎아지른 외륜산 내벽들은 붕괴 임계각의 경계에 머물고 있어서, 진동의 충격을 가한다면 언제든지 붕괴할 가능성이 있다. 산체가 붕괴되어 맹렬한 속도로 호수에 돌진하면 그 충격으로 파동이 만들어진다.

**|사진 8-3|** 금강 대협곡

백두산 서쪽 산록의 금강 대협곡은 압록강이 시작되는 곳이다. 계곡의 단면은 10세기의 바이샨 화쇄류(F-pfl)가 25m 이상 침식되어 깊은 계곡을 이루고 있다. 이 계곡을 따라 수없이 화산 이류가 발생한 흔적을 볼 수 있다(사진: 도호쿠 대학 동아시아 센터 제공).

이 파동의 높이는 붕괴되는 산체의 용적과 붕괴 속도로 계산된다. 중국 지진국의 시뮬레이션에 의하면 이 파동은 장백 폭포가 있는 북쪽 달문의 출구에서 넘쳐 즉각 홍수를 유발한다. 이 물이 보통 때는 시냇물 흐르듯 흐르는 승사하라는 강 양쪽에 퇴적되어 있는 불안정한 화산 쇄설 퇴적물, 테일러스(talus)와 함께 혼합되어 화산 이류가 되어 산 사면을 흘러내리게 된다(사진 8-4). 이 화산 이류가 화구에서 50km 떨어진 엘다오바이허의 인구 밀집 지역까지 도달하는 데 약 80분이 소요되며, 이 시간 내에 주민들을 대피시켜야 한다는 것을 알게 되었다.

백두산의 산록은 경사가 비교적 완만해 1985년 네바도델루이스 화산과 같은 빠른 속도의 화산 이류는 발생하지 않는다. 그러나 백두산이 언제나 중심 폭발로 일관할 것이라는 보장은 없다. 1980년 미국 세인트헬렌스 화산과 같이 언제든지 측방 폭발을 할 가능성이 있다. 측방 폭발은 분연주가 하늘을 향해 수직으로 만들어지는 것이 아니라, 산체 붕괴로 인해 측방에 출구가 생겨 산록을 향해 제트 엔진처럼 분연을 뿜어낸다. 이런 경우 외륜산의 한쪽 벽이 붕괴되고 갑자기 천지에 출구가 만들어지면서, 천지의 물과 함께 계곡에 한꺼번에 많은 양의 토사가 유입된다. 그것은 노도와 같은 화산 이류가 발생함을 의미한다.

백두산이 활동을 시작한다면 역시 가장 위험한 것은 화쇄류이다. 화쇄류는 700~800℃의 열을 지니므로 계곡을 따라 진행하면서 위를 향해 상승 기류를 유발한다. 그 맹렬한 상승 기류로 암편의 거품이 파쇄되고 크고

|**사진 8-4**| 장백 폭포와 테일러스
천지 물의 출구는 북쪽 달문 →승사하 →장백 폭포 →엘다오바이허로 이어지는 물줄기가 유일하다. 장백 폭포의 계곡에는 테일러스(talus)가 불안정하게 퇴적되어 있다. 중국 지진국은 외륜산의 산체 붕괴에 의해 발생하는 화산 이류를 시뮬레이션했다.

작은 화산 유리의 파편이 되어 공기 중에 부유하게 된다.

오래된 고층 건물을 폭파 해체할 때 건물이 무너지면서 먼지 구름이 사방으로 확산하는 현상이 일어난다. 유체 공학에서는 이를 분체류(粉体流, powder flow)라고 한다. 그 경우에는 열원이 없으므로 위에서 압축된 공기가 밖으로 밀려나면 그것으로 끝난다. 그러나 화쇄류의 경우에는 입자 자체가 열원이므로 확산 방식이 달라진다. 입자의 구름이 눈 깜짝할 사이에 관측자를 향해 맹렬히 질주해 오게 된다. 마그마 덩어리가 공기 중에 쏟아져 나오면 암편끼리 부딪히고 더 잘게 파쇄되어 가스를 발생시키면서 확산된다. 암편이 확산되면서 또다시 입자끼리 충돌해 더욱 미세하게 파쇄되고 끊임없이 가스와 추진력이 생성된다. 이 추진력이 화쇄류를 수십 km 이상 먼 거리까지 이동하게 하는 것이다.

일본에서는 화산 이류의 발생이 예상되는 활동적인 화산의 산록 곳곳에 사방댐이나 제방을 건설해 대비하고 있지만, 화쇄류에 대해서는 경로를 막거나 유로를 변경하려는 시도는 없다. 고온의 가스를 포함하는 화쇄류의 경우 화산 이류와 같이 계곡의 정해진 경로를 따라 이동하지 않는다. 오히려 제방 등의 장벽을 만들어 놓으면, 그곳에 화쇄류가 충돌해 대폭발을 초래할 수 있다.

10세기에 백두산이 폭발했을 때 거대 화쇄류가 북한의 산악 지대에 광대한 화쇄류 대지를 만들었을 것이다. 화쇄류가 퇴적될 당시는 두꺼운 화쇄류 대지 내부의 열에너지로 인해 일부는 재용융해 흘러내리고, 대지 위에는 가스가 빠져나온 곳에 파이프 구조를 남긴다. 일대는 입자에서 유리된 유황 가스의 냄새가 사방에 충만한 지옥과 같은 처참한 광경이 펼쳐졌을 것이다. 화쇄류는 젖은 소나무 가지로 가마솥에 불을 지필 때의 송진 타는 냄새와 달걀 썩은 냄새가 뒤섞인 뭐라 표현하기 어려운 특유의 냄새

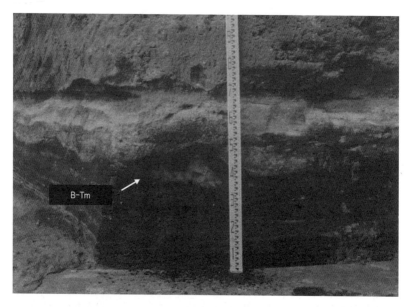

**|사진 8-5|** 일본 홋카이도 무카와 유적의 B-Tm

일본 홋카이도 지방에서 산출되는 B-Tm은 대개 얇은 층을 이루고 있으나 2차 퇴적에 의해 두껍게
뭉쳐서 퇴적된 곳도 있다.

가 있다. 이 냄새는 그 산의 체취로 남아 오랫동안 사라지지 않는다.

화쇄류 본체는 두꺼운 지층으로 남지만, 더 넓은 지역으로 확산되는 치
명적인 화쇄 서지는 얇은 지층을 남길 뿐이다. 이 화쇄 서지는 그 후 빗물에
씻겨 제거되고 지층으로서의 흔적을 남기지 않는 경우가 많다. 따라서 과거
의 분화에 대해 지표에 남겨진 흔적만을 가지고 해저드 맵을 작성하고 재해
발생 지역을 추정한다면 실제 재해 지역을 과소평가할 위험이 있다.

코이그님브라이트와 같은 광역 테프라에 의한 피해는 더욱 광대하다.
10세기 백두산의 거대 분화가 일어났을 때 B-Tm이 화구에서 1,200km
나 떨어진 일본 하코다테의 모리(森) 유적이나 무카와 유적에까지 1~2cm

의 지층을 남겼다(사진 8-5). 그렇다면 동일한 위도상에 위치한 북한의 주요 중공업 도시이자 동해안의 거점 도시인 현재의 청진에 강하 화산재가 두껍게 퇴적되었다는 것은 거의 분명한 사실이다. 북녘의 산야에서 10세기의 화산 폭발이 남긴 이러한 흔적을 언젠가는 보게 될 날이 올 것이라고 생각된다.

미국의 화산학자 하랄두르 시구르드슨과 그의 동료들은 플리니우스가 남긴 편지의 기록과 야외 지질 조사를 근거로 서기 79년에 일어난 이탈리아 베수비오 화산 분화의 경과를 재구성했다(Sigurdsson et al, 1982). 그들은 플리니식 분연주에 의해 분출된 부석에 의해 초기에 폼페이의 모든 가옥의 지붕이 붕괴되었다는 것을 확인했다. 그들에 의하면, 불과 40cm의 부석이 퇴적되는 시점부터 지붕의 붕괴가 시작되었다. 부석의 밀도를 감안해 40cm의 부석이 지붕에 걸리는 압력은 $1m^2$당 250kg으로 계산되었다. 결국 폼페이는 최대 $2,330kg/m^2$의 부석에 의해 모두 매몰되었다. 물론 발굴이 진행된 현재 폼페이에 지붕을 온전히 가지는 구조물은 없다.

화산재가 얼마나 물을 잘 흡수하는가에 대해서는 간단한 실험을 통해 확인할 수 있다(Thompson, 2000). 화산재를 비커에 가득 담고 똑같은 양의 물을 화산재에 부어 보면, 화산재가 부피의 증가 없이 그 물을 모두 흡수하는 것을 볼 수 있다. 따라서 화산재가 주택의 지붕에 퇴적될 경우 비가 내리면 지붕은 화산재와 물의 무게를 합한 양의 하중을 받게 된다. 그 무게를 견딜 수 없을 때 지붕은 간단히 무너져 내린다.

퇴적 입자는 모두 공극률(porosity)[93]이 다르다. 공극률이란 어떤 물체 전체에 대한 비어 있는 부분의 비율(%)을 말한다. 공극률은 입자의 크기, 배

---

93) 암석의 고체 부분만의 체적을 Vs, 공극을 포함한 전체의 체적을 V라고 하면, 공극률 n={(V-Vs)/V}×100(%)으로 계산된다.

열 방법 등에 따라 달라지는데 입자가 세립일수록 공극률이 커진다. 그런데 화산재는 원래 입자가 세립인데다가 스폰지처럼 구멍이 많아 공극률이 매우 높다. 따라서 이처럼 물을 잘 흡수하는 것이다. 이 화산재가 공중에 부유하고 있는 동안은 태양 복사가 차단되고 기온이 저하하며 식물 생장은 심각한 타격을 입게 된다.

또한 화산재로 피복된 넓은 지역에서는 많은 식물이 고사하게 된다. 벼나 밀과 같은 작물은 화산재가 조금만 피복되어도 수분(受粉)이 되지 않는다. 그렇게 되면 식량 사정이 악화되고 대규모 기근으로 이어지는 것은 불을 보듯 뻔한 일이다. 식물이 고사함으로써 토양은 수분의 흡수력을 잃게 되고 산사태가 일어나기 쉬운 토질로 변한다. 이와 같이 불안정하게 퇴적된 토양에서는 화산 이류가 빈번하게 발생한다. 그리고 규모가 큰 화산 이류의 경우는 백두산 수계의 범람원에 대홍수를 일으키게 될 것이다. 오늘날 이와 같이 파국적 분화가 또다시 일어난다면, 앞에서 언급한 바와 같이 화쇄류, 강하 부석, 화산 이류, 광역 테프라 등에 의해 2차, 3차의 피해가 이어질 것이다. 그것은 이미 북한과 한반도만의 문제가 아니라 지구 전체의 문제가 될 것이다.

미국 지질 조사소는「화산재에 대한 지침서(How to be prepared for an ashfall)」라는 팸플릿을 발행해 활동적인 화산 근처의 주민들에게 홍보하고 있다. 그 내용에서 몇몇을 간추려 보면 다음과 같다.

첫째, 화산재가 10cm 퇴적되면 지붕이 붕괴될 수 있으므로 강회가 멈출 때 수시로 지붕의 화산재를 제거해야 한다. 젖은 화산재는 미끄러지기 쉬우므로 주의하고, 작업 시에는 반드시 마스크와 보안경을 착용한다. 둘째, 화산재 강회 시에는 화산재가 차를 손상시키므로 운전해서는 안 된다. 부득이 운전할 경우에는 시계가 나빠지므로 낮에도 헤드라이트를 켜고,

화산재가 피복된 도로는 미끄러지기 쉬우므로 절대 서행해야 한다. 와이퍼를 사용하면 화산재가 프런트 유리에 상처를 낸다. 셋째, 화산재는 노약자의 호흡기 질환을 유발하므로 외출을 삼가고, 화산재가 묻은 의복을 그대로 세탁기에 넣지 말고, 회선을 확보하기 위해 긴급을 요하지 않는 전화를 삼가고, 화산재가 묻은 걸레로 가재 도구를 닦지 말 것 등등, 일반 생활에 관련한 주의 사항을 열거하고 있다.

이와 같이 활동적인 화산의 주변에 사는 사람들은 이제 막 분화하려는 화산, 분화하고 있는 화산, 또는 과거에 분화한 이력이 있는 화산과 함께, 그리고 화산재와 함께 살아가는 방법을 강구하고 있다. 백두산의 영지 안에서 살아왔고 앞으로도 삶을 영위하게 될 우리에게도 그러한 지침서가 필요하게 될 날이 올지도 모른다.

10세기 백두산 분화는 당시까지 인간이 만들어 낸 모든 것을 파괴하고 피복해 인간 역사의 공백을 만들었다. 게임으로 말하자면 '리셋(reset)'하게 한 것이다. 게임의 리셋은 처음부터 다시 시작함을 의미한다. 그러나 만약 오늘날 똑같은 일이 일어난다면 그건 리셋이 아니다. 그것은 완전한 게임 오버를 의미한다. 백두산은 또다시 화쇄류를 뿜어낼 정도로 충분히 젊고 뜨거우며, 이대로 심장이 식어 차가워진 화산의 목록에 이름을 올릴 가능성은 전혀 없어 보인다.

## 3. 남겨진 문제

현대인들은 대개 귀납적이고 누적적인 과학관을 가지고 있다. 과학의 진보는 과거 지식의 누적에 의해 이루어진다는 생각이다. 이러한 과학관을 신봉하게 된 데는 오스트리아 빈 학파(Vienna Circle)[94]의 중심 인물이었던 철학자 루돌프 카르납(Rudolf Carnap, 1891~1970년)의 영향력이 컸다. 미국으로 건너가 시카고 대학 교수가 된 그는 과거의 지식에 새로운 지식이 보태어져 오늘의 지식이 된다는 빈학파의 귀납적 방법론과 누적적 과학관을 세계에 전파했다.

카르납은 과학 논문에서 특히 "조작적 정의(operational definition)"라는 것을 강조했다. 오늘날까지 학위 논문 등에 "용어의 정의"가 중요시되는 것은 이러한 사고 방식의 영향이다. 연구자는 연구를 시작하기 전에 용어부터 철저히 정의해야 한다는 것이다. 그러나 영국의 철학자 카를 포퍼(Karl Popper, 1902~1994년)는 카르납의 귀납적 방법론과 조작적 정의를 철저히 비판했다. 연구자가 연구에 착수하기 전에 용어를 정의해야 한다면, 그 정의에 나오는 용어를 다시 정의해야 하며, 그러한 용어의 정의가 끝없이 계속되어야 한다. 용어의 정의만 하다 보면 과학자의 연구는 언제 시작하느냐는 것이다.

실제로 자연 과학의 논문에서는 여간해서 용어를 정의하지 않는다. 또한 용어를 가지고 좀처럼 논쟁하지 않는다. 예를 들어 DNA에 관련된 자연 과학의 논문에서 DNA의 정의는 없다. DNA는 언제 어디서나, 누구에게나 DNA일 뿐이다.

포퍼에 의하면 과학자는 가설(hypothesis)을 가진다고 했다. 한발 더 나아

---

94) 과학 철학을 창시한 '논리 실증주의(logical positivism)'의 거장들에 의해 오스트리아 빈에서 형성된 학파. 과학의 전환기라고 할 수 있는 1900년대 초반 과학 및 철학의 전문가들이 과학의 본성을 밝혀내기 위해 만든 학술 모임이다. 귀납주의 방법론을 옹호하고, 입증 가능한 대상만을 과학의 대상으로 삼았다. 뒤에 현대 과학 철학자들에 의해 과학주의(scientism), 과학 만능주의의 뿌리로 비판을 받기도 했다.

가서 포퍼는 과학자가 가설을 가짐으로써 비로소 과학은 시작된다고 했다(Popper, 1968). 그러나 카르납에 의하면 가설은 한낱 선입관에 불과하며, 판단을 흐리게 할 그러한 선입관은 과학에서 용납되어서는 안 된다고 했다. 그런데 까마귀를 평생 동안 관찰한 후 그 누적된 관찰 결과를 바탕으로 "까마귀는 검다."라고 결론을 내려야 한다는 카르납식(式) 귀납적 과학관은 분명 시대에 뒤떨어진 것이다.

그런데 우리나라 과학 교사들과 학생들을 대상으로 과학관을 조사해 보면 이러한 누적적 과학관이 여전히 압도적으로 많다(소원주 등, 1998a; 1998b; 1998c). 일반인들도 크게 다르지 않을 것이다. 세상에는 실제로 일어나는 과학자들의 과학 활동을 이해하지 못하는 사람들이 많다는 이야기다.

### 과학적 가설의 본질

과학이 누적적으로 진보해 왔다면 새로운 지식은 논리적으로 과거의 지식과 정합적(整合的)이어야 한다. 즉 과거의 지식과 새로운 지식 사이에 아무런 모순이 없어야 한다. 그러나 과학사를 되돌아보면 실은 그렇지 않은 경우가 많다. 천동설이 코페르니쿠스의 지동설로 교체되었던 사실이나 유전 현상이 DNA 나선 구조에 의해 규명된 상황, 뉴턴 역학이 상대성 이론이나 양자 역학에 의해 대체되는 등의 과학사의 중요한 진보는 과거 지식의 누적이 아니라, 특정 개인의 상상력이나 과학자 집단의 창조적 발상에 의해 혁명적으로 발전해 왔다는 것을 보여 준다.

1992년 마치다는 '화산의 분화와 발해의 쇠망'에 관한 가설을 제창했다. 그러나 매우 파격적인 이 '백두산'에 관한 자연 과학의 가설은 불가피하게도 '발해의 역사'라는 문헌 역사학의 영역을 침범하고 말았다. 10세기

의 백두산 대폭발은 자연 과학과 인문 과학의 경계에 있는 문제이다. 화산
학자가 화산의 폭발에 의해 국가가 쇠망했을지도 모른다고 가설을 제기하
자, 역사학자는 그것은 있을 수 없다고 반론한다. 화산학자의 형이하학적
인 증거와 역사학자가 반론한 형이상학적인 논리 사이에는 공약수를 찾
아볼 수 없다.

　서로 다른 이론을 배경으로 하는 학자들 사이의 논의는 마치 외국어로
의사 소통을 하듯 서로 다른 세계관을 바탕으로 이야기한다는 점에서 전
적으로 '공약 불가능성(incommensulability)'이다(Kuhn, 1970). 공약 불가능성이
란 서로 다른 패러다임을 지지하는 과학자들의 이론이나 이론 체계는 동
일 척도로 비교 불가능하다는 개념이다. 그 이유는 동일한 증거에 대해 자
신의 이론에 비추어 임의로 관찰하고 해석을 달리하기 때문이다. 바로 '관
찰의 이론 의존성(theory laden observation)'이라는 것이다(Feyerabend, 1975). 천동
설을 신봉한 프톨레마이오스나 지동설을 제창한 코페르니쿠스는 똑같은 화
성을 관측했겠지만, 실은 똑같은 것을 본 것이 아니다. 두 천문학자 사이에서
화성의 운동에 대한 인식은 전혀 달랐다. 우주관이 달랐다는 이야기다.

　누군가가 "내 마음은 호수"라고 읊었다고 치자. 시의 세계에서 그 진술
은 꽤 괜찮은 명제이다. 그런데 시의 세계를 모르는 어느 외과 의사가 그렇
게 주장하는 시인의 가슴을 해부해 보고 호수가 나오지 않자 그 진술을
'거짓'으로 판정하고 그 명제를 기각해 버렸다면 어떻게 될까? 그 외과 의
사는 전도유망한 시인 한 명을 사망케 한 것 외에 인류의 보건과 안녕에
대해 공헌한 것은 아무것도 없다.

　마치다는 거대 화쇄류를 동반하는 칼데라의 파국적 분화가 과거의 문
명을 소멸케 한 원인 중의 하나라는 것을 오래전부터 주장해 왔다. 예를
들면, 1978년에 그가 K-Ah를 발견했을 때, 규슈 선주민들의 문명이 규슈

남부 해저 칼데라인 기카이 칼데라의 분화에 의해 소멸했을 가능성을 제기했고(町田·新井, 1978), 그 뒤 규슈의 우에노하라 유적 등이 발견되면서 그 주장이 사실로 입증되었다(町田, 2001). 따라서 백두산의 분화가 발해의 흥망에 영향을 미쳤을지도 모른다는 그의 주장은 그리 새로운 것도 아닌 것이다. 화산학자로, 화산 분화가 인류 문명에 대한 지극히 현실적인 위협이라는 사실을 전달하려고 했던 것이다.

역사학은 종합적인 학문이다. 특히 문헌 역사학은 현존하는 사료에 비추어 역사를 재구성한다. 사료가 남아 있지 않더라도 그 부분에 대해서 메워야 하는데 이 경우는 추정이나 추측에 의존할 수밖에 없다. 따라서 거기에 종사하는 사람에게는 그만큼 커다란 두뇌 용량을 요구한다. 컴퓨터에 비유하자면 메모리가 커야 한다. 여러 개 프로그램을 동시에 띄워 놓고 컴퓨터를 작동시키고 시나리오를 전개해야 하는 것이다.

20세기의 대역사학자 아널드 토인비(Arnold J. Toynbee, 1889~1975년)가 전 25권에 달하는 『역사의 연구』와 같은 방대한 저서를 집필하면서도, 시종 도전과 응전이라는 일관된 논리를 유지할 수 있었던 것도 바로 이 메모리가 컸기 때문에 가능했던 것이다. 따라서 역사학자들은 비단 문헌의 기록뿐만이 아니라, 여타 학문 분야의 업적에 대해서도 종합적으로 이해하려는 노력이 필요하다. 그렇지 않으면 자신의 마음을 노래한 시인을 해부해 버린 외과 의사의 우를 범할 수 있는 것이다.

우리는 철학을 비롯한 인문 과학의 추상적이고 형이상학적 예지를 훗날 자연 과학의 구체적 증거가 뒷받침했던 여러 사례를 알고 있다. 예를 들어 원자설, 지동설 등은 이미 오래전 그리스 시대의 철학자들이 주장했던 것들이다. 자연 과학자들이 훗날 그러한 주장을 사실로 입증했다. 그런데 발해의 역사에 관한 마치다의 가설을 둘러싸고 인문 과학과 자연 과학의 이러한 정합적 관계가 역전되어 버렸다.

자연 과학은 합의(consensus)가 빠르다. 그러나 인문 과학에서는 합의가 이루어지기까지 시간이 걸린다. 인문 과학에서는 연구 방법이나 기본적인 전제, 심지어 용어에 관해서조차 언제나 논쟁을 벌이지만 자연 과학에서는 그러한 논쟁은 좀처럼 일어나지 않는다. 따라서 인문 과학에서 보면 자연 과학은 비교적 조용한 학문 영역이다.

철학자 포퍼에 의하면, 그러한 조용한 자연 과학의 영역에서도 과학적 이론이 성립·전개되고 이윽고 새로운 이론으로 바뀌는 과정에 항상 일관해서 작용하는 합리적인 논리가 존재한다고 했다. 그 논리의 기본을 지탱하는 개념이 '반증 가능성(falsifiability)'이다(Popper, 1968). 반증 가능성이란 어느 특정 가설(이론)이 거짓으로 밝혀질 가능성이다. 포퍼는 반증 가능성을 가진 이론을 과학적 이론이라 하고, 반증 가능성을 가지지 않는 이론을 의사(擬似) 과학적·비과학적 이론이라 해 반증 가능성을 양자를 구별하는 판정 기준으로 삼았다. 이것이 포퍼의 '과학의 구획(demarcation of science)'의 문제이다.[95]

포퍼에 의하면 어떤 이론은 얼핏 보면 좋은 과학적 이론의 성질을 가지고 있는 것처럼 보이지만, 반증될 수 없기 때문에 실제로는 과학적 이론처럼 위장하고 있는 것이므로 거부되어야 한다고 주장한다. 예를 들어 마르크스의 역사관, 프로이드의 정신 분석학은 이러한 결함을 지니고 있다고 했다. 모든 것을 다 설명하는 듯하면서 아무것도 설명하지 못하는 이러한 이론들은 점쟁이의 속임수와 다를 바 없으며, 반증할 수 있는 여지를 허용

---

95) 과학과 비과학을 구분하는 기준은 과학 철학의 가장 큰 관심사였다. 과학과 비과학의 구별 기준은 철학자마다 다른데, 1970년 런던에서 벌어진 포퍼와 쿤의 논쟁이 유명하다. 과학의 구별 기준은 귀납주의자에 의하면 입증 가능성이고, 포퍼에 의하면 반증 가능성, 쿤에 의하면 패러다임의 존재 유무이다.

하지 않기 때문에 과학의 범주에 넣어서는 안 된다고 했다. 포퍼에 의하면 과학이라는 작업은 반증 가능성이 높은 가설을 제시하고, 그 가설을 엄밀한 테스트를 통해 반증하려는 신중하고도 집요한 노력이다.

마치다가 제기한 '화산의 분화와 발해의 쇠망'이라는 주제는 이런 의미에서 매우 반증 가능성이 높은 대담한 과학적 가설이라고 할 수 있다. 백두산의 폭발과 발해의 멸망 사이에 아무런 인과 관계가 없다는 사실만 밝혀진다면 그 가설은 쉽게 반증되고 곧 폐기될 것이기 때문이다. 그러나 이러한 추측이 과학자들의 테스트에 의해 반증되지 않는다면 과학적 이론으로 계속 살아남을 것이고, 누군가가 백두산과 발해의 흥망 사이의 연결고리를 찾아낸다면 오히려 마치다의 이론은 '확증(corroboration)'이 된다.

대담한 추측이 확증되는 경우 의미 있는 과학의 진보가 성취된다. 반증 가능성이 높은 대담한 과학적 이론의 경우에는 그 정보 내용이 풍부해, 기존 지식에 통렬한 비판을 가해 과학의 발전에 중요한 기여를 하게 되기 때문이다. 과학의 추측과 반박의 역사에는 때로 무모하고 급진적인 가설이 뜻밖에 관찰과 실험을 통해 확증되는 경우가 있다.[96] 이러한 경우에 그 가설은 과학의 역사에서 주요한 사건으로 기록된다. 미국의 철학자 토머스 쿤(Thomas S. Kuhn, 1922~1996년)의 말을 빌리자면 이때 '과학 혁명'이 이루어진다(Kuhn, 1970). 새로 등장한 패러다임이 오래된 패러다임을 교체하게 되는 것이다.

---

96) 알베르트 아인슈타인(Albert Einstein, 1879~1955년)은 1916년 베를린 대학에서 일반 상대성 이론을 발표했다. 그 이론에 의하면 큰 중력장에서는 빛이 직진하지 않고 휘어질 것이 예견되었다. 1919년 영국 케임브리지 대학의 천문학자 아서 에딩턴(Arthur Eddington, 1882~1944년)은 아프리카에서 개기 일식 때 빛이 휘어져서 별자리가 이동했음을 관측하고 아인슈타인의 이론을 확증했다. 이로써 아인슈타인은 1921년에 노벨 물리학상을 수상했다.

**장래의 과제**

백두산의 정확한 분화 연대를 알게 된다면 발해 멸망과 관련한 논쟁은 자연히 해소될 문제이다. 이것을 해결하기 위해서 지금까지 많은 사람들이 노력을 기울여 왔고, 앞으로도 그 노력은 계속될 것이다.

백두산의 분화가 그곳에 터전을 두고 살았던 사람들에게 끼친 충격과 영향이 엄청난 것이었다는 것만은 분명한 사실이지만, 유감스럽게도 우리는 아직 10세기에 일어난 백두산 분화의 정확한 연대를 모른다. 따라서 '백두산의 분화와 발해의 쇠망'이라는 두 가지 독립적인 주제가 시간적으로 관련이 있는지에 대해서는 아직 알 수가 없다. 현재로서는 마치다의 가설이 결정적으로 확증되거나 반증되지 않았다.

10세기에 일어난 백두산의 정확한 분화 연대를 알아내기 위해 어떤 방법들이 있을까? 가능한 방법들을 열거해 보면 다음과 같다(町田, 1992).

첫째, 고문서를 통해 10세기에 일어난 백두산의 분화를 직접적으로 서술한 기록을 찾아내는 것이다. 앞에서 백두산은 문서 기록이 남겨지기 힘든 시기에 분화했다는 것을 살펴보았다. 또한 발해의 사서는 남아 있는 것이 없다. 그러나 어디엔가 어떤 형태로든 이 사건이 기록으로 남아 있을 여지가 있다. 우리나라 역사학자들 중에는 중국이나 우리의 옛 한문 기록을 어렵지 않게 독해할 수 있는 능력을 가진 사람들이 많을 것이다. 이것은 현재 역사가들에게 기대할 수 있는 가장 확실한 방법이다.

둘째, 연륜 연대학의 적용이다. 연륜 연대학의 방법은 당시 기후 변화에 따라 해마다 나이테의 폭이 변화하므로 연대를 알 수 없는 나무의 나이테 폭 변동이 어느 연대에 일치하는가를 대조하는 방법이다. 백두산의 화쇄류 퇴적물 속에는 화산 폭발 당시 번성했던 나무가 탄화되어 그 나이테가 보존된 탄화목이 있다. 일본 혼슈에서는 3,000년 전까지, 미국에서는

8,500년 전까지, 독일에서는 약 1만 년 전까지 나이테의 변동 곡선이 완성되어 있다고 한다. 문제는 아직 발해 옛 땅인 중국 동북부와 북한의 표준 연륜 곡선이 만들어지지 않았다는 것이다. 그러나 만약 많은 연륜 연대학의 전문가들이 달려든다면 몇 해 안에 이 문제가 해결될 수도 있다.

셋째, 발해 옛 땅에 묻혀 있을 유적을 발굴해 유물·유구와 백두산 테프라의 층위 관계를 조사하는 것이다. 이것은 고고학 쪽에 기대해야 하는 것으로, 테프라의 주된 분포 지역이자 피해 지역인 북한에서 발굴 조사가 이루어져야 한다. 『조선왕조실록』 등에 의하면, 경성 혹은 청진 부근에서 조선 시대에도 여러 번 화산재가 퇴적되었다는 기록이 있다. 테프라는 퇴적 속도가 빠른 곳에 잘 보존된다. 따라서 테프라의 주 분포 지역인 북한 지역에는 백두산의 테프라가 잘 보존되어 있을 것이다. 동해의 해안선(발해 시대의 신라도)을 따라 발해의 도시들이 존재했고 백두산 테프라 속에 많은 발해 유적이 발굴되지 않은 채 묻혀 있을 것이다. 만약 백두산 테프라와 발해의 유물·유구의 정밀한 피복 관계가 밝혀진다면, 최소한 두 사건의 상대적인 선후 관계를 알 수 있을 것이다. 발해 멸망을 전후한 발해 유민들의 대이동과 요(遼)의 폐현 정책이 정치적인 이유인지 또는 화산 분화 등 자연 환경의 급격한 변화 때문이었는지도 밝혀낼 수 있을 것으로 생각된다.

넷째, 그린란드나 남극 지방의 연호에서 직접 B-Tm을 찾아내는 것이다. 이것은 현재 분화 연대를 알아낼 가능성이 가장 큰 방법이다. 1993년 그린란드의 빙하 속에 줄무늬의 연호가 발견된다는 논문이 《네이처(Nature)》에 발표되었다(Bond et al., 1993). 겨울에 만들어진 새하얀 얼음과 여름에 녹아서 조금 더러워진 층이 한 쌍이 되어 1년을 나타낸다. 일본 등 온대 지방에서는 이상 기온에 의해 연호가 결손되거나 1년에 2개 이상의 연호가 만들어지는 경우가 지적되지만, 극지방에서 그런 일은 없다. 남북극 빙하 주상 시료의 산성도 변화는 과거 기후의 복원에 매우 유력하다는 것이 알려져 있다. 화산의 분화에 의해 대기에 주입된 아황산가스($SO_3$)가 물($H_2O$)과 결합해 황산($H_2SO_4$)이 되어 지상에 낙하하기 때문에 그 시기의 얼음의 산성도가 높아지며 화산 분화의 기록으로 남는다.

1783년 아이슬란드의 라키 화산의 분화 때 빙하의 산성도가 매우 높았다는 것은 잘 알려져 있다. 인도네시아의 1815년 탐보라, 1883년 크라카토아의 분화 역시 고산성도의 피크로서 명료하게 나타나며, 일본의 몇몇 화산 분화도 이렇게 해 확인된 바 있었다. 또한 그린란드 빙하의 연호 속에 매우 미량이기는 하지만 북반구 화산의 화산 유리가 검출된다고 한다. 만약 이러한 극지방의 연호 속에서 B-Tm의 화산 유리를 찾아낸다면 정확한 연대를 알아낼 수 있다. 아직 10세기 백두산 대분화가 빙하 산성도의 피크로서 나타났다거나 빙하 주상 시료 속에서 B-Tm의 화산 유리가 발견되었다는 이야기는 없다. 하지만 이러한 방법들은 시간이 걸리겠지만 앞으로 희망을 가질 수 있는 것들이다.

지금까지 10세기 백두산의 분화에 대한 지질학적 연구와 그 분화 연대에 관한 연구는 주로 일본을 포함한 외국 연구자들에 의해 수행되어 왔다. 그동안 10세기 백두산 분화를 테마로 한 박사 학위는 각각 미국과 독일에서 나왔다. 미국의 학위는 캘리포니아 주립 대학교 샌타크루즈 분교의 찰스 던랩이고(Dunlap, 1996), 독일의 학위는 킬(Kiel) 대학 주잔네 호른이다(Horn, 1997). 둘은 각각 현대 화산학을 대표하는 제임스 길(James Gill)과 한스 슈민케의 지도를 받았다.

우리나라 사람들의 민족주의 정서에 호소할 생각은 없다. 하지만 백두산은 오랜 역사를 통해서 한민족의 정신 세계를 지배했던 우리의 화산이다. 이 화산 폭발의 실체와 연대를 규명하는 연구는 일본을 비롯한 외국 연구자들에게 맡겨 놓고, 정작 우리나라 과학자들은 옆 동네 불꽃놀이 구경하듯 수수방관해 왔다고 해도 과언이 아니다. 필자가 오래전에 백두산의 화산재가 일본에서 발견된다고 말했을 때 사람들이 보인 반응은 여러 가지였지만 대부분 웃고 넘기려고 했었다. 그랬던 것이 최근에야 뒤늦게 10세기 백두산 화산 분화가 자못 심각하게 해설되고, 백두산 지진계의 움직임이 심상찮다는 중국 지진학자들의 인터뷰 장면이 더해지기도 한다.

그런데 거기에 한발 더 나아가서, 백두산 천지가 10세기 화산 분화에 의해 만들어졌다는 천지 칼데라 형성에 관한 컴퓨터 그래픽 영상(CG)이 만들어져서 방영되기도 했다. 이 영상에는 천지 위에 존재했던 산체가 화산 폭발에 의해 제거되는 모습이 3차원으로 그려져 있었다. 거듭 이야기하지만, 천지는 10세기에 만들어진 것이 아니다.[97] 천지의 형성은 그보다 훨씬 옛날로 거슬러 올라가야 한다. 천지 칼데라 벽에는 1만 년 이전 마지막 빙하 시대의 산물인 카르라는 침식 지형이 그대로 남아 있으며, 그 위를 10세기 테프라가 모두 덮고 있다.

우리나라에서 10세기 백두산의 화쇄류에 매몰된 탄화목의 탄소 연대가 측정되어 논문으로 발표된 것은, 경상 대학교 지질학자 좌용주와 그의 동료들이 2003년 한국 지질 학회지에 발표한 논문이 지금으로서는 유일한 연구이다(좌용주 등, 2003). 그들은 백두산 천지에서 북동쪽 약 12km 떨어진 협곡 부석림(계곡 부석림, 그림 5-2 참조)에서 채취한 탄화목 최외피의 위글 매칭에 의한 방사성 탄소 연대가 AD 860±100년이었다고 발표했다. 백두산은 서기 760년과 960년 사이에 대폭발을 일으켰을 확률이 95.4%라는

---

97) 백두산 천지 칼데라의 형성에 관해서는 이미 제5장 「하얀 머리의 산」(「천지 칼데라의 형성」)에서 논했다.

결론이다. 그들이 얻은 연대의 오차가 크기 때문에 연대를 확증했다고는 할 수 없지만, 우리나라에서 처음으로 위글 매칭에 의해 10세기 백두산 분화 연대를 제시했다는 점에서 의의가 있다.

이제 전 세계적으로 10세기 백두산 분화의 연대를 알아내기 위한 연구의 도화선에 불이 붙은 것만은 틀림이 없다. 그러나 그 도화선의 길이에 대해서, 그리고 그 도화선의 끝에 어떤 폭발력의 폭탄이 놓여 있는지에 대해서는 아무도 모른다. 또한 과거에 백두산에서 어떤 일이 일어났는가를 알기 위해서는 우선 현재의 백두산과 현재 분화하고 있는 지구상의 화산에 대해 철저하게 연구할 필요가 있다. 오늘을 통해 과거를 알고, 과거를 통해 미래를 안다는 것이 근대 지질학의 선구자 찰스 라이엘(Charles Lyell, 1797~1875년)이 제창한 "현재는 과거의 열쇠(The present is the key to the past)"라는 지질학적 대명제였다.

수년 전 일본의 마치다에게 이 책을 쓰겠다고 얘기했을 때 그는 이 책이 한국인들의 민족 감정을 자극하게 되지 않을까 우려했다. 백두산의 화산재를 최초로 발견한 사람이 일본인 화산학자이고 그 연구의 대부분이 일본에서 진행되어 왔기 때문이다. 그러나 필자는 그 일본인 화산학자가 백두산의 화산재에 '백두산'이라는 우리의 이름을 붙였다는 사실을 한국인들에게 반드시 전해야 한다고 얘기했다. 과거에 일어난 사건의 규명과 장래의 예측을 포함한 여러 문제의 해결에 국적이나 국경이 장애가 되어서는 안 된다고 믿고 있다. 화산재는 국경이 없다.

자연 과학에서 인문 과학에 이르기까지 각 영역은 연구 방법이 다르고 배경 지식이 다르다. 학문 간의 벽이 두껍다는 것도 알고 있다. 그러나 학술적 배경이 다른 전문가들이 정보를 공유하고 서로 협조한다면 세계를 깜짝 놀라게 할 새로운 발견이 우리나라에서 나올 가능성이 있다. 현재로서 확증된 것은 없으며, 알고 있는 것보다 모르는 것이 많다. 앞으로 우리나라의 역사학자나 고고학자, 지질학자가 함께 우리의 화산인 백두산에 정면으로 달려들어, 여기에 관련된 문제들을 해결할 날이 올 것을 기대해 본다. 우리가 알고자 하는 것은 유구한 역사도 아니고 자랑스러운 역사도 아니다. 진실의 역사인 것이다.

포퍼에 의하면, 반증 가능성을 숙명적으로 가지는 과학적 이론은 그 반증을 통해 언제나 더 높은 '진리 접근도(verisimilitude)'를 가지고 진화한다고 했다. 우리가 진리를 알 수는 없지만 무한히 진리에 가까워진다는 인식론적 관점이다. 마치다의 가설은 앞으로도 반증이라는 과학자들의 엄밀한 테스트를 받을 것이다. 그 이론이 과학계에서 완전히 기각이 될 것인지, 아니면 이론의 적자생존으로 과학계에 살아남아 더 합리적이고 정당한 지식으로 편성될 것인지, 또는 한발 더 나아가 발해 역사 해석에 관한 기존 패러다임까지 교체해 버릴 동력으로 작용하게 될지는 조금 더 두고 봐야 할 것 같다.

# 제9장

# 필드 노트

필자는 2001년 삿포로에 있는 재외 교육 기관에 부임하기 위해 일본 홋카이도의 삿포로로 향했다.

삿포로에 도착한 필자는 우선 어떤 인물을 찾으려고 했다. 삿포로에 산다고 하는 그 인물에 대해서는 이전에 중국 연구자들에게 들은 적이 있었다. 중국 과학원 백두산 삼림 생태 연구소(통칭 '스테이션')의 연구자들에 의하면, 일본 삿포로에 산다는 그 인물은 화산재 전문가로서 지질 조사를 위해 백두산에 왔었다는 것이다. 그리고 그와 함께 찍은 지질 조사 때의 사진을 보여 주었다. 사진을 보니, 그 일본인은 자그마한 키에, 아마 여름에 찍은 것으로 보이는 티셔츠와 반바지에, 샌들을 신고, 안경을 쓰고, 여느 지질학자답게 턱에 수염을 기르고 있었다.

그는 지질 조사를 마친 뒤 백두산 테프라의 노두를 삿포로에 그대로 재현하고 싶다는 말을 남기고 일본으로 돌아갔다고 했다. 백두산 화산재가 일본 홋카이도의 도마코마이에서 최초로 발견되었기 때문에 홋카이도의 중심 도시 삿포로에 백두산의 노두를 재현한다는 것은 매우 의의 있는 일이다. 그러나 당시 필자는 백두산 지질 조사를 마치고 귀국한 뒤 곧 그 일본인에 대한 것을 잊고 말았다. 어차피 삿포로에 갈 일은 없을 것으로 생각하고 있었기 때문이다. 그러나 얄궂은 운명의 장난인지, 2001년 2월 일본 삿포로 근무를 명받고 그곳으로 향하게 된 것이다.

삿포로에 도착하자마자 그 연구자를 수배하기 시작했다. 그를 찾기 위해 대학이나 연구소의 많은 사람들에게 수소문을 했다. 삿포로에서 백두산에 가기 위해서는 삿포로에서 중국 선양까지 항공편, 선양에서 옌벤까지 또 항공편, 그리고 옌벤에서 엘다오바이허의 스테이션까지 택시를 대절해서 간다고 해도 가는 데만 이틀이 소요된다. 이러한 시간 투자를 하고라도 백두산에 갈 정도라면, 그는 목적 의식이 뚜렷한 화산재 전문가임에 틀림이 없다. 또한 홋카이도 삿포로는 백두산-도마코마이 화산재(B-Tm)의 분포 주축에 해당하므로 그는 홋카이도의 B-Tm에도 정통할 것이다.

그러나 그를 찾을 수 있는 단서는 '백두산에 간 삿포로의 화산재 연구자'라는 것 이외는 아무것도 없었다. 삿포로는 인구 200만의 대도시이다. 이름도 소속도 모르는 상황에서 사람을 찾는다는 것은 서울에서 김 서방 찾기나 마찬가지였다. 점차 사람 찾는 일을 포기하고 있었다.

### 도마코마이의 '백두산'

그러던 어느 날 홋카이도 대학의 우이 다다히데로부터 주말에 우수 산이 폭발하는 모습을 보러 가지 않겠느냐고 연락이 왔다. 우이는 일찍이 규슈 남부 넓은 지역에 퇴적된 얇은 지층이 규슈 남쪽 해저 기카이 칼데라의

6,300년 전 화쇄류가 남긴 매우 치명적인 퇴적물(고야 화쇄류, Koya-pfl)이라는 것을 처음으로 밝힌 장본인이었다(宇井, 1973). 우수 산 화산 재해 대책 위원회의 고문 교수였던 우이는 2000년 화산 활동이 시작되었던 당초부터 헬기로 우수 산을 관측하고 있었다.

우수 산은 아이누 시대에 샤쿠샤인의 전쟁을 일으킨 우수-b(Us-b)의 1663년 분화뿐 아니라 1882년, 1910년, 1943년, 1977년에 크고 작은 폭발을 일으킨 활동적인 화산이다. 2000년 분화에서 산 중턱에는 직경 100~200m의 화구 대여섯 개가 새로이 만들어졌으며, 때로는 먹물과 같이, 때로는 증기 기관차의 하얀 증기와 같이 분연을 마치 제트 엔진처럼 분사하고 있었다(사진 9-1).

특히 우수 산의 폭발에 의해 홋카이도 유수의 휴양지인 도야 호반의 시가지가 직접적인 피해를 입었는데, 화산재에 매몰된 가옥, 화산 이류로 절단된 교량, 단층에 의해 마치 계단식 논처럼 파괴된 국도, 그리고 소규모 화쇄류에 의한 삼림의 피해 상황 등을 관찰할 수 있는 절호의 장소였다. 지금은 일대가 생태 공원이 되어 산책로가 만들어져서 일반인에게도 개방되었지만, 당시는 바리케이드가 쳐지고 엄중히 출입이 통제되고 있었다. 우이가 미리 출입 허가를 얻어 놓았으므로 조사단 일행은 통제소 정문을 통과했다.

화산의 사면에 세워졌던 5층 아파트는 2층까지 연회색 화산재와 부석으로 매몰되어 마치 달 표면에 온 것과 같은 황량한 모습이었다. 입주민들이 생활하고 있던 방 안에는 가재도구가 그대로 흩어져 있어 우수 산 폭발 당시 주민들이 허겁지겁 피난했던 긴박한 상황을 엿볼 수 있었다. 폭발의 충격으로 사태가 일어나 암설류가 쓸고 간 산 중턱에는 하얀 암석들이 그 속살을 드러내고 있었다. 일행은 비처럼 쏟아지는 부석을 피하기 위해 헬

|**사진 9-1**| 우수 산 곤비라(金比羅) 화구

2000년 우수 산 분화에서는 여러 개의 화구가 새로이 만들어졌다. 사진은 그중 하나인 곤비라 화구. 우수 화산은 1년 이상 활동을 계속했다.

멧을 쓰고 분화구에 접근했다.

그런데 그때 함께 조사를 갔던 사람 중에서 매우 낯이 익은 사람이 있었다. 테프라 샘플을 수집하고는 루페로 확인하고 샘플 팩에 담고 있는 그 인물은 분명히 어디선가 본 듯한 얼굴이었다. 안경을 쓰고 턱에 수염을 기르고 있었다. 그때 뇌리를 스치는 것이 있었다. 그에게 다가가 말을 걸어보았다.

"혹시, 백두산에 간 적이 있습니까?"

그러자 그는 필자를 한 번 힐긋 쳐다보더니 아무 주저 없이,

"네. 백두산에 갔었지요."

이렇게 대답하는 것이 아니겠는가!

가까이서 보니 그는 턱만이 아니라 얼굴 전체가 털투성이였다. 세상이 좁다는 것은 맞는 말이다. 내 옆에서 헬멧을 눌러쓰고 쌍안경으로 분화구에서 부석이 분출하는 모습을 관찰하고 있던 바로 그가 삿포로에 도착한 이후 계속해서 찾고 있던 '백두산에 갔던 삿포로의 화산재 연구자'였던 것이다. 그는 홋카이도 매장 문화재 센터에 소속된 지질학자 하나오카 마사미쓰(花岡正光)였다.

사실 이전에 삿포로 매장 문화재 센터를 방문한 적이 있었지만, 그곳에 백두산에 간 연구자는 없었다. '삿포로'에 너무 집착한 나머지 삿포로 시에 소재한 또 하나의 매장 문화재 센터를 찾아볼 생각은 않고 있었다. 홋카이도 매장 문화재 센터는 삿포로 시를 포함해서 홋카이도 전체의 유적 발굴 작업을 진두지휘하고 있었다.

하나오카는 유적 발굴 과정에서 출토되는 화산재를 분석하고 동정하는 일에 종사하고 있었다. 테프라의 종류는 유적 연대를 결정하는 단서를 제공한다. 그 뒤 그의 연구실을 방문해 보니, 지질 분석실에는 홋카이도 전역의 발굴 현장에서 출토된 화산재가 보내져 왔는데, 시료에 번호가 매겨져 그의 분석을 기다리고 있었다. 문화재 센터 도서실 서가에는 아오모리 나카노타이 유적의 발굴 성과를 보고한 『나카노타이 유적』이 꽂혀 있는 것을 발견했다.

그 두꺼운 보고서에는 나카노타이에서 출토된 B-Tm과 To-a의 화산 유리 형태에 대해 필자가 히로사키 대학 시절 지도 교수였던 시오바라 데츠로(鹽原鐵郎)와 함께 썼던 보고서가 들어 있었다(鹽原·郎, 1991). 그 잉크 냄새를 맡으니 낯선 곳에서 우연히 오래된 지인과 조우하듯 그저 감개무량한 기분이었다.

하나오카는 지금도 거의 매년 여름이 되면 백두산에 간다고 했다. 백두산 화산재 속에 포함된 당시 지표를 덮고 있었던 식물의 화분 화석을 분석해, 백두산이 분화할 당시의 자연 환경을 해독하는 연구를 계속하고 있다고 했다. 그도 백두산에 매료된 사람 중의 하나였다. 과연 그는 홋카이도에서 산출되는 B-Tm에 대해 누구보다 잘 알고 있었다. 각처에서 보내오는 광역 테프라의 시료 중에 B-Tm이 있었다. 그 뒤로 그는 유적 발굴 현장에서 새로이 B-Tm이 발견되면 연락을 해 주었고, 필자가 노두를 향해 출발하면 현장 연구자에게 연락해 편의를 제공하도록 배려해 주었다.

2004년 6월의 어느 날 하나오카에게서 전화가 왔다. 그 여름에 중국 백두산 스테이션의 연구자들이 홋카이도의 B-Tm을 조사하기 위해 삿포로로 온다는 것이었다. 함께 지질 조사를 하고 싶은데 형편이 어떠냐고 물어왔다. 팩스의 명단을 보니 차오다창이 일행 속에 있었다. 백두산에서 필자에게 '삿포로의 화산재 연구자'에 대해 이야기한 사람이 바로 차오였다. 그런 차오를 삿포로에서 다시 만나게 될 줄은 꿈에도 몰랐다. 필자는 지질 조사에 참가하기로 하고 하나오카에게 연락을 했다.

차오를 백두산에서 만났을 때 그는 마치다와의 추억을 즐겁게 들려준 적이 있었다. 한번은 차오가 학회에 참석하기 위해 일본에 갔는데 마치다가 후지 산 기슭에 위치한 별장으로 안내해 주더라고 했다. 평소 때는 열쇠를 채워 두고 필요할 때 가서 열쇠를 따고 별장으로 이용하더라며 부러운 듯이 이야기를 했다. 마치다는 본래 후지 산과 하코네 산을 전문으로 하는 화산학자이다. 그러나 차오만큼 백두산 현지에 정통한 사람은 없다. 마치다는 후지 산 전문이므로 후지 산에 별장을 가지는 것이 당연하고, 차오는 백두산 전문이므로 백두산에 별장을 가져야 하지 않느냐고 말해 주었다. 그는 당치도 않다며 손을 내저었다.

차오는 중국 과학원이라는 국책 연구소의 연구원이었다. 그는 중국 정부가 기초 과학에는 지원을 해 주지 않는다고 불평을 했다. 실용적이고 당장 국가에 이익을 줄 수 있는 응용과학의 연구에만 연구비를 지원해 준다는 것이었다. 그것이 백두산 분화 자체에 대한 호기심을 충족시킬 학술 연구가 아직까지 충분히 진행될 수 없었던 이유라고 했다. 이해할 수 있는 이야기였다. 우리나라 국책 연구소의 연구자에게서도 비슷한 이야기를 들은 적이 있다. 그것이 지적 재량권이 거의 무한대로 주어지는 대학 연구자들과의 차이점이다.

차오와는 1999년 여름에 백두산에서 함께 지질 조사를 한 이래 5년 만의 해후였다. 그는 그때 선양 국제공항까지 밴을 가지고 마중을 나와 주었었다. 차오는 북한과의 국경 지역인 백두산 동쪽 산록의 지질 조사에 동행해 주었는데, 차량과 장비, 숙소의 수배 등 그가 할 수 있는 최대한의 배려를 해 주었다. 필자는 삿포로에 도착한 그와 숙소인 호텔 로비에서 만났다. 일행 중에는 당시 백두산 스테이션 소장이었던 다이리밍(代力民)도 있었다. 그는 미국에서 공부한 6척 거구의 식물 생태학자이다.

필자가 스테이션을 방문했을 때 백두산 처녀림의 현황과 그 보존의 중요성에 대해 열심히 설명해 주었는데, 마지못해 그의 말을 듣고 있었던 것을 기억하고 있다. 그가 호텔에서 필자를 보자 대뜸 홋카이도의 처녀림을 보고 싶은데 안내해 줄 수 있겠느냐고 물었다. 이처럼 연구자마다 관심사가 다르다. 그는 지금은 스테이션을 떠나 선양의 중국 과학원 교수로서 후진 양성에 종사하고 있지만, 여름이 되면 어김없이 학생들을 데리고 백두산의 산림 생태를 보러 간다고 했다.

그들의 지질 조사 여정은 삿포로에서 시작해 B-Tm의 분포 주축이 통과하는 하코다테, 온천으로 유명한 노보리베쓰(登別), 그리고 도마코마이 시를 경유해 홋카이도 최대의 양대 칼데라인 시코쓰 호와 도야 호를 향하도록 되어 있었다. 도마코마이는 삿포로 남쪽 40km 떨어진 인구 20만의 해안 도시로, 1981년에 최초로 B-Tm이 발견되었던 곳이다.

언젠가 도마코마이에 출장을 갔다가 우연히 '백두산'이라는 한식당이 있다는 것을 알게 되었다. 재일 한국인이 경영하는 불고기 전문점으로, 당연한 일이겠지만 주인은 백두산의 화산재가 도마코마이에서 최초로 발견되었다는 사실은 모르고 있었다. 하나오카에게 도마코마이의 식당 백두산에 대해 이야기하자 그도 곧 흥미를 보였다. 도마코마이에서 점심은 백두산에서 먹기로 했다.

|**사진 9-2**| 홋카이도 도마코마이의 '백두산'
도마코마이는 삿포로에서 남쪽으로 40km 떨어진 인구 20만의 해안 도시로, 백두산에서 날아온 화산재(B-Tm)가 최초로 발견된 곳이다. 이 도마코마이 시에는 '백두산'이라는 한식당이 있다(왼쪽부터 차오, 하나오카, 다이).

하나오카는 이동 도중 수시로 지프에서 내려 중국 연구자들에게 노두의 B-Tm을 확인해 주었다. 그들이 백두산 산록에서 수십 년 동안 보아왔고 언제나 발아래 밟고 있던 바로 그 테프라이다. 하나오카는 B-Tm과 일본 테프라와의 층위 관계, 그리고 일본의 역사적 사건의 선후 관계를 규명하는 데 B-Tm이 얼마나 중요한 역할을 하는가를 설명했다. 점심시간이 되자 필자가 안내할 수 있는 노두(?)가 가까워졌다. 필자는 그들을 도마코마이의 한식당 백두산으로 안내했다(사진 9-2).

차오는 현재 은퇴해 백두산에 자생하는 수백 종의 식물을 펜으로 스케치하고 정리해 한 권의 도감으로 편찬하는 일에 몰두하고 있다고 했다. 스케치하는데 손이 떨리지 않느냐고 물어보니 아직 그런 일은 없다고 했다. 한때 사방 수십 km의 백두산 산림 생태를 조사하기 위해 오직 두 다리와 침낭만을 가지고 누비고 다녔던 이 노연구자도 이제는 더 이상 광활한 백두 산록을 걸어 다닐 일은 없는 것 같다.


**북국에 내리는 하얀 눈**

필자는 오래전부터 마치다와 서신을 주고받고 있었다. 화산재의 물리화학적 분석에 관해서는 지금은 타계한 군마 대학의 아라이 후사오 명예교수에게 자문을 얻곤 했지만, 백두산의 지질이나 분화 연대에 관해서는 마치다에게 의견을 물어보곤 했었다. 그때마다 그는 한국에서 손에 넣기 어려운 관련 논문을 우편으로 보내 주곤 했다.

마치다가 보내온 서신의 구절과 행간에서 그의 신중한 성격과 깔끔한 인품을 알 것 같았다. 일본 전역을 돌아다니며 광역 테프라를 차례차례 정복했고, B-Tm을 백두산 기원이라고 밝혀낸 당대의 대학자라고는 생각할 수 없을 정도로 겸손하고 소박하고 인간적이었다.

마치다의 화산재 연구 인생에서 그의 소신을 굽히지 않는 일면을 잘 보여 주는 일화가 전해진다. 일본 고고학계에는 '신의 손'으로 추앙받은 후지무라 신이치(藤村新一)라는 인물이 있었다. 그는 일본 최고(最古)의 구석기 유물들을 발굴해 내어 연대의 기록을 차례로 갱신했던 불세출의 유적 발굴 전문가였다.

그런데 2000년 11월 5일 《마이니치(每日) 신문》 민완 기자들의 잠복 취재에 의해 후지무라 스스로 유물을 땅속에 파묻고 있는 장면이 촬영되어, 실은 후지무라가 '발견'한 구석기 유물이 모두 날조되었다는 것이 밝혀졌다. 이른바 일본 최대의 고고학 스캔들 '구석기 유물 조작 사건'이다. 그런데 이미 1980년대 초반에 마치다는 후지무라 등이 유물을 발견했다고 하는 유적의 지층을 조사하고 다음과 같이 문제를 제기하고 있었다(Keally, 2001).

이 지층은 화쇄류의 단일 퇴적물이다. 그것은 희고 뜨거운 화산 분출물이며, 유물을 포함할 수 있는 지층이 아니다.

당시 후지무라의 '발견'은 일본 열도에 70만 년 전부터 인류가 살고 있었다는 것을 이야기하는 것이었다. 일본 민족의 뿌리가 자바 원인이나 베이징 원인보다 앞선다는 그의 괄목할 위대한 업적(?)은 일본 열도를 열광시켰고 중고등학교 교과서를 다시 쓰게 했다. 그런 후지무라의 '신의 손'의 권위 앞에서 이의를 제기한 것은 마치다 정도였다. 그러나 그런 분위기 속에서 마치다의 정확하고 적절한 관찰 보고서는 무시되고 말았다.

그런데 후지무라의 '발견'이 결국 날조된 것으로 밝혀지자 이번에는 한때 무시되고 잊혀졌던 마치다의 보고서를 모두 인용하는 일대 소동이 벌어진 것이다. 퇴적될 당시 온도 수백 ℃에 일단 통과하면 모든 것을 쓸어버리는 두꺼운 화쇄류 지층 한가운데에 반듯한 인간의 생활면이 나타난다는 것은 있을 수 없는 일이다.

언젠가 백두산 천지 칼데라의 형성 시기에 대해 관심을 갖던 마치다가 필자에게 조선어로 된 백두산 천지에 관한 북한 논문을 일어로 번역해서 보내 줄 수 없겠느냐고 메일이 왔다. 그 논문에는 백두산 천지의 형성 연대에 관한 단서가 담겨 있었다. 그는 일본 아키타 현 오가 반도 해안에서 발견된 B-Og의 연대(약 46만 년 전)가 백두산 산체를 구성하는 가장 두꺼운 용결 응회암층인 북포태산층의 연대와 대비되는 것을 알고, 아마 B-Og를 분출하고 북포태산층을 만든 화산 분화의 에피소드에서 백두산 천지 칼데라가 만들어진 것이 아닌가 하고 추정했다.

2001년 봄에 마치다는 홋카이도 대학의 박사 학위 논문 심사를 위해 필자가 체재하고 있던 삿포로로 올 예정이라는 연락이 왔었다. 그러나 마치다와의 만남을 학수고대하던 필자의 기대와는 달리 대학원생이 논문을 제출하지 않아 그의 삿포로행 자체가 무산되었다. 마치다로부터 연락이 왔다.

"대학원생이 논문을 내지 않는데야 별 도리가 없군요."

그러다 그해 6월에 이와테 현 모리오카(盛岡)에서 실시된 지질 조사에 필자가 합류하면서 처음으로 마치다와 함께 지질 조사를 떠나게 되었다. 모리오카의 신칸센 역에서 연구자들이 모여 아오모리를 거쳐 아키타로 이어지는 조사 여행이었다.

그 주변은 히로사키 대학 유학 시절 여러 번 야외 조사를 다녔던 곳이다. 그런데 10년 만에 돌아와 이동하는 차 속에서 눈에 익은 바깥 풍경을 바라보니 감회가 새롭고 가슴이 벅차오르는 것을 느꼈다. 그때는 마치다의 저술과 논문을 읽고 화산재를 공부했었지만, 그와 함께 이곳을 다시 지질 조사하게 되리라고는 꿈에도 생각하지 못했다. 인생이란 불가사의한 것이다.

그날의 지질 조사의 목적은 혼슈 북부의 거대 화산인 핫코다 산(八甲田山)의 화산 분출물을 조사하기 위한 것이었다. 그런데 도중에 예정에 없던 핫코다 화산군(群)의 고원 지대에 있는 다시로타이(田代平)라는 습지에 들리게 되었다. 그곳에서 마치다가 B-Tm의 노두를 보여 주고 싶다고 했다. 이 다시로타이 습지는 약 200만 년 전 핫코다 산의 화산 활동으로 만들어진 칼데라 호로서 습원 자체가 천연기념물로 지정되어 있었다. 습지로 가기 직전 비포장도로의 양단에 배수로가 있는데, 그 벽을 작은 모종삽으로 깎아 보면 어디서나 두 줄의 하얀 화산재층이 얼굴을 내민다. 화산재층의 상위가 B-Tm이고 하위가 To-a이다.(사진 9-3).

"나는 이곳을 '구두쇠 노두'라고 부르지요."

마치다는 의기양양하게 이렇게 말했다. 규슈의 AT와 동시에 발생한 이토 화쇄류(Ito-pfl)나 홋카이도 시코쓰 칼데라가 뿜어낸 시코쓰 화쇄류(S-pfl)(사진 9-4)는 화구 근처에서 모두 50m가 넘는 대형 노두여서 쳐다보기에도 고개가 아플 지경이다.

그러나 다시로타이의 B-Tm은 고작 2, 3명이 배수로에 쪼그리고 앉아서 겨우 볼 수 있다. 귀엽고 아담한 노두이다. 그래서 '구두쇠 노두'인 것이다. 이곳은 백두산 천지에서 1,200km나 떨어져 있다. 모종삽이나 망치를 하나씩 손에 쥐고 쪼그리고 앉아서 노두에 코를 대고 관찰하고 있는 일행을 보고 지나가는 사람들이 의아하게 생각하고 고개를 갸우뚱거렸다. 그들이 이 두 줄의 화산재층의 의미를 알 수는 없을 것이다.

**|사진 9-3|** 다시로타이의 노두

핫코다 산지의 다시로타이 습지에 나타나는 노두. 두 줄의 흰색 화산재층 중 상위가 B-Tm, 하위가 To-a.

같은 해 늦은 가을에 이번에는 홋카이도에서 또다시 마치다를 만나게 되었다. 신치토세(新千歲) 공항에서 마치다를 포함한 조사단 일행을 맞이했다. 일행은 우선 공항에서 가까운 B-Tm이 최초로 발견된 도마코마이의 해안에 가 보기로 했다. 이미 그 광역 테프라가 발견된 지 20년 이상 지난 후였다. 그 자리에서 테프라를 그대로 볼 수 있는지 궁금했다. 그때 발견된 한 장의 테프라로 인해 바다 멀리 떨어진 화산의 분화를 이야기하고, 국가의 흥망을 논하고, 아직도 논쟁이 끝나지 않은 숱한 담론의 시발점이 바로 도마코마이의 노두이다.

그러나 당시의 노두 일대는 항만 건설 공사로 말끔히 정비되고 해안의 벽면은 콘크리트로 덮여 있어 노두로 관찰할 수 있는 곳은 남아 있지 않았

|사진 9-4| 시코쓰 화쇄류(S-pfl)

약 3만 년 전 홋카이도 시코쓰 칼데라의 분화에 의해 생성된 거대 화쇄류. 20km 떨어진 삿포로 시 외곽까지 사진에 보이는 규모의 화쇄류가 도달했다. VEI 7급의 화산 분화로 총 용적 200km³의 테프라를 분출했다.

다. 노두가 있었던 해안가에서 합류한 도마코마이 박물관의 연구원이 이렇게 말했다.

"그 노두가 그렇게 중요한 의미를 가지게 될 줄은 당시 아무도 몰랐어요. 그것을 심각하게 생각하는 사람도 없었습니다. 이 주변에서는 어디를 파도 쉽게 볼 수 있는 화산재거든요."

두꺼운 새까만 흑토층 사이에 눈부시도록 하얀 한 줄의 화산재, 그 노두는 이제 오래된 논문의 사진에서나 볼 수 있는 전설이 되고 말았다. 모두 못내 아쉬운 마음이 되어 좀처럼 그 노두에서 발길을 옮길 수 없었다.

일행은 도야 호반의 일본식 온천 여관에서 숙박하게 되었다. '도야'는 아이누 어로 '산의 호수'라는 뜻으로, 직경 11km의 거의 원형 모양의 대형 칼데라이다. 지질 시대 여러 차례의 대분화로 지금의 모습이 만들어졌고, 2000년에 폭발한 우수 산은 도야 칼데라의 외륜산의 하나이다. 지금으로 부터 약 10만 년 전, 마지막의 대규모 분화에 의해 초래된 강하 화산재는 홋카이도뿐 아니라 일본 도호쿠 지방에 걸쳐 넓은 지역에 동심원상으로 분포했다. 이를 도야 화산재(Toya)라고 하는데, 이것을 최초로 발견한 사람 도 마치다였다(町田 등, 1987).

저녁을 먹고 난 일행은 뜨거운 온천에 들어가 야외에서 뒤집어쓴 먼지와 땀을 씻어 내고 유카타 차림으로 하나둘 로비로 몰려든다. 로비의 소파에 깊숙이 몸을 파묻고 호수를 바라보니 멀리 도야 호수 한가운데 나카시마(中島)가 보인다. 10만 년 전 대분화에서 최후에 만들어진 중앙 화구구이다.

화제는 군마 대학 하야카와와 시즈오카 대학 고야마의 1998년 논문으 로 이어졌다. 그들은 『고려사』에 기록된 개성에서 들린 명동, 『흥복사연대 기』의 나라(奈良)의 백색 화산재 강회에 대한 고문서 기록을 근거로 백두산 은 946~947년에 폭발했고, 백두산의 폭발과 발해 멸망과는 관계가 없다 는 내용을 발표했었다(早川·小山, 1998). 사서의 기록을 근거로 한 그들의 논 문은 매우 논리적이고 설득력이 있었다. 필자는 마치다에게 그 논문에 대해 어떻게 생각하느냐고 물어보았다. 언제나 유머러스하고 주위를 즐겁게 하 던 마치다의 표정이 갑자기 굳어졌다. 그의 어조는 조용했지만 단호했다.

"화산재'쟁이'는 화산재로 말하는 법입니다. 불분명한 옛 기록으로 마 치 백두산의 분화 연대가 결정된 것처럼 얘기해서는 안 됩니다. 만약 나라 의 강회 기록이 백두산의 것이라고 주장하려면, 화산재'쟁이'는 그곳에서 그 화산재를 찾아내야 합니다."

나라 현과 미에(三重) 현 경계의 이케노다이라(池ノ平) 습원에는 두께 1cm

정도의 백색 화산재층이 발견되는데, 이 화산재가『흥복사연대기』의 946년 강회 기술에 해당될 가능성이 이미 이전부터 지적되었다(松岡 등, 1983). 이 화산재는 반정 광물로서 사장석, 석영, 티탄철석(ilmenite)이 포함되어 있어 B-Tm이 아니라는 것이 밝혀졌다.

마치다가 던진 과제에 대해 가장 먼저 답안지를 제출한 것이 하야카와 와 고야마였다. 한반도와 일본 고문헌을 분석한 그들의 고찰은 날카롭고 의미있는 것이었다. 그러나 마치다는 그들이 제출한 답안지가 아직 납득 하기에는 불충분하다는 것을 우회적으로 이야기했다. 그 어조에는 평생 을 자신의 발로 걸어 다니면서 논문을 써 왔다는 장인과도 같은 자부심이 담겨 있었다. 그는 이어서 이렇게 말했다.

"나는 백두산의 거대 분화와 발해 홍망과의 관계에 대해 가설을 제시 했습니다. 실은 연대 측정 전문가들을 자극하기 위한 의도가 있었습니다. 하지만 그들이 제시한 백두산 분화 연대는 아직 오차의 폭이 큽니다. 이 사건에 대한 기록이 어디에도 없는 것이 답답할 뿐입니다."

지금까지 연대 측정 전문가들은 백두산의 분화 연대가『요사』에 기록 된 발해 멸망의 연대인 926년과 일치하는지 여부에 초점을 맞추어 왔다. 그 테스트의 결과는 마치다의 가설에 불리한 것이 많았다. 그러나 아직도 백두산 분화와 발해 멸망 사이의 관계에 대해 쉽게 단정할 수 없다. 백두 산은 좀처럼 쉽게 그 모습을 드러내려고 하지 않는다.

도야 호 온천 여관의 창밖을 보니 하얀 눈이 흩날리고 있었다. 이 북국 의 땅에 다른 어느 곳보다 빨리 겨울이 다가오고 있었다. 눈이 덮이면 노 두를 살펴볼 수 없다. 지질 조사도 마감해야 한다. 그 옛날 백두산에서 날 아온 백색 화산재도 창밖의 눈처럼 이곳에 소리 없이 내렸을 것이다. 모두 밖을 보며 다음날의 조사 일정을 걱정하고 있었지만 어차피 그건 아무래도 좋았다. 마치다를 중심으로 둘러앉아 꽃피우는 화산재 이야기는 언제까지나 끝날 줄 몰랐다. 이렇게 홋카이도 도야 호의 밤은 깊어만 갔다.

## 백두산의 마술

2007년 12월 중순, 필자는 도쿄에 간 김에 마치다를 만나기로 마음먹고 그에게 연락을 했다. 요코하마(横浜)에 사는 마치다는 도중까지 마중을 오겠다는 연락이 왔지만, 그를 일부러 마중 나오게 할 수는 없었다. 필자는 마치다의 자택에 가까운 가나가와 현 사가미하라(相模原) 시립 박물관에서 만나는 것이 좋겠다고 했다.

사가미하라는 요코하마 외곽에 위치한 한적한 도시로서, 서쪽으로 50km 떨어진 곳에 후지 산과 하코네 산이 위치하고 있다. 따라서 사가미하라는 후지 산과 하코네 산에서 뿜어져 나온 화산재, 이른바 붉은색의 간토 로옴층이 두껍게 퇴적된 평탄한 대지 위에 건설된 도시이다. 이 간토 로옴층 속에는 하코네 산에서 발생한 화쇄류 퇴적물을 볼 수가 있고, 후지 산에서 발생한 화산 이류가 그곳까지 도달했다는 것을 알 수 있다.

사가미하라와 후지 산의 한가운데에 단자와 산(丹澤山, 1,567m)이 있는데, 바로 그곳에서 마치다는 '단자와 부석(TnP)'을 발견했다. 이 TnP는 후에 AT로 세상에 새롭게 알려진 규슈 가고시마 현 아이라 칼데라가 분출한 일본 최대의 광역 테프라이다. 이 사가미하라의 들판이야말로 후지 산과 하코네 산, 그리고 광역 테프라로 그 영역을 넓혀간 마치다의 화산재 연구 인생의 원점이라 할 수 있는 곳이다. 사가미하라 시립 박물관에는 마치다가 기증한 테프라 표본 약 6,000여 점이 보관되어 있다. 이 자료들은 마치다의 오랜 기간 동안의 조사와 연구의 성과이며, 평생을 흘린 땀과 노력의 결정이다.

박물관 로비에서 직원의 안내를 받고 2층으로 올라가니, 그곳에 이미 마치다가 기다리고 있었다. 변함없이 해맑은 미소로 반갑게 필자를 맞이해 주었다. 마치다는 자리에 앉자마자 노트북 컴퓨터를 열더니, 필자에게 보여 줄 자료가 있다면서 마우스를 이리저리 움직였다. 2007년 8월에 오스트레일리아 퀸즐랜드의 케언스(Cairns)에서 열린 국제 제4기 학회(INQUA)에서 마치다가 발표한 논문의 초록과 파워 포인트로 작성한 프리젠테이션 자료였다. 그 내용은 10세기 백두산 분화에 의해 매몰된 수목(樹木) 시료의 위글 매칭 연대에 관한 것이었다(Machida and Okumura, 2007).

마치다는 2000년에 직접 북한에서 백두산 지질 조사를 했다(奧村 등, 2000).[98] 그때 마치다는 해발 2,200m 지점에서 연대 측정을 위한 시료를 채취했다. 그것은 두꺼운 백두 강하 부석(B-pfa)에 선 채로 매몰된 뒤 빙하에 보존된 수목이었다(사진 9-5).

지금까지 10세기 백두산 분화의 연대 측정에는 모두 화쇄류에 매몰된 탄화목을 시료로 사용해 왔다. 그러나 시속 100km가 넘는 맹렬한 속도로 흘러가는 화쇄류에 매몰된 탄화목은 원래의 위치에서 상당한 거리를 이동했다고 봐야 한다. 그리고 화쇄류에 의해 매몰되었는지 화쇄류가 오기 전에 이미 쓰러져 있던 것인지를 알 수가 없다. 따라서 지금까지는 그 기원이 다소 불분명한 시료로 연대 측정을 했던 셈이 된다. 그러나 마치다가 채취한 시료는 강하 부석의 열에 의해 그 자리에서 고사(枯死)한 수목 시료였다. 시료는 약 1,000년 전에 고사해 매몰된 것이지만, 전혀 탄화되

---

98) 이때 마치다가 백두산을 조사하는 모습은 NHK에 의해 「백두산: 알려지지 않은 성스러운 봉우리」라는 특집으로 2001년 2월 24일 일본 전국에 방영되었다.

**|사진 9-5|** 백두 강하 부석(B-pfa)에 매몰된 수목 시료
마치다가 10세기 백두산 분화의 연대를 측정하기 위해 채취한 수목 시료. 시료 채취 장소는 북한 백두산 산록 해발 2,200m(사가미하라 시립 박물관 소장, 사진: 町田洋 제공).

지 않았고 방금 벌목한 목재처럼 나이테도 뚜렷했다.

마치다는 나이테를 최외피에서 헤아려 150년까지 9개의 시료를 채취하고 그중 6개의 시료를 미국 애리조나 대학의 실험실에 보내어 방사성 탄소 연대를 측정했다. 그리고 마치다의 공동 연구자인 히로시마 대학의 화산학자 오쿠무라 고지(奧村晃史)가 면밀한 위글 매칭 작업을 해 연대를 구했다.

이렇게 얻은 수목의 강하 부석에 매몰된 연대는 68.2% 확률에서 928.5~938.5년(88.9% 확률에서 917.1~943.3년)이라는 결과를 나타내고 있었다(그림 9-1).

애리조나 대학은 연륜 연대학의 발상지이며, 그곳의 분석 결과는 세계의 연구자들로부터 신뢰받고 있다. 또한 분석에 이용한 시료 역시 화쇄류에 의한 탄화목이 아닌 그 자리에서 고사한 고사목이다. 시료도 매우 신뢰할 만한 것이었다. 그리고 그 결과 연대의 중앙값이 933.5년을 나타내고 있었던 것이다. 이 연대에 해당하는 기록이 『고려사』에 있다. 바로 발해의 마지막 왕세자 대광현이 수만 명을 이끌고 고려로 들어왔다는 934년의 기록이다.

『요사』의 기록에 의하면 발해는 926년에 멸망했고, 928년에는 발해 수도 상경 용천부에 두었던 동단국을 멀리 요동 반도로 옮겼으므로, 당시 발해의 옛 땅에는 거란의 주력이 모두 빠져 버린 상태였다. 그러한 시기에

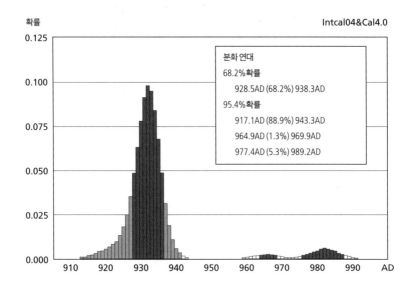

|**그림 9-1**| 방사성 탄소에 의한 B-Tm의 분출 연대(Machida and Okumura, 2007)
표에 의하면 백두산의 분화 연대는 68.2% 확률에서 928.5~938.5년(88.9% 확률에서 917.1~943.3년)으로 나타난다. 그 중앙값은 933.5년이다.

발해의 옛 땅에서 왕세자 대광현이 수만 명의 백성들을 이끌고 고려로 몸을 피했다는 것은 매우 부자연스럽다. 필자는 오래전부터 그렇게 생각하고 있었다.

그 외에도 『고려사』에는 발해가 멸망하기 전인 925년부터 938년에 이르기까지 대광현 등 발해인들의 대규모 고려 내투(來投)가 기록되어 있다. 이 기록 중에는 어떤 형태로든 백두산에 의한 제1차, 제2차 재해가 인간 사회에 미친 영향을 나타낸 것이 있을 것이다. 두드려 본 돌다리도 다시 두드려 보는 신중함이 몸에 배인 화산학자 마치다는 이 논문을 일본 국내가 아닌 국제 학회에 발표했다.

퀸즐랜드 케언스의 국제 학회에서 마치다가 구두 발표한 논문의 제목에도 역시 백두산은 "Baegdusan Volcano"라고 적혀 있었다. 그는 왜 그토록 그 화산을 중국의 장백산이 아닌 우리가 부르는 이름, 우리 발음 그대로 백두산이라고 부르는 것일까?

"이 화산 분화에 의한 희생자는 주로 오늘날 한반도 사람들이었기 때문입니다."

마치다는 화산재 피복 지역을 지도로 가리키며 이렇게 말했지만, 그 반짝이는 눈에는 이 10세기에 일어난 치명적인 화산 분화에 의해 고통을 당한 수많은 인간들에 대한 깊은 연민을 느낄 수 있었다.

마치다는 이미 대학에서 정년퇴직한 지 10여 년이 흘렀다. 가까운 장래에 와세다(早稻田) 대학의 아마추어 화산재 연구 모임인 '퍼미스회(Pumice 會)'의 회원들과 함께 제주도에 조사 여행을 갔으면 좋겠다고 했다. 그는 1983년에 제주도를 조사한 적이 있었는데, 서귀포, 성산포 등 제주도의 지명들을 한국식 발음으로 정확하게 기억하고 있었다.

저녁에 사가미하라 시의 국도 변에 있는 패밀리 레스토랑에서 식사를 함께 하고 요코하마의 JR 아오바다이(青葉臺) 역까지 승용차로 필자를 태워다 주었다. 마치다는 조만간 운전 면허를 갱신해야 되는데, 시력이 나빠져서 이제는 더 이상 운전할 수 없을지 모르겠다고 했다. 테프라 연구에서 그의 업적에 어깨를 견줄 자는 없다. 그 분야의 새로운 지평을 열었던 독보적인 존재였지만 나이는 어쩔 수 없는 것 같다. 필자는 역 입구에서 마치다가 제주도에 오게 되면 그때는 부디 동행하게 되기를 바란다고 말하고 작별 인사를 했다.

도쿄의 숙소로 돌아오는 전철 안에서 밖을 보니 어둠이 짙게 깔려 있었다. 창밖을 바라보다 마치다가 레스토랑에서 했던 이야기를 떠올렸다. 1991년 운젠의 화쇄류에 희생된 미국 화산학자 해리 글리켄의 죽음에 관한 이야기였다.

화산 암설류 분야의 세계적인 권위자였던 글리켄을 도쿄 도립 대학의 객원 연구원으로 받아들인 사람이 마치다였다. 1991년 6월 초, 글리켄이 마치다에게 운젠 화산의 화쇄류를 보기 위해 나가사키(長崎)로 날아가겠다고 했을 때, 처음에 마치다는 위험하니 가지 말라고 했다고 했다. 그러나 글리켄은 그곳에서 프랑스의 크라프트 부부를 안내하기로 되어 있었다. 결국 운젠의 용암 돔이 붕괴되면서 발생한 화쇄류에 의해 그 외국인 3명을 포함해서 43명이 희생되고 말았다. 마치다는 비보를 듣고 즉시 운젠으로 향했지만, 화쇄 서지에 새까맣게 타서 엉켜 버린 사체에서 글리켄을 분간할 수 없었다고 했다.

"그는 체구가 크지 않았어요. 그래서 일본인들과 구별이 안 됐습니다."

글리켄의 사체를 수습해 확인한 것은 화쇄류의 비극이 일어난 3일 후였다. 그러나 이번에는 유대교 신자인 글리켄을 일본 풍습대로 화장해도 좋은지 알 수 없었다. 결국 미국에서 글리켄의 모친과 누이동생이 일본에 도착한 뒤 글리켄을 화장해 그 유골을 미국으로 가지고 돌아갔다고 했다.

1980년 미국 세인트헬렌스 화산이 폭발했을 때 미국 지질 조사소 임시 직원이었던 글리켄이 목숨을 건질 수 있었던 것은 단지 운이 좋았기 때문이다. 글리켄을 대신해 관측소를 지키고 있던 데이비드 존스턴이 화산 분화 최초에 발생한 암설류에 매몰되고 말았던 것이다. 존스턴은 세인트헬렌스가 북측 사면에서 측방 폭발을 할 가능성을 이야기했던 유일한 화산학자였다. 화산은 그의 예상대로 북측 사면에서 둑이 터지듯이 측방 폭발을 했고 그 암설류가 자신을 매몰시켰다. 존스턴이나 글리켄, 모두 화산의 무서움을 누구보다도 잘 아는 전문가들이었기에 안타깝고 어처구니없는 죽음이었다.

마치다는 백두산 분화와 발해 쇠망에 관한 가설을 제시했지만, 지금까지 그 구체적인 연대를 이야기한 적은 없었다. 어차피 그는 역사 전문가가 아니며, 연대를 이야기해 공연히 평지풍파를 일으킬 이유는 없다고 생각했기 때문일 것이다. 그러한 그를 사가미하라 시립 박물관에서 만나기 전까지는 백두산 분화 연대에 관한 연구를 이토록 깊숙이 진행하고 있으리라고는 생각하지 못했다. 그렇게 함으로써 자신이 던졌던 가설에 대한 오랜 논쟁에 스스로 종지부를 찍으려고 했는지도 모른다. 그는 연대 측정을 위한 신뢰도 높은 시료를 얻기 위해 직접 북한을 통해 백두산에 올랐다.

필자는 지금까지 마치다의 가설이 연대 측정 전문가들에 의해 엄밀한 테스트를 받아 왔다고 생각했었다. 그런데 어쩌면 그러한 필자의 생각이 틀렸을지도 모른다는 생각이 뇌리를 스쳤다.

실은 마치다의 가설 자체가 발해를 포함한 10세기의 동아시아 역사 전체의 패러다임을 테스트하고 있는 것처럼 생각되었다. 그 가설의 테스트에 견디는 한 역사의 이론은 살아남을 것이다. 그러나 더 이상 그것으로 설명할 수 없는, 토머스 쿤이 이야기했던 '정상 과학(normal science)'[99]이 "위기"에 빠지는 시점이 온다면, 그때는 새로운 패러다임으로 바뀌게 될 것이다.

우리는 『요사』의 "926년"이라는 연대에 사로잡혀 진작 중요한 것을 간과하고 있다. 연대 측정 전문가들의 연대 측정 결과가 926년 이후로 나오는 경우 재빠르게도 백두산 분화와 발해 멸망과는 관계가 없다는 타이틀로 신문 기사가 나온다. 그리고 친절하게도 화산의 분화와 인간의 역사는 별개의 문제였다고 덧붙여진다. 그 연대들은 모두 측정 오차가 있다는 사실은 무시되고, 측정 방법의 타당성에 대한 논의는 유보된 채, 연대가 926년 이전이냐 이후냐의 양자택일의 흑백 논리에만 초점이 맞춰진다. "926년"이라는 연대가 역사상 최대의 인명 피해를 초래한 백두산의 거대 화쇄류 분화의 문제를 희석시키고 있는 것이다.

실은 연대의 일치 여부는 그리 중요한 것이 아닐지도 모른다. 발해 멸망과 관련한 문제는 백두산 분화의 전모를 밝히는 데 있어서 부수적인 문제이다. 이들 사건이 일어난 연대의 일치 여부는 흥미로운 주제이기는 하지만 문제의 본질은 아닌 것이다. 이것은 그런 미시적인 문제가 아니다. 그것은 발해의 멸망에 관한 문제가 아니라, 그곳 광범한 지역에 존재했던 인간의 문명과 문화의 소멸에 관한 문제이기 때문이다.

연대 측정 기술이 발달하면 언젠가는 백두산의 분화 연대가 밝혀질 날이 올 것이다. 어쩌면 그 연대는 거란과 발해가 국지적으로 충돌했던 926년과는 관계없는 것인지도 모른다. 그렇다고 하더라도 결론은 변함이 없을 것이다. 10세기에 일어난 백두산의 분화 연대는, 발해라는 국가의 흥망이

---

99) 철학자 쿤에 의하면, 과학의 역사는 특정 패러다임 하에서 '정상 과학'이 발전하고 그것이 위기에 빠지면 과학 혁명이 일어나 새로운 패러다임이 등장하게 된다고 했다. 여기서 정상 과학이란 "과학자가 일정 기간 동안 당대에 우세한 과학적 업적을 받아들여 그것을 기초로 진행하는 연구"이다.

**|사진 9-6|** 홋카이도 우수 산 기슭에서

우수 산은 2000년 3월에 분화하기 시작해 2001년 6월까지 활동을 계속했다. 이 화산 분화에 의해 소규모 화쇄류가 발생했으며, 강하 화산재, 화산 이류 등으로 지역 경제에 막대한 피해를 입혔다. 사진은 우수 산 기슭 소베츠(壯瞥) 마을에서, 왼쪽이 마치다 히로시 명예 교수, 오른쪽이 필자.

나 그곳 지배층의 교체와 관계없이, 한때 동아시아에 존재했던 인류 문명이 쇠퇴하기 시작한 연대이며, 넓은 범위에서 발해로 대표되는 민중들의 문화가 사라지기 시작한 연대인 것이다.

필자가 낯선 일본 북부 지방의 산과 들에서, 그곳 화산재 연구자들의 손에 이끌려 백두산 화산재를 처음 만난 이후 이미 많은 세월이 흘렀다. 그 이후로 오랫동안 화산재와는 관계없는 일에 종사해 왔기 때문에 연구를 지속할 처지는 못 되었지만, 한시도 이 백색 화산재를 잊은 적은 없었다. 어떨 때는 화산재의 문제에서 손을 떼려고 몇 번이고 생각했었다. 그러나 그때마다 백두산 화산재의 자석과 같은 힘에 이끌려 정신을 차려보면 어느새 다시 제자리에 되돌아와 있다는 걸 깨닫곤 했다. 그 힘이 과연 무엇이었을까 하고 곰곰이 생각해 본다.

어쩌면 그것은 백두산의 마술이었는지도 모른다. 그 마술은 아득하게 멀리 떨어진 곳에서 눈에 익은 화산재를 만나게 해 준다. 그것은 가슴 벅찬 감동과 형용하기 어려운 기쁨을 준다. 그것은 데이비드 존스턴이나 해리 글리켄, 크라프트 부부, 그리고 로마의 대(大)플리니우스조차 죽음을 무릅쓰고 화염을 뿜어내는 화산으로 인도하게 했던 불가사의한 마력과 같은 것이었는지도 모른다.

인공위성 화면을 통해 백두산 주변의 지형을 보고 있노라면 큰 강의 평야부는 온통 화산 이류 퇴적물에 덮여 있는 것처럼 보였다. 저 속에 역사학자들이 찾아내지 못한 발해 5경의 서경이 묻혀 있을지도 모른다! 사진을 뚫어지게 바라보며 그렇게 혼자 흥분한 적도 있었다. 그 토지 위에 마치 비가 온 뒤 솟아나는 버섯처럼 새로운 도시가 형성되고 사람들은 아무것도 모른 채 생활하고 있는지도 모른다.

낯선 곳의 노두에서 눈에 익은 이 화산재와 만나면 세상을 다 얻은 것처럼 우쭐한 기분이 들었다. 그럴 때면 잠시 작업을 멈추고 멀리 백두산이 위치한 하늘을 바라보곤 했다. 조용히 눈을 감으면 그 옛날 광활한 들판에 불고 있던 바람 소리가 귓전에 들리는 듯했다. 그리고 멀리서 사람들의 함성과 말발굽 소리가 들려왔다가는 바람 소리와 함께 이내 사라졌다. 이 백두산의 화산재는 사가들이 기록하지 않았던 그 시대와 그 시간들을 회고하게 한다. 그리고 그리 멀지 않는 과거에 그곳에 살다간 사람들의 숨결을 느끼게 해 준다. 그곳에는 시가 있고, 꿈이 있고, 역사의 치열한 불꽃이 교차한다.

이 화산재는 한반도와 중국, 러시아, 그리고 동해와 일본 열도의 넓은 지역을 순식간에 백색 카펫으로 덮어 버렸다. 그것은 실로 역사의 연표보다 더 정밀한 시간의 면을 의미한다. 그리고 지금은 자연의 변화를 추적하고 잃어버린 인류의 역사를 복원하는 단서로서 우리들 앞에 다시 태어났다.

동해를 건너간 백두산 화산재는 한때 그곳에 존재했던 국가의 흥망과 사라져 버린 인류 문명에 대해 열심히 이야기하고 있다. 그것은 오랫동안 잊혀져 왔고, 그리고 지금까지 아무도 노래하지 않았던 한 편의 장대한 대서사시인 것이다.

# 참고 문헌

구자일(1995). 『고구려발해지리사』, 지문사.

김기섭(2008). 「발해의 멸망 과정과 원인」, 『한국고대사연구』, 50, 103-131.

김상완(2004). 「L-밴드 영상레이더 위상간섭기법을 이용한 백두산 및 부산지역의 지표면 변위 관측」, 연세 대학교 박사학위논문.

김윤규, 이대성(1983). 「울릉도 북부 알칼리화산암류에 대한 암석학적 연구」, 『광산지질』, 16(1), 19-36.

김정락(1998). 『백두산총서(지질)』, 과학기술출판사.

박명호, 김일수, 류병재(2003). 「울릉분지 북서부 해역의 코어퇴적물에 대한 제4기 후기 테프라 층서 및 테프라층 비교 연구」, 『자원환경지질』, 36(3), 225-232.

박시형(1979). 『발해사』, 김일성종합대학출판사(송기호 해제, 1995년, 이론과 실천).

방학봉(1991). 『발해문화연구』, 이론과 실천.

소원주, 김우철(1996). 「동해를 건너간 백두산화산재에 관한 연구」, 『제42회 전국과학전람회 우수 작품집』, 중앙과학관, 105-109.

소원주, 김범기, 우종옥(1998a). 「과학교사들의 과학철학적 관점이 중학생들의 과학의 본성개념에 미치는 영향」, 『한국과학교육학회지』, 18(1), 109-201.

소원주, 김범기, 우종옥(1998b).「중등학교 학생들의 과학의 본성 개념을 측정하기 위한 도구 개발」,『한국과학교육학회지』, 18(2), 127-136.

소원주, 김범기, 우종옥(1998c).「중학교 과학교사들의 과학철학적 관점에 관한 연구」,『한국과학교육학회지』, 18(2), 221-231.

소원주, 윤성효(1999).「백두산 화산의 홀로세 대분화 연구: 개관」,『한국지구 과학회지』20(5), 534-543.

소원주, 김우철(2000).「백두산의 홀로세 화산쇄설물과 광역 테프라 B-Tm의 대비에 관한 연구」,『제46회 전국과학전람회 우수작품집』, 중앙과학관, 78-83.

소원주, 강형태, 고상모(2000).「백두산 동쪽 산록의 화쇄류에 매몰된 탄화목의 방사성탄소연대」, 미발표 논문.

송기호(1993).『발해를 찾아서』, 도서 출판 솔.

송영선, 박계헌, 박맹언(1999).「울릉도 화산암의 주원소, 희토류 및 미량원소 지구화학」,『한국암석학회지』, 8(2), 57-70.

심혜숙(1997).『백두산』, 대원사.

유정아(1998).『한반도 30억년의 비밀/3부-불의 시대』, 도서 출판 푸른숲.

윤성효, 원종관, 이문원(1993).「백두산 일원의 신생대 화산활동과 화산암류의 특성 고찰」,『한국지질학회지』, 29(3), 291-307.

윤성효, 최종섭(1996).「백두산 천지 칼데라 화산의 역사 분출기록」,『한국지구 과학회』, 17(5), 376-382.

원종관(1976).「제주도의 화산암류에 대한 암석화학적인 연구」,『지질학회지』, 12(4), 207-226.

원종관, 이문원(1984).「울릉도의 화산활동과 암석학적 특성」,『지질학회지』, 20(4), 296-305.

이선복(2000).「구석기 고고학의 편년과 시간층위 확립을 위한 가설」,『한국고고학보』, 42, 1-22.

이효형(2007).『발해유민사연구』, 민족문화학술총서 48, 도서출판 혜안.

임현수, 남연정, 이용일, 김정빈, 이선복, 정철환, 이헌종, 윤호일(2006).「테프라 연대학의 원리와 응용: 한국에서 발견되는 AT(Aira-Tanzawa)광역 테프라」,『지질학회지』, 42(4), 645-656.

장미나(2003).「한반도 신생대 알칼리화산암의 지구화학적 연구」, 한국교원대학교대학원 석사학위논문.

좌용주, 이종익, Zheng X.(2003).「백두산의 화산분출 연대에 대한 연구: 1. 목탄과 나무시료에 대한 14C 방사성 연대」,『지질학회지』, 39(3), 347-357.

천종화, 정대교, 이영주, 권영인, 김복철(2006).「동해 시추코아에서 발견된 후기 플라이스토세 백두산 기원 B-J테프라의 표식테프라로서의 층서적 의미」, 『지질학회지』, 42(1), 31-42.

한규철(1994a). 『발해의 대외관계사: 남북국의 형성과 전개』, 신서원.

한규철(1994b). 「고려 내투·내왕 여진인-발해 유민과 관련하여」, 『부산사학 제25, 26 합집』, 1-46.

한규철(1997). 「발해 유민의 고려투화-후발해사를 중심으로」, 『부산사학』, 33, 1-31.

한규철(2006). 「발해사 연구의 회고와 전망-남북한 그리고 중일러의 비교연구」, 『백산학보』, 76, 503-550.

홍영국(1990). 「백두산의 지질」, 『한국지질학회지』, 26(2), 119-126.

谷口宏充(2004). 『中國東北部白頭山の10世紀巨大噴火とその歴史効果』, 東北アジア研究セン ター叢書, 東北大學東北アジア研究センター.

廣井脩(1997). 「火山情報の伝達と避難行動」, 『火山噴火と災害(宇井忠英編)』, 東京大学出版会, 147-165.

宮本毅, 成沢勝, 大場司, 長瀬敏郎, 谷口宏充(2001). 「民族傳承中に残された白頭山10世紀噴 火」, 地球惑星科学関連学会2001年度合同大会, 東京代々木.

宮本毅, 中川光弘, 大場司, 長瀬敏郎, 菅野均志, 谷口宏充(2002). 「白頭山10世紀噴火推移」, 『地 球』, 39, 202-208.

宮本毅, 中川光弘, 長瀬敏郎, 菅野均志, 大場司, 北村繁, 谷口宏充(2003). 「白頭山の爆発的噴 火の再検討」, 『東アジア研究』, 7, 93-100

金東淳, 崔仲燮(1999). 「長白山天池火山噴火歴史文獻記載的研究」, 『地質評論』, 45, 304-307.

奈良国立文化財研究所(1990). 「年輪に歴史を読む-日本における古年輪学の成立」, 『奈良国立 文化財研究所學報』, 48, 同朋舍出版.

大池昭二(1972). 「十和田東麓における完新世テフラの編年」, 『日本第四紀學會』, 11(4), 228-235.

大池昭二(1976). 「十和田湖の湖底谷-水底の謎を探る」, 『十和田科學博物館』, 2, 65-73.

德井由美(1989). 「北海道の17世紀以後の火山噴火とその人文環境への影響」, お茶ノ水大学修 士論文.

德井由美(2001). 「近世の北海道を襲った火山噴火」, 『火山灰考古学(新井房夫編)』, 古今書院, 194-206.

東野外志男, 辻森樹, 板谷徹丸(2005). 「白山の弥陀ヶ原から発見されたアルカリ岩質テフラ」, 『石 川県白山自然保護センター研究報告』, 34, 1-7.

白井正明(2001). 「日本海東部で見出された更新世中期の広域テフラ」, 『月刊地球』, 23(9), 600-

604.

白鳥庫吉(1970).『白鳥庫吉全集, 第四五巻』, 岩波書店.

白鳥良一(1980).「多賀城跡出土土器の変遷」,『宮城県多賀城跡調査研究所研究紀要』, 7, 1-38.

福岡孝昭(1991).「火山ガラスの微量元素組成によるテフラの同定」,『月刊地球』, 13, 186-192.

福沢仁之, 塚本すみ子, 塚本 斉, 池田まゆみ, 岡村真, 松岡裕美(1998),「年稿堆積物を用いた白頭山-苫小牧火山灰(B-Tm)の降灰年代の推定」,『汽水域研究(LAGUNA)』, 55-62.

上田雄(1992).『渤海国の謎』, 講談社現代新書(최봉열 역, 1994년,『발해의 수수께끼』, 교보문고).

石黒耀(2002).『死都日本』, 講談社.

成尾英仁, 小林哲夫(2002).「鬼界カルデラ, 6.5kaBP噴火に誘発された2度の巨大地震」,『第四紀研究』, 41(4), 287-299.

成尾英仁(2003).「縄文の灰神楽-鬼界アカホヤ噴火で何が起こったか-」, ―『死都日本シンポジウム―破局噴火のリスクと日本社会―講演要旨集』, 月刊地球, 27-30.

成澤勝(2004).「渤海遺地邑落を追う」,『中国東北部白頭山の10世紀巨大噴火とその歴史効果(谷口宏充編)』, 東北アジア研究センター叢書, 16, 117-128.

松岡數充, 西田史郎, 金原正明, 竹村惠二(1983).「紀伊半島室生山地の完新統の花粉分析」,『第四紀研究』, 22, 1-10.

松山力, 大池昭二(1986).「十和田火山噴出物と火山活動」,『十和田火山博物館』, 4, 1-62.

水谷慶一(2001).「アジアを立体的に見る」, 第3回渤海食談塾in富來講演会, 富來町役場, 10月27日.

勝井義雄(1986).「南米コロンビア國ネバド・デル・ルイス火山の1985年噴火と災害に關する調査研究」,『自然災害特別研究突發災害研究』, No. B-60-7.

新東晃一(1994).「縄文文化と鬼界アカホヤ火山灰」,『火山噴火と環境・文明(町田洋・森脇廣編)』, 思文閣出版, 163-178.

新井房夫(1972).「斜方輝石・角閃石の屈折率による同定-テフロクロノロジーの基礎的研究-」,『第四紀研究』, 11(4), 254-269.

新井房夫, 大場忠道, 北里 洋, 堀部純男, 町田 洋(1981).「後期第四紀における日本海の古環境-テフロクロノロジー, 有孔虫群集解析, 酸素同位体法による-」,『第四紀研究』, 20, 209-230.

安田喜憲(2004).「還境と文明の関係, そして近未來を語る年縞」,『生命誌ジャーナル』, 41, 82-91.

鹽原鐵郎, 邵元柱(1991).「青森縣八戶市中野平遺跡から出土された火山灰の形態について」,『中野平遺跡』, 489-492.

奥村晃史, 町田洋, 光谷拓實(2000).「白頭山-苫小牧火山灰と十和田-a火山灰の噴出年代に関

わる高精度放射性炭素同位体年代測定」,未發表論文.

王承禮(1984).『渤海簡史』, 黑龍江省人民出版社(송기호 역, 1988년, 『발해의 역사』, 한림 대학
　　교 아시아문화연구소).

宇井忠英(1973).「幸屋火碎流-極めて薄く擴がり堆積した火碎流の發見」,『火山』, 2(20), 153-
　　168.

魏海泉, 宋圣荣, 杨清福, 劉祥(1998).「長白山天池火山近代噴火物」,『長白山天池火山近代噴火
　　(劉若新·魏海泉·李繼泰等著)』, 48-49.

李圭泰(1977).『韓國人の意識構造』, 東洋図書出版.

立岩巖(1976).『朝鮮-日本列島地帶地質構造論考-朝鮮地質調查研究史』, 東京大學出版會.

長友由隆, 庄子貞雄(1977).「アカホヤ, イモゴ, オンヂの対比ならびに噴出源について-アカホヤの
　　土壤肥料学的研究」,『日土肥誌』, 48, 1-7.

庄子貞雄, 小林進介, 增井淳一(1974).「火山灰中の强磁性鑛物の化學組成と噴出源との關係に
　　ついて」,『岩鑛』, 69, 110-120.

赤石和幸, 光谷拓美, 板橋範芳(2000).「十和田火山最新噴火に伴う泥流災害-埋没家屋の發見
　　とその樹木年輪年代(演旨)」, 地球惑星科学関連学会合同大会予稿集.

前野深(2006).「鬼界火山における浅海性カルデラ噴火のダイナミクスと推移-地質及び数値解
　　析からの制約-」, 東北大学大学院博士学位論文.

鄭永振(2003).「渤海国の滅亡とその遺民の流れ」,『中国東北部白頭山の10世紀巨大噴火とその
　　歴史効果(谷口宏充編)』, 東北アジア研究センター叢書, 16, 129-139.

町田洋(1969).「薩南諸島の地形-海岸段丘を中心として-」,『薩南諸島の研究(平山輝男編)』, 明
　　治書院, 20-52.

町田洋, 鈴木正男, 宮崎明子(1971).「南関東の立川·武蔵野ローム層における先土器時代遺物包
　　含層の編年」,『第四紀研究』, 10, 1-20.

町田洋, 新井房夫(1976).「廣域に分布する火山灰-始良Tn火山灰の發見とその意義-」,『科學』,
　　46(6), 339-347.

町田洋(1977).『火山灰は語る, 火山と平野の自然史』, 蒼樹書房.

町田洋, 新井房夫(1978).「南九州鬼界カルデラから噴出した廣域テフラ-アカホヤ火山灰-」,『第
　　四紀研究』, 17(3), 143-163.

町田洋, 新井房夫, 森脇廣(1981).「日本海を渡ってきたテフラ」,『科學』, 51, 562-569.

町田洋, 新井房夫, 李炳高, 森脇廣, 江坂輝弥(1983).「韓半島と濟州道で見出された九州起源の
　　廣域テフラ」,『地學雜誌』, 92(6), 39-45.

町田洋, 新井房夫, 李炳尚, 森脇廣, 古田俊夫(1984).「韓國鬱陵島火山のテフラ」,『地學雜誌』, 93, 1-14.

町田洋, 新井房夫, 森脇廣(1986).『地層の知識』, 東京美術.

町田洋, 新井房夫, 宮内崇裕, 奥村晃史(1987).「北日本を広く覆う洞爺火山灰」,『第四紀研究』, 26, 129-145.

町田洋, 新井房夫, 横山卓雄(1991).「琵琶湖200mコアにおける指標テフラ層の再検討」,『第四紀研究』, 30(5), 439-442.

町田洋(1992).「火山噴火と渤海の衰亡」,『謎の王國・渤海(中西・安田編)』, 角川選書, 104-129.

町田洋, 新井房夫(1992).『火山灰アトラス』, 東京大學出版會.

町田洋, 光谷拓美(1994).「中国・北朝鮮における長白山の噴火年代に関する樹木年輪年代学的研究(中間報告)」,『地学雑誌』, 103, 424-425.

町田洋, 白尾元理(1998).『寫眞で見る火山の自然史』, 東京大學出版部.

町田洋(2001).「歴史を変えた火山の大噴火」,『日本人はるかな旅(2), 巨大噴火に消えた黒潮の民』, NHK出版, 161-184.

町田洋, 新井房夫(2003).『新編火山灰アトラス』, 東京大學出版會.

趙大昌(1981).「長白山火山爆發對植被發展演替關係的初步探討」,『森林生態系統研究』, 2. 81-87.

早川由紀夫(1997).「十和田湖の成り立ちと平安時代に起こった大噴火」,『日本の自然, 地域編 2, 東北』, 岩波書店, 58-60.

早川由紀夫, 小山眞人(1998).「日本海をはさんで10世紀に相次いで起こった二つの大噴火の年月日-十和田湖と白頭山-」,『火山』, 43(5), 403-407.

早川由紀夫, 藤田明良, 金泰鎬, 山縣耕太郎(2002).「文献史料評価と地質調査による韓国済州島11世紀初頭噴火の地点特定(予報)」, 日本火山学会2002年秋季大会予稿集, 90, 仙台市.

中川光弘, 宮本毅, 田中勇三, 吉田まき枝(2004).「白頭山9世紀噴火の發見とその意義」,『中國東北部白頭山の10世紀巨大噴火とその歴史効果(谷口宏充編)』, 東北アジア研究センター叢書, 16, 東北大學東北アジア研究センター, 45-54.

池田まゆみ, 福沢仁之, 岡村真, 松岡裕美(1997).「青森県小川原湖と十三湖における過去2,300年間の環境変動と地震津波」, 平成8年度文部省科学研究費補助金(基盤研究C)研究成果報告書, 汽水湖堆積物を用いた過去2000年間の氣候・海水準・降砂変動の解明(研究代表者：福沢仁之), 124-159.

沢村幸之助(1956).『5万分の1地質図幅「国分」および同説明書』, 地質調査所.

八塚積也, 奧野 充, 中村俊夫, 木村勝彦, 宮本 毅, 長瀬敏郎, 谷口宏充, 金 旭(2006).「白頭山北麓東方澤の炭火樹幹の炭素14ウィグルマッチング」, 日本地質學會西日本支部第152回例會講演要旨.

河合小百合(2001).「姶良テフラの運搬・堆積過程とその植生への影響」, 信州大学学位論文.

鶴園裕(2004).「高麗・朝鮮から見た渤海・白頭山への関心」,『中国東北部白頭山の10世紀巨大噴火とその歴史効果(谷口宏充編)』, 東北アジア研究センター叢書, 16, 東北大學東北アジア研究センター, 141-151.

荒牧重雄(1963).「火砕流の概念と研究史」,『火山』, 2(8), 47-57.

横山勝三(2003).『シラス学-九州南部の巨大火砕流堆積物』, 古今書院.

Alvarez, L. W., Alvarez, W., Asaro, F. & Michel, H. V.(1980). "Extraterrestrial cause for the Cretaceous-Tertiary extinction", *Sience*, 208, 1095-1108.

Briffa, K. R., Jones, P. D., Schweingruber, F. H. & Osborn, T. J.(1998). "Influence of volcanic eruptions on Northern Hemisphere summer temperature over the past 600 years", *Nature*, 393, 450-455.

Bond, G., Broecker W., Johnsen, S., McManus, J., Labeyrie, L., Jouzel, J., and Bonani, G.(1993). "Correlations between climate records from North Atlantic sediments and Greenland ice", *Nature*, 365, 143-147.

Casadevall, T. J.(1994). "The 1989-1990 eruption of Redoubt Volcano, Alaska-Impacts on aircraft operations", in Miller, T. P. and Chouet, B.A. (eds.), *The 1989-1990 eruptions of Redoubt Volcano, Alaska*: Journal of Volcanology and Geothermal Research, Special Issue, 62(1-4), 301-316.

Casadevall, T. J., Delos Reyes P. J. and David J. Schneider D. J.(1996). "The 1991 Pinatubo eruptions and their effects on aircraft operations", in Christopher G. Newhall and Raymundo S. Punongbayan (eds.), *Fire and Mud-Eruptions and Lahars of Mount Pinatubo, Philippines*: Philippine Institute of Volcanology and Seismology and the University of Washington Press.

Dunlap, C. E.(1996). "Physical, chemical, and temporal relations among products of the 11th century eruption of Baitoushan, China/North Korea". Doctoral Dissertation, University of California, Santa Barbara, CA, United States.

Dzurisin, D.(1992). "Electronic tiltmeters for volcano monitoring: lessons from Mount St. Helens", in Ewert, J. W., and Swanson, D. A. (eds), *Monitoring volcanoes: techniques and* strategies used by the staff of the Cascades Volcano Observatory, 1980-1990, U.S. Geological Survey Bulletin, 1966, 125-134.

Feyerabend, P.(1975). *Against Method*, London: New Left Books.

Gill, J., Dunlap, C., and McCurry, M.(1992). "Large-volume, mid-latitude, Cl-rich eruption during 600-1000 AD; Baitoushan, China", Chapman Conference on Climate, Volcanism and Global Change, AGU, Hilo, Hawaii, 23-27 March.

Glicken, H.(1996). "Rockslide-debris avalanche of May 18, 1980, Mount St. Helens volcano, Washington": *USGS Open-File Report*, 96-677.

Harumoto, A.(1970). *Volcanic rocks and associated rocks of Utsuryoto Island(Japan Sea)*, 京都大學理學部地質學鑛物學敎室內春本篤夫敎授退官記念事業會.

Hayakawa, Y.(1999). "Catalog of volcanic eruptions during the past 2000 years in Japan", *Journal of Geography*(地学雑誌), 108 (4), 472-488.

Horn, S.(1997). "Magmatische evolution und volatilen emission der ca. 1000 AD eruption des Baitoushan vulcans(China/North Korea)", Doctoral Dissertation, Christian Albrechts Universitat zu Kiel.

Horn, S., Schmincke, H.-U.(2000). "Volatile emission during the eruption of Baitoushan volcano(China/North Korea) ca. 969 AD", *Bulletin of Volcanology*, 61, 537-555.

Johnson, R. W., and T. J. Casadevall(1994). "Aviation safety and volcanic ash clouds in the Indonesia-Australia region", in First International Symposium on volcanic ash and aviation safety, 191-197, Seattle, Washington, U.S.A.

Keally, C. T.(2001). "Dirt and Japan's early palaeolithic hoax", *Sophia International Review*, 24.

Kieffer, S. W.(1981). "Fluid dynamics of the May 18 blast at Mount St. Helens", *U.S.G.S. Professional Paper 1250*, 379-400.

Kokura, T.(1967). "Volcanoes in Manchuria", *Geological Minenalogy Research, Far East*, 2, 373-413.

Koyama, N.(1943). "The species of forest immediately before the eruption in the area around Hakutou volcano", *Botanical Magazine*, 57, 258-273.

Kuhn, T. S.(1970). *The structure of scientific revolutions*, Chicago; Univ. of Chicago Press.

Kuno, H.(1953). "Formation of calderas and magmatic evolution", *American Geophysics Union*, 34, 267-280.

Ledyard, G.(1994). "Cartography in Korea", in Harley J. B. & Woodward D. (eds), *The history of cartography*, University of Chicago Press, Chicago, 235-344.

Liu, R., Wei, H.(1996). "The large eruption of Tianchi volcano, Chanbaishan during 750- 960 AD." In International Geological Congress, Beijing.

Liu, R., Fan, Q., Zheng, X., Zhang, M. and Li, N.(1998). "The magma evolution of Tianchi volcano, Changbaishan", *Science in China(Series D)*, 41(4), 382-389.

Lovett, R. A.(2006). "Atlantis eruption twice as big as previously believed, study suggests", *National Geographic News*, August 23, 2006.

McClelland, L., Simkin, T., Nielsen, E. and Stein, T.(1989). *Global volcanism 1975-1985*, Prentice Hall.

McLean, D. M.(1978). "A terminal Mesozoic 'greenhouse': lessons from the past", *Sience*, 201, 401-406.

Machida, H., Moriwaki, H., and Zhao, D.C.(1990). "The recent major eruption of Chanbai volcano and its environmental effects", *Geographical Report of Tokyo Metropolitan University*, 25, 1-20.

Machida, H. and Okumura, K.(2007). "Recent large-scale explosive eruption of Baegdusan volcano: age of eruption and its effects on society", INQUA International Conference, Cairns, Australia(August).

Matsui, T.(1967). "An application of soil stratigraphy to the Quaternary geology and landscape development of Kyushu, Japan", *Quaternary soils*, 206-219.

Matumoto, T.(1943). "The four gigantic caldera volcanoes of Kyushu", *Japanese Journal of Geology and Geography*, 19, 57.

Nakagawa, M. and Ohba, T.(2002) "Minerals in volcanic ash. 1: primary minerals and volcanic glass", *Global Environmental Research*, 6(2), 41-51.

Nakamura, E., McCulloch, M. T., and Campbell, I. H.(1990). "Chemical geodynamics in the back-arc region of Japan based on the trace element and Sr-Nd isotopic compositions", *Tectonophysics*, 174, 207-233.

Nakamura, T., Ishizuka, Y., Okuno, M., Moriwaki, H., Kim, K. H., Jin, B. L., Kimura, K., Oda, H. and Mitsutani, T.(2002). "14C wiggle-matching analysis of charred wood samples related with the recent major eruption of Chanbai Volcano, China/North Korea", Paper presented at the 9th International Conference on Accelerator Mass

Spectrometry, held from September 9 to September 13 at Nagoya University.

Popper, K.(1968). *The logic of scientific discovery*, Harper & Row.

Schweingruber, F. H.(1989). *Tree rings*, Kluwer academic pub., Dordrecht.

Sigurdsson, H., Cashdollar, S. and Sparkes, S. R. J.(1982). "The Eruption of Vesuvius in A. D. 79: Reconstruction from historical and volcanological evidence", *American Journal of Archaeology*, 86, 1, 39-51.

Sigurdsson, H., Carey, S., and Devine, J. D.(1990). "Assessment of mass, dynamics, and environmental effects of the Minoan eruption of Santorini Volcano", in Hardy, D., (ed.), *Thera and the Aegean world III*, Thera Foundation, London, 89-99.

Simkin, T., Siebert, L., McClelland, L., Melson, W. G., Bridge, D., Newhall, C. G. and Latter, J.(1981). *Volcanoes of the world: A regional directory, gazetteer, and chronology of volcanism during the last 10,000 years*, Smithsonian Institute, Hutchinson Ross.

Simkin, T. and Siebert, L.(1994). *Volcanoes of the world, 2nd ed.*, Geoscience Press, Tucson, Arizona.

Soh, W. J.(1991). "A study on the shape of volcanic glasses in widespread tephras", *Research Report of the Foreign Teachers in the In-Service Training Program*, Hirosaki University.

Sparks, R. S. J., Wilson, L. and Hulme, G.(1978). "Theoretical modeling of the generation, movement, and emplacement of pyroclastic flows by column collapse", *Journal of Geophysical Research*, 83, 1727-1739.

Stuiver, M., Reimer, P. J., Bard, E., Beck, J. W., Burr, G. S., Hughen, K. A., Kromer, B., McCormac, F. G., v.d. Plicht, J. and Spurk, M.(1998). "INTCAL98 Radiocarbon age calibration, 24,000-0 cal BP", *Radiocarbon*, 40, 1041-1083.

Tahira, M., Nomura, M., Sawada, Y., Kama, K.(1996). "Infrasonic and acoustic gravity waves generated by the Mount Pinatubo eruption of June 15, 1991", *Fire and Mud*, 601-613.

Taylor, G. A. M.(1958). "The 1951 eruption of Mount Lamington, Papua: Australian Bureau of Mineral Resources", *Geology & Geophysics*, 38, 117.

Thompson, D.(2000). *Volcano cowboys, the evolution of a dangerous science*, St. Martin's Press, New York.

Thorarinsson, S.(1974). "The terms tephra and tephrochronology", in Westgate, J. A. and Gold, C. M. (eds.), *World bibliography and index of Quaternary tephrochronology*,

University of Alberta, 17-18.

Tilling, R. I.(1989). "Introduction and overview", in Tilling, R. I. (ed.), *Volcanic hazards*, American Geophysics Union, 1-8.

Walker, G. P. L. and Sparks, S. R. J.(1977). "The significance of vitric-riched air-fall ashes associated with crystal-enriched ignimbrites", *Journal of Volcanology and Geothermal Research* 2, 329-341.

Winchester, S.(2003). *Krakatoa: The day the world exploded: August 27, 1883*, HarperCollins.

Yang, Q., Shi, L., Chen, X., Wei, H., Pan, X., Chen, B., Zhang, Y.(2004). "Characteristics of recent ejecta of the Changbaishan Tianchi volcano, China", IAVCEI General Assembly 2004, Pucon, Chile.

Yu, Y., Hong, H., Wei, H., Zheng, X. Liu, P. and Tao, W.(2004). "Modeling of potential lahars motivated by landslides in crater lake of Baitoushan volcano", Paper presented at AGU 2004 Fall Meeting, San Francisco, 13-17 Desember.

Zanettin, B.(1984). "Proposed new chemical classification of volcanic rocks", *Episodes*, 7(4), 19-20.

Zhao, D.(1981). "Preliminary investigation on relation between volcanic eruption of Chanbai mountain and the succession of its vegetation", *Research of Forest Ecosystem*, 2, 81-87.

Zhao, D.(1987). "Preliminary studies on volcanic eruptions and historical vegetation succession in the eastern mountain area of north-east China", in Hanxi, Y., Zhan, W., Jeffers, J. N. R. and Wood, P. A. (eds), *The temperate forest ecosystem*, ITE Symposium, 20, Institute of Terrestrial Ecology, The Lavenham Press, Lavenham, 27-28.

# 용어 해설

광역 테프라(widespread tephra): 점성이 큰 산성 마그마의 폭발에 의해 다량의 화산 쇄설 물질이 대기에 주입되어 매우 먼 곳까지 운반되는 테프라. 통상 상공의 바람에 의해 원격지까지 운반된다.

굴절률(refractive index): 직진하는 파동(빛 등)이 다른 매질의 경계에서 진행 방향의 각도를 바꾸는 비율. 광물은 고유의 굴절률을 가지며 굴절률의 차이에 의해 광물을 구분할 수 있다.

라하르(lahar): 화산체 표면에 대량의 물이 흡수되면 토석이 혼합된 물의 흐름이 발생되는데, 이를 토석이 점하는 비율에 따라 토석류, 이류, 홍수 등으로 구분한다. 이를 통칭하여 라하르라고 한다. 화산 이류의 동의어.

마그마(magma): 지각 심부의 액화한 조암 물질. 이것이 지표로 분출되는 것을 용암이라 한다.

마르(maar): 수증기 마그마 폭발 등 특히 폭발력이 큰 화산 분화 때 만들어지는 화산 지형. 폭발력이 크므로 커다란 화구가 만들어지지만 분출물은 넓은 범위에 산란되어 화구 주변에는 그다지 퇴적물을 남기지 않는다. 분화가 끝나면 곧 지하수로 채워져 호수가 되는 경우가 많다.

반정 광물(phenocryst): 화산암 등 급히 냉각한 암석의 석기(미세 결정이나 유리 등 기질부) 속에 반점상으로 정출된 광물.

벡케 선(Becke's line): 굴절률이 서로 다른 2개의 물질 경계에 현미경 경통을 올렸을 때 나타나는 밝은 선. 경통을 올렸을 때 굴절률이 높은 쪽으로 이동하고 경통을 내렸을 때 굴절률이 낮은 쪽으로 이동한다.

본질물(essential material): 마그마 물질. 마그마가 폭발적 분화에 의해 발포된 미세한 기포와 유리 성분이 많은 부석과 화산재를 분출한다.

부석(pumice): 괴상으로 물에 뜰 정도로 비중이 작고 다공질의 밝은 색 화산 분출물(스코리아 참조). 경석이라고도 한다.

분급(sorting): 고체 입자는 매체 중에서 침강 속도가 다르므로 퇴적될 때 입경에 따라 분리되는 성질. 테프라의 분급이 양호한 지층은 공중에서 강하했음을 의미한다.

분연주(volcanic column): 화산 폭발에 의해 화구에 만들어지는 화산 쇄설물과 가스의 기둥. 플리니식 분화에서 생성된다. 밑에서부터 추진역, 대류역, 확산역으로 나뉜다.

불투명 광물(opaque mineral): 박편으로 만들어 광학 현미경으로 관찰했을 때 빛을 투과하지 않는 광물.

쌍모식 화산체(bimodal assemblage): 대륙의 단열대에서는 맨틀에서 유래한 현무암질 마그마 이외에 지각의 융해에 의한 유문암질~석영 안산암질 마그마가 생성되는 경우가 있다. 화학 조성에서 양자의 중간의 안산암질 마그마가 없다.

수증기 마그마 폭발(phreatomagmatic eruption): 마그마의 열에 의해 지하수 등이 수증기가 되어 그 압력의 증가에 의해 폭발하는 화산 분화. 마그마의 이동 속도가 빠르고 마그마가 직접 지하수나 해수면에 접촉할 때 발생한다.

스코리아(scoria): 직경 2mm 이상의 화산 쇄설물의 일종. 다공질이며 부석에 비해 철, 마그네슘 함량이 높아서 어두운 색(적갈색)을 띤다.

쓰나미(tsunami): 해저에서 발생하는 지진의 단층에 의해 해저가 상승·침하하면서 발생한다. 산체 붕괴나 화쇄류의 해저 돌입에 의해 쓰나미가 발생하는 경우도 있다.

암설(debris): 산체의 붕괴에 의해 만들어지는 암석편. 그러한 흐름을 암설류라고 한다.

액상화 현상(liquefaction): 지진이 발생할 때 모래층이나 암석층이 진동에 의해 액체와 같이 거동하는 현상.

연륜 연대학(dendrochronology): 수목의 나이테 패턴을 분석해 연대를 과학적으로 결정하는 학문.

연호(varve): 마치 나무의 나이테와 같이 호저에 매년 퇴적되어 형성되는 층. 그 속에는 화분, 규조, 플랑크톤 등 동식물과 화산재 등 환경사를 다각적으로 복원할 수 있는 물질이 포함되어 있다.

열점 화산(hot spot): 지표의 특정 지역에 계속적으로 마그마가 공급되는 곳. 맨틀에 그 발생원이 있다고 생각되고 있다. 하와이 제도, 옐로스톤, 갈라파고스 제도 등이 열점 화산으로 알려져 있으며, 아이슬란드는 대서양 중앙 해령과 열점 화산이 겹쳐 있으므로 화산 활동이 한층 활발하다.

용결 응회암(welded tuff, ignimbrite): 칼데라가 관련된 거대 화쇄류에 의해 일시에 대량의 고온 화산재가 퇴적될 때 생성되는 암석. 퇴적 후 고온을 유지한 화산재 입자가 재용융하여 용결된다. 주상 절리를 형성하는 경우가 많다.

용암(lava): 화산 분화 시 화구에서 분출된 마그마 기원의 물질. 유체로서 흐르는 용융 물질과 이것이 고화되어 만들어진 암석 양쪽을 지칭.

위글 매칭(wiggle matching): 방사성 탄소 연대 측정법의 하나. 방사성 탄소 농도의 오차(위글)를 감안해 작성된 기준에 의해 더 정확한 연대가 산출된다. 수목의 벌채 연대를 정확히 결정하는 방법($^{14}$C 위글 매칭)이 개발되어 있다.

응회암(tuff): 화산에서 분출된 화산재가 지상이나 수중에서 퇴적하여 고화된 암석.

잠재 돔(cryptodome): 마그마의 뚜껑에 해당되며 대지를 밀어 올리면서 상승해 산체를 팽창시키지만 지표에 노출되지 않은 마그마.

중앙 화구구(cinder cone): 칼데라나 큰 화구 내부에 새로운 분화가 발생해 만들어진 소형의 화산체.

칼데라(caldera): 화산 활동에 의해 만들어진 대지의 함몰지. 최초로 칼데라가 연구된 카나리아제도의 현지명에 의함.

코이그님브라이트 화산재(coignimbrite ash): 화쇄류와 동시에 발생하는 화산재. 화구를 흘러넘친 화쇄류는 거대한 열운을 사방으로 확장시키고 화산재를 원격지까지 퇴적시킨다. 이 화산재는 화쇄류 퇴적물을 직접 피복하고 거리에 따라 입경의 변화가 거의 없는 것이 특징이다.

탄화목(carbonized wood): 수목이 화쇄류의 열에 의해 탄화된 것.

테프라(tephra): 화산이 분화할 때 분화구에서 대기 중에 분출되는 고체 화산 쇄설물(파편). 일반적으로 화산재와 부석 등을 총칭한다.

테프라 연대학(tephrochronology): 광역 테프라 등을 이용해 지층이 만들어진 연대를 알아내는 학문 영역. 강하 화산재 및 화쇄류 등 테프라의 상대적, 절대적 연대에 의해 지형, 지층의 편년이 가능하다.

플라이스토세(Pleistocene): 갱신세, 홍적세라고도 함. 200만 년 전부터 1만 년 전까지의 기간. 갱신세의 거의 대부분 기간은 빙하기와 중복된다. 홍적세라는 명칭은 노아의 홍수에서 유래한다.

플리니식 분화(Plinian eruption): 성층권까지 분연이 치솟고 다량의 부석 및 화산재를 분출하는 화산 분화.

피스톤 코어(piston core): 천해에서 심해저까지 퇴적물의 주상 시료.

해저드 맵(hazard map): 자연재해에 의한 피해를 예측하고 그 피해 범위를 지도화한 것. 예측되는 재해의 발생 지점, 피해의 확대 범위, 피해 정도, 피난 경로 및 피난 장소 등이 지도상에 도시된다.

홀로세(Holocene): 충적세와 동의어. 최후의 빙하기가 끝나는 1만 년 전부터 현재까지의 시기.

화산 이류(volcanic mudflow): 토사가 물과 혼합해 하천, 계곡 등을 흘러내리는 현상. 특히 강하 화산재나 화쇄류 퇴적물이 물과 혼합해 발생하는 경우 화산 이류라고 한다. 일반적으로 토석류, 라하르라고도 한다.

화산성 지진(volcanic tremor): 화산체 또는 그 주변에서 마그마가 이동하면서 주위 암석이 파괴되어 발생하는 지진. 진폭의 변화가 거의 없고 주기가 길다는 특징이 있다.

화산 지진(volcanic earthquake): 화산의 폭발에 의해 발생하는 지진.

화산 유리(volcanic glasses): 화산이 분화할 때 마그마에 용해된 가스가 발포하며 만들어진 미립자. 결정이 될 시간적 여유가 없었기 때문에 유리가 된다.

화산재(volcanic ash): 화산회와 동의어. 화산 분출물 중 크기 2mm 이하의 것으로 화산 유리, 광물 결정, 암편 등으로 구성되어 있다.

화쇄류(pyroclastic flow): 화산 분화 때 용암돔, 또는 분연주가 붕락함으로써 고체 화산 쇄설물이 고온의 가스와 함께 화산의 사면을 고속으로 흘러내리는 현상. 고온의 가스의 유동층이므로 지면과의 마찰이 적으며, 최고 시속 150km를 넘는 경우도 있다. 가스 성분이 많을 경우는 비중이 가벼워서 해면상을 질주하는 경우도 있다. 프랑스어로 뉘에 아르당트(nuée ardente)라고도 한다.

화쇄 서지(pyroclastic surge): 주로 플리니식 분연주가 치솟아오를 때 측방으로 고속으로 확산하는 밀도가 작은 화산 쇄설물과 가스의 혼합체. 화쇄류가 발생할 때 발생하며, 화쇄류는 계곡을 따라 흘러내리지만 화쇄 서지는 산 능선도 넘는다. 산림과 구조물을 파괴할 정도로 고속이며 화재를 일으킬 정도로 고온이다.

흑토(black soil): 화산재가 풍화해 유기물이 포함된 검은 토양.

흐름산 구조(hummocky structure): 화산체의 일부가 붕괴해 암설류가 되어 이동한 뒤 만들어지는 크고 작은 언덕의 지형.

# 찾아보기

**백두산 대폭발의 비밀**

1판 1쇄 펴냄 2010년 6월 15일
1판 4쇄 펴냄 2011년 6월 1일

지은이 소원주
펴낸이 박상준
펴낸곳 (주)사이언스북스

출판등록 1997. 3. 24.(제16-1444호)
(135-887) 서울시 강남구 신사동 506 강남출판문화센터
대표전화 515-2000, 팩시밀리 515-2007
편집부 517-4263, 팩시밀리 514-2329
www.sciencebooks.co.kr

ISBN 978-89-8371-114-4 93450